ドイツ軍事史

その虚像と実像

Deutsche Militärgeschichte—Legende und Wirklichkeit

大木毅

作品社

序に代えて——溝を埋める作業

日本において、ドイツ軍事史は充分に研究されているか。[1]

その一般的な理解の水準は、欧米のそれと懸隔なく歩調を合わせているだろうか。

こうした設問は、あるいは一笑に付せられ、あるいはそくざに反問されてしまうかもしれない。

かつて日本陸軍はドイツをお手本とし、多大な労力と時間を投じて、その戦史を研究したであろう。また、戦後においてもドイツ軍への関心は薄れず、多くの関連図書が出版されてきた。21世紀に入っても、ドイツ軍のことを扱った本は書店にあふれかえっているではないか。

表層的に文献の量を数えていくならば、そうした指摘もあながち誤ってはいない。しかしながら、その「理解」の構造をみると、必ずしも万全であるとはいえない事情があったし、それは現在も続いているといわざるを得ないのである。以下、時系列に沿って略述したい。

まず、日本陸軍におけるドイツ軍事史の研究であるが、一見、質量ともに豊富である。ドイツ統一戦争や第一次世界大戦については、ドイツ本国で編まれた公刊戦史や当事者の回想録などもしばしば翻訳されたし、それらをもとにした軍人による研究も多数あり、陸軍内部で出版、配布されている（中には市販されたものもあった）。[2]ドイツの前身であるプロイセンが遂行した七年戦争やナポレオン戦争もまた研究対象であった。さらに、ヨーロッパで二度目の世界大戦が勃発してからは、ドイツ軍のポーランド侵攻や西方作戦について情報が収集され、さっそく研究書が出版されている。

しかしながら、日本陸軍のドイツ軍事史研究には、根本的な問題があった。というのは、陸軍は、過去の歴史から将来の戦訓を引き出すという、いわば、実用としての歴史研究に関心を寄せていたのであり、[3]

そうした性格はドイツ軍事史研究においても例外ではなかった。実のところ、陸軍はドイツ軍事史を現実に利用することに汲々としていたのであり、その判断の基盤となる史実（往々にして、それらはドイツ軍当局が認めた公式見解であった）自体を疑おうとはしなかった。戦訓を引き出す材料となるファクトが、どの程度正確であるかを確認しようとはしなかったのである。これでは、ランケ流の「現実に起きたことのままに」歴史を叙述するという古典的な方法論にすら適うものではない[4]。

一例を挙げるならば、「シュリーフェン計画」に対する評価などが典型であろう。ドイツ帝国三代目の陸軍参謀総長シュリーフェンは、いずれ仏露の二大国相手の戦争になるのは必至だと考え、国土が広大なため、動員に時間がかかるロシアよりも、フランスのほうが脅威が大きいと結論づけた。その前提から、陸軍のごく一部で東部国境を防衛する一方、主力を西方に向けて、フランスを降（くだ）すという計画を立案したのである。しかも、返す刀でロシアに対するために、短期決戦でフランスを打倒する必要があることから、シュリーフェンは極端な兵力配分を取った。西部戦線右翼に戦力を集中、それが旋回し、パリ西方を通過して、独仏国境に展開するフランス軍を包囲殲滅すると企図したのだ。

ところが、シュリーフェンの没後、陸軍参謀総長となった小モルトケは、前任者の計画は大胆に過ぎると怖じ気をふるい、右翼兵力の一部を左翼に移して、作戦を凡庸なものに変更してしまった。それが第一次世界大戦で実行された結果、ドイツ軍は決定的な勝利をあげることができず、ついには敗戦に至ったのである——。

これが、シュリーフェン計画に関する、かつての定説であり、日本陸軍の将校の多くも、かかる認識にもとづき、第一次世界大戦初期におけるドイツ陸軍の作戦について論じてきた。ところが、第二次世界大戦後にシュリーフェン計画に関する原文書が発見され、検討された結果、それは政治的・外交的な視座を欠き、軍事的にも実行困難な作戦であったことが判明した。そのようなプランを勝利への処方箋だと喧伝したのは、部下や義子などのシュリーフェンに近い存在、あるいは、自らの誤判断を糊塗することを望む当事者たちだったのだ（本書第2章所収「作戦が政治を壟断するとき」を参照されたい）。

この例がよく示しているように、残念ながら日本陸軍のドイツ軍事史研究は、事実の追求ではなく、おのれの組織、おのれのドクトリンに都合のいい教訓を「定説」から引き出すことにあったように思われる。むろん、なかには石原莞爾のような「異端児」による独自の研究もあったとはいえ[5]、現代の各国軍隊が軍事史研究において達しているような水準には至らなかったのである。

一方、アカデミズムやジャーナリズムにおいても、ドイツ軍事史（というよりも軍事一般）に関する論考は、おおむね啓蒙解説の域にとどまっていたといっても過言ではあるまい。戦前においても、軍事はアカデミシャンが扱うものではないとする、語られざる慣習ともいうべきものがあったからだ。一方、ジャーナリズムの側でも現状分析はともかく[6]、軍事史となると、深く討究するものは少なかった。こうした状況のまま、日本は敗戦を迎えることになる。

戦後になると、戦争で国民が舐めた辛酸から来る反戦・反軍感情が一般に強くなったことは、あらためて指摘するまでもない。その影響を受けて、ドイツ軍事史どころか、戦争や軍隊に関する研究自体がタブーとなった観があった。

もっとも、ドイツ革命からヴァイマール共和国[7]、ナチスの独裁と敗戦に至る経緯は、戦前日本の歴史、さらには現状を考える上できわめて参考になると思われたためか、ドイツ現代史の研究は隆盛をきわめる。かかる文脈においては、アカデミシャンもドイツ軍をテーマとした仕事をしなかったわけではない。が、そのほとんどは、軍事史というよりも、軍部を対象としたものだった。すなわち、戦史や軍事史ではなく、ドイツ政治に軍部が及ぼした影響に、もっぱら関心が寄せられていたのである。たとえば、山口定の諸論文は、文書館史料の博捜にもとづく傑出した研究だが、焦点は政治との関わりにあり、必ずしも本書でいうような軍事史を直接対象としたものではなかったのだ[8]。

こうした事情に、アカデミズムは軍事を扱わないという、戦前からの風潮が加わって、軍事史プロパーの研究はなされず、また欧米の成果が学術書や動向紹介で触れられることも無きに等しかった。1960年代に人物往来社から発行された『世界の戦史』シリーズは、そのような状況を象徴していたといえよう。この叢書の執筆陣には、当時の歴史学会の大御所中堅がずらりと並んでいたものの、「戦史」と銘打ちながら、作戦や戦闘の経緯に関しては、戦前に出された邦語文献に依拠している記述が少なくなかったのである。

しかしながら、アカデミズムの世界にあって、今日の理解でいう軍事史研究に携わっていた例外があった。陸軍士官学校在学中に敗戦を迎え、戦後西洋史研究を志した寺阪精二である。寺坂は、主としてナチス・ドイツの軍事史について多くの論文をものしたことから、とくに乞われて、美作短期大学教授から防衛庁戦史編纂室に転じた。けれども、不幸なことに、寺阪は1965年に早世し（40歳の若さであった）、日本における学問的なドイツ軍事史研究の芽は摘まれてしまったのだ[9]。

かくのごとくアカデミズムでのドイツ軍事史研究は低調であったが、その一方で、加登川幸太郎、本郷健、石井正美らをはじめとする旧陸軍軍人たちが、第二次世界大戦でドイツ国防軍を率いた将帥の回想録等をもとにした研究を続けていた。彼らのなかには、陸軍幼年学校からドイツ語を叩き込まれ、語学能力に長けたものも少なくなかったし、第二次欧州大戦史を教育の参考にしたいという自衛隊側の要請もあったから、多くの重要文献が翻訳された。また、それらをもとにした研究もなされたのである[10]。ただし、こうした史料的な制約から、その史観が、かつてのドイツの将軍たちが信じ、広めることを望んだ大戦像の輸入にとどまった側面があるのは否めない。かかる国防軍弁明史観は、1980年代以降の欧米において厳しく批判され、多くは否定されていくことになるものであった。

加えて、日本のドイツ軍事史理解に根本的なゆがみをもたらすような事象もあった。当時は、戦史ノンフィクションに対する読書人の需要が現在よりもあったから、そうした文献は自衛隊内部のみならず、一般向けの出版対象になっている。この流れのなかで、戦記作家のパウル・カレルやデイヴィッド・アーヴィングの著作も、欧米でベストセラーになったという理由から翻訳出版され、日本でのドイツ軍や第二次世界大戦に対するイメージ形成に大きな役割を果たすことになる。敢えていうなら、それは悪影響だったと評さざるを得ない。というのは、今日あきらかにされているように、カレルは元ナチ高官であり、アーヴィングは極右政治思想の持ち主であって、それゆえ、彼らの書いたものには、意図的な歪曲や恣意的な史料選択が入り込んでいたからだ。[11] にもかかわらず、この両者の著述、とりわけカレルのそれは松谷健二の名訳とも相俟って、日本の戦史ファンに支持され——結果として、第二次世界大戦のドイツ国防軍に関する「神話」を蔓延させることになった。21世紀になってようやく、両者の本は信頼できる歴史書ではないとの認識が日本でも広まってきたが、その影はなお色濃く残っているとの印象を筆者は抱いている。

以上のような、日本におけるドイツ軍事史の理解をめぐる状況は、必ずしも改善されてはいない。見方によっては、１９８０年代以降、むしろ「悪化」しているとも思われる。

まず、一般向けの出版で、ドイツ本国の軍事史研究が翻訳紹介される例はきわめて少なくなった。先に述べた旧陸軍軍人たちや松谷健二といった、ドイツ語と軍事の両方を理解するひとびとが亡くなり、そのあとが埋められることがなかったからだ。いうまでもなく、自衛隊の教育研究方針はアメリカ重視であるから、そちらに人員と予算が回され、必然的にドイツ語とドイツ軍事の専門家は激減していった。一方、アカデミズムの側でも、相変わらず軍事史の研究に携わるものは出てこなかったから、空白が生じたのだ。

そこに、自衛隊出身でもなければ、歴史学の訓練を受けたわけでもないけれども、軍事に対する強い関心から出発したライターが現れてくる。好きこそものの上手なれ、という俗諺通り、彼らの努力と知識には並々ならぬものがあった。だが、その点に敬意を払うとしても、やはり、研究関心の出発点から来る問題があったことは否定できまい。

第一に、彼らの関心はおおむねメカニックや軍装に集中しており、用兵思想や作戦研究を含むドイツ軍事史のソフトウェアは、ほとんど紹介の対象にならなかった。

第二に、語学的な壁があり、そのソースの多くは英語文献で、ドイツ語史料へのアクセスは間接的にならざるを得なかった。また、研究史を押さえるという点への配慮が不足し、その結果、最新の研究成果と、とっくの昔に否定された議論が同居する、ちぐはぐな記述になった例もないわけではない。

筆者は、かつて1940年のフランス戦に関する文献[12]を訳した際、「私見によれば、日本における軍事史研究は、戦後社会の『軍事アレルギー』に呪縛されており、ために、一種の股割き状態、アカデミズムにおいては軍事がタブー視される一方で、兵器や戦闘に関心が偏した軍事マニアによる出版物（もっとも、訳者はすべてを否定しているわけではない。中には、よい意味での好事家でなければ、これはできまいという書物もみられるからである）が氾濫するという事態を招いている」と記した。かかる状況は改善されるどころか、ここまで述べてきた経緯から、いよいよ深刻になっていると思われる。

もっとも、2000年代に入ると、アカデミズムの側に注目すべき変化が現れた。社会史・日常史の関心から、軍事という未開拓の分野を扱う若手研究者が現れてきたのである。彼らは「新しい軍事史」、あるいは「広義の軍事史」研究を唱え、多数の興味深い成果を発表した。[13]しかしながら、きわめて大づかみにいうと、彼らは、これまで注目されておらず、それゆえに、新鮮な社会史的分析を引き出すことができる素材としての軍事に着目したのであって、「古い軍事史」や「狭義の軍事史」から進んできたわけではなかった。ここまで述べてきたごとく、日本においては、そうした旧来の軍事史研究の蓄積が乏しい。そこに、欧米軍事史研究のアプローチを持ち込んだ「新しい軍事史」研究は、それこそ新しいギャップを生み出さずにはおかないであろう。

ロシア史研究者田中良英は、「例えば日本の近世軍事史研究をリードする阪口修平らが、しばしば『広義の軍事史』の意義を主張する際に、いわゆる『狭義の軍事史』研究との差別化を強調している一方で、軍隊の実態を正確に理解するためには、戦術や装備など、むしろ『狭義の軍事史』研究で扱われていた、戦場での具体的活動に関わる内容との接合がやはり必要だ」と、問題点を指摘している。[14] 当然のことだろう。炭鉱労働者の社会史を扱う場合に石炭採掘の実際を知らなくてよいはずがない。農村の日常史を研究する際には、農業の常識をわきまえておく必要があるだろう。ところが、軍事史に関しては、このような基本があらためて強調されるあたり、「新しい軍事史」研究も、日本の特殊事情から来る制約から、いまだ完全に自由になっていないのではなかろうか。

こうした、さまざまな事情から、日本におけるドイツ軍事史の理解は（「狭義の軍事史」と限定しておこう）、欧米のそれに比して、おおよそ20年、テーマによっては30年のタイムラグが生じているというのが、筆者の印象である。

本書に収録された文章の多くは、学術専門誌に掲載されたものを除き、こうした溝を少しでも埋められないかという動機から書かれた。「あとがき」に記すように、もともとは、旧知の編集者の求めに応じて、自らの戦史・軍事史趣味とでもいうべき好事家的な欲求のおもむくままに調べたことをまとめたのが、との発端であった。けれども、そうして書き連ねているうちに、ここまで述べてきたような事情から、かかる作業は必要だという思いが、いよいよつのっていったのである。

筆者は、定説の否定、偶像破壊に走っている。

読者は、そう感じられるかもしれない。

しかしながら、筆者が述べることは、今年、２０１６年現在の常識、もしくは定説にすぎない。

もし、それが衝撃を与えるとすれば、日本におけるドイツ軍事史理解の遅れがなさしめていることだとしか言いようがなかろう。

そのような不幸な溝を埋めるために、本書がいささかなりと役に立つなら、筆者としては望外の幸せである。

目次

第1章

戦史をゆがめるものたち

「西側でソ連のいわゆる攻撃意図に関する騒ぎを起こすであろうことへの懸念は捨てるべきであったろう。我々は、我々には動かせない諸情勢によって、戦争のルビコンに達した。そして、確たる一歩を踏み出すことが必要だったのであろう。」

——————————————ヴァシリェフスキーの回想

「正確な歴史記述はもっとも辛辣な批判を与える」————モルトケ

新説と「新説」のあいだ

歴史全般、あるいは第二次世界大戦史に限定しても、怪しげな「新説」が出されることは稀ではない。ローズヴェルトが真珠湾攻撃を事前に察知していたことを、ついに証明したと主張する書やら（ロバート・B・スティネット『真珠湾の真実』、妹尾作太男訳、文藝春秋、２００１年）、張作霖爆殺事件は実はソ連情報機関が仕組んだことだったという記述を含む毛沢東伝（ユン・チアン／ジョン・ハリディ『マオ』、土屋京子訳、上下巻、講談社、２００５年）などが翻訳出版され、話題を呼んだことは、いまだに記憶に残っているところだろう。これらを見ていると、つぎつぎと新発見がなされ、現代史の記述は全面的な訂正を余儀なくされるかのようだが……むろん、そんな必要はない。

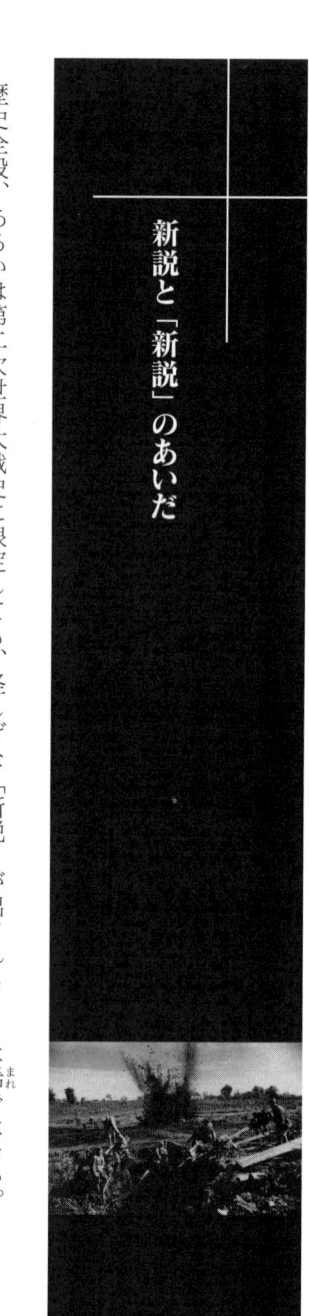

かかる著作に、学術書めかして付けられている註に基づき、典拠を子細に検討していくと、彼らが仕掛けるトリックは、そくざに見破れる。それらは、著者が所有する未公開史料であったり（！）、著者のみに特別に許された関係者へのインタビューであったり（!!）と、第三者による検証が不可能な「新史料」「新事実」であることが、ほとんどなのだ。加えて、自説に都合が悪い史料や事実は無視、もしくは歪曲されていたりする。つまり、彼らの「新説」が、学問的な実証手順を抜きにして組み立てられた砂上の

楼閣にすぎないことは、専門家の眼には一目瞭然なのである。ちなみに、ここで例に挙げた本に対する、具体的かつ徹底的な批判としては、秦郁彦編『検証・真珠湾の謎と真実』(PHP研究所、2001年)や、矢吹晋『激辛書評で知る中国の政治・経済の虚実』(日経BP社、2007年)第1章などを参照されたい。

さて、近年ミリタリー雑誌などでも取り上げられるようになった、ソ連の侵略論、すなわち、1941年にソ連はドイツを攻撃する意図を有していたという議論がある。いわゆる戦史研究家のなかにも、重要なテーゼが出されたとして、真面目に検討している向きもいるようだ。

しかし、これも、右記のごとき「新説」にすぎないと言ったら、読者諸氏は驚かれるであろうか?この例、根拠を持たない主張が独り歩きし、もてはやされる背景を如実に示しており、よいサンプルであると思われる。以下、やや細かい議論になるが、ことの経緯を述べ、解説を加えていきたい。

新味なき新説

実は、ドイツのソ連侵攻が、後者の攻撃計画に先んじるための、いわゆる予防戦争であったという主張は、まったく目新しいものではない。それどころか、バルバロッサ作戦第1日目において、戦争遂行中のドイツの背後を衝こうとするソ連軍に対し、先制攻撃を決意しなければならなかったという公式発表がなされていたのである。むろん、こうした見解は、ナチス政権がソ連侵攻を正当化するためのプロパガンダにすぎなかった。

さらに、戦後しばらくのあいだは、歴史家の一部にも、ソ連にはドイツを攻撃する意図があったと論じるものがいたが、一次史料の検討が進み、研究が深化するとともに、彼らの意見は、学問的な批判に耐えられなくなり、まともに扱われることはなくなっていった。にもかかわらず、なおソ連の侵略計画の存在を唱え続ける保守派の論者(元国防軍参謀将校や哲学を専攻する大学教授など)はいたけれど、しょせんはドイツの戦争責任を軽減しようという意図が明白な議論であり、大きな影響力は持ち得なかったのである。ただし、これら一連の予防戦争論者が、ソ連の対独攻撃計画を証明する材料として挙げたことが、のちに「新しく」提示されたソ連先制攻撃論の根拠と、ほぼ一致しているのは興味深い。列挙してみると――

①ソ連はドイツと英仏の戦争を誘導し、これに乗じて勢力圏を拡張、最終的にはドイツを打倒しようとしていた。
②ソ連軍事ドクトリンの攻撃性の強調。
③ソ連軍の戦力は、質量ともにドイツに優っていた。
④1941年の独ソ国境へのソ連軍の集中は、防衛の範疇を超え、攻勢を企図したものであった。
⑤1941年6月13日（発表日付は14日）に、タス通信は、独ソ開戦の噂を否定するコミュニケを出しているが、これは対独攻撃に備えての欺瞞工作だった。
⑥1941年5月5日に、各軍大学校卒業生に対して、スターリンが行った秘密演説では、対独戦争が宣言されていた。

いうまでもなく、こうした論点は、歴史家たちによって、ことごとく否定されていたのであるけれど、1980年代に入って、同様のことをあらためて主張する人物が現れた。「ヴィクトル・スヴォーロフ」の筆名（本名はヴラジミール・レーズンであるという）で著述活動を行っていた亡命ソ連軍将校である。

彼は『イギリス三軍統合国防研究所雑誌』に発表した論文（Viktor Suvorov, Who was Planning to Attack Whom in Jume 1941, Hittler or Stalin?, in: *Journal of the Royal United Services Institute for Defence Studies* [以下RUSIと略], Vol. 130, No. 2）、そして西ドイツ（当時）で出版した『砕氷船』（*Der Eisbrecher,*

Stuttgart, 1989）において、先に述べた①から⑥の論を再び展開した。その際、スヴォーロフは、『砕氷船』という書名からもわかる通り（もちろん、有名なレーニンの「砕氷船」テーゼ、ソ連にとって困難な状況を氷原に、資本主義国を砕氷船にたとえ、資本主義国家を相争わせ、ソ連が漁夫の利を得るようにしなければならないとした行動方針に由来している）、ソ連は、ドイツと西側連合国を戦争に誘導し、両者が疲れ果てたところで参戦、ヨーロッパを征服するという長期的計画を持っていたと述べたのだった。

とはいえ、スヴォーロフの著作には、新しい発見などはありはせず、論点①から④に関しては、すでに否定された、古い研究の焼き直しにすぎなかった。

また、⑤についても同様。スヴォーロフは、6月13日のタス・コミュニケは、スターリンが自ら書いたものだとし、なぜ、ドイツの対ソ攻撃が目前に迫った時点で、かようなコミュニケが出されたのかという疑問を呈し、自ら回答する。問題のタス・コミュニケでは、当時独ソ国境に向かって秘密裏に実行されていた軍の集中（8個軍にもおよぶ大規模なものだった）をも否定している。実は、これらの大軍は、平時から国境に準備された攻撃部隊が第一波として、そして開戦前後に動員された部隊が第二波として攻撃を行うと規定したソ連軍のドクトリン通りに対独攻撃を準備していたのであり、6月13日のタス・コミュニケは、かかる準備を隠すための欺瞞工作だったのである、と。

⑥については、開戦までモスクワの大使館に勤務していたドイツの外交官グスタフ・ヒルガーの回想と、やはりモスクワに滞在していたイギリスのジャーナリスト、アレグザンダー・ワースの記述を拡大解釈し、5月5日のスターリン演説では、対独攻撃の意志が示されたと推測している。もしも、筆者の「拡大解釈」という表現が誇張だと思われるなら、後者は和訳されているので、読者自ら確認されるとよい。当該部分には、スターリンは、外交交渉でドイツの攻撃を遅延させ、ソ連の準備を固めるという政策を披露、その結果1942年に独ソ戦は不可避になるとの見通しを表明したと、記述されている（ワース『戦うソ

ヴィエト・ロシア』、中島博・壁勝弘訳、第一巻、みすず書房、1967年、112〜113頁）。

専門家は反撃する

かように、スヴォーロフの議論は、旧来の対ソ侵攻予防戦争論でいわれていたことの繰り返しにすぎなかったのだが、『砕氷船』は西ドイツでベストセラーになった。やはり、普通のドイツ人にとって、スターリンも侵略を準備していた、ヒトラーはそれに一歩先んじただけなのだという主張は、耳に心地よかったからであろう。このあたり、ローズヴェルトは真珠湾攻撃をあらかじめ知っていながら、世界戦略の展開上、敢えてやらせたのだという陰謀論が、ある種の日本人に熱狂的に支持されるのと一脈通じるところがあるかもしれない。

また、同じころ、ドイツ連邦軍軍事史研究局に勤務するヨアヒム・ホフマンが予防戦争論を唱えたこともあって（ホフマンの見解をめぐる論争については割愛するが、こちらについては、『西洋史学』第169号所収の拙稿「独ソ戦の性格をめぐって」で触れてあるので、参照していただければ幸いである）、保守派のジャーナリストや一部の歴史家のなかにも、スヴォーロフの著作を評価するものが現れた。日本でも、独ソ戦史の研究家とされている守屋純が、「スヴォーロフの全く新しい角度からの解釈はすべての疑問を解決したわけではないが、かなりの部分、これまで不可解であったスターリンの政策について明確な答えを提示している」、「この亡命ソ連軍人による新たな指摘について、今後は誰も無視して通り過ぎることはできないであろう」と絶賛している（守屋純「独ソ戦発生をめぐる謎」『軍事史学』第99・100号合併号、268〜269頁）。

しかしながら、ドイツやソ連の現代史を専門とする歴史家、あるいは、軍のソ連専門家からの反応は、一般のそれとは正反対のものであった。スヴォーロフは当時のソ連軍事ドクトリン上の「反撃」を「攻撃」と混同している、彼のテーゼは状況証拠によるもので、スターリンに近い筋のひとびとの回想と適合しない、当時のソ連軍は再編中でなお弱体であった……。そう、スヴォーロフの「新説」には、ほとんど全否定といってよいほどの辛辣な批判が浴びせられたのである。紙幅の制限上、そのすべてを紹介することはできないから、ここでは、代表的なものとして、ドイツのソ連史専門家ビアンカ・ピエトロフのものを要約しておこう（Bianka Pietrov, Deutschland im Juni 1941 – ein Opfer sowjetischer Aggression?, in: Wolfgang Michalka (Hrsg.), *Der Zweite Weltkrieg*. 2. Aufl. München, 1990)。

ピエトロフによれば、論点①から③は事実に反するもので、当時のソ連外交が、国内の脆弱さを自覚するがゆえに、何よりも安全保障を追求していたことは、最新の研究からも証明される。なぜなら、スターリンの下での工業化強行により、ソ連の経済と社会は疲弊しきっていた。これは、国防分野にも影響を与え、第三次五か年計画（１９３８〜１９４２年）により兵器生産は増大したものの、輸送手段の改善、無線、弾薬などの配備は遅れ、インフラストラクチャーの建設もゆるがせにされていた。もちろん、大粛清により、赤軍が高級将校の65％を失ったことの影響も見逃せない。

さらに、外交面では、ソ連は、英仏の宥和政策により孤立することを危惧していたし、しかも東部には日本の脅威があった。だからこそ、ソ連は、イデオロギー上の敵であるナチス・ドイツと不可侵条約を結んだのだし、それ以降もドイツとの協調を求めたのだ。

論点③についても、スヴォーロフの主張は、事実と反している。たとえば、開戦時にドイツの攻撃の矢面に立った西部軍管区では、旧式戦車のうち稼働状態にあったのは27％のみであり、動員された兵士も再訓練未了であった。論点④についても、ソ連軍の国境への兵力強化は、１９４１年３月２日のドイツ軍ブルガリア進駐に反応して開始されたことは、１９５０年代の諸研究によって、すでに確認されている。

許されざる手法

以上のごとき文脈から、論点⑤のタス・コミュニケも、ドイツ軍の集結を知ったソ連が、なお和解を模索したしるしとみるべきであろう。スヴォーロフは、問題のコミュニケは攻撃準備の一環、攪乱（かくらん）工作であるとしている。だが、多くのソ連の将軍たちの回想録をみるかぎり、ドイツ軍が攻撃してくるとの警告を受けていたにもかかわらず、問題のコミュニケで戦争の可能性が否定されたことに、彼らは当惑しきっている。加えて、国境の堅持を命じ、ドイツを挑発するような振る舞いを禁じたスターリンの指令にも悩まされていた。

論点⑥の5月5日のスターリン演説についても、ヒルガーの回想やワースの記述を含めて、少なくとも4点の二次文献で触れられており、その内容はさまざま、とてもスターリンの攻撃意図を証明するものではありえないとした。

しかし、何よりも衝撃的だったのは、スヴォーロフが、ソ連の将軍たちの回想録を引用するにあたり、自説に都合のいいように歪曲や改竄（かいざん）をなしていたという指摘だったろう。彼は、イスラエルのソ連史家ガブリエル・ゴロデツキが加えた批判に対し、ＲＵＳＩ誌上で「イエス、スターリンは１９４１年６月にヒトラーを攻撃しようと企てていた」なる題名の反論を展開しているが（V. Suvorov, Yes, Stalin Was [sic] Planning to Attack Hitler in June 1941, in : *RUSI*, Vol. 131, No. 2）、そこでヴァシリェフスキー将軍の回想を、こう引用している。

ソ連側では攻撃を熱望しているという噂を西側にひきおこすことへの懸念を捨てることは必須であった。我々は……【省略はスヴォーロフによる】戦争のルビコンに達し、確たる一歩を踏みださなければならなかった。

ところが、ピエトロフによれば、原文は以下の通りである。

西側でソ連のいわゆる攻撃意図に関する騒ぎを起こすであろうことへの懸念は捨てるべきであったろう。我々は、我々には動かせない諸情勢によって、戦争のルビコンに達した。そして、確たる一歩を踏みだすことが必要だったのであろう。

つまり、本来はスターリンの掣肘を受けて必要な防衛措置を取れなかったことを悔やむ文章であったのが、意図的な省略の結果、ソ連の攻撃意図を示すものにすり替えられたというのだ。さらに、ピエトロフとは別の研究者の指摘によれば、「我々は、この予備軍を計画にあったように攻勢にではなく、防御に配置することを余儀なくされた」（傍点筆者）というセムスコフ少将の回想も、オリジナルでは「攻勢」ではなく「反撃」だったというのだから、深刻である。ほかにも、スヴォーロフが、史・資料の背景を無視して、恣意的な引用を行っている例は枚挙にいとまがない（Gabriel Gorodetsky, Stalin und Hitlers Angriff auf die Sowjetunion, in: *Vierteljahreshefte für Zeitgeschichte*, 37. Jg., H.4）。

こうして、スヴォーロフの「新説」が否定される一方、論争に関連して、興味深い展開がみられた。この間のソ連崩壊の影響による機密史料公開の結果、5月5日のスターリン演説のテキストが発見されたのだ。発掘者である、ロシアの歴史家レフ・ベジメンスキーによれば、これは、マルクス・エンゲルス・レーニン研究所が、スターリン全集版編纂のためにつくった要約だったが、スターリンの死去に伴う計画中止ののち、共産党中央委員会の文書館に引き渡されたものだった。それに従えば、スターリンは、ソ連軍備の進展を讃えたものの、将兵の教育はなお遅れていると戒めた。ついで、ドイツが第一次大戦の敗北からよく学び、フランスを屈服させたと分析、しかし、そのドイツ軍もいまや諸民族抑圧の側にまわっているので、無敵ではありえないと宣言している。演説自体は、この程度のものだけれど、直後の乾杯の挨拶で、ソ連軍が再編された今では防御から攻撃へと軍事政策を転換していかなければならないとの宣言がなされている。すなわち、スターリンは、ドイツを攻撃する意図など——最後の部分を誇張するならともかく——示しはしなかったのである（Lev Besymenski, Die Rede Stalins am 5. Mai 1941, in: *Osteuropa*, 42. Jg., H.3)。

かくて、スヴォーロフの主張は葬り去られるかにみえたのだが、意外にも、彼の議論に基づき、独ソ戦予防戦争論を唱えるドイツ人が新たに現れた。ハレ・ヴィッテンベルク大学教授ヴェルナー・マーザーである。

二度目は喜劇として

ヒトラーの研究に生涯を捧げたマーザーについては、日本でも彼の著書が多数翻訳出版されているから、あらためて説明するまでもあるまい。その一連のヒトラー伝は、ドイツ本国でも評価されている。にもかかわらず——マーザーが、しばしば実証し得ない奇矯なテーゼを打ち出し、激しい批判を浴びていたことは、わが国ではあまり知られていない。ナチス・ドイツの軍需相アルベルト・シュペーアが、ニュルンベルク裁判で、アメリカの主席検事ロバート・ジャクソンと秘密協定を結んだとする主張などは、その典型的なものであろう（マーザー『ニュルンベルク裁判』、西義之訳、ＴＢＳブリタニカ、１９７９年）。不幸なことに、スターリンはドイツを攻撃すべく準備を進めていたとする、彼の著作も（Werner Maser, *Der Wortbruch*, München, 1994)、かかる「新説」の一つにすぎなかった。というのは、肝心のソ連軍の動き、「攻撃意図」を証明するにあたり、マーザーは、ほぼ全面的にスヴォーロフの著作に依拠していたからである。

その予防戦争論が批判されたのも、ゆえなきことではない。ここでは、代表的な批判として、邦訳がある、ベルリン自由大学教授ヴィッパーマンのそれを引いておこう。

「マーザーは、このような断定的な主張をどのように証明したか。まず第一に、彼とは異なることを主張する歴史家をすべて黙殺することによってである。たとえば、彼が偽って『文献目録』と名付けている、わずか9ページしかない使用資料文献目録に、彼は、ヒトラーの将軍や秘書たちの回想録と並んで、基本的には修正主義的歴史家や予防戦争論の支持者の作品しか挙げない、といったやり方によってである」、「マーザーが、彼とは異なることを主張する歴史家たちを、『情報不足』と指摘するだけではなく、『政治的に買収されている』と呼ぶのは、まったく容認することができない。いったい誰がだれを買収したというのか。KGBがドイツの歴史家たちを買収したとでもいうのだろうか。【原文改行】買収されたのはマーザーの方である、と意地悪い反論を加えることも可能である。なぜなら、マーザーの論拠のほとんどすべては、寝返ったKGB諜報員の『スヴォ【ー】ロフ』によるものなのだから」（ヴォルフガング・ヴィッパーマン『ドイツ戦争責任論争』、増谷英樹ほか訳、未来社、1999年、114～115頁より、註番号を略して引用）。

　筆者としては、このヴィッパーマンの評価に付け加えることは何もない。

　しかしながら、ソ連の先制攻撃論によほど魅了されたのか、守屋純は、このマーザーの著作を和訳し、つぎのごとき評価を付している（「訳者あとがき――解説に代えて」、マーザー『独ソ開戦』、守屋訳、学習研究社、2000年、599頁）。

「この『砕氷船テーゼ』【スヴォーロフの主張】については、もっぱら状況証拠による独断的な判定であって、特にソ連側の一次資料（ママ）による裏付けがない点でドイツでもアカデミズムの大勢は黙殺の態度をとり、それは英米でも同様であった。しかしソ連崩壊後のロシアでは、この『砕氷船テーゼ』は大きな関心をもって迎えられ、スヴォーロフの著書は100万部を超えるベストセラーになっている。【原文改行】マーザーの本書はこのスヴォーロフのテーゼとはやや距離をおきながらも、スターリンの側での対独戦争準備と先制攻撃計画という点に絞って、ソ連崩壊後の今日までに得られた資料に基づく研究成果である。ただ本書でもソ連側の一次資料使用（ママ）についてはまだ完全とは言い難く、やはり状況証拠中心になっている点は否めない。それでもマーザーが本書で論じている事柄をまったくの虚構と断定することはできない。定説とまではいかないが、重要な仮説であり問題提起であって、先にあげた《バルバロッサ》直前期のスターリンとソ連側の不可解な行動と態度を最も合理的に説明するものになっている」

　かかる守屋の記述が、どの程度適切で正確なものであるかという判断は、読者にゆだねよう。さりながら、1990年に「独ソ戦発生をめぐる謎」を書いたときに比して、ずいぶんスヴォーロフに冷たくなったものだという感想は禁じ得ない。

　ただ、ロシアにおいて、スヴォーロフの《砕氷船》が人気を博したことと、その影響については、解説を加えておく必要があるだろう。まず、彼のテーゼが一般のロシア人に支持された理由は、容易に推測できる。独ソ戦緒戦の大敗は、ロシア人にとって大きなトラウマになっているのだから、スターリンが先制攻撃に失敗、ヒトラーに先手を取られたゆえに、あんな目に遭ったのだという議論は、おおいに魅力的であり、ベストセラーになったことも不思議ではない。とはいえ、かの《ノストラダムスの大予言》が証明してくれたように、本がよく売れるということは、必ずしも、その内容が正しいことにはならないのであるが。

　しかしながら、スヴォーロフの主張に刺激を受けたロシアの歴史家のあいだに、そのテーゼを史料に基づき検証してみようという動きも出てきた。もっとも、これは、『砕氷船』を歴史研究書として認めることとイコールではない。たとえば、彼を高く評価する歴史家ボリス・ソコロフでさえも、同書には少なからぬ事実誤認や歪曲が在るとしている（ロシアの状況については、Alexander I. Boroznjak, Ein russischer Historikerstreit?, in: Gerd R. Ueberschär / Lev A. Bezymenskij (Hrsg.), *Der deutsche Angriff auf die Sowjetunion 1941*, Darmstadt. 1988 が詳しい）。

ともあれ、そうした歴史家のなかには、ミハイル・メリチェホフのごとく、スターリンにはドイツを攻撃する意図があったと結論づけるものも出てきたのだが、それらも、状況証拠や間接的な証言に拠っているにすぎなかった（筆者は、２００１年10月に大東文化大学で開催された、ロシア史研究会大会の「第二次世界大戦再考」シンポジウムにパネラーとして招かれた際、メリチェホフと直接討論する機会を得た。その際、かなり執拗に確認したのだが、スターリンの攻撃指令といった史料は、見いだせなかったということだった）。

結局の所、彼らの主張を裏付ける、決定的な史料は今日まで発見されていない。おそらくは、これからも発見されないであろう。

「新」を警戒せよ

以上、検討してきたように、鳴り物入りで発表される「新説」は――金銭欲や名声欲など、動機はさまざまであり――いわば国民感情につけいるもので、しかも「新発見の史料」や「新証言」などといった電飾を付けているため、人を幻惑しがちではある。けれども、多くの歴史家が長い時間をかけて確定してきた歴史的事実とは、そう簡単にくつがえされるものではない。新発見、新史料、新証言といった単語を聞いたら、眉に唾(つば)をつけて接するのがよろしかろう。そのように慎重な態度でいれば、「新説」に騙されることはないはずだ。

付記１：文中、敬称は略した。また、本稿の３分の２ほどは、『西洋史学』第169号に発表した拙稿の要約であることをお断りしておく。より詳細な経緯をお知りになりたかったり、文献データが必要な方は、そちらを参照されたい。

追記1　不可解なことに、守屋純は、スターリンは、ドイツ軍を国境付近ではなく、内陸深くに引き入れ、撃滅する防御戦略を採用していたとする見解を、２００６年に発表している（「独ソ開戦極秘の図上演習」、『歴史群像』第80号）。研究の結果、従来のソ連先制攻撃説を評価する立場を放棄し、正反対の結論にたどりついたということなのだろうか？　なお、その後、守屋は２０１２年に刊行された『独ソ戦争はこうして始まった』（中央公論新社）で、スヴォーロフ説支持を撤回している。

追記2　『西洋史学』第169号掲載の拙稿は、本章に収録した。

アーヴィング風雲録――ある「歴史家」の転落

デイヴィッド・アーヴィング

ある雑誌に「SS中佐パウル・カレル」と題して、彼のナチス時代を描いた小稿を寄せたところ（のち、『明断と誤断』に所収）、幸い好評をいただいたようで、アンケートでも、面白かった記事の一つに挙げてくださる読者が多かったとか。筆者としては、嬉しいかぎりである。しかしながら、一種の偶像破壊をやったわけだから、当然、批判も生じよう。仄聞（そくぶん）するところによれば、それらは以下の三点に要約できるようだ。①カレルの姿勢に問題があるとしても、虚偽は書いていないだろう。②歴史書といえども、記述に著者の主観が入っているのは当たり前のこと。③カレルが元SSだからといって、その著作が無価値になるわけではない。そんなことをいえば、回想録のたぐいに依拠することはできなくなってしまう。

これらの批判に対し、私の見解を述べていくことにしよう。①については、かつてのカレル愛読者として（十代のころだが）惻隠（そくいん）の情がはたらき、「SS中佐パウル・カレル」では、やや筆が鈍ったところもある。が、彼の記述のかなりの部分、しかもプロホロフカの大戦車戦のような、いわゆる「名場面」が事実でないことは、現在では明白になっている。* 実は、カレルは、その著作の執筆当時、すでに否定されていたり、疑問視されていた説であっても、おのが主張を支持するものであれば、当否を問わず採用していたのだ。そうした例はあまりに多く、この場ですべてを挙げることはできないので、今後戦史記事を発表する際、必要に応じて指摘したい。

続いて②と③であるけれど、ここで再びカレルを例にするのは、前掲拙稿の繰り返しとなる恐れがある。また、歴史学の一般的な原則とも関わっているようにも思われるから、別の事例を引いてくることも可能だ。そこで、今回は、イギリスの「歴史家」デイヴィッド・アーヴィングを取り上げ――彼の問題は、カレルのそれとも通底している――最後に、併せて論じることにしよう。

軋轢(あつれき)の多い「歴史家」

わが国においても、アーヴィングが、ネオ・ナチのイデオローグであり、歴史修正主義者であることは、よく知られている。とりわけ、ユダヤ人絶滅を否定する言論をなすことを法律で禁じているオーストリアで逮捕された事件以来（2005年）、彼の言説に政治的動機があることを疑うものはいないだろう。けれども、その一方で、80年代に邦訳されたアーヴィングのいくつかの著作について、イデオロギーはともかく、彼が収集した史料や証言は信じられると判断し、これらは歴史書であるとみなす一般読者も少なくないようだ。事実、そうした書物を著すにあたり、私文書を発掘し、さまざまな関係者から証言を引き出したアーヴィングの努力には並々ならぬものがあり、私も二十代のころには感嘆した記憶がある。

けれども――今日では、アーヴィングの執筆姿勢、そして、史料収集ならびに史料批判の方法には、致命的な問題があることが暴露されている。さらに、それは、処女作以来のものだというのである。まず、物議をかもした著作『ヒトラーの戦争』（*Hitler's War*, London, 1977. 日本では、赤羽龍夫訳で1983年に早川書房から二巻本で刊行された）が出版される以前に、アーヴィングが、どのような著作活動を行っていたかを概観してみよう。

1938年生まれのアーヴィングの第一作は、1945年2月のドレスデン空襲をテーマとした『ドレスデンの破壊』（*The Destruction of Dresden*, London, 1963）だった。周知のごとく、この、かつてのザクセン選帝侯の宮殿がある古都に対する連合軍の空襲は、きわめて非人道的なものであり、軍事目標よりも民間人殺傷を目的としたテロ爆撃ではなかったかと批判されている。従って、ドレスデン空襲で、どれほどの損害が出たかというのは、歴史学のみならず、政治的にもセンシティヴな問題だったわけだが、アーヴィングは、ドイツ側の人的被害は5万から10万、おそらく13万5000人が命を落としたというのが、もっとも実状に近いのではないかと結論づけた。仮に彼の推定が正しいとするなら、ドレスデン空襲の被害は、広島、あるいは長崎に対する原爆攻撃の惨禍に匹敵することになる。

この点に、欧米の反核運動家たちは強く反発した。彼らは、アーヴィングの数字は、通常兵器でも核兵器なみの破壊が可能であるとし、核兵器の脅威を矮小化することを狙った誇張だと批判したのである。にもかかわらず、アーヴィングの研究は、多くの史料を博捜し、体験者の証言を集めたようにみえたため、さまざまな歴史書や事典にも引用され、定説とみなされるようになった。加えて、60年代の欧米では、連合軍空襲の道徳性をめぐる論議が盛んになっていたから、その追い風を受けて『ドレスデンの破壊』はベストセラーとなる。

しかし、2000年の、アーヴィングを原告とした「デボラ・リップシュタット裁判」に、被告側の証人として出廷したイギリスの歴史家リチャード・エヴァンズは（問題の裁判と、エヴァンズの役割については後述）、『ドレスデンの破壊』の典拠を洗い直し、驚くべき事実をあきらかにした。アーヴィングの数字は、ドレスデン空襲当時軍医だったマックス・フンファクなる人物が死傷者数に関する噂について述べたこと、それをもとに捏造された文書のみに拠っていたというのである（フンファク自身、『ドレスデンの破壊』刊行後、自らの言葉をゆがめて伝えられたと、証言していた）。エヴァンズの論証は正当なものと認められ、その結果、ドレスデン空襲の死傷者数は劇的に下方修正されることになった。現在では、論者によって差異はあるものの、2万5千から3万5千ほどとされている（追記参照）。

なぜ、こんなことがなされたのだろう。アーヴィングの動機は？

それについて語る前に、『ドレスデンの破壊』以後の彼の「戦歴」をまとめておこう。V兵器計画をめぐるドイツ軍と連合軍の情報戦を描いた『でっちあげ』（*The Mare's Nest*, London, 1964）と、ドイツの原爆製造計画を題材にした『ウイルス・ハウス』（*The Virus House*, London, 1967）までは、そうは奇矯な主張もなかった。だが、『事故——シコルスキ将軍の死』（*Accident - The Death of General Sikorski*, London, 1967）あたりになると、雲行きが怪しくなってくる。アーヴィングは、亡命ポーランド政権の指導者の一人だったヴワディスワフ・シコルスキ将軍の死は、事故ではなく、スターリンとの関係強化をはかったチャーチルが、ポーランドをソ連の支配圏下に入れることを円滑に進めるために仕組んだ謀殺だったと主張したのだ。

続く『PQ17船団の潰滅』（*The Destruction of Convoy PQ 17*, London, 1967）になると、ことは、よりスキャンダラスになる。PQ17船団の護送司令ジャック・ブルーム中佐に船団壊滅の責任があると決めつけたアーヴィングは、1968年に同中佐より名誉毀損で訴えられた。1970年、イギリス高等法院は、アーヴィングに4万ポンドの慰謝料支払いと『PQ17船団の潰滅』の市場からの回収を命じている。

もう、よかろう！　アーヴィングは、史料収集や証言者捜しに、とほうもない労力を払い、貴重な情報を集めているというのに、そこから導き出されるのは、陰謀史観まがいの結論でしかなかったのである。

1986年に、南アフリカのダーバンでの講演において、彼は告白している。私は訓練されていない歴史家である、歴史は学校時代、私が単位を落とした唯一の課目であった、と。たしかに、ロンドン大学を中退したアーヴィングの論理の展開は、歴史学の専門家からみれば首を傾げざるを得ないものでしかなかった。イギリスの歴史家ポール・アディソンの評価を借りれば、アーヴィングは、「リサーチの巨人ではあるものの、判断力においては、しばしば学童なみ」だったのである。

とはいえ、もしアーヴィングの問題性が、歴史学的な論究の浅さだけであったなら、いわゆる「トンデモ本」の著者として、一般読者に苦笑とともに受け入れられていたかもしれないし、現在のようにネオ・ナチのイデオローグに祭り上げられることもなかったであろう。しかし、アーヴィングの「偏向」が政治的姿勢を帯びていたのはあきらかであり、それは、より深刻な事態を招くことになる。

『ヒトラーの戦争』と裁判

1977年にイギリスで『ヒトラーの戦争』が出版されるや、欧米では激烈な批判が浴びせられた。この著書で、アーヴィングは、ユダヤ人絶滅政策はSS長官ハインリヒ・ヒムラーが独断で進めたもので、ヒトラーは1943年10月にいたるまで、それについては何も知らなかったと主張したのである。しかも、その根拠たるや、突き詰めていけば、自分が博捜したナチス時代の公文書や関係者の私文書に、ヒトラーがユダヤ人絶滅を命令したと証明できるものは、まったくないという強弁にすぎなかったから、ごうごうたる非難が巻き起こるのも当然であった。かかるナンセンスを否定するには、歴史学の専門知識など必要としない。ユダヤ人絶滅などという、きわめて重要で、かつ機密保持を要する指令は、文書ではなく、口頭で発せられたと考えるのが常識だからだ。そもそも、ある事実を証明する文書が残っていないことは、その事実が存在しないこととイコールではない。

ゆえに、ドイツ（当時は西ドイツ）のマルティン・ブロシャートやエバーハルト・イェッケル、イギリスのジッタ・セレニィ、アメリカのルーシー・ダヴィドウィッツといった、多数の歴史家たちが、『ヒトラーの戦争』を無価値な本と断じた。

ところが、一方では、戦争中イギリス軍情報部に勤務して、ヒトラーの最期について調査したヒュー・トレヴァ=ローパーやサンドハースト陸軍士官学校の教官だったジョン・キーガンは、ヒトラーがユダヤ人絶滅政策について知らなかったとする主張は支持できないし、いくつか重大な事実誤認があると、留保や批判を付しつつも――ネット上に散見される、アーヴィングは、トレヴァ=ローパーやキーガンのような専門家にも認められているという記述は、意図してか、無意識にかはわからぬものの、二人の評価の否定的な部分をネグレクトしている――『ヒトラーの戦争』を、厖大なリサーチに基づく労作だと評価した。日本でも、当時のトレヴァ=ローパーやキーガン同様、ヒトラーはユダヤ人虐殺に関わっていなかったとする主張はともかく、そこに記述されたことは信用できると考える向きは少なくないようだ。

けれども、アーヴィングが提示した「事実」は、額面通りに受けとめられるのだろうか。

実は、この点についても、『ヒトラーの戦争』が出版された当時、また、それ以降も、多数の疑義がよせられていた。たとえば、アメリカの第二次世界大戦史の専門家ジョン・ルカーツは、『ヒトラーの戦争』には、あまりにも多くの人名や日付けの間違いがあるとし、かつ出典註が不完全であるため、アーヴィングの記述を検証するには著しい困難があるとしていた。さらに、アーヴィングが得意とする、関係者からの情報収集についても、インタビューされたひとびとの一部から、自分の証言とはちがう結論がみちびかれていると、異議が唱えられていたのである。

こうしたアーヴィングの事実誤認、あるいは歪曲の裏にある政治的意図は、彼自身が起こした裁判によって、白日の下にさらされることになる。

1998年、ディヴィッド・アーヴィングは、アメリカの歴史家デヴォラ・リップシュタットと彼女の著書 *Denying the Holocaust* (London, 1994. 邦訳は、『ホロコーストの真実』、滝川義人訳、上下巻、恒友出版、

1995年。以下、『ホロコーストの真実』とする）を出版したペンギン・ブックス社を、名誉毀損のかどでイギリスの裁判所に訴えた。『ホロコーストの真実』では、証拠もなしにホロコースト否定論者と決めつけられていると、アーヴィングは主張していた。この裁判の経過を縷々述べていくのは煩雑に過ぎるから、結果だけを伝えておこう。2000年に裁判は結審、アーヴィングが政治的意図のもとに史実を歪曲した、ホロコースト否定論者・人種主義者であり、ネオ・ナチ思想を鼓舞する極右と結託していることは、まぎれもない事実であるとの判決が下されたのだ。アーヴィングは敗訴したばかりか、裁判所により、政治的に偏向していると断定されてしまったのである。

さりながら、本節での議論にとって重要なのは、既に触れた弁護側の証人エヴァンズが、綿密な調査により、アーヴィングの歴史歪曲の手法をえぐりだしたことであろう。以下、その裁判体験記であり、アーヴィング告発の書である『ヒトラーについての嘘』(Richard J. Evans, *Lying about Hitler*, US-edition, New York, 2001) に基づき、いくつかの事例を挙げてみよう。

読者を混乱させたくなかった

エヴァンズによれば、『ヒトラーの戦争』の脚註には（1977年版の原書、851頁）、ヒトラーがユダヤ人絶滅について知らなかったことを示す証拠の一つとして、外務大臣リッベントロップの証言が引用されている。なお【　】内は、大木の補註（以下同様）。

ニュルンベルクの独房で秘密に書いたヒトラーについての試論で、リッベントロップも、彼【ヒトラー】を、完全に免責している。「どのようにして、ユダヤ人絶滅にいたったのか、私は知らない。ヒムラーがそれをはじめたのか、ヒトラーがそれを唱えたのか、わからない。だが、彼【ヒトラー】

が命令したなどということを、私は信じたくない。なぜなら、そんな行動は、私が抱いている彼の像と合致しないからだ。

つまり、リッベントロップですら、ヒトラーはユダヤ人絶滅について知らなかったと考えていたと、アーヴィングは思わせたいわけである。ところが、このリッベントロップ証言を記した文書のオリジナル（バイエルン州立文書館に保管されている）に当たってみると、後段に、アーヴィングが引用していない部分があることがわかる。

一方、その【ヒトラーの】最後の意志、彼の反ユダヤの熱情から判断するなら、たとえ命令はしていなくとも、それ【ユダヤ人絶滅】を知っていたと推測せざるを得ない。

実のところ、この指摘は、すでに1977年に『サンデー・タイムズ』紙上で、歴史家のジッタ・セレニィとジャーナリストのルイス・チェスターによってなされていた。これに対し、アーヴィングは、後段の部分は自分の議論とは無関係で、読者を混乱させたくなかったから、引用しなかっただけだと弁明している。ちなみに、当時アーヴィングは、ヒトラーがユダヤ人絶滅について知っていたことを証明する文書を提示したものには、千ドルの賞金を出すと公言していたのだが、セレニィとチェスターには支払われていない。

かかる手法は、ほかにも多用されている。一例を示すなら、ヒムラーやゲッベルスがヒトラーに隠れて、ユダヤ人絶滅を進めていたとする主張を裏付けるための、ゲッベルス日記の引用などがそうだ。

アウシュヴィッツとトレブリンカの身の毛もよだつ秘密はよく守られた。ゲッベルスは1942年3月27日の日記にこれ【ヒムラーのユダヤ人絶滅計画】の率直な要約を書いているが、二日後ヒトラーと会ったときには明らかに口をつぐんでいた、というのは彼は「ユダヤ人はヨーロッパから出て行かねばならない。必要なら、最も野蛮な手段にも訴えねばならない」とのヒトラーの発言しか引用していないからである。（邦訳上巻、490〜491頁）

ここでも、またゲッベルス日記の当該部分を――やや長くなるが――訳出してみよう。

ルブリン付近を手はじめに、ユダヤ人は総督府【占領下のポーランド】から東方へ追い出された。いささか野蛮な手続きが適用され、それについて詳しくは語られなかった。ユダヤ人たちには、多くは残されていない。おおむね、彼らの60%は抹殺されねばならず、40%のみが労働力に使用できると結論づけられた。この作戦を実行中の前ウィーン大管区指導者は、慎重な、あまり人目につかないような方法を用いている。ユダヤ人は、なるほど野蛮に罰せられつつあるのだが、彼らは、充分にそれに値するのだ。総統のユダヤ人についての予言、彼らは新たな世界大戦をはじめるだろうという言葉は、もっとも恐ろしいありようで、実現しつつある。この案件を扱うにあたっては、いかなる感傷も許してはならない。もし、われわれがユダヤ人に対して身を守れないのであれば、彼らがわれわれを殲滅するだろう。それは、アーリア人種とユダヤの細菌との生死を懸けた闘争なのである。他の国の政府、他の体制では、この問題を総合的に解決するための力を持ち得ないだろう。ここでもまた、総統は一貫して、過激な解決策のパイオニアであり、主唱者であった。それは、状況が強いることであり、ゆえに不可避であると思われる。神に感謝だ。戦時にあって、われわれには、平時においては禁じられていた、一連の可能性が開かれている。これらを利用しつくさなければならない。

アーヴィングの「要約」が、どういうものだったかを実感させてくれる指摘ではある。他にも、個別事例を一般化し、全体的なことだったと強弁する、あるいは、より有力な証拠をネグレクトして、信憑性は薄いが自説に都合のいいものを採用するなど、その手口を列挙していけば、きりがない。エヴァンズも、『ヒトラーについての嘘』に書ききれず、裁判資料を自らのＨＰ（http://www.holocaustdenialontrial.org/en/trial/defense/evans）に掲載しているほどなので、関心のある方は、そちらを参照していただきたい。

こうした歪曲を敢えてやったアーヴィングの動機については、現在、すでにあきらかにされている。彼は学生時代から極右思想に傾いており、ヒトラーを崇拝していた。その性向は、『ヒトラーの戦争』を書くにあたっても少しも変わっておらず、ヒトラーを弁護する方向へと走っていったのである。１９８３年のヒトラー日記偽造事件をルポした著作（ロバート・ハリス『ヒットラー売ります』、芳仲和夫訳、朝日新聞社、１９８８年）には、アーヴィングは——日記鑑定に、彼も一役買った——こう描写されている。

アーヴィングは『ヒットラーの戦争【ヒトラーの戦争】』執筆中、自分をフューラーに「同化」させていたことを認めた。彼が筆を進めている間、机の上方にある壁から、彼を見下ろしていたものは、クリスタ・シュレーダー【ヒトラーの秘書】から贈られたヒットラーの自画像であった。彼は煙草も吸わず、アルコールもたしなまなかった（「私は酒を飲まんよ」と彼はいっていた。「アドルフだって飲まなかったじゃないか」）。

「怪物と闘うものは、その間に、おのれ自身が怪物とならぬよう心すべし。深淵を長く見つめるなら、深淵もまたお前を見つめ返してくる」という『善悪の彼岸』の一節は、アーヴィングの場合にもあてはまるようである。

『狐の足跡』

以後のアーヴィングの人生については、日本の新聞雑誌でも、断片的に報じられている。いよいよ歴史修正主義に傾斜し、その著作は歴史書というよりもプロパガンダとみなされるようになり――ついには、2005年の逮捕にいたる。

よって、ここでアーヴィングの著作に関する記述を止め、冒頭の議論に戻ってもよいのだが、もう一点だけ、日本においては過大に評価されていると思われる、彼のロンメル伝について、補足的なことを書いておこう。

The Trail of the Fox (London, 1977. 邦訳は『狐の足跡』、小城正訳、上下巻、早川書房、1984年)は、『ヒトラーの戦争』と同じ年に出版され、やはり一大センセーションを巻き起こした。アーヴィングが、「砂漠のキツネ」として偶像視されていたロンメル元帥の人間像を厳しく批判したためだけではない。それまで、反ヒトラー抵抗運動に参加していたとされていたロンメルは、実は、それにまったく関係しておらず、最期までヒトラーに忠実だったと結論づけたためだった。しかも、アーヴィングは、シュタウフェンベルクをはじめとする抵抗運動にかかわった人物たちを「反逆者」とみなし、彼らに対する悪意を剝き出しにしていたのである。その上で、彼は、ヒトラー暗殺計画に参加していたB軍集団の参謀長シュパイデルらが、ゲシュタポに逮捕されたのちに追及をまぬがれるため、ロンメルに責任を押しつけるよう偽証したのだと断じた。

当然のことながら、ロンメルと抵抗運動には関わりがあるという定説を信じていた研究者たち、とりわけドイツの歴史家は反発したが、ロンメルの遺族の協力を得て、関係者の手紙や日記、未公刊の回想記など、さまざまな私文書を集めたアーヴィングの史料基盤は突きくずせず、『狐の足跡』は、ロンメル伝のスタンダードになったかにみえた。そう、ここでもまた「みえた」だけだ。結局、『狐の足跡』の評価も一時的なものであった。アーヴィングが、恣意的な引用や拡大解釈の常習犯であることがわかるにつれ、『狐の足跡』も再検証され、彼が依拠していた多くの私文書との齟齬が指摘されるようになったのである。その結果、最近のロンメル研究では、奇妙な現象がみられるようになった。『狐の足跡』ではなく、『狐の足跡』の記述の根拠になった私文書（現在では、ミュンヘンの現代史研究所に所蔵されている）が典拠とされているのだ。つまり、アーヴィングが発掘した史料自体の価値は認めるとしても、彼が「加工」した『狐の足跡』の記述は依拠できないと判断されたのであろう。「歴史家」にとっては、屈辱以外のなにものでもない評価であった。しかしながら、誰も責めることはできまい。アーヴィングは、大変な労苦を払って、貴重な史料を集めながら、その解釈と引用において致命的な過ちを犯し、せっかくの情報を台無しにしてしまったのである。

なお、こうした経緯にもかかわらず、『狐の足跡』が、ロンメルの未亡人ルチー・マリアと息子のマンフレートの協力をあおいで記されたこと、そして同書が刊行された当時、まだ存命だった（ルチー未亡人については、事実に反するのだが）この二人の遺族が異議や抗議を出さなかったことから、そこに引かれた文書や発言は信用できると判断しているひともいる。あまりにも素朴な判断基準に苦笑せざるを得ないが、まず『狐の足跡』刊行当時に、ルチー未亡人が健在だったというのは、単なる誤認だ。彼女は1971年に死去しており、1977年に出版された『狐の足跡』をチェックすることは不可能だったのである。そもそもアーヴィング自身、「感謝のことば」で「ロンメル夫人とは生前、二回会って話をしたことがある」と記し、『狐の足跡』上梓以前に彼女が死去したことを示唆している。

また、マンフレートも『狐の足跡』に対して、沈黙していたわけではない。ドイツ（当時は西ドイツ）の週刊誌『デア・シュピーゲル』1978年8月28日号で、そのころシュトゥットガルト市長だったロンメルは、「ディヴィッド・アーヴィングは興味深い本を書いた」と前置きしながらも、ただちに「しかし、彼は文書を信じすぎる」と斬り捨てている。さらに、「アーヴィングは、わが父を忠実な人間として、正当に描いている。ヒトラーが犯した罪に直面し、やぶれかぶれになっていたというのでもなければ、父は、反ヒトラー行動には絶対に参加しなかっただろう」としたものの、後段で、アーヴィングのテーゼを否定したのである。「ディヴィッド・アーヴィングの本における、博士シュパイデル将軍【シュパイデルは哲学の博士号を持っている】の役割の描写は間違っていると、私は確信している。わが父は、死にいたるまで、シュパイデル博士の忠誠を固く信じていた。母にも私にも、それを疑う理由など、何もありはしなかった」と。

こうした記述があるからには、ロンメルと抵抗運動の関係などという難しい問題を論じるにあたり、もう少し慎重であって欲しいと思うのは、私だけではあるまい。ちなみに、ロンメルが、どの程度反ヒトラー抵抗運動に関わっていたのか、あるいは、まったく関わっていなかったかという議論は、いまだ決着がついていない。ことの性質上、一次史料が乏しく、決定的な証拠が存在しないからである。ただ、レミィによるロンメル伝（Maurice Philip Remy, *Mythos Rommel*, München, 2004）は、彼はヒトラー暗殺計画を知っていたという結論を出している。この研究は、厖大な史料にあたり、かつ多数の当事者にインタビューした労作で、関与説を採るか否かにかかわらず、それを無視した議論はナンセンスであると思われるが——やや話がそれてしまったようである。

「歴史書」なのか？

冒頭の議論に戻ろう。論点の②、歴史書といえども、著者の主観が入るのは、ある意味当たり前という反論だが、まともな歴史家によって書かれた歴史書は、主観のままに書かれてなどいない。むろん、歴史家も人間である以上、時代の子であり、固定観念や主義主張といった特定の性向から自由ではあり得ない。たとえば、テオドール・モムゼンの『ローマ史』は、優れた歴史書として定評があるが、彼が生きた時代のドイツの国家主義的熱情からか、従来の古代史叙述の慣習を破り、皇帝をKaiser、帝国をReichといった具合に、ラテン語ではなく、ドイツ語で書いたことで知られている。けれども、モムゼンは、依拠した碑文の文章を歪曲したり、恣意的に引用したりはしていないのだ。

そこが、カレルやアーヴィングとは、決定的に異なるところであろう。彼らは、政治的な動機から、意図的に事実を歪曲した。これでは「歴史書」ではあるまい。ちなみに、カレルの著作に記された、多数の参戦将兵にインタビューして得られたとされている、さまざまなエピソードも、今日では、戦時中にプロパガンダ雑誌『ジグナール』の編集に携わっていた際に収集したものと、戦後数名のインフォーマント（元国防軍将校が主。どういう立場の人物であったかは言わずもがなだ）を通じて知ったものであったことが明らかにされている（Wigbert Benz, *Paul Carell*, Berlin, 2005）。つまり、情報の取捨選択の段階で、すでに「色がついている」のだ。アーヴィングについては、本節で縷々述べてきた通り。すなわち、彼らにおける「偏向」は、普通の歴史家の誤謬や謬見（びゅうけん）と本質的に異なるものと考える。

最後に、元ＳＳが書いたからといって、その著作は無価値ではなかろうという論点の③については、残念ながら、拙稿の誤読であると言うほかない。学問的に正当であるか否かは、それを書いた人物の経歴や過去ではなく、検証が適切な手続きを経ているかによって判定される。たとえ、著者が元ＳＳであろうとも、ネオ・ナチであろうとも、正しく手順を踏んだ史料批判と叙述がなされているかぎりは、それは歴史書であり、資料として使えるであろう。しかし、カレルやアーヴィングの著作はそうではない。彼らが、あるいは過去の経歴や言動を隠し、あるいはヒトラー美化の意図を秘めているにもかかわらず、「公正中立」な歴史家をよそおい、歪曲された「歴史」を広めたから問題なのである。なるほど、彼らの著作は、興味深いエピソードやドラマティックな描写にみちみちている。だが、それらが事実である保証などありはしないのだ。

なお、「偏向」や「歪曲」があるほうがむしろ当然である回想録などについては、もちろん扱いは異なる。これについては、「戦史こぼれ話　書かれなかった行動」で簡単に触れたので、参照していただければ幸いである。

以上、カレルやアーヴィングの問題性を論じてきた。さりながら、感情までは否定できない。なおカレルやアーヴィングは面白いから読むという方も多数おられるだろう。けれど、私は、ため息とともに思う。現実にはなかった戦闘を描き、実際には存在しなかったタフで人道的なドイツ軍というイメージを喚起する書物で得られる歴史像とは、何なのだろうか、と。

＊カレルのプロホロフカ戦車戦の記述について、ドイツ連邦国防軍軍事史研究局が出した第二次世界大戦史が下した評価を引用しておく（文中の、カレル『焦土作戦』からの引用は、１９７２年のフジ出版社版73ページの松谷健二訳を使っている）。

【前略】この筋書き【１９４３年7月12日に、プロホロフカで大戦車戦が行われたという、戦後のソ連側、とりわけ当事者であるロトミストロフ将軍の主張】は、ドイツの戦記作家パウル・カレルの空想を刺激した。彼は、第3装甲軍団のプロホロフカへの競走を、こう演出した。「戦史上その例にはこと欠かないが、いまも後の戦争の経過を左右すべき運命的な決定が時計の進行にかかっていた。日どころではなく時間に。《ワーテルローの世界史的時間》はプロホロフカに再現されたのである」著しい苦境におちいっていたイギリス軍の総帥ウェリントンを助けに急ぐプロイセンのブリュッヒャー元帥と、その介入をさまたげようとして失敗したナポレオンの元帥グルーシーのあいだで争われたワーテルローにおける競走にたとえたのだ。当時のグルーシー元帥同様、プロホロフカのケンプフ将軍も到着が遅すぎたというのである。

しかし、ドイツの文書館史料からは、この7月12日の競走などまったくなかったし、いわんやロトミストロフの記述したプロホロフカ南方の戦車戦など存在しなかったことがあきらかになる。当該戦域には、最大時で44両の戦車を有するのみの第6装甲師団があっただけなのである。【Militärgeschichtliches Forschungsamt, *Das deutsche Reich und der Zweite Weltkrieg*, Bd.8, Stuttgart, 2007, PP. 135-136】

追記　2010年3月19日付の『フランクフルター・アルゲマイネ』紙によれば、ドレスデン市に調査を委託された歴史家委員会は、ドレスデン空襲の死者は2万5千人との推定を出した。

独ソ戦の性格をめぐって——もう一つの歴史家論争

はじめに

１９８０年代なかばのいわゆる歴史家論争についてはもはや喋々するまでもあるまい。このナチズムの相対化をめぐる議論について、我が国では既に多数の紹介が為されているからである。[1] にもかかわらず、歴史家論争と関連を持ち、「歴史家論争の副戦場」とも評された「予防戦争」論争については、奇妙なことにほとんど言及がない。[2] ナチス・ドイツのソ連侵攻は目前に迫ったソ連の対独攻撃によって強いられた予防戦争であったというテーゼをめぐるこの論争では歴史家論争と同様、あるいはそれ以上に歴史と政治の関わりが問題となる一方で、政治的論争と並行して予防戦争論に対する学問的反駁も展開された。この論争は、かかる重層性から80年代の西ドイツ、そして今日の統一ドイツの歴史と政治をめぐる意識を照射するのに格好の事例を提供すると同時に、予防戦争論という非学問的な主張への真剣な学問的反論という皮肉なかたちではあれ、研究上一定の貢献を成したのだった。本節では、その学問的成果を紹介することを第一義とするが、論争がその政治的背景と不可分に結びついているが故に、予防戦争テーゼが歴史家以外のひとびとをもまきこんだ広範な議論の対象になった経緯についても俎上に載せることとしたい。そこでは、学問と政治、学問とジャーナリズムとの緊張関係が明らかとなるであろう。

行論の前提として、本論争が開始される以前の研究状況を概観しておこう。ナチス・ドイツの対ソ攻撃が予防戦争であったという議論は目新しいものでは全くない。それどころか、独ソ開戦第一日目において既に、戦争遂行中のドイツの背後を衝かんとするソ連の政策に対し、戦争を決意せざるを得なかったという公式発表がなされていたのであった。この独ソ戦の起源に関するナチス・ドイツの公式見解は、勿論侵略正当化のためのプロパガンダにすぎなかった。[3] ニュルンベルク国際軍事裁判では、元国防軍統帥幕僚部長ヨードル被告が、独ソ開戦前の国境へのソ連軍兵力集中は脅威であったと訴え、「それ【対ソ戦争】は疑いなく純粋な予防戦争であった」と主張、[4] 何人かの将軍たちの回想も当時のソ連軍の集中は攻撃的なものであったと同調している。[5] この当事者たちの弁明的主張も、歴史家の学問的反論に耐えうるものではなかった。[6]

歴史家として予防戦争論を唱えたのは、ニュルンベルク裁判記録の編纂に携わったゼーラフィームを以て嚆矢とする。[7] ただし、その主張は不充分な史料状況下で導きだされたもので、ヒトラーの対ソ開戦決意の時期をめぐるワインバーグとの論争までには完全に放棄されている。[8] ついでファブリが、ヒトラーを長期的な目的意識を持たぬ機会主義的政治家と規定し、対ソ戦もソ連の攻撃意図を確信したヒトラーが行った予防戦争であると主張した。[9] 彼の議論もまた、ヒトラーの「プログラム」において対ソ戦が占める位置及び対ソ攻撃の決定過程が明白となるにつれ、否定されていく。[10] こうして、学問的に予防戦争論が問題にされなくなったのちも、この種の議論を唱える論者は絶えなかった。1975年には元国防軍参謀将校のヘルムダハ、[11] 1985年には保守の論客として知られるグラーツ大学の哲学教授トーピッチュ[12]が予防戦争論を主張する著書を出版している。[13] しかし、そこではドイツの歴史的責任を相対化しようとする意図が明白であった。例えば、トーピッチュは、スターリンは被侵略国としての大義名分を得て対独戦争を開始するために、ドイツの意図を知っていながら敢えて攻撃させたとまで主張しているのである。[14] 当然のことながら、こうした議論は歴史学的に妥当な手順で検証されたものではなく、専門家からは無視されるか、あるいは辛辣な評価を以て報いられたのであった。[15]

ここでは紙幅の都合から、学説史、あるいは論争以前の予防戦争論の細目に立ち入ることはできないが、注目すべきはのちの論争で予防戦争論者の側から主張された、いわゆるソ連の対独攻撃計画を証明する「根拠」が既に出揃っていることであろう。即ち——

一、ソ連は独英仏の戦争を誘導し、これに乗じてソ連の勢力圏を拡張、最終的にはドイツを打倒しようとしていた[16]

二、ソ連軍事ドクトリンの攻撃性強調[17]

三、ソ連軍備は質量ともにドイツに優越していた[18]

四、独ソ国境へのソ連軍の集中は防衛の範疇を超えた攻撃態勢であった[19]

五、1941年6月13日（発表日付は14日）の独ソ戦の噂を否定するタス通信コミュニケは対独攻撃のための欺瞞工作であった[20]

六、1941年5月5日の各軍大学校卒業生に対するスターリンの秘密演説では、対独戦争が宣言されていた[21]

のちに予防戦争論争を紹介する際に詳しく検討することとするが、既に述べたように学問的研究においてはこれらの予防戦争論の立脚点はすべて否定されていたことを確認しておきたい。にもかかわらず、我々はのちの論争においてこれらの論点が、「新しく」提示されるのをみることになる。

論争の発端

南西ドイツのフライブルクに研究所を構える軍事史研究局（Militärgeschichtliches Forschungsamt、以下MGFAと略）は、学問的に優れた研究を営んできたことで定評がある連邦軍の研究機関である。とりわけ1979年に出版が開始されたMGFA編纂の第二次世界大戦史[1]は高い評価を得ている。この第二次大戦史の第4巻発行をめぐり、MGFAの名声を揺るがしかねない醜聞が発生したのは1984年のことであった。第4巻の共同執筆者の一人であるホフマンが、プロジェクトの責任者であるダイスト（Wilhelm Deist）を訴えたのである。このホフマンこそが予防戦争論において一方の旗頭となる人物であった。以下、彼の主張の背景を理解するため、迂遠なようではあるがMGFA内部の事情を追うこととする。

MGFAは連邦国防省の下にある研究機関であるが、そこでは連邦軍の将校のみならず多くの文官の歴史家たちが勤務している（1986年の時点で49名の研究員のうち21名が文官の歴史家）[2]。彼らのあいだに亀裂が生じたのは、主席歴史家（Leitender Historiker、MGFAの文官研究員のトップ）メッサーシュミットが連邦軍の主張に対し反対の論陣を張った1981年以来のことであった。70年代後半に連邦軍の一部においては、ナチス期国防軍の伝統を継承すべきであるという議論が展開されていたのだが、彼はこれに対し、国防軍は親衛隊とならぶナチズム体制の支柱だったのであり、連邦軍にあってはかかる伝統と批判的に対峙すべきであると説いたのである[3]。このメッサーシュミットの姿勢への賛否によって、MGFAは「伝統擁護派」と「伝統批判派」ともいうべき二派に分裂した[4]。この両派の対立は、ドイツの対ソ攻撃を扱う第二次大戦史第四巻の発行をめぐって火を噴くことになる。独ソ戦をナチズムのイデオロギーに基づく絶滅戦争であったとみる伝統批判派に対し、伝統擁護派は対ソ攻撃はソ連の拡張意図への対応であったとした。ホフマンの訴訟はまさにこの対立を法廷に移したものであった。ホフマンによれば、1939年のポーランド分割における独ソの共同責任及び独ソ戦におけるソ連側の残虐行為への言及をその担当論文[5]

から削除し、開戦前のソ連軍の国境への集中はドイツ側の兵力集中への対応であったと記述するようにダイストから要求されたのだという。フライブルクの州法廷はホフマンの言を容れ、彼の説を第二次大戦史第四巻で公刊することを許す判決を下した(6)。かくて本来議論を以て決せられるべき学問上の論争が法的手段によって決着をみるという異常事態をむかえたのである(7)。

以下物議をかもしたホフマンの説を紹介しよう。１９３０年生まれでＭＧＦＡ内の「ロシア通」とされるホフマンは、トゥハチェフスキー以来のソ連軍の軍事ドクトリンの攻撃性を強調し、１９３９年に改定された赤軍野外教令には防衛戦の場合にも大規模な反撃を敵領土において遂行し、その地で敵を撃破することがうたわれていたとする。彼は更にソ連軍の戦力も質量ともに充実していたと述べ、独ソ国境への兵力集中、とりわけ国境突出部への航空機・機甲部隊の集中からソ連軍の対独攻撃意図を暗示する。そして、ついにはソ連は１９４２年に対独攻撃を計画していたとの結論を導きだす。その際、根拠となっているのは捕虜となったソ連軍将校の尋問記録である。のちにドイツ側で組織された「ロシア解放軍」の指揮官ウラソフ将軍（Andrej Vlasov）をはじめとするソ連捕虜の尋問では、１９４２年に対独攻撃（正確には対独戦に不可避的につながるルーマニア攻撃）を実行する予定であったという証言が得られたというのである。ホフマンのもう一つの根拠は１９４１年５月５日の各軍大学校卒業生へのスターリン秘密演説にある。この演説のテキストは公表されていないにもかかわらず、独ソ開戦までモスクワのドイツ大使館に勤務し、のちにソ連軍捕虜の尋問を担当したヒルガーの回想録(8)および当時モスクワで活動していたイギリスのジャーナリスト、ワースの記述から(9)、この演説でスターリンは対独攻撃を示唆したとホフマンは推論するのである(10)。こうして一瞥しただけでも、ホフマンの主張は状況証拠に基づくもので決定的な根拠に欠けていることがみてとれる。事実、その説はのちに専門家から全面的批判にさらされることになる。

ここで舞台は一転してイギリスに移る。この地においても１９８５年から86年にかけて、『イギリス軍国防研究所雑誌』誌上で独ソ開戦直前のソ連の意図をめぐる論争が起こっていた。発端は同誌に掲載された「ヴィクトル・スヴォーロフ」の論文であった。スヴォーロフは亡命したソ連軍参謀将校といわれており[11]、その名はソ連に残る親族の安全を配慮した筆名であるという。彼はこれまでソ連軍の内幕暴露ものともいうべき書物を著してはいるが[12]、歴史家としての著作はない。

問題の論文を要約してみよう。スヴォーロフはドイツがソ連に攻撃するという噂を否定した1941年6月13日のタス・コミュニケを取り上げ、これはスターリンが自ら書いたものだとする。そして、なぜドイツの対ソ攻撃が目前に迫ったこの時点でこのようなコミュニケが出されたのかという疑問を呈する。ついで、スヴォーロフはこの時点で8個軍という大軍が独ソ国境に向けて秘密に移動していたとし、タス・コミュニケではこの兵力移動も否定されていたことに注意を喚起する。彼によれば、この兵力集中は防衛準備ではなく（根拠は、旧国境にあった「スターリン線」の要塞撤去、侵略に備えて準備されていたパルチザン部隊の解散、橋梁など交通上の要衝破壊のための爆薬撤去など）、対独攻撃の準備であった。1930年代のソ連軍事ドクトリンによれば、平時から国境に準備された攻撃部隊が第一波として、そして開戦前後に動員された部隊が第二波として攻撃を行うと規定されていた。当時のソ連軍はこのドクトリン通りに対独攻撃を準備しており、タス・コミュニケは欺瞞工作であった、とスヴォーロフはいう[13]。

この状況証拠に基づき、しかも歴史家であればあってはならぬ引用の歪曲を含む議論はただちに批判にさらされるところとなる。最初の反論は米軍関係者の連名の投書であった。その骨子は、①スヴォーロフは当時のソ連軍事ドクトリン上の反撃を攻撃と混同している　②彼のテーゼは状況証拠によるものでスターリンに近い筋の人々の回想と適合しない　③当時のソ連軍は再編中でなお弱体であり、スターリンもそれをよく知っていた、というものであった[14]。これに対し、スヴォーロフはなおソ連の軍事ドクトリンの攻撃性を強調、また開戦直前に国境のソ連側で鉄条網が外されたことを指摘、スターリンが自軍の弱体を知っていたのならなぜ緩衝国を占領しドイツと国境を接する危険を冒したのかと疑問を呈する。そして再編中のソ連軍でも攻撃には充分であったと主張するのである。[15]

しかし、より決定的であったのは、イスラエルの歴史家ゴロデツキーの反駁であったろう。彼は、スヴォーロフの説は軍事面だけに注目したもので国際政治の文脈を外れた議論であるとし、6月13日のタス・コミュニケが発表されるまでの国際関係を説明する。まず独ソ不可侵条約は英独の争いの間に、ソ連の防備を整えることを目的としたものだった。しかし、ドイツの圧倒的な勝利をみて、スターリンは、独ソ戦の可能性、あるいはイギリスによって対独戦にまきこまれることを警戒するようになる。この前提のもと、ゴロデツキーは詳細な検討を加える。こうした情勢下でのイギリス駐ソ大使クリップス（Sir Stafford Cripps）の召還は、独ソ戦が切迫しているとみられた折柄、英ソの提携強化を図るための状況報告によびもどされたものであるという観測をひろめた。クリップスの帰英（6月11日）前後のイギリスでは独ソ関係の緊張と英ソ関係改善の可能性が報道されている。ソ連駐英大使マイスキー（Ivan Maisky）は、6月12日にこうした報道に対する不満をイギリス当局に伝えていた。ゴロデツキーによれば、6月13日のタス・コミュニケはスヴォーロフのいうように攻撃計画隠蔽のためではなく、こうしたイギリス筋から来る独ソ開戦・英ソ接近の噂をなによりもドイツに対して否定するためのものであった。事実、6月13日の夜、問題のタス・コミュニケは新聞発表に先んじて駐ソ独大使に渡されていたのである。この時期のスターリンは各方面からドイツの対ソ攻撃の情報を得ながらも、軍事的に対応策を取ることが独ソ戦を誘発するのを恐れ、徹底的な軍事措置を取れずにいたのであった。[16]

スヴォーロフは、これに対して一応反論をすることはしたが、自説の繰り返しにすぎず、またしても引用の歪曲を含んでいた。[17]こうした主張は説得力を持たず、イギリスにおける論争は終幕を迎えた。だが、なお一通の投稿に言及しておく必要があろう。この投稿者は、ソ連の攻撃時期を1941年ではなく19

42年と推定する他はスヴォーロフの説に賛成するとし、「いずれにせよ、歴史的事実に従えば、1941年6月は予防戦争が可能な最後の時期であった」という。彼の名はヨアヒム・ホフマン。戦線は結ばれた[18]。

「予防戦争」論争

以下のように、当初予防戦争論は限られたサークル内で問題とされた程度であった。かかる議論が注目を浴び、広範な論争を惹起するには事端を要する。

それは、歴史家論争と同様『フランクフルター・アルゲマイネ』紙（以下FAZと略）によってもたらされた。1986年6月、マインツ大学ジャーナリスト養成講座の教授でもあるFAZの編集者ギレッセンは、同紙に「独裁者たちの戦争」なる論説を発表した。そこでは、スヴォーロフとホフマンの説、RUSI誌上での論争が紹介され、対ソ攻撃がなければ先にスターリンがドイツを攻撃していたであろうというテーゼは再生し信憑性を得たと宣言される。彼はまた学問的な検討を加えることなしに、「ともかく1941年夏に2人の攻撃者が衝突したという見解は、ヨアヒム・ホフマンとスヴォーロフの業績により新たな糧を得た」と主張する。そして、ギレッセンの結論は語るに落ちたともいうべきものであった。

……のちのソ連指導部は、それ〔独ソ戦〕がもたらした人的大損失及び物的破壊を、ドイツ人のソ連に対する特別な平和への責任（eine besondere Friedensschuld）へと鋳なおし、外交・プロパガンダ的な方法とすることを追求してきた。1940年から41年にかけての経過がより明確にされるなら、その継続はもはや容易ではない[1]。

この論説がＦＡＺ紙上でのほぼ半年にわたる論争の口火を切ることとなった。しかもこの論争には折からの歴史家論争と連動して、歴史家以外のひとびとも参加し、すぐれて政治的な性格を持つ論争へと展開していくのである。そこでの多岐にわたる主張のすべてを紹介することは紙幅の制限上できないので、以下論争の経緯把握上の要点のみを紹介する。

ギレッセンの論説に対し、9月3日にはＦＡＺ紙上に反論が発表された。この日、予防戦争論争において反対派の主役となっていく、スターリン外交の専門家ピエトロフも最初の反論を発表している。冒頭「昨今声高に叫ばれているドイツ人のアイデンティティ発見という目的のため、とうの昔に葬られた伝説がＦＡＺによって再び光の下に出されるのなら、それはとにかく嘆かわしく憂慮されること」だと、彼女はギレッセンの政治的意図を批判する。ついでスヴォーロフ、ホフマンの主張には史料的基盤が欠如していることを指摘、軍事的な攻撃概念はただちに攻撃的政策と同一視されるものでないとし、ソ連軍事史の専門家エリクソン（John Erickson）の研究などから当時のソ連軍の展開はドイツのそれに対応したものであることを確認する。更に彼女は、独ソ戦は人種殲滅戦争であり、その責任は他に転嫁し得るものでないとするのである。[2]

一方、擁護派からの投書も寄せられた。トーピッチュは予防戦争論支持をいい、自説を繰り返している。[3]しかし、論争を激化させたのは、10月16日のホフマンの投書であったろう。彼は以下のようにスターリンの意図を説明する。１９３９年の独ソ不可侵条約は東欧の分割と「資本主義」諸国間の戦争惹起を狙って締結されたものであった。また１９４１年には東アジアでの日米英戦争を望んだスターリンは、日本の南進を促すために日ソ中立条約を結んだ。こうして西方への攻撃の足場を固めたスターリンはドイツの対仏戦勝利にも動揺せず、むしろモロトフ訪独（１９４０年11月）においてソ連勢力圏の拡大を主張させている。そして独ソ国境への兵力集中とソ連軍備の優越をみれば、その攻撃意図は明らかである。加えて、ソ連捕虜の証言、ワース、ヒルガーらの記述から、1941年5月5日のスターリン演説では対独攻撃意図が表明されたものと判定される。(4)

MGFAの大戦史での論文以上にそのソ連観を剥き出しにしたホフマンの投稿は、再び反論を招いた。独ソ関係の専門家ブリューゲルは、ホフマンの説には史料的根拠が欠如しているとし、具体例を挙げる。1939年9月28日の独英仏戦争の停戦を訴える独ソ共同宣言をどう理解するのか。1941年5月7日のドイツ駐ソ大使電（ヒルガーの起案）に独ソ友好関係はスターリンによって推進されているという報告があること、スターリンは独ソ不可侵条約の侵犯を全く予想していなかったというその娘スヴェトラーナの回想録の記述など、ホフマンのテーゼと矛盾する史料が多々あることをブリューゲルは指摘するのである。(5) 同日発表されたユェバーシェーアの投稿も興味深い。彼は、捕虜、しかものちにウラソフ軍に走った捕虜の証言に重きを置くホフマンの主張を、「コラボ史料（Kollaborationsquellen）」が疑わしいことはいかなる歴史家にも明らかであると一蹴する。ホフマンのテーゼはナチスの予防戦争論に近く、ソ連の意図や行動とは無関係なヒトラーの対ソ攻撃意志を無視している。そして自身MGFA大戦史の共著者の一人であるユェバーシェーアは、ホフマンの主張が大戦史プロジェクトのメンバー内で孤立していたことを暴露したのであった。(6) MGFA内の対立は白日の下にさらされたのである。

11月にはいり、更に反論は続いた。同じくMGFA大戦史の共著者ミュラーは予防戦争論を否定する。国防軍や宣伝関係機関はソ連の攻撃意図を示す「証拠」を求めていたのであり、その方向で捕虜から証言を取ったであろうことは自明で、そうした証言の史料価値は少ない。スターリンが「粛清」などで弱体化したソ連軍で、連戦連勝を重ねていたドイツ国防軍を攻撃するような危険を冒すだろうか。ミュラーは、このような議論はけっして学問的な問題ではなく、明らかに西独政府の東方政策、とりわけゲンシャー路線への攪乱行動であると決めつけた。(7) またピエトロフからは再び長文の反論が寄せられた。彼女は41年5

月5日のスターリン演説の内容についてはホフマンが挙げる以上にさまざまな二次文献で伝えられていることを明らかにし、それがソ連の攻撃意図を証明することにはならないとする。そして「粛清」を受け、再編の途上にあったソ連軍はなお弱体であったことをデータにより説明する。続けて、彼女は当時のスターリン外交を解釈する。1939年の時点でスターリンは世界戦争の勃発を予想しており、この戦争に対しソ連をいかに守るかに腐心した。ミュンヘン協定ののち、英仏との協定をあきらめたスターリンは親独政策を採ったし、ドイツとの具体的な協力案（ドイツの背後を保証し中欧の支配をわかちあう）も持っていた。この頃のソ連外交の主敵は戦後秩序の保証者であるイギリスであった。モロトフ訪独もこの背景から理解される。モロトフはなによりも独ソ関係の安定化を求め、ソ連のインド洋への進出を求めるドイツに対し、ヨーロッパ問題への関心を表明したのであった。ドイツが東欧の同盟国を獲得し、兵を展開するのをみて、ソ連も自ら兵力を国境に集中した。同時に、ソ連は新たな独ソ関係の安定化を模索して、外交・通商政策の分野で考えうるすべての手を打った。スターリンは最後までドイツの兵力集中を、ソ連をドイツに結びつけておくための圧力だと考えていたのである[8]。

この間、予防戦争論者の主張にはみるべきものがなかったが[9]、12月になると予防戦争論を擁護する投稿が多く掲載されるようになる。あるものはソ連軍の動員計画は攻撃的なものであったとし[10]、あるものはヴァシリエフスキー（Alexander Wassilewski）元帥の回想録からソ連軍は国境に大兵力を集中していたし、その軍事ドクトリンも攻撃的なものであったとした[11]。なかには、当時の自分の体験からソ連軍は攻撃を計画していたのだと主張する元軍人もあった[12]。注目すべきはMGFA内から擁護論が寄せられたことである。MGFAに勤務していた退役大佐は、反予防戦争論者はホフマンらの議論に学問的な反駁を加えておらず、純粋な歴史研究の業績を現実のイデオロギー的事情の下に置こうとしていると非難した[13]。MGFA大戦史の共著者でドイツ空軍史の専門家ボーグは、ホフマンらは予防戦争論を唱えているのではなく、単にソ連に攻撃意図があったと主張しているにすぎないとし、なぜヒトラーの侵略は口を極めて非難するのにソ連の東欧侵略には触れないのか、とユェバーシェーアらのダブル・スタンダードを皮肉る。そして、ボーグはナチ時代の他国の状況に目を向けようとするとただちにナチズム無害化と非難されると嘆き、にもかかわらずこの論争はドイツ現代史観察の正常化のはじまりのように思われるとしたのであった[14]。

　これを要するに、予防戦争論争はその当否をめぐる論争から離れて、多様なスペクトルに分化しはじめたのである。即ち、そこには専門家対非専門家、ＭＧＦＡ内の伝統擁護派と伝統批判派の対立が反映されていた。そして何よりも歴史家論争と同様に、スターリンのソ連との比較によるナチズムの相対化が外交・戦争指導のレベルで問題とされていたのであった。ここに歴史家論争と予防戦争論者の連動をみてとるのは困難なことではない。

　この展開をみたギレッセンは、論争の経緯をまとめた論説を再び発表した。ギレッセンは、反予防戦争論者の批判はヒトラーの無害化へのおそれから来るもので、その主張はホフマンやスヴォーロフの説を損なうには足りないと判定、しかもホフマンらが避けている「予防戦争」という概念を持ち込んだと批判し[15]、予防戦争論者の主張はなお説得力を持つと結論づける[16]。これは事実上ＦＡＺ紙上での論争の終結宣言であったが、事態は既に拡大していた。クオリティ・ペーパーの一つとされるＦＡＺ紙上でかような議論がなされたことは、極右論者に以前からみられた予防戦争論を強化することとなったのである。極右政党ドイツ国民民主党議長タッデンは、歴史家論争の副戦場が開かれたとし、元アドルフ・ヒトラー学校校長の著書[17]などをもとに予防戦争論を主張した[18]。また歴史の改訂を叫ぶ保守ジャーナリストによって、スヴォーロフの論文も独訳された[19]。かかる動きは歴史家論争と相俟って歴史家の側の危機感を高め、その政治的意図を批判する多くの反論がなされている[20]。ただし、これらについては既にＦＡＺ紙上の論争で論点が出つくした観があるので紹介を割愛し、この論争を少なくとも学問レベル、あるいは、知識人レベルでは終結に導いたと思われるピエトロフの論文を次節で詳述したい。

否定

この時点までの論争を顧みると、予防戦争論を批判する側の議論はやや予防戦争論者の政治的意図批判に傾いていたといえよう。ピエトロフの論文の重要性は、それが正面から予防戦争論を論破することを試みたこともあった。[1] 彼女は、予防戦争論は三つの論点に集約されたとする。第一にスターリンは「資本主義諸列強」間の戦争を引き起こすため、独ソ不可侵条約を結んだ。第二に1940年11月のモロトフ訪独では、ソ連の西への拡張政策が追求された。第三にソ連軍は1941年、遅くとも42年までにはドイツを攻撃しようとしていた。この要約ののちに予防戦争論者の史料的基盤が検討される。ピエトロフによれば、ホフマンはソ連軍捕虜の証言を充分な史料批判なしに採用している。スヴォーロフの根拠は回想録類であり、しかもその引用は恣意的で歪曲を含んでいるという。

予防戦争論者の主張に対して、当時のソ連外交が安全保障を追求していたことは最新のソ連研究からも証明される。というのは、ソ連外交は脆弱な内政基盤に規定されていたからである。スターリンの下での工業化強行により、ソ連の経済・社会・国家は非現実的な目標設定、粛清とそれによる専門家の消失、経済的混沌、労働力不足に苦しんでいた。これは勿論国防分野にも影響を与えた。第三次五か年計画（1938〜1942年）により兵器生産は増大したものの、輸送手段、無線、弾薬などの配備は遅れ、インフラストラクチャーの建設はゆるがせにされていた。そして大粛清により高級将校の65％を失ったソ連軍は弱体化し、それは外国軍事筋も等しく観察するところであった。

この内政状況に加え、英仏の宥和政策によりソ連外交は孤立の危険を感じていた。その上に東部では日本との国境紛争（ノモンハン）をかかえていた。かかる状況下、ソ連はより確実な安全保障を求めて独ソ不可侵条約を結んだのである。しかし、なおソ連は安全保障を第一義としていたのであり、領土拡張は安全保障が脅かされない限りにおいて追求されるべきものであった。この時期のソ連外交は不可侵条約により、国境の安全及びソ連の諸計画遂行に必要な経済交流を求めていた。1939年8月19日の独ソ通商協定、同年9月28日の大規模なバーターへの合意はこの文脈で理解される。モロトフ訪独の際の主張も、ソ連の拡張意図の表明ではなく、第一に勢力圏分割に関する独ソの相違を調停するのを目的としたものであった。そもそも勢力圏の調整はドイツ側から打診したことであり、その際ドイツ側はソ連のインドへの進出を示唆した。これに対して、モロトフは目前の問題である東欧をめぐる独ソ関係の安定を追求したのであり、それは既にドイツ側の外交文書によって明らかになっていることである。しかも、モロトフ訪独以後もソ連がドイツとのあいだに一致をみるために努力したことは、これまでの独ソ関係研究が詳らかに証明してきた。6月13日のタス・コミュニケもドイツ軍の集結を知ったソ連が、なお和解を模索した表れとみるべきであろう。スヴォーロフはこのコミュニケを攻撃のための攪乱工作であるとするが、様々な回想録をみるかぎりソ連の将軍たちはそれに当惑している。というのは、スターリンと指導部はドイツの攻撃への警告を受けていたにもかかわらず、このコミュニケでは独ソ戦の可能性が否定されているからである。加えて、彼らは国境を堅持し、ただしソ連がドイツを挑発するのを望んでいるかのような疑いを被ることは避けよという矛盾した命令に悩まされたのだった。ホフマンらはソ連軍の兵力と軍備の優位を強調するが、対フィンランド戦争で暴露されたように粛清などによる弱体は明らかであった。1940年3月の共産党中央委員会でソ連軍の全面的再編成が決定されたが、遅々として進行せず、例えば開戦時ドイツの攻撃の矢面に立った西部軍管区では旧式戦車のうち27%のみが稼働状態であり、兵士は再訓練未了であった。ソ連の兵力集中にしても、ドイツ側がソ連軍が防衛状態にあるのを疑わなかったこと、ソ連軍の国境への兵力強化は1941年3月2日の独軍ブルガリア進駐ののちに開始されたことは、かつてヒルグルーバーがファブリとの論争において証明している。

最後にピエトロフは予防戦争論者における史料批判の欠如を徹底的に批判する。ホフマンはソ連軍捕虜の証言に依拠しているが、捕虜が尋問側の意に中(あた)ることを言う傾向を考えれば、学問的根拠とはなり得ない。[2]ホフマンの他の根拠、ワースとヒルガーの記述による41年5月5日のスターリン演説についての解釈についても問題がある。この演説については少なくとも四点の二次文献があり、[3]内容は様々である。ワースによれば、この演説でスターリンは1942年にはドイツとの戦争は避けられないとしたというが、彼は親ソ派でしられたジャーナリストであり、この記述にはソ連にも対独戦参加の意図があったことを西側にアピールする意図が含まれているのではないか。ヒルガーにしても、戦後の別の回想では以下のように違った記述をしている。

……戦争中に私は、スターリンが1941年、あるいはそのあとの年にドイツを攻撃したであろうかということについて、捕虜となったのはソ連の将軍たちと余人を交えずに話す気会を何度となく持った。答は一致していた。1941年にはなし。のちの時点でのことについては見解は分かれた[4]……

このように、捕虜の証言、5月5日のスターリン演説はソ連の対独攻撃意図の証明にはならない。続いてスヴォーロフの引用の歪曲が明らかにされる。彼はソ連軍の攻撃意図を示すためにヴァシリエフスキー将軍の回想を引用している。

ソ連側では攻撃を熱望しているという噂を西側でひきおこすことへの懸念を捨てることは必須であった。我々は……【省略はスヴォーロフによる】戦争のルビコンに達し、確たる一歩を踏みださなければならなかった[5]。

ところが、ピエトロフによれば原文は以下の通りである。

西側でソ連のいわゆる攻撃意図に関する騒ぎを起こすであろうことへの懸念は捨てるべきであったろう。我々は、我々には動かせない諸情勢によって、戦争のルビコンに達した。そして、確たる一歩を踏み出すことが必要だったのであろう[6]。

そもそも、ヴァシリエフスキーの回想は、スターリンの掣肘を受けて必要な防衛措置が取れなかったことを後悔したものであったのである。

かかる全面的反駁にあっては、ホフマン・スヴォーロフの主張が孤立しても不思議ではない。事実、スヴォーロフがこれまでの所説を敷衍し、スターリンは41年5月5日の演説で対独攻撃を宣言したとか[7]、「雷雨」作戦という暗号名で7月6日に対独攻撃が開始される予定であったとかいう主張を含む『砕氷船』を出版するや[8]、ギレッセンがFAZのまる一面を使って賛辞を与えたにもかかわらず[9]、専門家からの批判が殺到した[10]。ここでは、これまでの記述の繰り返しとなるので、その論点すべてを詳述することは避け、新たな意味を持つ批判を紹介することとする。まず徹底的に批判されたのは『砕氷船』の随所にみられる歪曲された引用であった。ゴロデツキーの挙げる例をみよう。スヴォーロフの引用では、「我々は、この予備軍を計画にあったように攻勢にではなく、防御に配置することを余儀なくされた」とされている回想（強調大木）は、オリジナルでは「攻勢」ではなく「反撃」と記述されていたというのである[11]。他にも、スヴォーロフが史料の背景を無視して、恣意的な引用を行っていることが指摘された[12]。

郵便はがき

料金受取人払郵便

麹町支店承認

9089

差出有効期間
2020年10月
14日まで

切手を貼らずに
お出しください

102-8790

102

［受取人］
東京都千代田区
飯田橋２－７－４

株式会社 作品社
営業部読者係 行

【書籍ご購入お申し込み欄】

お問い合わせ　作品社営業部
TEL 03(3262)9753／FAX 03(3262)9757

小社へ直接ご注文の場合は、このはがきでお申し込み下さい。宅急便でご自宅までお届けいたします。送料は冊数に関係なく300円（ただしご購入の金額が1500円以上の場合は無料）、手数料は一律230円です。お申し込みから一週間前後で宅配いたします。書籍代金（税込）、送料、手数料は、お届け時にお支払い下さい。

書名	定価　　円	冊
書名	定価　　円	冊
書名	定価　　円	冊
お名前	TEL（　　）	
ご住所 〒		

フリガナ
お名前

男・女　　　　歳

ご住所
〒

Eメール
アドレス

ご職業

ご購入図書名

●本書をお求めになった書店名

●ご購読の新聞・雑誌名

●本書を何でお知りになりましたか。

イ　店頭で

ロ　友人・知人の推薦

ハ　広告をみて（　　　　　　）

ニ　書評・紹介記事をみて（　　　　　　）

ホ　その他（　　　　　　）

●本書についてのご感想をお聞かせください。

ご購入ありがとうございました。このカードによる皆様のご意見は、今後の出版の貴重な資料として生かしていきたいと存じます。また、ご記入いただいたご住所、Eメールアドレスに、小社の出版物のご案内をさしあげることがあります。上記以外の目的で、お客様の個人情報を使用することはありません。

またホフマンの議論の根拠でもある5月5日のスターリン演説については、この間のソ連崩壊の影響下に興味深い展開を迎えることとなった。予防戦争論争の肯定的な面として、これを契機として1941年のソ連外交の意図を解明しようという動きが活発になったことがいえるであろう。[14] この機運を受けて、問題のスターリン演説のテキストが発表されたのである。発掘者のベジメンスキーによれば、これはマルクス・エンゲルス・レーニン研究所がスターリン全集に収めるために編んだ要約（演説全体の速記録は存在しない）であるが、スターリンの死去に伴う計画中止ののち、共産党中央委員会の文書館に引き渡されたものであった。このテキストによれば、スターリンは冒頭ソ連軍備の進展を称えるが、ソ連軍の教育はなお遅れているとする。ついでドイツが第一次大戦の敗北からよく学び、今次大戦ではフランスを屈服させたと分析、しかしそのドイツ軍もいまや諸民族抑圧のために戦っているので無敵ではあり得ないと宣言される。演説の内容はこの程度のものだが、その後の乾杯の挨拶でスターリンはソ連軍が再編成された今では防御から攻撃へと軍事政策を転換しなければならないと説いている。このように、予防戦争論者がいうような対独攻撃宣言などは全くなかったのである。乾杯の挨拶にしても、ソ連軍は近代的攻撃軍である必要がある（これは1940年以来強調されてきたことであった）と述べているにすぎない。[15] かくて、予防戦争論はその論拠を失ったのであった。

予防戦争論争の示唆するもの

歴史家論争と同様に、予防戦争論争はドイツの現代史研究が置かれている状況を如実に表したものであった。歴史研究においては既に葬りさられていたテーゼが、歴史の政治的利用をはかる保守ジャーナリズムによって呼び出され再び脚光を浴びたのである。この論争では、歴史家論争のそれと同様の争点が外交・戦争指導研究というより具体的なレベルで——更にいうならよりグロテスクなかたちで——争われたのだった。その意味で、予防戦争論争は、学問と政治、学問とジャーナリズムの対決であった。この論争、そして歴史家論争で顕著であった危機感もかかる状況に止目するならば、その理解は困難ではない。彼らは歴史家のツンフト内のみならず、それを囲繞する保守ジャーナリズム[1]相手の二正面戦争を戦っていたのである。この挑戦に対し、歴史家の側は学問的営為で応え、非学問的主張の論拠を覆したのだった。そこには、ドイツの現代史研究が政治・ジャーナリズムに対して維持している緊張関係をみてとることができるであろう。

翻ってわが国の状況をみると、歴史家論争については夥しい紹介がなされる一方で予防戦争論争にはほとんど言及がなく、予防戦争テーゼを主張する向きさえみられる。[2] かかる動きに対し、ホフマン・スヴォーロフの主張はもはや学問的に問題にされていないことをここで確認しておく。いずれにせよ、我々は、表面上での激烈な応酬に眩惑されることなく、この論争で決定的であったのは歴史学の手順に基づく論証であったことをみる必要があろう。モルトケの言葉はここでも確認されたのである。

正確な歴史記述はもっとも辛辣な批判を与える。

戦史こぼれ話　「編制」・「編成」・「編組」

戦史記事や軍人の回想録を読んでいて、疑問に思われたことはないだろうか。
「編制」と「編成」、同じことを表わしているようなのに、二つの表記がある。はなはだしい場合には、両者が混在している文章さえ見かける。いったい、どちらが正しいのか、と首をかしげたくなるのも当然のことだ。

実は、「編制」と「編成」は、厳密には、というよりも、旧日本軍、そして現在の自衛隊の用語としては、適宜使いわけるのである。まずは、専門事典の定義を引用しよう。

「軍令に規定された軍の永続性を有する組織を編制といい、平時における国軍の組織を規定したものを**平時編制**【強調原文、以下同様】、戦時における国軍の組織を定めたものを戦時編制という。例えば大本営、師団、連隊、連合艦隊の編制などで、それぞれの組織の内容について定めた制度を示す。【原文改行】ある目的のため所定の編制をとらせること、あるいは編制にもとづくことなく臨時に定めるところにより部隊などを編合組成することを編成という。たとえば『第○連隊の編成成る』とか「臨時派遣隊編成」など」（秦郁彦編『日本陸海軍総合事典』、第1版、東京大学出版会、１９９１年、７３１頁より）。

自衛隊でも、ほぼ同様の使い方をしているようで、一例をあげれば、１９６８年に陸上幕僚監部が編纂した『用語集』では、「『陸上自衛隊編制（甲）および陸上自衛隊編制（乙）に関する内訓』に定められた部隊等、または長官が特に定める部隊等の固有の組織、定員および定数を『編制』という」となっており、また「『編成』とは部隊などを組織すること、または部隊の組織そのものをいう。狭義には編制に基づいて部隊を組織することである。この他、障害や築城、火力などを組織的に構成することにも『編制』の語を用いる」とされている（戦略研究学会編／片岡徹也・福川秀樹共編著『戦略・戦術用語辞典』、芙蓉書房出版、2003年、116頁より）。

このような定義をみると、ものものしく感じられるかもしれないが、その使いわけは、実際には、さほど難しくない。名詞的に用いるときには「編制」、動詞的に使う際には「編成」と覚えておけば、間違うことはないだろう。

しかしながら、一般の国語辞書をひくと、右記とは逆のことが書いてある。代表的な例として、『広辞苑』の第5版の記述を引こう。

へん-せい【編成】あみつくること。組織し形成すること。「予算の—」「十両—の電車」

へん-せい【編制】個々のものを組織して団体とすること。特に、軍隊の組織内容。平時編制・戦時編制など。「軍隊を—する」

この説明、とりわけ「編制」のほうは、ごらんの通り、まったくの間違いである。旧軍でも、自衛隊でも、「軍隊を編制する」というのは、用法としておかしいのだ。にもかかわらず、広辞苑のみならず、他の国語辞書でも同じく、誤った語義が記されている。何故に、こんな誤解が広まってしまったのだろうか？

以下は、筆者の推測である。小学館の『日本国語大辞典』は、言葉の用例が多数記載されており、後発出版社があらたに国語事典を編纂する場合には必ず参照する辞書だが、そこには、『広辞苑』と同様の語意が書かれた上で、「大に民兵を編制し凡六十万兵を得たりしが」という用例が載せられている。1869年から71年にかけて書かれた『西洋聞見録』なる文献の一文である。さらに、1889年発布の大日本帝国憲法第12条「天皇は陸海軍の編制及常備兵額を定む」もあった。

こうした用例から察するに、この項目の著者は、明治初期の「編制」・「編成」の使いわけがいまだ定まっていない時代の例と、「編制」が正しく使われた場合のそれとを混同し、軍事用語としては「編制」を用いるというふうに誤解してしまったのではないだろうか。それを、他の国語辞書も踏襲し、旧軍、さらには自衛隊で実際に使われていた（いる）「編制」・「編成」とはかけはなれた解釈を伝えた。当然、校正者も辞書に従って直すから、いよいよ誤った用法が広まる。その結果が、現在の「編制」と「編成」の混乱となっているのではないかと、筆者は疑っている。もし、読者のなかに国語の専門家がおられたら、ぜひ、ご意見を聞かせていただきたい。

もっとも、筆者個人としては、戦後の一般的な日本語の用法としては、「編成」に統一したほうが、わかりやすいし、さしたる支障もないように思っている。ただ、十代のころ、日本近現代軍事史をかじりはじめたときに、諸先輩から「編制」と「編成」の区別は初歩の初歩だぞと叩き込まれたので、習い性となっており、ほとんど無意識に使いわけているが、しょせん書き癖の一種であろう。

さはさりながら、敢えて「編制」を使おうという向きには、きちんと語義を心得ていてもらいたい。戦闘序列や部隊の戦歴をこと細かに記述しながら、「～を編制する」などと書くのは、なんともいただけないことなのだ。

ちなみに、「編制」と「編成」のほかに、「編組（へんそ）」という軍事用語がある。「作戦（または戦闘実施）の必要に基づき、建制（けんせい）【編制上の規定に従う上下の統属関係などをいう。たとえば、旧日本陸軍の歩兵第1旅団の建制は、歩兵第1旅団司令部、歩兵第1連隊、歩兵第49連隊より成る、というように用いる】上の部隊を適宜に編合組成するのを編組と呼んだ」（秦前掲書、731頁より）のである。ゆえに、第×装甲師団より戦車1個中隊、第××自動車化歩兵師団より狙撃兵1個大隊を抽出して、○○中佐指揮下におき、○○カンプフグルッペをつくるといった場合、「編成する」よりは「編組する」のほうが正確であろう。どうせ厳密にやるならば、ここまで使いわけてもらいたいものだ。ただし……「編組」まで持ち出すと、かえって一般的な読者にはわかりにくくなると思うので、筆者は使いませんが、ね。

決闘——将校たるものの義務？

昔々、グデーリアンの回想録を初めて読んだとき以来、ずっと頭にひっかかっている箇所がある。まずは引用しよう。１９４１年に中央軍集団司令官クルーゲの策謀によって、第2装甲軍司令官職を解任されたグデーリアンが、装甲兵総監に復帰したのち、再びあつれきを起こすくだりである。「……シュムント【ヒトラー付国防軍副官】がベルリンに私を訪れ、フォン・クルーゲ元帥の、ヒトラーにあてた書簡を見せた。それによると彼は私との決闘を要求していたのである。フォン・クルーゲは決闘が禁止されていることも、ヒトラーが将官同士の争いを許すはずがないことももとより承知のくせに、立会人にはわざわざヒトラーを選んでいた」（ハインツ・グデーリアン『電撃戦』、本郷健訳、下巻、中央公論新社、１９９９年、【　】内は筆者）。

読者諸氏も、疑問を感じずにはいられないことだろう。たとえポーズであるとはいえ、元帥（クルーゲ）が上級大将（グデーリアン）に決闘を申し込むとは、いかにも馬鹿げたことと思われるのに、頭から否定されてはいないようだ。すると、将校が名誉回復のために決闘を行うという習慣はまだ廃（すた）れていなかったのだろうか？　だが、法的な規定により「決闘が禁止されている」のなら、クルーゲの手紙は、犯罪を実行すると宣告しているようなものではないか？

今回、この疑問を解決すべく、トランスフェルト陸海軍用語辞典（*Transfeld Wort und Brauch in Heer und Flotte*, 9. Aufl., herausgegeben von Hans Peter Stein, Stuttgart, 1986）やアプゾロンの国防軍法制史（Rudolf Absolon, *Die Wehrmacht im Dritten Reich*, 6 Bde., Boppard am Rhein, 1969-95）にあたって調べてみると、意外なことが判明した。法的・形式的には、名誉を守る手段としての決闘は、ナチス・ドイツの

時代まで生き残っていたのである。しかし、結論に移る前に、まず歴史的な背景を振り返ってみよう。
そもそも、ゲルマン法の概念では、決闘に勝つということは、その案件に関して勝者は無罪だと、神が判断した結果であるとされていた。かかる起源を有するがゆえに、決闘の習慣は長く残った。たとえば、１７４３年のプロイセン歩兵勤務令では、任務遂行中の将校は、罵（ののし）られ、杖で脅されようとも服従しなくてはならないが、任務が完了したならば、相応の対抗措置、すなわち決闘を申し込むことができるとある。ただし、こういう侮辱を受けながら、決闘を忌避（きひ）するものは、将校団から逐（お）われることになっていたというから、事実上の義務だったといえよう。

かような習慣は、近代になって、将校を裁く「名誉法廷（エーレンゲリヒト）」制度が各連隊に設置されても、容易に消え去ろうとはしなかった。１８４３年に、決闘を実行する以前に、名誉法廷の仲介をあおがなければならないと定められたものの、多くの場合において、名誉法廷の構成員が決闘の立会人をつとめるのが常だったから、事実上黙認されていたといっても過言ではない。その背景には、決闘は、名誉を傷つけられた将校の義務であり、権利であるという観念があった。１８７４年にドイツ皇帝ヴィルヘルム一世が出した名誉法廷に関する勅令の冒頭部分、「朕（ちん）にとって、不当にも戦友の名誉を傷つける将校が、わが陸軍にいることは、自らの名誉を守ることを知らぬ将校がいることと同じぐらいに耐え難い」という一文は、こうした事情をよく表している。

なれど、さすがに19世紀も末に近づくと、名誉法廷は、ゆえなくして侮辱された将校を擁護すべしとの勅令への補足がなされたこともあって（１８９７年）、決闘が行われることは少なくなっていく。かつて、決闘をなしたかどにより罰せられた将校の数は、１年あたり12名ほどだったのが（１８７４年から１８８５年の数字より算定）、２ないし４名程度になった。しかし、ゼロになったわけではなく、第一次世界大戦後のヴァイマール共和国時代、そして、ナチスが政権を掌握したのちも、決闘の習慣は、連綿として生き残っていた。将校の決闘を法律的に規定した、1937年2月22日の陸軍総司令官指令から引用しよう。「決闘の申し込みは、名誉を守る最終手段である。それは、上官が裁定を下せず、はなはだしく傷つけられた個人の名誉を回復できない場合にのみ、実行することが許される」。つまり、形式的なものであるとはいいながら、決闘は是認されていたのだ。が、ヒトラーは、将校間の決闘などあってはならないという意見の持ち主であった。ゆえに、彼は、1938年11月25日に、国防軍将兵間の決闘を許可するか否かについては、自分が決定するとの指令を出し、実質的にこれを禁じたのである。

さりながら、上述のごとく法的な根拠がないわけではなかったから、もしクルーゲの申し込みをヒトラーが認めたなら、元帥と上級大将の決闘という、20世紀のこととは思えぬ椿事（ちんじ）が生じたことになるのだが――もちろん、そうはならなかった。グデーリアンには珍しいことに、彼は妥協をはかったのだ。冒頭の引用の後段を記し、結びに代えるとしよう。

「シュムントは総統の依頼で、なんとか穏便な方法で水に流してもらいたい、と言った。私はヒトラーの望みを入れることにした。すぐさま元帥に一書を送り、ミュンヘンにおける私のかたくなな言動により心痛を与えたことを遺憾とするとともに、1941年に彼が私に加えた重大かつ償うべくもない屈辱も、冷静に考えればほかにやりようがなかったと思う、と下手に出ておいたのである」

第2章
プロイセンの栄光
——18世紀–1917年

「大胆、大胆、つねに大胆に！」——————フリードリヒ大王

「敵に、立つことができる男と馬がいるうちは追撃を続けよ」
————————ヴァールシュタット侯爵ゲプハルト・レーベレヒト・フォン・ブリュッヒャー元帥

「8月22日の午後3時、私は、大本営の皇帝陛下より、ただちに応召の準備ありやとの照会を受けた。我が回答は『準備あり』であった」——————————パウル・フォン・ヒンデンブルク

「われをして、右翼を強化せしめよ（マハト・ミア・デン・レヒテン・フリューゲル・シュタルク）」
——————————————アルフレート・フォン・シュリーフェン

百塔の都をめぐる死闘

大胆、大胆、つねに大胆に！

——フリードリヒが動いた。

１７５７年４月18日、ロシアとスウェーデンに備えて、ヨハン・フォン・レーヴァルト元帥の率いる１万９８００の軍をプロイセン北部のシュトラールズントに残したほかは、手持ちの兵力すべてをベーメン（ボヘミア）に指向したのである。

このとき、プロイセン国王フリードリヒ二世、すなわち、フリードリヒ大王が置かれていた状況からすれば、驚くほど攻撃的な作戦といえた。下ライン地方では、10万のフランス軍が行動を開始しているし、ロシア軍は東プロイセン侵入の機をうかがっている。さらに、かねてよりポンメルン併合を狙っていたスウェーデンは、同地方に兵を送っていた。むろん、南方には、第一次シュレージェン戦争以来の宿敵オーストリアが、大軍を擁して待ち構えている。さよう、昨年、１７５６年以来、フリードリヒは、三正面に大敵を抱えた戦争に突入していたのだった。

かかる苦境をフリードリヒに強いたものこそ、オーストリアの皇后で、実質的には「女帝」であったマリア・テレジアの巧妙な外交であった。彼女は、ハプスブルク家世襲領相続をめぐる軋轢（あつれき）につけこみ、力ずくでシュレージエンを奪い取ったフリードリヒを許しておらず、フランスとロシアを味方につけ、プロイセンを孤立させようとしたのである。

このマリア・テレジアの妙手は、まずロシアで実を結ぶ。西の隣国が力を得れば、ロシア帝国発展の阻害要因になると主張する反プロイセン派の廷臣が、女帝エリザベータを動かしたのだ。１７４６年２月、オーストリアとロシアは、プロイセンが、オーストリア、ポーランド、ロシアのいずれかを攻撃したならば、両国は、それぞれ６万の兵力を出して協同すると定めた秘密攻守同盟を結んだ。

こうしたオーストリアの能動的な外交に対し、フリードリヒも包囲をまぬがれるために、フランスと対立していたイギリスへの接近をはかった。イギリスを後ろ盾にしておけば、フランスもその力を恐れて、プロイセンを攻めることはないだろうし、ロシアも参戦を控える。となれば、オーストリアが独力でプロイセンと戦争することはないはずと計算したのだ。フリードリヒの策は、大陸の安定を望むイギリスの受け入れるところとなり、両国は１７５６年１月にウェストミンスター協約を締結する。

しかし、プロイセンの外交的な反撃は裏目に出た。もともと、ブルボン家のフランスは、宿敵ハプスブルク家との同盟を渋っていたのだが、強力なライバルである英国にプロイセンが味方したとあっては、とうてい看過できるものではない。国王ルイ一五世は態度を変え、１７５６年５月、ついにオーストリアとの防御同盟に同意した。そこでは、フランスは、オーストリアのシュレージエン回復を認め、かつ同国が攻撃された場合には、２万４０００の軍勢を送ると約束されていた。

ここに、およそ２００年にわたり欧州の覇権を争ってきたハプスブルク家とブルボン家の歴史的な和解が成った。後世の史家が「外交革命」と評する、一大転換が生じたのである。

かくて、プロイセンは大陸で孤立することとなった。もはやオーストリアとの再戦は避けられぬとみたフリードリヒは、先制の挙に出ることに決めた。父王フリードリヒ・ヴィルヘルム一世「軍人王(ゾルダーテンケーニヒ)」のスパルタ教育を嫌い、イギリスに亡命しようとして失敗した——手助けした親友のフォン・カッテ中尉は、フリードリヒの眼前で斬首された——かつての惰弱(だじゃく)な王太子は、オーストリアのオイゲン公のもとでポーランド王位継承戦争に従軍した経験などを得て、果敢な作戦指導を能(よ)くする、偉大なる将帥に変じていたのである。

そのモットーは、「大胆、大胆、つねに大胆に!」であった。

分進合撃プラハに迫る

ベルリン留守居の大臣に、余が戦死しようとも戦争を継続せよ、また、余が俘虜(ふりょ)となるようなことがあっても、これを救うために不利な条件を呑んではならぬとの、壮烈な王命を残して、フリードリヒは出陣した。最初に狙ったのはザクセン。主戦場となるであろうシュレージエンの西にある地域を押さえ、以後の策源とするのが目的である。

1756年10月10日、ザクセンを救わんと来援した、マクシミリアン・フォン・ブラウン元帥率いるオーストリア軍は、ロボジッツの戦いで撃破された。孤立したザクセン軍は、16日にプロイセン軍に降伏する。しかし……時間切れである。この当時、冬の作戦は著しい困難をともなうため、軍は宿営地からほとんど動けないのだ。

こうして、プロイセン軍がザクセンにこもっているあいだに、オーストリアの外交マシンはフル回転し、約定通りにフランス、ロシアの参戦を実現させた。このまま手をこまねいていれば、プロイセンは、オーストリア、フランス、ロシア三国の「クルミ割り」に挟まれ、粉砕されることになろう。

冒頭で述べたごとく、フリードリヒは、この難局に対処する手段として攻勢を選んだ。信頼するクル

表1　1757年3月～4月におけるプロイセン軍の構成

軍隊区分	歩兵	騎兵	重砲	集結地域	行軍目標
モーリッツ・フォン・デッサウ侯支隊	14,100	5,200	8	ツヴィッカウ - ケムニッツ	コモタウ～ドゥクス～アウシッヒ
主力（フリードリヒ2世）	30,500	9,100	80	ドレスデン - ピルナ	ペータースヴァルダウ～アウシッヒ
フォン・ベーヴェルン公爵支隊	16,000	4,300	12	ツィタウ	ライヘンベルク
シュヴェリーン支隊	25,000	9,300	20	シュヴァイドニッツ	トラウテナウ～ジツィーン～ユング・ブンツラウ
東プロイセン軍（レーヴァルト）	19,800	7,000	20	シュトラールズント	

ト・フォン・シュヴェリーン元帥と侍従武官ハンス・フォン・ヴィンターフェルト中将の献策を容れ、ベーメンに進撃することに決したのである。南東のオーストリア軍を撃滅し、ロシアとフランスの軍勢が戦場にやってくる前に、ハプスブルクの宮廷に講和を強いるのだ。

こうした戦略を実行するには、オーストリアの機先を制し、迅速に軍を動かすことが不可欠である。ゆえに、フリードリヒは、全軍を四つ、フリードリヒが直接指揮する主力と3個の支隊に分け、いわゆる分進合撃を行わせることにした。のちの世、ナポレオン以降にあっては当然のことである分進合撃も、この時代の未発達な軍隊にあっては、きわめて困難な戦術であった。されど、フリードリヒは、父「軍人王」が遺し、自らが練りに練ったプロイセンの精兵に賭けたのである。

加えて、フリードリヒは、もう一つ、敵に糧を求めるという、危うい決断を下さなければならなかった。オーストリア軍を、その宿営地で叩き、倉庫から糧秣を奪う。さもなくば、兵の食糧や馬匹の秣を運ぶのに余計な時間がかかり、行軍が遅れて、奇襲など不可能となってしまうのだ。

1757年4月、プロイセン軍の4個縦隊は、オーストリア軍の抵抗にあった場合、互いに協同できるような、絶妙の進軍路を通って、ベーメンに突入する（兵力と行軍経路については表1参照）。

フリードリヒが切望していた奇襲と先制は成功した。

別表2　1757年3月末のベーメン・メーレン（ボヘミア・モラヴィア）におけるオーストリア軍の構成

軍隊区分	歩兵	騎兵	宿営地域
辺境太守ナーダスディ支隊	7,700	7,300	オルミュッツ
ゼルベローニ支隊	20,600	6,600	ケーニヒグレーツ
ケーニヒゼック支隊	18,000	4,900	ライヘンベルク - ガーベル
主力（ブラウン）	30,400	8,700	プラハ - ブーディン
アーレンベルク支隊	20,400	3,800	プラーン - エーガー

実は、このときオーストリア側でも、皇弟である総司令官カール・フォン・ロートリンゲン公子が攻勢を計画していた。冬のあいだに増強された軍を以て、ラウジッツ方面を攻撃、そこから、露仏両軍と協同して、下シュレージエン、もしくはプロイセンの故地ブランデンブルクを脅かそうと企図していたのである。だが、カール公子は、プロイセン軍がかくも早期に動き出すとは予想しておらず、前進がはじまったときには、まだウィーンにいた。ために、在プラハのブラウン元帥が代理で指揮を執らねばならぬというありさまだった。

また、作戦開始は、ロシア軍やフランス軍が充分に前進してからのほうが好都合であるとの配慮から、5か所に分散していた麾下の軍勢も、いまだ宿営地に留め置かれたままだったのだ（兵力と宿営地域については別表2参照）。

東西から「百塔の都」——プラハ市内には、数多くの塔が林立しているため、こう呼ばれる——目ざして進撃するプロイセン軍の前に、オーストリア軍は退却するほかなかった。4月21日にアウクスト・フォン・ベーヴェルン公爵の支隊がライヘンベルクで敵と交戦するまで、プロイセン軍は、言うに足る抵抗を受けなかった。当初、オーストリア軍の指揮官たちが、プロイセン軍が全力で移動していることに気づかず、接触した敵は斥候にすぎないと誤認したのが尾を引き、対応の遅れにつながったのだ。その結果、プロイセンの4個縦隊は、各地のオーストリア軍の軍需品倉庫を押さえたのちに、5月はじめ、目的地のプラハで合同することに成功した。

プラハに到着した総司令官カール公子は、厳しい決断を迫られた。麾下の軍勢のうち、ヨハン・フォン・ゼルベローニ元帥の2万余は、なおケーニヒグレーツ周辺に在る。プロイセン軍に倉庫を奪われるのを恐れ、動こうとしなかったのだ。総司令官カールの重ねての命令によって、ゼルベローニの支隊は、ようやくプラハに向けて進み出したが、戦闘に間に合うかどうかは心許ない。

はたして、手持ちの兵力で、要地プラハを守りきれるかどうか。いったん退いて、態勢を立て直し、フリードリヒと決戦したほうが賢明なのではないか？

しかし、カール公子は、別の理由から、交戦を決意せざるを得なかった。というのは、プラハを放棄した場合、単に同地の要塞のみならず、そこに備蓄されている軍用物資もまたプロイセン軍の手に落ちるのだ。これは、オーストリア軍にとっては、いかなる手段を用いても回避しなければならない、最悪の事態であった。

誤算の代償

カール公子は、正規大隊65個、クロアチア大隊5個、胸甲騎兵および龍騎兵12個連隊、軽騎兵5個連隊、砲177門（うち59門は重砲）から成る軍勢を、プラハ東方、ターボル山とツィスカ山によって、両翼側面が遮蔽された地に展開させた。プラハ要塞に約1万5千余の守備隊を残しているので、野戦で使える兵力は、およそ6万である。副将ブラウン元帥は、攻撃し、戦闘の主導権を奪うことを主張したが、主将のカール公子は、ライヘンベルクで敗れたのち、プラハに退却しているはずのクリスチャン・フォン・ケーニヒゼック元帥の支隊を待つべきだとし、軍を動かすことはなかった。ちなみに、ゼルベローニ元帥は、とうとう戦闘に間に合わなかった。

対するフリードリヒ大王は、この戦場に、歩兵66個大隊、騎兵113個中隊、砲210門（82門が重砲）、約6万5千の兵力を集めた。ザクセンから東進した主力と、シュレージェンから西に進軍してきたシュヴェリーン元帥の軍勢を、大胆にも敵前で合流させたのである。1756年5月6日、戦闘当日の午前6時ごろのことであった。

ほかに、スコットランド人で、スペイン軍やロシア軍で勤務したのち、プロイセンの元帥になったという経歴を有するヤーコプ・フォン・カイトの率いる3万があったものの、これはプラハ西方に分遣されている。その任務は、オーストリア軍の退路を断つこと、万が一大王が敗れた場合には、ザクセンとシュレージェンへの撤退を援護することであった。こうして、カイトの支隊を割いたことにより、プラハ近郊にあいまみえた普墺(プロイセンオーストリア)両軍の兵力は、ほぼ互角になってしまったのである。

だが、それでもプロイセンの将兵は意気軒昂たるものがあった。ある参戦兵士の手紙には、こういう記述がある。「道路の脇に、大きくて、丈の高いキリスト受難像【十字架に、はりつけにされたキリストを刻んだ像】があった。その右の腕木に止まった、太った純白のハトは、首を動かすほかは身じろぎもせず、行進する我々を見ては、そこにやつらがいると示すかのように、オーストリア軍のほうを向いて、繰り返しうなずいてみせるのだった。兵士たちは、このハトを指差しては、『今日の吉兆だぜ!』と叫んだ」(【】内は筆者による補足)

兵士は、これでいい。しかし、将軍ともなれば、戦意旺盛であるだけでは足りない。その点、シュヴェリーン元帥は、さすがに古強者(ふるつわもの)だった。即時攻撃を主張するフリードリヒに対し、元帥は、まず慎重な偵察をなすべきだと進言する。父王の代からホーエンツォレルン家に仕え、第一次シュレージェン戦争のモルヴィッツの戦いでは、大王に代わって指揮を執り、敗勢をくつがえしたこともある宿将の言葉である。

フリードリヒは、シュヴェリーンの提案に従い、腹心のヴィンターフェルト中将を偵察に出した。その結果、オーストリア軍右翼(南翼)は、ゆるやかに傾斜した草地になっており、軍隊の運動に適していると

1757年のプロイセン軍の進撃 *Die Kriege Friedrichs II.*, 85頁より作成

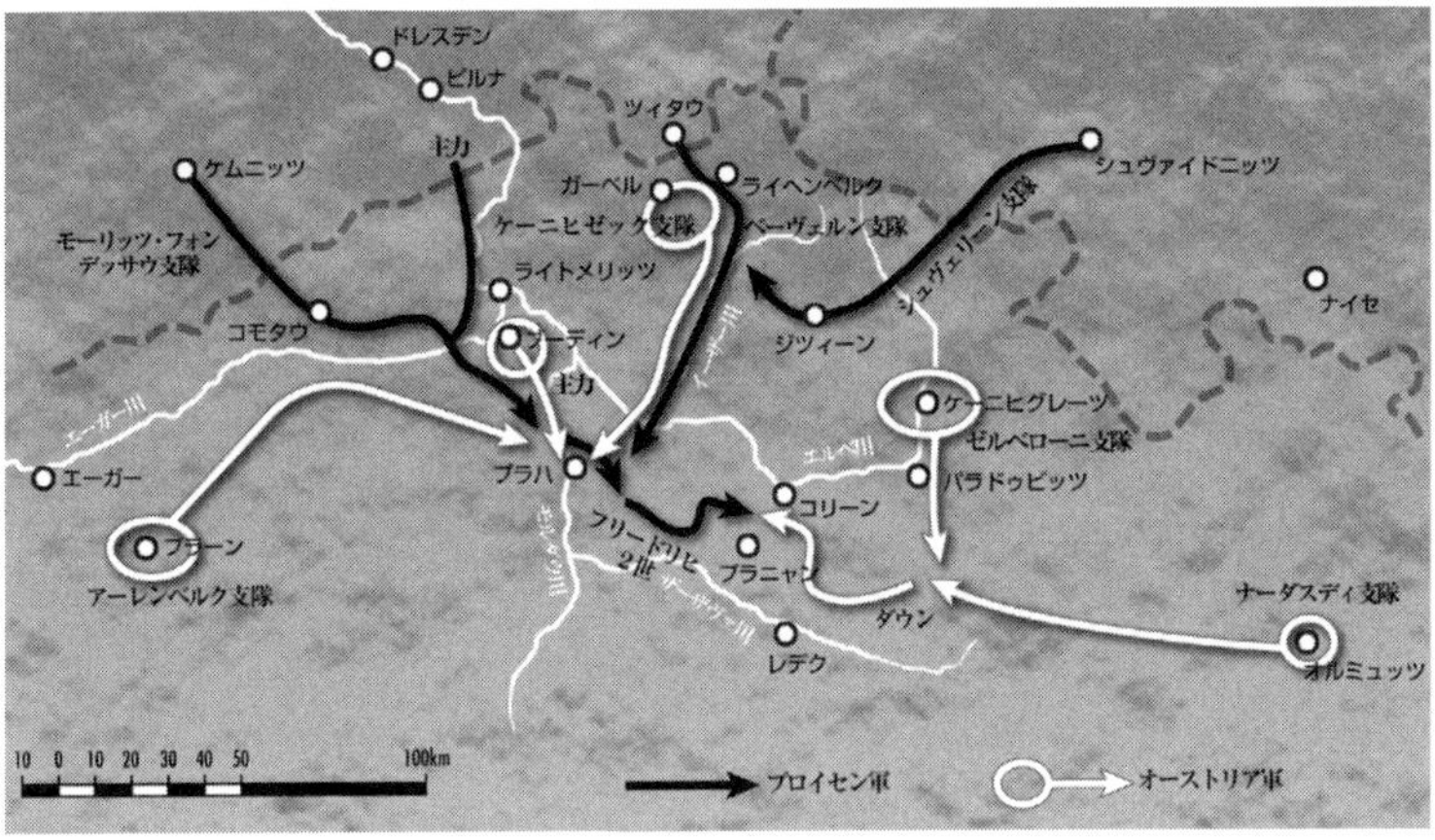

の報告がもたらされた。ヴィンターフェルトの情報に基づき、フリードリヒは、敵軍の右翼、つまり自軍左翼に兵力を集中し、攻撃を実行せよと命じた。

しかしながら、大王の決断は――プラハ会戦当日、フリードリヒは、腸の不調に苦しんでいたという――誤りであった。実は、草地とみえたのは、養魚池の跡、今では沼地となっている場所に初夏の草が生い茂っていただけだったのだ。数時間と経たぬうちに、フリードリヒは、この誤算の代償を支払うことになる。

午前7時、プロイセン軍は、オーストリア軍左翼を攻撃し、さらに、その陣の側背を衝くべく前進を開始した。一方、カール公子も、午前4時ごろにプローゼク附近でプロイセン軽騎兵とクロアチア兵が起こした小競り合いの銃声から、戦闘が近いことを予期していた。それゆえ、敵の行動開始を確認するや、ただちに全軍に戦闘配置を命じ、ブラウン元帥に右翼の指揮をゆだねる。

戦闘開始である。最初に衝突が起こったのは、やはり南だった。前進するプロイセン軍左翼を先導していた騎兵と、オーストリア軍右翼を固めていた騎兵が接触したのだ。いずれの側も、胸甲騎兵や龍騎兵といった重装騎兵を有しており、

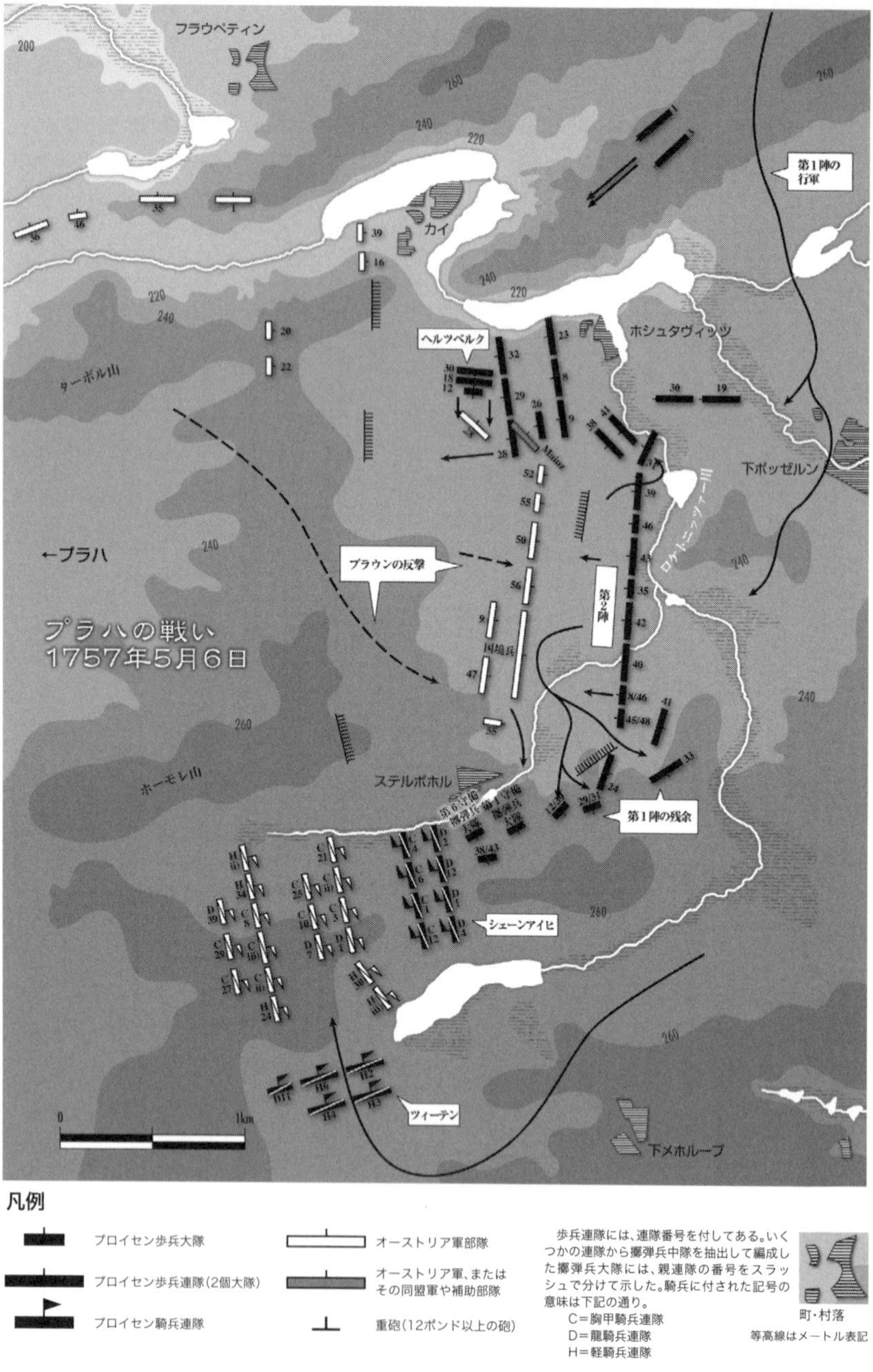

フラウベティン
カイ
第1陣の行軍
ヘルツベルク
ホシュタヴィッツ
ターボル山
下ポッゼルン
←プラハ
ブラウンの反撃
第2陣
国境兵
プラハの戦い
1757年5月6日
ホーモレ山
ステルボホル
第1陣の残余
シェーンアイヒ
ツィーテン
下メホループ
0
1km
凡例
プロイセン歩兵大隊
プロイセン歩兵連隊（2個大隊）
プロイセン騎兵連隊
オーストリア軍部隊
オーストリア軍、または
その同盟軍や補助部隊
重砲（12ポンド以上の砲）
歩兵連隊には、連隊番号を付してある。いくつかの連隊から擲弾兵中隊を抽出して編成した擲弾兵大隊には、親連隊の番号をスラッシュで分けて示した。騎兵に付された記号の意味は下記の通り。
C＝胸甲騎兵連隊
D＝龍騎兵連隊
H＝軽騎兵連隊
町・村落
等高線はメートル表記

それらが激しい白兵戦に突入する。プロイセンの黒鷲軍旗とオーストリアの双頭の鷲の軍旗が交差する。とどろく馬蹄、立ちこめる血煙のなか、白刃の銀が閃く。彼我（ひが）ともに精鋭で、一歩も退く気配はなく、勝敗は逆賭（ぎゃくと）し難い。なれど、一人の騎将が、勝敗の天秤をプロイセンの側に傾けた。

その名は、ハンス・フォン・ツィーテン中将。「軽騎兵の王」とあだ名され、将才と無鉄砲で知られた男――少壮士官として、ある龍騎兵連隊にいた時代に同僚と決闘し、一時、軍を退くはめになったこともある――「軍人王」フリードリヒ・ヴィルヘルム一世にうとまれながら、その後継者フリードリヒの眼にかない、一軍の将に引き上げられた人物だ。

百戦錬磨のツィーテンは、騎兵戦が勝敗の分水嶺にさしかかっているのを見抜き、予備から25個中隊の軽騎兵を引き抜き、オーストリア軍南翼に側撃をかけた。重装騎兵との激闘に疲れきっていたオーストリア騎兵は、新鮮な部隊の突撃を支えることはできなかった。ごく一部が、からくも踏みとどまったのみで、あとは四分五裂となって潰走する。かつて、フリードリヒは、プロイセン軽騎兵の質が必ずしも高くないことに不満を感じていた。軽騎兵は、巨人擲弾兵（てきだんへい）（フリードリヒ・ヴィルヘルム一世が、長身の兵を集めて編成した連隊）ほど金はかからないにせよ、彼ら以上にお飾りでしかないとした父王の戯れ言もあった。しかし、名高い黒色軽騎兵（シュヴァルツェ・フザーレン）をはじめとする装飾品たちは、この日、輝かしい勝利をあげ、主君の認識をあらためさせたのだった。

ところが、ツィーテンの勝利にもかかわらず、オーストリア軍右翼の歩兵と砲兵が構成する陣に突入を試みたシュヴェリーンとヴィンターフェルトの歩兵14個大隊は、悲惨な状況におちいっていた。先に述べたごとく、草地、確たる足場が得られる地形とみえたのは、軍靴がめりこみ、身動きが取れなくなる沼地だったのだ。整然たる突撃を妨げられ、泥のなかでもがくプロイセン兵に、オーストリア軍が容赦なく銃撃を浴びせる。攻撃は、完全に停滞した。しかも、敵将ブラウン元帥は、プロイセン軍が攻撃の重心を南翼に置いていると看破、南東方面に歩兵6個連隊を増派し、防御の強化にかかっていたのである。

かかる状況下、陣頭に立っていたヴィンターフェルト中将が、首に銃弾を受け、戦列を離れた。おそらくは、沼地を草地と見誤った、おのが眼球をえぐりだしたいような心境だったろうが、もう遅い。指揮官が落馬し、後送されるさまを見たプロイセン兵は浮き足立ち、潰乱しはじめた。

同じく、兵士の先頭に立っていたシュヴェリーン元帥の場合は、より英雄的で、より悲劇的であった。自ら編成し、戦場に連れてきた第24連隊が後退するのを見た、72歳の老元帥は騎馬を進め、同連隊第2大隊の旗手から取り上げた緑の軍旗を掲げて、叫んだ。

「来たれ（ヘラン）、我が子ら（マイネ・キンダー）！」

不幸なことに、元帥の勇姿を目撃できたのは、数秒間だけのことであった。この直後に、シュヴェリーンは榴霰弾（カニスター）射撃を受け、5発の鉄球を受けて斃（たお）れたのである。第24連隊の下士官兵は、元帥の壮烈なる戦死に奮い立つどころか、震え上がって、逃げ散った。

まことに高価な代償であった。フリードリヒは、誤った判断ゆえに、信頼する老元帥の生命を支払わなければならなかったのだ。大王は、戦争が終わったのち、シュヴェリーン一人で1万の兵に相当し、彼の死は勝利の月桂樹を萎（しぼ）ませてしまったと嘆いている。けれども、元帥の魂は戦神から死神の手に移った。誇り高き名将が、ヴァルハラより帰ることはもはやない。

中央突破

だが、プロイセン軍の死戦は、けっして無駄ではなかった。オーストリア軍南翼は、湿地にはまりこんだ敵が混乱するのを見て、反撃に転じていたのだが、その際、プロイセン兵の銃撃により、ブラウン元帥が重傷を負ったのである。フリードリヒの企図を見抜き、適切な対抗処置を取ってきたブラウンの戦列からの脱落は、オーストリア軍にとって、重大な打撃であった。

さらに、オーストリア軍の右翼が、プロイセン軍左翼に引きつけられ、南東に進みすぎたために、前者の陣形は、危険なかたちを取りはじめていた。オーストリア軍主力と突出した南翼のあいだに間隙が生じ、そこを衝かれれば、分断される態勢になってしまっていたのだ。しかも、主将カール公子が折悪しく喘息（ぜんそく）の発作を起こしたため、オーストリア軍は一時的にマヒしていたのである。

苦境は、好機に転じた。南方での歩兵攻撃を再開すべく、指示を出していた大王のもとに、オーストリア軍主力と南翼のあいだに兵力の空白があるとの報告が届く。このチャンスを見逃すようなら、彼はもはやフリードリヒではない。命令一下、プロイセン歩兵22個大隊が、敵の間隙に向けて前進する。敵陣深く、楔（くさび）が打ち込まれた。後年のアウステルリッツ会戦を思わせる展開だ。

分断されたオーストリア軍に対し、プロイセン軍の総攻撃が敢行される。北からは元帥フェルディナント・フォン・ブラウンシュヴァイク公子と中将ハインリヒ・フォン・プロイセン公子の軍勢、中央ではベーヴェルン公爵の軍が突進する。南でも、オーストリア軍右翼に対し、再び突撃が実行された。

いくさの潮目は変わり、南翼の味方から分断されたオーストリア軍主力は、その右翼側面を圧迫され、プラハ方面に押しやられていく。この局面での、ハインリヒ公子の活躍はめざましかった。ロケトニッツァー川を渡河する際、ずぶ濡れになった軍服を替えようともせず、前線を駆け回り、敵を粉砕して、プラハの門まで追い散らせと叱咤激励した。ちなみに、ハインリヒ公子の麾下にあって、擲弾兵9個大隊を率い、大功をあげた将軍がいる。彼は、丘上に陣取った強敵「国境兵（グレンツァー）」（1740年に、マリア・テレジアの命により、新編されたクロアチア人部隊、遊撃戦に優れ、プロイセン軍を悩ませた）相手に激闘し、彼らを駆逐してのけたのだ。この、マンシュタインという姓をもつ将軍の一族には、第二次世界大戦屈指の名将と讃えられる元帥も含まれることになるのだが、それはまた別の話であろう。

いずれにせよ、こうしてプロイセン軍は勝利をつかんだ。およそ5時間もの戦闘ののちに、フリードリヒは、自然の要害に陣を構え、ほぼ互角の兵力を有する敵を潰滅に追い込んだのである。オーストリア軍の死傷者は、1万3400名（4500名以上の俘虜を含む）、失った砲は60門に及ぶ。シュレージェン戦争以来、醸成されつつあった大王の無敵無敗の伝説に、新たな一ページが加えられたのだ。

とはいえ、プロイセン軍の損害も、けっして少ないものではなかった。死傷者、実に1万4287名。むろん、そのなかには、大王の股肱の臣、シュヴェリーン元帥も含まれている。加えて、戦闘直後の2日間のあいだに、3000もの兵が脱走し——多くは、前年の降伏のあとで、強制的にプロイセン軍に編入されたザクセンの兵だった——オーストリア軍の陣営に走った。

後年、フリードリヒが、プラハの勝利は「大量の歩兵を犠牲にして購った」と慨嘆するのも当然といえる出血だった。

プラハ攻囲とその後

ともあれ、苦い勝利といえど、月桂冠を得たフリードリヒは、ロシアとフランスの圧力が深刻な影響をおよぼす前にプラハを奪取し、早期に戦争を終結させようと決意した。かつて神聖ローマ帝国の首都だったこともある、重要な都市が占領されれば、オーストリアは弱りはて、ザクセンとベーメンの一部を交換することを条件とする講和に応じるだろうと観測したのである。オーストリアの同盟諸国に動揺が生じている、プファルツ選帝侯の軍は宿営地に引き上げ、ヴュルテンベルク兵は反乱、バイエルン侯は中立を宣言したとの報告を得たこととも相俟って、フリードリヒは、プラハ攻略こそ、戦勝への切り札だと信じたのだった。

ところが、大王の期待とは裏腹に、「百塔の都」の戦意は挫かれてはいなかった。降伏を勧告する軍使に対し、籠城軍の指揮官は、「我らは徹底抗戦により、プロイセン国王の敬意を勝ち取らんとするものなり」という答えを返した。この言葉は、虚勢ではなかった。プラハ市民の逃亡を防ぐために、市街の要所には歩哨が立ち、怪しいものを捕らえ、あるいは容赦なく射殺したのである。

やむなく、フリードリヒは攻囲にかかったが、兵糧攻めだけでは足りなかった。充分に物資を集積していた守備隊（約4万9000人）が、数週間ほどで飢えて降伏することなど、まず、あり得ないのだ。5月20日にプロイセン軍の砲撃が開始されても、オーストリア守備隊の抵抗は弱まらなかった。さりとて、フリードリヒには、プラハを強襲し、陥落させるほどの兵力はない。プロイセン軍は、百塔を指呼（しこ）の間に望みながら、手をこまねいているほかなかった。

こうして、プラハ周辺に座り込んでしまったプロイセン軍に対し、マリア・テレジアは復仇（ふっきゅう）の軍勢を差し向けた。プラハの敗戦を経たのちも、比較的戦力を保持していたゼルベローニとハンガリーの辺境太守（バーン）であるナーダスディの両元帥の支隊を中心に、逃亡してきたザクセン兵と新編部隊を加え、野戦軍を再建したのである。「女帝」が、この軍をゆだねたのは、伯爵レオポルト・フォン・ダウン元帥。以後、フリードリヒ大王としばしば対戦し、そのライバルとなる人物だ。

ダウンの接近を知ったフリードリヒは、プラハ攻囲を継続しつつ、同軍に対応する弥縫策（びほうさく）として、ベーヴェルン元帥に1万3000の兵を授け、対応に努めさせた。しかしながら、ダウン軍の兵力は、6月中旬には5万4000に達している。敵が、自らの3倍の兵力を有していることを察知したベーヴェルンは、このままでは致命的打撃を受けることは必至と判断、至急増援を送るよう、フリードリヒに乞うた。

ここにおいて、ついに大王も、軍の主力をダウン元帥の軍勢に向ける決断をなす。シュレージエンとの連絡線上、ブラントアイスとニンブルクにある軍需物資の倉庫を守るためには、そうするしかなかったのである。フリードリヒは、およそ1万の攻囲部隊をプラハ周辺にとどめたほかは、手元にある軍勢のすべてを引き連れて、ベーヴェルンのもとに赴いた。6月14日、同元帥の支隊と合流した大王は、麾下の軍勢に、さまざまな機動を試みさせ、オーストリア軍が脆弱な態勢を取るように誘導しようとしたが、ダウンは騙されなかった。ゆえに、フリードリヒは、ダウン軍を正面攻撃せざるを得ないところまで追い込まれた。1757年6月18日、コリーンにおいて、両軍は激突する。

高地に陣取ったオーストリア軍に突撃したプロイセン軍の損害は、無惨なほどだった。約1万3700の死傷者と脱走兵を出して——これは、参加兵力の3分の1以上にあたる——敗走したのである。また、オーストリア軍が45門の砲と22旒の軍旗を鹵獲したことを思えば、コリーンの戦いにおけるフリードリヒの敗北が、いかに深刻なものであったか、容易に理解できよう。

かかる敗戦ののちには、もちろんプラハの攻囲を続けるなど、望むべくもない。フリードリヒは、敗兵をまとめ、北部シュレージエン方面に撤退した。短期決戦によって、オーストリアを屈服させ、ロシアやフランスの介入が功を奏する前に戦争目的を達成しようとする大王の企図は、もろくも崩れ去ったのである。

いうまでもなく、後世のわれわれは、フリードリヒ大王があまたの戦勝をあげながらも、オーストリア、ロシア、フランスの三大強国の連合によって、破滅の淵にまで追いやられたこと、にもかかわらず、ロシアの女帝エリザベータの崩御と、プロイセンびいきのピョートル三世の即位が引き起こした国際情勢の変化により、からくも敗北をまぬがれ、プロイセンの大国としての地位を確固たるものとすることを知っている。

しかしながら、このときのフリードリヒにとって、歴史はなお未来に属している。

神ならぬ身の大王は、ロスバッハ、ロイテン、ツォルンドルフの栄光も、ホッホキルヒ、クーネルスドルフの屈辱も、そして、何よりも、この戦争が7年も続き、自らの精神と肉体とを衰弱させつくすことを識(し)らぬ。

今のフリードリヒは、「国家の第一の下僕」たる君主の労苦を噛みしめつつ、ゆくてに多くの勝利と敗北が待つ、長い長い街道に、馬を進めていくばかりだった。

皇帝にとどめを刺した前進元帥
――プロイセン軍からみたワーテルロー戦役

ヴァールシュタット侯爵ゲプハルト・レーベレヒト・フォン・ブリュッヒャー元帥

「プロイセンにとって、これ以上の幸運はあり得ない！　もう一度戦争だ！　軍が戦って、ウィーンでしでかしたへまを取り戻すのだ！」

1815年3月8日の真夜中、ナポレオンが追放先のエルバ島を脱出し、フランスに上陸したとの急報を受けた老将軍は叫んだ。ただちに軍服を持ってこいと命じる。報告をもたらした使者たちは、あるいは無茶だとひきとめ、あるいは将軍の老齢を指摘して、たしなめた。なるほど、将軍は前年12月に72歳の誕生日を祝ったばかりなのである。しかし、ひとたび老将軍の熱血に火がつけば、何人（なんぴと）たりとも止められるものではない。

「なんたるたわごとをほざくか」と、将軍は忠言をはねのけた。もはや病める息子を持つがゆえの心痛も、(1)ウィーン会議の結果に対する憤懣（ふんまん）も消え失せた。(2)老将軍――ヴァールシュタット侯爵ゲプハルト・レーベレヒト・フォン・ブリュッヒャー元帥は、今度こそナポレオンと決着をつけようと猛りたっていたのである。彼にとっての、ワーテルロー戦役のはじまりであった。

生粋の軽騎兵

さて、同戦役におけるブリュッヒャーとプロイセン軍の行動をみていく前に、ここに至るまでの元帥の生涯を確認しておこう。ナポレオン戦争に関心のあるものなら、ブリュッヒャーの名は当然知っているだろうが、その数奇な人生は意外に伝わっていないように思われるからである。

１７４２年12月16日、ブリュッヒャーは、ポンメルン貴族の出身で、かつてヘッセン軍騎兵大尉だった父クリスチャン・フリーデリヒの7番目の息子として、メクレンブルクのロストックに生まれた。父は、彼に農業を営ませようと思っていたけれども、のちに陸軍元帥にまで昇りつめる男が、麦や野菜を育てる仕事に満足していられるはずがない。１７５８年、ブリュッヒャーは、スウェーデン軍シュパルレ軽騎兵連隊[3]に入隊したのである。[4] ブリュッヒャーは、この軽騎兵連隊の一員として七年戦争に従軍したが、１７６０年にプロイセンの有名な黒色軽騎兵（シュヴァルツェ・フザーレン）ベリング連隊[5]の捕虜となった。

ところが、黒色軽騎兵の連隊長ヴィルヘルム・ゼバスチャン・フォン・ベリング大佐は、ブリュッヒャー家の親戚であったため、彼をプロイセン軍に引き取ることに決めた。捕虜となったスウェーデン将校1名の解放を代償として、ブリュッヒャーはスウェーデン軍に勤務する義務を解かれ、プロイセン軍に身柄を移したのである。以後、ブリュッヒャーは、敵味方の陣営を替えて、ベリング連隊とともに、ポンメルンやザクセンを転戦する。かのツィーテンやザイトリッツにつぐ騎兵の名将と称されたベリングの薫陶を受け、ブリュッヒャーの軽騎兵指揮官としての素質も、みるみる開花していった。

しかし、七年戦争が終わったのち、ブリュッヒャーは挫折を経験する。１７７２年の第一次ポーランド分割にブリュッヒャーとその連隊も参加したが、ポーランド人の反乱をそそのかした疑いのある神父を処刑すると公表、民衆を威嚇するといった無軌道な行動を取ったことが、フリードリヒ大王の逆鱗に触れたのである。大王いわく、「フォン・ブリュッヒャー騎兵大尉は悪魔のもとに行かせればよい」１７７３年、ブリュッヒャーは軍を辞し、領地で農場経営をやるはめになる。彼は、何度となく軍への復帰を請願したものの、大王の怒りは解けず、髀肉の嘆をかこっていた。

だが、1787年、ついにブリュッヒャーが軍に戻るときが来た。大王が没したのちにプロイセンの王位を継いだフリードリヒ・ヴィルヘルム二世が、彼の能力を認めて、軽騎兵連隊に復帰させるとともに、少佐の位を与えたのである。続いて、1789年に勃発したフランス革命に対して、プロイセンも出兵したから、ブリュッヒャーは、いよいよ活躍のチャンスに恵まれることになった。オランダやライン川方面の戦役に参加したブリュッヒャーは、勇猛かつ巧みな戦いぶりをみせ、プロイセン最高の勲章プール・ル・メリート勲章を受けている。進級も順調で、1788年には中佐、1791年には大佐の階級に進んだ。

もっとも、1795年にバーゼル和約が締結され、プロイセンとフランスが停戦すると、ブリュッヒャーの戦いも、いったん休止した。つぎにブリュッヒャーが硝煙のにおいを嗅ぐのは、1806年、彼の終生のライバルとなる皇帝ナポレオンが指揮する、フランス大陸軍（ラ・グランダルメー）[6]のプロイセン侵攻ということになる。

前進元帥

この戦役で、ブリュッヒャーはプロイセン中央軍に属し、アウエルシュテットの戦いでは、前衛指揮官を務めた。だが、イエナの戦いでナポレオン直率の主力が勝利したのに加えて、支戦のアウエルシュテットにおいてもフランスの名将ダヴーが巧妙な指揮を示し、ブリュッヒャーほかのプロイセン軍を一敗地にまみれさせる。だが、ブリュッヒャーの真価が発揮されたのは、そのあとの退却と徹底抗戦においてであった。彼は、ベルナドット、スールト、ミュラら、大陸軍の名だたる将星の軍団の追撃を受けながら、遠くバルト海沿岸のリューベックまで、麾下の軍勢を後退させ、11月7日に食糧弾薬が尽きて降伏のやむなきに至るまで、同市を守り抜いたのである。この籠城でともに戦った指揮官のなかには、名参謀ゲルハルト・ヨハン・ダーフィト・フォン・シャルンホルストもいた。降伏し、捕虜となったブリュッヒャーは、しかし、すぐにフランス軍のヴィクトル元帥との捕虜交換で自由の身となり、以後、１８０７年のティルジット和約まで、ポンメルン方面の残存プロイセン軍の指揮を任せられていた。

こうして、敗北のなかにあっても、勇将として名をあげ、階級も騎兵大将に進級したブリュッヒャーだったが、ナポレオンがティルジット和約で押しつけてきた圧政に苦しむプロイセンをみて、鬱々（うつうつ）として楽しまなかった。軽騎兵は、もとより闘争心が強く、自主独立の気風があるとされる。それが、生粋の軽騎兵ブリュッヒャーとあってはなおさらである。

ブリュッヒャーは、復仇（ふっきゅう）の機会を虎視眈々（こしたんたん）とうかがっていた。彼はフランスに対して敵意を抱いていることをまったく隠そうとしなかったから、１８１２年にはナポレオンの圧力を受けたフリードリヒ・ヴィルヘルム三世王より、ポンメルン軍総督の地位を解任されたほどであった。

しかし、１８１２年、ナポレオンのロシア遠征が無惨な敗軍に終わるとともに、軽騎兵将軍の星は、再び高く舞い上がる。１８１３年、プロイセンは、ロシア、オーストリア、イギリスと結んで、解放戦争（ベフライウングスクリーク）を開始したのである。この戦争でプロイセン軍を率いるのは、１８０６年から１８０７年にかけての対仏戦役で、不屈の精神を示した老将軍——当時、ブリュッヒャーは70歳を超えていた——を措いて他にない。以後のブリュッヒャーの活躍は、多くの読者も、さまざまな文献で知っているはずだ。リュッツェン会戦、バウツェンの戦い……。ブリュッヒャーは、幾度か、手痛い敗北を喫したが、致命打を受けることはなかった。また、ナポレオン支配下にありながら、ひそかに進められていた軍制改革によって、プロイセン軍は面目を一新しており、イェナやアウエルシュテットのような大敗をこうむることはなかったのである。ブリュッヒャーは、何度叩きつけられても、前進を叫び、将兵を鼓舞し続けた。知謀の人シャルンホルスト[7]、その後継者である伯爵アウクスト・フォン・グナイゼナウ中将[8]が参謀長として控えていたことも大きい。1813年、カッツバッハとメッケルンで戦勝を得たブリュッヒャーは、ついにライプツィヒ周辺で、ナポレオンの主力との決戦に至る。いわゆる「諸国民の戦い(フェルカーシュラハト)」[9]である。この戦いで、ブリュッヒャーは、ついにナポレオンを破った。その結果、大勢は決した。しだいに戦場はフランス国内に移り、ナポレオンの戦術的妙技による局地的勝利はあったものの、大陸軍が狂瀾(きょうらん)を既倒(きとう)にめぐらすことはなかった。1814年3月31日、パリは連合軍に降伏した。翌4月1日、その烈々たる攻撃精神から「前進元帥(マルシャル・フォアヴェルツ)」[10]の異名を取るようになっていたブリュッヒャーは、ナポレオンの首都に入城する。宿舎として割り当てられたのは、元のジョゼフ・フーシェの邸宅であった。

老虎めざめる

かくて、ブリュッヒャーは大功をあげ、プロイセン国王フリードリヒ・ヴィルヘルム三世は、彼にヴァールシュタット侯爵の爵位とあらたな領地、さらにベルリンの邸宅を与えた。また、連合軍勝利の功労者として、イギリスに招かれたりもしている。いわば人生の絶頂を迎えたといってもよいブリュッヒャーだったが、彼の憂鬱はつのるばかりだった。本節冒頭で述べたように、彼が剣で勝ち取った利益はウィーン会議の交渉で失われていくばかりと思われたし、かてて加えて、長男が病魔に襲われたことも老元帥の苦しみの種となった。すっかり気弱になったブリュッヒャーは、軍を辞したいとの望みを洩らし、腹心のグナイゼナウに、元帥は生涯退役できない決まりだとたしなめられている。

だが、いくさの野に再び立つとあれば、どれもこれも些事(さじ)である！

老虎はめざめた。その前進元帥を再び補佐するのは、頼りがいのある知恵袋グナイゼナウであった。また、虎の牙であり、爪となるプロイセン軍の動員も開始された。ナポレオンが退位したのちも、プロイセンは、麾下に入ったザクセン王国軍と合わせて4万の兵力を、ライン川下流ヴェストファーレン地方の都市ヴェーゼルから、ライン川とモーゼル川の合流点コブレンツに至る地域に駐屯させていた。これらの将兵は、中部ライン地方に第1および第3軍団、ムーズ川流域にザクセン王国軍1万4000を麾下に置く第2軍団に編成されていた。エルバ島を脱出したナポレオンに対する列強の大同盟（第七次対仏大同盟）が結成されるとともに、プロイセン国王フリードリヒ・ヴィルヘルム三世は総動員令を発した。3月18日には、4個軍団の新編を命じる内閣指令が出される。第4軍団をエルベ川とヴェーザー川のあいだ、第5軍団をオーデル河畔、第6および第7軍団をベルリン周辺に配置するのだ。この7個軍団のうち、第1から第4までを麾下に置く「下ライン方面軍（アルメー・ニーダーライン）」、すなわちプロイセン野戦軍の総司令官に任命されたのがブリュッヒャーであった。

一方、ウィーン会議に集まっていた列強の指導者たちは、「コルシカの怪物」復活にあわてふためいたものの、すぐに協議にかかり、ナポレオン打倒の戦略を固めた。なんといっても、連合軍は、フランス軍に対して、圧倒的な数の優位を有しているのである。まず、ベルギーのブリュッセル方面からはイギリスのウェリントン公爵率いる11万の軍勢が南下、その左翼ではブリュッヒャーのプロイセン軍11万7000がやはりベルギーのナミュールに向けて進撃する。一方、ライン川上流地域は、オーストリア軍21万で押さえる。南仏では、オーストリア・イタリア連合軍7万5000がリヴィエラへ進撃、リヨンに脅威を与える。後詰めとなるのはロシア軍15万で、充分すぎるほどの戦略予備であった。これだけの軍勢がいっせいに攻撃を開始すれば、ナポレオンといえども、なすすべもなく敗北せざるを得ないであろう。ところが、各国の軍隊の戦闘準備が整うには、タイムラグがある。当面、ナポレオンが大わらわで編成しつつある軍勢[11]に対応できるのは、ウェリントンのイギリス軍ならびにオランダ軍を主力とする連合部隊[12]とブリュッヒャーのプロイセン軍だけなのであった。

表1　フランス軍戦闘序列

北部方面軍（アルメー・ドゥ・ノール）（フランス皇帝ナポレオン・ボナパルト）

- 帝国親衛隊（伯爵アントワアーヌ・ドルーオ中将）
  - 親衛徒歩擲弾兵師団
  - 親衛徒歩猟兵師団
  - 青年親衛隊師団
  - 親衛軽騎兵師団
  - 親衛重騎兵師団
- 第1軍団（伯爵ジャン・バプティスト・ドルーエ・デルロン中将）
  - 第1師団（2個旅団）
  - 第2師団（2個旅団）
  - 第3師団（2個旅団）
  - 第4師団（2個旅団）
  - 第1騎兵師団（2個旅団）
  - 軍団砲兵　徒歩砲兵大隊5個、騎馬砲兵大隊1個
- 第2軍団（伯爵オノレ・シャルル・レイユ中将）
  - 第5師団（2個旅団）
  - 第6師団（2個旅団）
  - 第7師団（2個旅団）
  - 第9師団（2個旅団）
  - 第2騎兵師団（2個旅団）
  - 軍団砲兵　徒歩砲兵大隊5個、騎馬砲兵大隊1個
- 第3軍団（伯爵ドミニク・ヴァンダム中将）
  - 第8師団（2個旅団）
  - 第10師団（2個旅団）
  - 第11師団（2個旅団）
  - 第3騎兵師団（2個旅団）
  - 軍団砲兵　徒歩砲兵大隊4個、騎馬砲兵大隊1個
- 第4軍団（伯爵エティエンヌ・モーリス・ジェラール中将）
  - 第12師団（2個旅団）
  - 第13師団（2個旅団）
  - 第14師団（2個旅団）
  - 第7騎兵師団（2個旅団）
  - 軍団砲兵　徒歩砲兵大隊4個、騎馬砲兵大隊1個
- 第6軍団（伯爵ジョルジュ・ムートン・ド・ロボー中将）
  - 第19師団（2個旅団）
  - 第20師団（2個旅団）
  - 第21師団（2個旅団）
  - 軍団砲兵　徒歩砲兵大隊4個、騎馬砲兵大隊1個
- 第1騎兵軍団（伯爵クロード・ピエール・パジョール中将）
  - 第4騎兵師団（2個旅団）
  - 第5騎兵師団（2個旅団）
  - 軍団砲兵　騎馬砲兵大隊2個
- 第2騎兵軍団（伯爵レミ・ジョセフ・イシドール・エグゼルマンス中将）
  - 第9騎兵師団（2個旅団）
  - 第10騎兵師団（2個旅団）
  - 軍団砲兵　騎馬砲兵大隊2個
- 第3騎兵軍団（伯爵フランソワ・エティエンヌ・ケレルマン中将）
  - 第11騎兵師団（2個旅団）
  - 第12騎兵師団（2個旅団）
  - 軍団砲兵　騎馬砲兵大隊2個
- 第4騎兵軍団（伯爵エドゥアール・ジャン・バプティスト・ミヨー中将）
  - 第13騎兵師団（2個旅団）
  - 第14騎兵師団（2個旅団）
  - 軍団砲兵　騎馬砲兵大隊2個

The Waterloo Companion ほかの資料より作成。
紙幅の都合上、砲兵以外は、師団規模以上の部隊に限定した。

ゆえに、早々に戦略的要点を押さえる必要があり、動員が完了していなかったにもかかわらず、3月30日、プロイセン軍3個軍団（第1、第2、第3）がベルギーに進入した。その質、必ずしも良好ではない。多くの部隊、とくに騎兵隊は、建制をみたしていなかった。それでも、部隊の数をそろえることができたのは、シャルンホルストの軍制改革による後備兵（ラントヴェーア）制度が機能していたからである(13)。

しかし、4月16日、コブレンツでライン川を渡った老元帥は、意気軒昂（いきけんこう）であった。4月26日付のある書簡で、ブリュッヒャーはこう記している。「私は、15万のプロイセン軍とともにあり、もう一度フランス軍を叩きのめせと命令されるのを待っている。右翼、ブリュッセル方面には、わが友ウェリントンがいる。フランス軍は静かなままで、すぐにもボナパルトが攻撃してくるとは思えない」

分断された連合軍

しかし、ブリュッヒャーは間違っていた。ナポレオンには、座して破滅を待つつもりなど、毛頭なかったのである。時間は彼の味方ではない。連合軍が兵力を結集し、フランス帝国を粉砕してしまう前に、敵を各個撃破し、勝利を勝ち取る。それがナポレオンの基本戦略であり、しかも、この時点で、攻勢の射程内にいるのはイギリス軍とプロイセン軍だったのだ。

そうしたナポレオンの動きが伝わったか、フランス皇帝が北部国境に進出してくるとのうわさを聞いたブリュッヒャーとウェリントンは、5月3日、ティルルモンで会見し、作戦を協議した。席上、ブリュッヒャーは、オランダ・ベルギー方面にある軍勢だけで、ただちに攻撃を開始すべきだと主張したが、ウェリントンは、連合軍すべての準備が整うまで待ったほうが賢明だと説得した。もっとも、このときのウェリントン発言は、プロイセンに戦功を立てさせ、発言力を増大させるようなことがあってはならないとする、本国政府の意向を受けていたともいわれる。

いずれにしても、総司令官同士の会談で作戦方針が固まらなかった結果、連合軍は危険な状態のまま、放置されることになった。イギリス軍は、ブリュッセルを中心に、オランダとベルギーの各地に分散している。しかも、プロイセン軍との協同よりも、自軍の連絡線確保を重視したため、英仏海峡沿岸諸港方面を警戒できる位置に、必要以上の部隊が配されていた。一方、プロイセン軍も、本国との連絡線に沿って、ベルギー各地に散っていた。加えて、ブリュッヒャーの司令部はナミュール、ウェリントンのそれはブリュッセルにあり、80キロ近くも離れていたのである。これでは、両軍の緊密な協力は期待できない。

ナポレオンは、まさにその間隙を衝いた。6月14日、彼がボーモンの前線司令所に到着したときには、兵力およそ12万の「北部方面軍（アルメー・ドゥ・ノール）」は集結を完了していた。翌15日、イギリス軍とプロイセン軍のあいだにくさびを打ち込むには絶好の位置にあるシャルルロアに向けて、フランス軍は進撃を開始した。この方面

表2　イギリス軍戦闘序列

イギリスおよび列国連合軍（ウェリントン公爵アーサー・ウェルズリー元帥）
- 第1軍団（オラニエ公ウィレム）
  - 第1師団（2個旅団、徒歩砲兵大隊1個、騎馬砲兵大隊1個）
  - 第3師団（3個旅団、徒歩砲兵大隊2個）
  - オランダ第2師団（2個旅団、徒歩砲兵大隊1個、騎馬砲兵大隊1個）
  - オランダ第3師団（2個旅団、徒歩砲兵大隊1個、騎馬砲兵大隊1個）
- 第2軍団（中将ローランド・ヒル卿）
  - 第2師団（3個旅団、徒歩砲兵大隊1個、騎馬砲兵大隊1個）
  - 第4師団（3個旅団、徒歩砲兵大隊2個）
  - オランダ第1師団（2個旅団、徒歩砲兵大隊1個）
  - 蘭印旅団（徒歩砲兵大隊1個保有）
- 第5師団（3個旅団、徒歩砲兵大隊2個）
- 第6師団（2個旅団、徒歩砲兵大隊2個）
- イギリス予備砲兵（徒歩砲兵大隊3個、騎馬砲兵大隊2個）
- 第7師団（1個旅団）
- イギリス拠点守備隊（3個大隊）
- ブラウンシュヴァイク兵団（2個旅団、徒歩砲兵大隊1個、騎馬砲兵大隊1個）
- ハノーファー予備軍団（伯爵ヨハン・フリードリヒ・フォン・デア・デッケン中将）
- ナッサウ支隊（アウクスト・フォン・クルーゼ少将、歩兵1個連隊）
- 騎兵隊
  - イギリス第1騎兵旅団
  - イギリス第2騎兵旅団
  - イギリス第3騎兵旅団
  - イギリス第4騎兵旅団
  - イギリス第5騎兵旅団
  - イギリス第6騎兵旅団
  - イギリス第7騎兵旅団
  - イギリス騎馬砲兵隊（騎馬砲兵大隊6個）
  - ハノーファー第1騎兵旅団
  - ブラウンシュヴァイク騎兵団
  - オランダ第1騎兵旅団
  - オランダ第2騎兵旅団
  - オランダ第3騎兵旅団
  - オランダ騎馬砲兵隊（騎馬砲兵半大隊2個）

The Waterloo Companion ほかの資料より作成。
紙幅の都合上、砲兵以外は、師団規模以上の部隊に限定した。

に展開していたのは、伯爵ハンス・フォン・ツィーテン中将率いるプロイセン第1軍団である。実は、ツィーテンは13日から14日にかけての夜に、ボーモン方面に多数の焚き火の明かりがまたたいているのを望見したと報告していたし、15日にはフランス軍の将軍が投降して[14]、ナポレオンが攻撃を企図しているとの判断を裏付けていた。が、それらの情報も空しく、連合軍は奇襲を受けたのである。

　しかも、ウェリントンが、こうしたフランス軍の動きについて、イギリス軍と海峡諸港の連絡線を断つことを企図しているものと誤認したから、事態は、いっそう深刻になった。当時、ウェリントンのもとに連絡将校として派遣されていた男爵フリードリヒ・カール・フォン・ミュフリング少将の回想録から引用しよう。

「閣下は、軍に集結を命じられるのでしょうか。だとしたら、どこへ？　ブリュッヒャー元帥は、この報を受けて、リニーに軍を集中することでしょう。あるいは、すでに同地に陣を布いているかもしれません」この質問に、公爵は答えた。「ツィーテン将軍がそういう状況にあるなら、わが軍の左翼、オラニエ公の軍団を強化しよう。しかるのちも、プロイセン軍と協同できる距離にとどまる。だが、敵の一部がモンスを越えてきたなら、中央から、そちらに兵力を引き抜かねばならん」

この時点では、ウェリントンは、まったく判断を間違っていた。ナポレオンには、イギリス軍の右翼、つまり英仏海峡沿岸方面に進撃する意図はなかったのである。

リニーの激突

その結果、ウェリントンは、プロイセン軍との連絡を保つ上で重要な、道路の結節点キャトル・ブラに兵力を集中するのではなく、[15]より西にあるニヴェルに兵を進めて対応した。一方、そうとは知らぬブリュッヒャーは、第1軍団によってフランス軍の進撃を押さえつつ、第2、第3、第4軍団をソンブレフに急行させた。15日の晩に、自身もソンブレフに到着したブリュッヒャーは、さっそく第1軍団を閲兵した。人気者の老元帥は、「万歳（フラー）！」の歓呼で迎えられる。

また、ウェリントンの失敗も、部下の独断専行によって救われていた。オランダ第2歩兵師団長の男爵アンリ・ジョルジュ・ペルポンシェ中将は、ニヴェル集結の命令を受けながら、キャトル・ブラのほうが重要だと判断し、自らの部隊をそちらに向けていたのである。16日早朝になって、ウェリントンもようやく、戦場の実態を把握する。騎兵の捜索により、モンス方面に現れたフランス軍はおとりにすぎず、ナポ

表3　プロイセン軍戦闘序列

The Waterloo Companion ほかの資料より作成。

第3軍団（男爵ヨハン・フォン・ティールマン中将）
- 第9旅団
  - 第8歩兵連隊
  - 第36歩兵連隊
  - 第1クールマルク後備歩兵連隊
- 第10旅団
  - 第27歩兵連隊
  - 第2クールマルク後備歩兵連隊
- 第11旅団
  - 第3クールマルク後備歩兵連隊
  - 第4クールマルク後備歩兵連隊
- 第12旅団
  - 第31歩兵連隊
  - 第5クールマルク後備歩兵連隊
  - 第6クールマルク後備歩兵連隊
- 軍団騎兵
  - フォン・デア・マルヴィッツ騎兵旅団
    - 第7槍騎兵連隊
    - 第8槍騎兵連隊
    - 第9軽騎兵連隊
  - 伯爵フォン・ロットゥム騎兵旅団
    - 第5槍騎兵連隊
    - 第7龍騎兵連隊
    - 第3クールマルク後備騎兵連隊
    - 第6クールマルク後備騎兵連隊
- 軍団砲兵 —— 12ポンド徒歩砲兵大隊1個、6ポンド徒歩砲兵大隊2個、騎馬砲兵大隊3個

第4軍団（伯爵フリードリヒ・ヴィルヘルム・ビューロウ・フォン・デンネヴィッツ）
- 第13旅団
  - 第10歩兵連隊
  - 第2ノイマルク後備歩兵連隊
  - 第3ノイマルク後備歩兵連隊
- 第14旅団
  - 第11歩兵連隊
  - 第1ポンメルン後備歩兵連隊
  - 第2ポンメルン後備歩兵連隊
- 第15旅団
  - 第18歩兵連隊
  - 第3シュレージェン後備歩兵連隊
  - 第4シュレージェン後備歩兵連隊
- 第16旅団
  - 第15歩兵連隊
  - 第1シュレージェン後備歩兵連隊
  - 第2シュレージェン後備歩兵連隊
- 軍団騎兵
  - フォン・ジュード騎兵旅団
    - 第1槍騎兵連隊
    - 第2軽騎兵連隊
    - 第8軽騎兵連隊
  - 伯爵フォン・シュヴェリーン騎兵旅団
    - 第10軽騎兵連隊
    - 第1ノイマルク後備騎兵連隊
    - 第2ノイマルク後備騎兵連隊
    - 第1ポンメルン後備騎兵連隊
    - 第2ポンメルン後備騎兵連隊
  - フォン・ヴァッツドルフ騎兵旅団
    - 第1シュレージェン後備騎兵連隊
    - 第2シュレージェン後備騎兵連隊
    - 第3シュレージェン後備騎兵連隊
- 軍団砲兵 —— 12ポンド徒歩砲兵大隊3個、6ポンド徒歩砲兵大隊5個、騎馬砲兵大隊3個

レオンの企図は、イギリス軍とプロイセン軍の分断にあることが判明したのだ。もはや公爵も、キャトル・ブラに兵力をつぎ込み——そこで決定的な勝利を得ることは見込めないとしても——同地を支えて、プロイセン軍との連絡を保つほかはなかった。

16日午後、ウェリントンは、ソンブレフの近くにあるビュシーの水車小屋で、ブリュッヒャーと会見した。[16] ブリュッヒャーはイギリス軍の来援を求め、ウェリントンもそうすると約束した。[17] これによって、ブリュッヒャーは自軍右翼が確保されたと考え、南のリニーに押し出して、ナポレオンと決戦する企図を固めたのである。この時点で、ブリュッヒャーは手元におよそ8万4000の兵力を有している（第4軍団は命令受領の手違いにより到着が遅れており、この日の戦闘参加は期待できなかった）。対するナポレオン軍は、12万ほどと、老元帥は推測していた。数では劣るが、しかし、イギリス軍の増援があれば、ほぼ互角になるはずと踏んだのである。

下ライン方面軍（アルメー・ニーダーライン）（ヴァールシュタット侯爵ゲプハルト・レーベレヒト・フォン・ブリュッヒャー元帥）

- 第1軍団(伯爵ハンス・フォン・ツィーテン中将)
  - 第1旅団
    - 第12歩兵連隊
    - 第24歩兵連隊
    - 第1ヴェストファーレン後備歩兵連隊
    - 第1シュレージェン猟兵中隊
    - 第3シュレージェン猟兵中隊
  - 第2旅団
    - 第6歩兵連隊
    - 第28歩兵連隊
    - 第2ヴェストファーレン後備歩兵連隊
  - 第3旅団
    - 第7歩兵連隊
    - 第29歩兵連隊
    - 第3ヴェストファーレン後備歩兵連隊
    - 第2シュレージェン猟兵中隊
    - 第4シュレージェン猟兵中隊
  - 第4旅団
    - 第19歩兵連隊
    - 第4ヴェストファーレン後備歩兵連隊
  - 軍団騎兵
    - フォン・トレスコウ騎兵旅団
      - 第2龍騎兵連隊
      - 第5龍騎兵連隊
      - ブランデンブルク槍騎兵（ウーラン）連隊
    - フォン・リュッツォウ騎兵旅団
      - 第6槍騎兵連隊
      - 第1クールマルク後備騎兵連隊
      - 第2クールマルク後備騎兵連隊
      - 第1シュレージェン軽騎兵連隊
      - 第1ヴェストファーレン後備騎兵連隊
  - 軍団砲兵 ── 12ポンド徒歩砲兵大隊3個、6ポンド徒歩砲兵大隊5個、榴弾砲大隊1個、騎馬砲兵大隊3個
- 第2軍団(少将フォン・ピルヒ一世)
  - 第5旅団
    - 第2歩兵連隊
    - 第25歩兵連隊
    - 第5ヴェストファーレン後備歩兵連隊
  - 第6旅団
    - 第9歩兵連隊
    - 第26歩兵連隊
    - 第1エルベ後備歩兵連隊
  - 第7旅団
    - 第14歩兵連隊
    - 第22歩兵連隊
    - 第2エルベ後備歩兵連隊
  - 第8旅団
    - 第21歩兵連隊
    - 第23歩兵連隊
    - 第3エルベ後備歩兵連隊
  - 軍団騎兵
    - フォン・テューメン騎兵旅団
      - 第6龍騎兵連隊
      - 第11軽騎兵連隊
      - シュレージェン槍騎兵（ウーラン）連隊
    - 伯爵フォン・シューレンブルク騎兵旅団
      - 第1龍騎兵連隊
      - 第4クールマルク後備騎兵連隊
    - フォン・ゾーア騎兵旅団
      - 第3軽騎兵連隊
      - 第5軽騎兵連隊
      - 第5クールマルク後備騎兵連隊
      - エルベ後備騎兵連隊
  - 軍団砲兵 ── 12ポンド徒歩砲兵大隊2個、6ポンド徒歩砲兵大隊5個、騎馬砲兵大隊3個

一方、リニーにプロイセン軍が集結しているのを知ったナポレオンは膝を叩いた。プロイセン軍撃滅のチャンスとみたのである。まず右翼と中央で攻撃をしかけ、プロイセン軍を拘束しているあいだに、左翼からネイ元帥の部隊がまわりこんで、敵の後背部を叩く。すでにネイがキャトル・ブラを占領していると思い込んでいたナポレオンは、教科書通りの勝利が得られるものと確信し、攻撃を命じた。

午後2時半、戦闘は開始された。フランス軍砲兵がプロイセン軍の予備を叩く一方、騎兵と砲兵が敵陣に圧力をかける。たちまち激戦となった。縦隊で突進する、青い軍服の戦列歩兵に、マスケット銃の一斉射撃が加えられる。そこかしこで白兵戦が生起し、吶喊（とっかん）と負傷者の叫びが交差した。しかし、フランス人に対する憎悪を抱いた将兵が奮戦したにもかかわらず、しだいにプロイセン軍は押されていく。ナポレオンは、今こそ左翼からの決定的な一撃を加えるときだと判断した。ところが、その攻撃を遂行すべきネイの軍勢がすでに、

キャトル・ブラでイギリス軍と交戦中であることがあきらかになった。また、手つかずの1個軍団があったのだが、これも命令伝達に齟齬があり、遊兵（ゆうへい）となっている。さらに、敵味方を誤認したことによる攻撃の停滞などもあり、攻撃は遅れた。この間、ブリュッヒャーは自ら陣頭に立ち、プロイセン軍の士気を鼓舞している。

だが、午後7時、ついにナポレオンは切り札を放った。帝国親衛隊を攻撃に向かわせたのである。騎兵に援護された、熊毛皮帽の精鋭たちは、ぼろぼろになっていたプロイセン軍をたちまち撃破していく。この時点で、イギリス軍はフランス軍別働隊と戦闘に突入しており、増援が見込めないことは、ブリュッヒャーにも伝えられている。だとすれば、ここは何としても持ちこたえ、宵闇にまぎれて撤収、第4軍団と合流して、再起をはかるほかない。そのため、ブリュッヒャーは予備の騎兵を直率し、帝国親衛隊に反撃をしかけたものの、彼らが組んだ方陣をくずすことはできない。午後8時半、プロイセン軍はなお持ちこたえていたけれど、ナポレオンはリニーの町に入っていた。

かくて、プロイセン軍は撤退にかかる。このとき、ブリュッヒャー自身にも危機が訪れた。乗っていた馬が撃たれ、地面に落とされた老元帥は、愛馬の下敷きになってしまったのである。周囲には、フランス軍胸甲騎兵が迫っている。副官のフェルディナント・フォン・ノスティーツは、自分も首を負傷していたが、おのが外套をブリュッヒャーにかぶせ、元帥の金ぴかの軍服を隠す。幸い、敵は気づかず、ブリュッヒャーは、退却する味方歩兵部隊に救出され、人事不省のまま、後送されていった。

ワーテルローへ

プロイセン軍は、一時的に総帥を失った。だが、老元帥には、頼もしい参謀長がいる。グナイゼナウは退却をとりまとめ、リエージュ方面に軍を向かわせた。当初は、どこで再編成を実行するかも定まってい

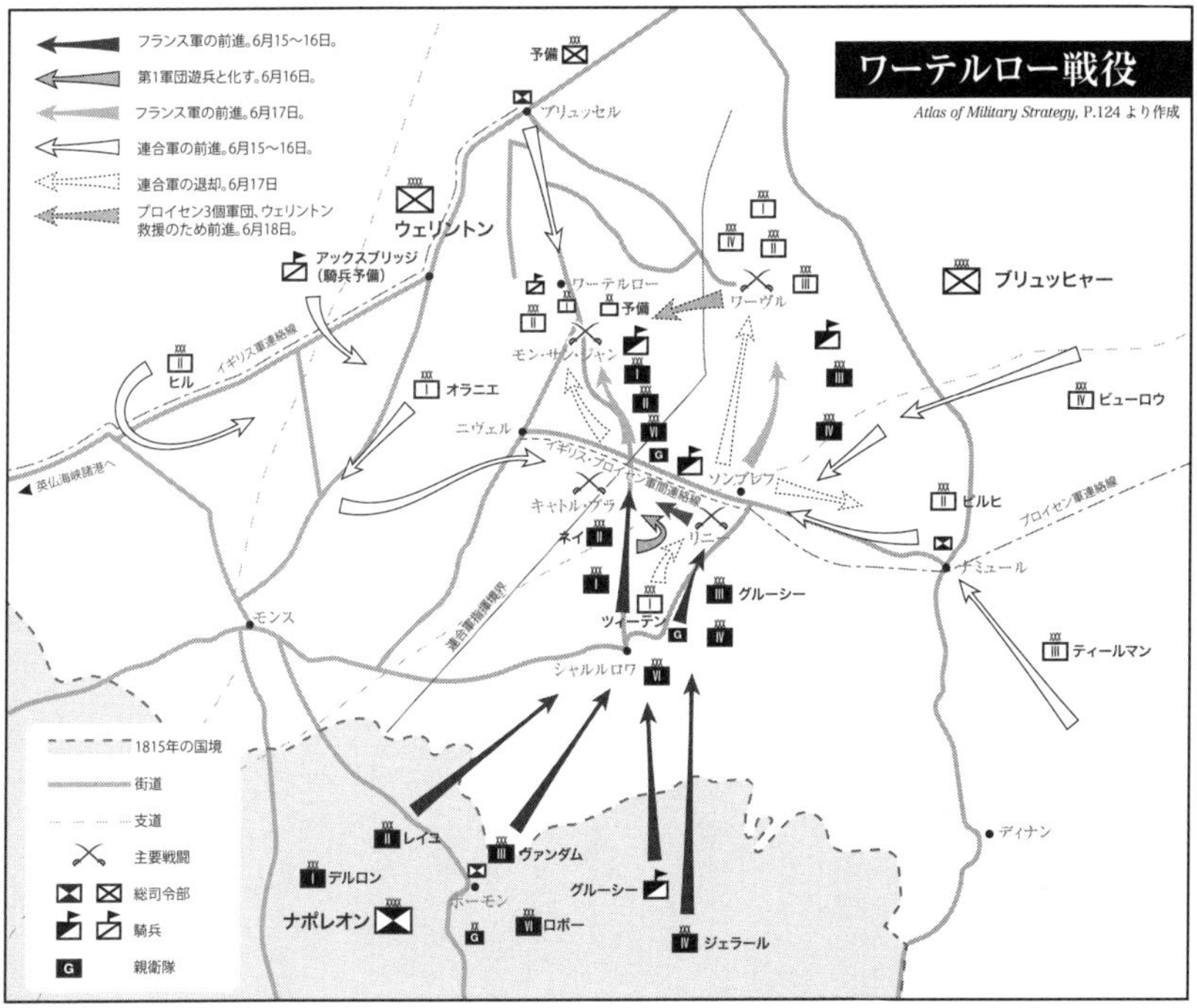

なかったけれど、ワーヴルが適当だということになり、そこに集結することになった。この間、17日に、ブリュッヒャーはメルリという小村に運び込まれて、手当てを受けている。驚いたことに、老虎は闘争心を失っていなかった。意識を取り戻したとき、かたわらで軍医がニンニクとジン、ルバーブとブランデーを練り合わせた塗り薬を調製していた。ブリュッヒャーは、この軍医に「もっとブランデーをよこせ。塗るのではなく、飲むためにだよ」と命じたと伝えられている。

やがて、行方不明となっていた総司令官の所在を知ったグナイゼナウが駆けつけてきて、今後の方針についての会議となった[18]。ほかの幕僚たちを外で待たせての、二人きりの議論となる。このとき、イギリス軍を見捨てて、総退却するべきだとするグナイゼナウの主張を、ブリュッヒャーは断固としてはねつけた。前進元帥の面目躍如である。もし、ここで彼が弱気になっていたら、ワーテルローの勝利はあり得なかっただろう。また、午後11時に、ウェリントンの副官がワーヴルに到着し、イギリス軍は、ブリュッセルへの街道上、ワーテルローに防御陣を布くと伝えてきたことも大きかった。グナイゼナウも、ブリュッヒャーに押され、ワーテルローへの前進に同意する。17日から18日にかけての夜、参謀長は行軍部署に忙殺された。また、プロイセン軍来援を知らせる伝令は、18日午前2時には、ウェリントンのもとに到着している。

しかし、フランス軍も、プロイセン軍の追撃を怠っていたわけではない。周知のごとく、ナポレオン軍は、グルーシー元帥に兵力のおよそ3分の1を授けて、プロイセン軍撃滅を命じていたのだ。だが、グルーシーは、プロイセン軍はワーヴルに撤退、そこから、さらにプロイセンに向けて撤退するものと信じ込んでおり、まさかワーテルローに向かって逆進してくるなど、夢にも思っていなかった。結果として、グルーシー軍は、ワーテルローの戦いに何の貢献もせずに終わることになる。ナポレオンが本戦役で犯した致命的なミスの一つであった。

6月18日、ナポレオンは、ワーテルローに陣取るイギリス軍に総攻撃を命じる。だが、前夜の雨で地面がぬかるんで、砲兵配置に支障をきたしたため、攻撃開始は遅れた。プロイセン軍がこちらに向かっていることを知るウェリントンはほくそ笑んだ。けれども、フランス軍の歩兵と騎兵を投入しての猛攻はすさまじく、イギリス軍は動揺する。ついには、防衛陣の中央部に間隙が生じ、ウェリントンは右翼から兵力を引き抜き、その穴を埋めざるを得なかった。もはや、イギリス軍の陣は決壊寸前だ。あるいは、このまま崩壊してしまうかもしれないとさえ思われたとき——プロイセン軍第1陣が来援した。ツィーテンの第1軍団である。それに第2、第4軍団が続く(第3軍団はワーヴル方面に控置されていた)。彼らは、手薄になった連合軍左翼を固め、フランス軍右翼を攻撃する。

フランス軍にとっては、悲劇的な事実であった。彼らは、最初、グルーシー軍が砲声を聞いて、加勢すべく引き返してきたのだと思ったのである。が、それがプロイセン軍だと知ったとき、彼らの歓喜は絶望に変わった。こうなると、プロイセン軍が本格的に戦闘に加わる前に、イギリス軍を撃滅しなければならない。ナポレオンは、再び一枚の切り札に賭けた。親衛隊を投入し、イギリス軍の抵抗の背骨を砕く！しかしながら、彼ら、皇帝陛下の忠実な精鋭が、イギリス近衛歩兵連隊の一斉射撃を受けて撃破された瞬間、ワーテルローの勝敗は決まった。夕闇が迫るころには、プロイセン軍の猛攻とイギリス軍の反撃を受けて、フランス軍は潰走していた。

午後9時15分、ブリュッヒャーは、戦場付近にあった宿屋「ラ・ベル・アリアンス」にウェリントンを訪ね、「わが親愛なる戦友よ（マイン・リーバー・カメラート）」とドイツ語で呼びかけたのちに、「なんたる一大事だったか（ケラフェール）」と、フランス語で付け加えた。ウェリントンはドイツ語を解しないし、ブリュッヒャーも英語は不得手だったから、敵国フランスの言葉で話すしかなかったのである。２人が勝利を祝福し合ったその15分後に、ブリュッヒャーは、麾下の軍団長たちに「敵に、立つことができる男と馬がいるうちは追撃を続けよ」と下令した。前進元帥は、とうとうナポレオンにとどめを刺したのだった。[19]

モルトケと委任戦術の誕生

ヘルムート・カール・ベルンハルト・フォン・モルトケ伯爵（大モルトケ）

模糊とした起源

プロイセン軍、そして、その後身たるドイツ軍独特の戦争方法として「委任戦術」(Auftragstaktik)と呼ばれる指揮統率上の概念がある（「訓令戦法」とも訳される）。非常に定義しにくい言葉ではあるが、ある軍事行動を実施する際に、上級司令部は目標と与えられる手段のみを指示して、どのようにするかは下級指揮官にゆだねるというコンセプトであるということができよう。現在、この委任戦術は、軍事史的な関心のみならず、実際の軍隊指揮の面からも注目されている。現代戦においては、旧来の目標、使用できる手段と方法を指定した命令による統制では、刻々と変わる戦況に対応できないという認識が一般的となり、下級指揮官によりいっそうの行動の自由と主導性を認めることが重要だとされるようになってきたからだ。とくにアメリカ海兵隊がそうした特徴を持つ「任務指揮」概念をドクトリンに導入してからというもの[1]、その源流とみなされた委任戦術は、いちやく脚光を浴びたのである。

しかしながら、それほど重要な概念である委任戦術が、いつ、どのようにして生まれたかは判然としない。プロイセン・ドイツ軍の慣習や思想、戦争経験など、さまざまな要素が関係しているからだ。委任戦術について一書を著したディルク・W・エッティング[2]は「委任戦術の源は多様である」とし、「その源流をたどろうとするなら、18世紀後半からはじめるのが目的にかなっているだろう」としている。この時期までに、ヨーロッパ列強は、求心的な指揮と厳格な規律によって統制された軍隊を確立していた。けれども、主力とは別に独立して行動する支隊が編成されることも少なくなかったから、かかる部隊の指揮官には自主的な判断が求められた。また、支隊の指揮については、全権を認められなければならなかったのである。フリードリヒ大王は、1742年4月25日付のレオポルト侯宛訓令で、以下のごとく支隊長の職責を定めている。「支隊長たちは、その司令官から一般的な指示を受ける。しかし、彼らは、状況によって進むか退くかの二者択一を求められた場合には、自ら判断することを心得ていなければならないのだ」。興味深いことに、大王はこの訓令の後段において、何人かの指揮官の名を示した上で、「他の者は凡庸であるから、支隊をあずけてはならない」としている。

こうした下級指揮官に大きな権限を与える傾向は、七年戦争やアメリカ独立革命での散兵戦術の成功によって、いよいよ強まる。1806年にナポレオン軍によってプロイセンが惨敗を喫したのちに着手された軍隊の改革も相俟って、委任戦術が確立していったとエッティングはみる。

ところが、別の論者によれば、委任戦術の萌芽は、さらに時代をさかのぼる。たとえば、ドイツの歴史家イエルク・ムートは、20世紀前半の米独将校教育を比較した著書『コマンド・カルチャー』で、そもそもプロイセン王国が成立する前、その前身たるブランデンブルク辺境伯領の時代から、「不服従」の伝統があったとする。その実例として、ムートは、1675年のフェーアベリンの戦いを挙げる。この戦闘で、前衛部隊を指揮していたヘッセン・ホンブルク方伯領の公子フリードリヒ二世は、司令官である大選帝侯の命令に逆らい、麾下の騎兵のみで戦端を開いた。結果は、辺境伯領を荒しまわっていた敵、もと三十年戦争でスウェーデン軍に属していた傭兵部隊の敗北となり、彼らの脅威は排除されたのである。また、アメリカの軍事史家ロバート・M・チティーノが、その興味深い著作『ドイツの戦争流儀』の第1章を、大選帝侯の戦争に割いていることも示唆に富むであろう。

このように、委任戦術は、プロイセン・ドイツ軍のさまざまな伝統から形成されてきたものであり、それを子細にたどっていくには、別の詳細な論考が必要となろう。ゆえに、ここでは、委任戦術の起源は、見方によってさまざまであり、これがそうだと定めかねることだけを確認しておきたい。

しかしながら、近代において委任戦術を確立し、言語化してプロイセン軍に徹底させたのは誰かという問いに対しては、容易に答えられる。ドイツ帝国の初代参謀総長、「大モルトケ」こと、ヘルムート・カール・ベルンハルト・フォン・モルトケ伯爵である。(3)

知識人にして軍人

軍事に関心を抱くもので、モルトケの名を知らぬということはあり得ない。とはいえ、その人となり思想となると、必ずしも十二分に伝わっているとはいえないから、まずはモルトケの生涯を概観しておこう。

モルトケは1800年10月26日、後年ドイツ帝国を構成する一員となる北ドイツの小邦メクレンブルク＝シュヴェリーンの町パルヒムに生まれた。父フリードリヒは元プロイセン王国陸軍の中尉で、退役して農場経営にあたっていたが、それに失敗し、モルトケが生まれたときには兄の家に寄寓していた。(4)この父とモルトケは折り合いが悪く、彼の人格形成に影響をおよぼしたのは、むしろ母ゾフィ・ヘンリエッタであったといわれる。ゾフィは、ハンザ都市リューベック（当時は自由都市として、小さいながらも独立国であった）の名家の娘で、数か国語を理解し、文学や音楽にも通じた教養人だったのである。

1811年、父の国籍取得にともないデンマーク王国の臣民となっていたモルトケは、コペンハーゲンている。

の陸軍士官学校に入学した。もっとも、軍人に憧れていたというわけではなく、家計が苦しくなっていたから士官学校に入るよりほかに教育を受ける道がなかったと、モルトケ自身が述べている。[5]本当は考古学を専攻し、大学教授になりたかったというのが、彼の打ち明け話である。実際、デンマーク陸軍士官学校在学中の評価は「この生徒が軍人になるとは絶対に考えられない」であったというエピソードが伝えられている。

1819年、モルトケは少尉に任官し、オルデンブルク歩兵連隊に配属された。しかし、1821年にベルリンに旅し、ナポレオンに対する解放戦争に勝利して意気上がるプロイセンの実情に接して、同国の軍隊に転じる決意を固める。今日では奇異に感じられるけれども、当時の軍人には、より望ましいと思われた別の国の軍隊に移るのは普通のことだったのだ。1822年、デンマーク軍からの免官を許されたモルトケは、3月に入隊試験に合格（試験委員長は、ブリュッヒャーの名参謀長グナイゼナウだった）、プロイセン軍の少尉に任官した。

1823年、モルトケはベルリンの陸軍大学校[6]に入学した。当時の校長は、戦争の哲学者カール・フォン・クラウゼヴィッツであったものの、モルトケとのあいだに特別な親交があったということは確認されていない。[7]同校を創設したのは、ナポレオンに敗れて、1807年に屈辱的なティルジット和約を結んだのちのプロイセン軍制を改革し、解放戦争勝利の基盤をつくったゲルハルト・フォン・シャルンホルストであった。そのシャルンホルストの、将校たるもの教養豊かで知性に優れていなければならぬとの理念のもと、陸軍大学校では、軍事の専門科目以上に一般教養が重視されていたから、[8]モルトケが水を得た魚のごとく勉学に励んだのも当然だろう。この時期のモルトケは、語学や地理を好み、外国語の習得に努めたという。後年、外国語に通じていながら寡黙であったモルトケは、「7か国語で沈黙する男」とあだ名されるようになるが、その片鱗はこの時代から表れていたのである。また、文学書を好んで読み、ドイツの作品のほかにも、ウォルター・スコットやディケンズの小説、バイロンの詩を愛読したと伝えられる。

かくて、モルトケは、知識人にして軍人という特性を帯びてゆくに至った。いや、まず知識人で、軍人であることのほうはあとに来たのかもしれない。いずれにせよ、モルトケが独立自主の人格を重視する教養人として、おのれを磨きあげたことは、委任戦術の発達に大きく作用することになる。

1827年、陸軍大学校を卒業したモルトケは、参謀本部陸地測量部勤務等を経て、1833年に中尉に進級、参謀本部に配属された。ちなみに、19世紀前半のプロイセン軍においては、兵棋演習、図上演習、参謀演習旅行といった、現代の参謀教育のスタンダードとなっている教育方法がすでに導入されており、モルトケもまたこれらの手段によって、参謀将校としての能力を高めていく。また、私生活にあっても、短編小説を刊行したり、ギボンの『ローマ帝国衰亡史』の独訳出版契約を結ぶ（こちらは出版社の倒産により、実現しなかった）など、文人としての側面を遺憾なく示している。

1835年、自らの見聞を広めるべく、賜暇を得てトルコに旅立ったモルトケは、予想外の長逗留を強いられることになった。謁見したモルトケの豊富な軍事知識に瞠目したオスマン帝国の陸軍大臣メフメト・コスレフ・パシャは、プロイセン政府に乞い、彼を軍事顧問にしたのだ。以後、モルトケのトルコ滞在は4年間におよび、初めての実戦もトルコ軍の一員として経験する結果となった。エジプト総督ムハンマド・アリーに対するスルタンの討伐戦である。

1839年、惨憺たる経験をさせられたモルトケは、ようやくベルリンに帰還した。以後、参謀将校として順風満帆に出世した彼は、第4軍団参謀長、フリードリヒ・ヴィルヘルム王太子付侍従武官、参謀本部課長などを歴任したのち、1857年に急死した前任者カール・フォン・ライエル騎兵大将の後を襲って、参謀総長事務取扱を命じられる。翌1858年には、正式に参謀総長に任命された。

ただし、この当時の参謀本部は、後年のそれほどに高い権威を有しているわけではなかったし、モルトケもその才能を嘱望されていたとはいえ、多くの将軍たちにとっては無名の存在だった。それどころか、1866年の普墺戦争になっても、モルトケの名が知られていなかったことは、有名な挿話によっても確認される。この戦争で師団長を務めていたフォン・マンシュタイン将軍は、参謀総長から出された命令書をあらためてから、口をすべらせてしまった。「すべてがちゃんとしている。だが、フォン・モルトケ将軍というのは何者かね?」これが、当時のモルトケと参謀本部の実情だった。が、ドイツ統一戦争が終わったとき、モルトケの名は世界に知れ渡ることになる。

高級指揮官に与える教令

参謀総長となったモルトケは、自らの戦争観に基き、着々と手を打っていった。

モルトケにとって、戦争とは不確実性にみちみちており、あらかじめ立てておいた作戦計画通りに進むことなどあり得ないものであった。戦争には原則があり、論理的に進めることができるとしたアントワーヌ=アンリ・ジョミニのそれとは正反対である。[9] モルトケ自身の有名な記述を引こう。

「それゆえ、敵主力との最初の衝突以後にまでおよぶ、多少なりとも自信のある作戦計画を立てることはできない相談である。戦役の全経過を通じて終局にいたるまで首尾一貫、あらかじめ微細な点にいたるまで熟慮し、取りまとめた当初の着想を逸脱することなく遂行できる、と考えるのは素人だけである」[10]

では、完璧な予測など不可能な事象である戦争に勝つための処方箋はあるのだろうか。この困難な問いかけに対する答えは「委任」、今日でいう意志決定の下級将校への拡散しかないと、モルトケは考えた。おそらく、彼の独創ではない。フリードリヒ大王、場合によっては大選帝侯にまでさかのぼるプロイセン軍の伝統、あるいは経験知の集積から、口伝のようなかたちで継承されてきた指揮のありかたである。しかしながら、それを明確に言語化し、指揮官・参謀教育に意識的かつシステマティックに取り入れたのはモルトケであった。

「戦略は臨機応変の体系である」と喝破したモルトケは、詳細煩雑な「命令」を下して、その通りに実行せよと強いることは、戦場の不確実性の前に齟齬をきたすとみなした。上級指揮官は、戦略の基本にもとづき、目的と使用し得る手段のみを示して、実行は下級指揮官にまかせるべきなのである。こうした思想は、１８６９年に発布された「高級指揮官に与える教令」に、如実にあらわれている。

「発令者の地位が上がれば上がるほど、その命令は短く包括的となる。下級の指揮官は必要と思われる正確なところをさらに補足していく。実施の細部は口頭命令もしくは号令に委ねられる。下級指揮官はしたがって各自の権限の範囲内で、決断と行動の自由を保持している」

かくて、委任戦術は明確なかたちを取りはじめた。しかしながら、かかる戦法を有効たらしめるためには、末端の下級指揮官に至るまで自主独立した判断力を有していることが必要である。モルトケは、その保証を将校の知的能力に求めた。「兵員を導くのは、指揮官の知性でなければならない」という名言は、かかる認識に由来する。自身が知のひとであり、教養人であったモルトケは、将校に対し、教範を丸暗記してそのままに行動する下士官的知能ではなく、戦争においてはほとんど不可避である不測の事態に対し、適切な判断を導く能力を重視し、この目標に向けて参謀将校たちを教育していったのである。

これこそ、時代の要請に応じた発想といえた。フランス革命による国民国家の成立と徴兵制の確立以来、軍隊は巨大化の一途をたどっている。10万、20万とふくれあがった軍勢を、一つのかたまりのまま動かすことなど、もとより不可能であり、おのずから分割して動かし、決勝点で合流させること、いわゆる「分進合撃」こそが勝利の要諦となるのだ。が、そのためには、分割された軍隊のそれぞれを、戦略目標にかなったかたちで的確に動かすことが必要になる。それには、自分の頭で状況を判断し、しかるべき行動に出ることができる指揮官や参謀が不可欠なのであった。むろん、19世紀に発達した鉄道による軍隊輸送が可能になったことも、そうした傾向に拍車をかけている。

　モルトケは、このような軍事思想のもとに鍛え上げた参謀将校たちを率いて、デンマーク戦争、普墺戦争、普仏戦争といった、ドイツ統一のための一連の戦争にのぞんだ。周知のごとく、これらの戦争に参加した軍司令官たちは、家柄ゆえに任命された古いタイプの将軍が少なからずおり、ときに、モルトケの戦略をあからさまに無視することがあった。普墺戦争で、支作戦を命じられながら、モルトケに報告することなく、勝手な進撃を行った西部軍司令官フォーゲル・フォン・ファルケンシュタイン将軍などはその典型であろう。けれども、モルトケが各級団隊に派遣した参謀将校たちは、これらの不測の事態を克服し、参謀総長の戦略通りに戦争を遂行する原動力となった。

「ドイツ軍を戦術レベルで無敵にした思考方法」（ムート）が、ドイツ統一を達成したといえよう。以後、モルトケの委任戦術は世界諸国の陸軍が注目することとなり、現代の米海兵隊のドクトリンにまで影響を与えているのである。

伝説のヴェールを剥ぐ——タンネンベルク殲滅戦

エーリヒ・ルーデンドルフ（左上）
パウル・フォン・ヒンデンブルク（右上・フォト・ライセンス：Bundesarchiv）
マクシミリアン・ホフマン

第一次世界大戦初期のタンネンベルク戦は、第二次ポエニ戦争のカンナエと並んで、殲滅戦の典型と称されている。この戦いで、ドイツ軍は巧みな指揮統率と進退を示し、まるまる1個軍のロシア軍を撃滅して、東部戦線を安泰たらしめたのだ。しかしながら、こうした劇的な展開に興をそそられたためか、あるいはドイツ帝国の中核たるプロイセンを守ったというプロパガンダの影響からか、ドイツ人のみならず、他国の歴史家やジャーナリスト、また当事者たちも、事実の骨格に、さまざまな伝説のぜい肉を付け加えた。それゆえ、一般に伝えられるタンネンベルク戦のイメージは、実像とは相当かけはなれたものになっていった。そのはなはだしい誇張ぶりは、とくに１９９０年代以降の研究の進展によって暴露されている。本節では、その成果に従って、薄いが幾重にも下ろされている伝説の幕を剥ぎ取りつつ、タンネンベルクの戦いを概観していくことにしたい。

両陣営の内幕

１９１４年、ヨーロッパに８月の砲声が響きわたったとき[1]、ドイツ軍が西部戦線に兵力の大半を集中、東部戦線はわずか1個軍で支えるという戦略を採ったことはよく知られている。この作戦計画は、1906年までドイツ帝国の参謀総長だった元帥アルフレート・フォン・シュリーフェン伯爵が心血を注いで練り上げたもので、そのまま実行していれば勝利を得られたはずだが、後任の参謀総長ヘルムート・ヨハネス・ルートヴィヒ・フォン・モルトケ上級大将（小モルトケ）[2]が、あまりにも大胆なプランに怖じ気を震い、計画を改悪したために失敗した――というのは、第一次世界大戦後に広まった伝説である。だが、今日では、このシュリーフェン計画と呼ばれる作戦は、外交面の配慮を欠いているばかりか、軍事的にも問題のあるもので、小モルトケの修正はむしろ正しかったという説が有力になりつつある[3]。さらには、旧ソ連に押収されたのち、ドイツに返還された文書に従う研究では、一連の作戦計画は陸軍拡張予算獲得のためにつくられた一種の政治文書で、実際の作戦構想としてのシュリーフェン計画はなかったとのテーゼを打ち出すものさえあるほどだ[4]。

もっとも、シュリーフェンの時代に、まずフランスに対して決戦を行い、そこで勝利を得たのちに対ロシア戦に主力を回すという構想が固まったこと自体は間違いない。それ以前、大モルトケが参謀総長だった時代には、オーストリアと協同して、最初にロシア軍を叩くという計画も検討されていたのだが、1914年には、その選択肢は放棄されていた。すなわち、ドイツ帝国は持てる8個軍のうち、第1から第7軍までを西部戦線に配し、東部戦線、東プロイセンの守りは、兵力約15万の第8軍にゆだねられることになったのである。

これに対して、ロシア軍は、第1ならびに第2軍を擁する北西正面軍（「方面軍」とする訳もある。本節では、ロシア・ソ連の作戦術の発展との関連に鑑み、「正面軍」の訳語を当てる）を差し向けることができた。兵力としては、ドイツ第8軍のおよそ倍だ。これだけを見ると、ロシア軍のほうが優勢であるかにみえる。

けれども、当時の露帝（ツァーリ）の陸軍は、多くの問題を抱えていた。日露戦争の敗北からの再建途上であり、しかも艦隊の再建が優先されていたことから、装備の面で欠けるところが大きかったのだ。日本との戦争で艦隊主力のほとんどを失った皇帝ニコライ二世[5]は、議会（ドゥーマ）の反対を押し切って、海軍の増強に努めていた。結果的には、この措置は、陸軍予算へのしわ寄せ、とりわけ弾薬製造工場拡張の遅れをもたらした。その結果、たとえばロシア第1軍は開戦時に砲1門あたり420発の砲弾を持つのみとなった。砲兵こそ戦場の女神であると信じるロシア軍にしてみれば、ゆゆしき事態といえた。

加えて、専制国家特有の軍高官同士の抗争も影を落としている。前述の対独戦の主役、ロシア北西正面軍司令官のヤコフ・G・ジリンスキー騎兵大将は、幕僚としては能力が高いと評価され、日露戦争ではアレクセイ・N・クロパトキン満洲軍総司令官の参謀長を務めている。さらにはロシア帝国陸軍参謀総長に就任したほどであった。だが、極端な親仏家で知られ、参謀総長時代には、ドイツとの戦争のあかつきには西部戦線における同盟国の負担を軽減するため動員15日目から攻勢に出ると、フランス側に約束してしまったのである。また、無能で知られた陸軍大臣ヴラジミル・A・スホムリーノフ[6]の支持者であるとも目

ロシア軍戦闘序列

- 北西正面軍（ヤコフ・G・ジリンスキー騎兵大将）
  - 第1軍（パーヴェル・K・レンネンカンプフ騎兵大将）
    - 第2軍団
      - 第26狙撃兵師団
      - 第43狙撃兵師団
    - 第3軍団
      - 第25狙撃兵師団
      - 第27狙撃兵師団
    - 第4軍団
      - 第30狙撃兵師団
      - 第40狙撃兵師団
    - 第20軍団
      - 第28狙撃兵師団
      - 第29狙撃兵師団
    - 第56狙撃兵師団
    - 第1親衛騎兵師団
    - 第2親衛騎兵師団
    - 第1騎兵師団
    - 第2騎兵師団
    - 第5狙撃兵旅団
    - 第1独立騎兵旅団
    - 第1重砲兵旅団
  - 第2軍（アレクサンドル・V・サムソノフ騎兵大将）
    - 第1軍団
      - 第22狙撃兵師団
      - 第24狙撃兵師団
    - 第6軍団
      - 第4狙撃兵師団
      - 第16狙撃兵師団
    - 第8軍団
      - 第1狙撃兵師団
      - 第36狙撃兵師団
    - 第15軍団
      - 第6狙撃兵師団
      - 第8狙撃兵師団
    - 第23軍団
      - 第3親衛狙撃兵師団
      - 第2狙撃兵師団
    - 第4騎兵師団
    - 第6騎兵師団
    - 第15騎兵師団
    - 第1狙撃兵旅団
    - 第2重砲兵旅団

されており、軍事的な決断にあたっても、陸相の面目を守るように動くだろうとささやかれていた。
また、ジリンスキー指揮下の第1および第2軍のそれぞれの司令官、パーヴェル・K・レンネンカンプフ騎兵大将とアレクサンドル・V・サムソノフ騎兵大将にも問題があった。両者が非常に仲が悪かったことはよく知られている。日露戦争で奉天の戦いで敗走している最中に殴り合いを演じ、それをドイツの観戦武官に目撃され、のちのタンネンベルクの対露作戦計画立案に利用されたなどとの伝説が広まったほどだ。[7] なるほど、レンネンカンプフとサムソノフは対立していた。しかしながら、それは個人的な悪感情のみによるものではない。彼らは、互いに相争う別々の派閥に属していたのだ。

レンネンカンプフは、その姓が示すごとく、バルト・ドイツ人（中世の東方植民の結果、沿バルト海地方に居住するようになったドイツ人）出身で、騎兵指揮官として名を馳せ、義和団事件の鎮圧、日露戦争などで功績をあげている。一方のサムソノフも騎兵科で、日露戦争では騎兵師団長、トルキスタン軍管区司令官兼総督として活躍した。経歴からいえば、同じ騎兵として意気投合しそうなものだけれど、サムソノフ

ドイツ軍戦闘序列

（開戦時のもので、タンネンベルク会戦中、編組はさまざまに変えられている）

- 第8軍（マクシミリアン・フォン・プリットヴィッツ上級大将、8月22日より、パウル・フォン・ヒンデンブルク歩兵大将）
  - 第1軍団
    - 第1歩兵師団
    - 第2歩兵師団
  - 第17軍団
    - 第35歩兵師団
    - 第36歩兵師団
  - 第20軍団
    - 第37歩兵師団
    - 第41歩兵師団
  - 第1予備軍団
    - 第1予備師団
    - 第36予備師団
    - 第3予備師団
  - 第1後備上級方面隊
    - 第33後備旅団
    - 第34後備旅団
  - 第1騎兵師団
  - グラウデンツ総予備隊
    - 第69臨時旅団
  - トルン総予備隊
    - 第35予備師団
    - 第5後備旅団
    - 第20後備旅団
  - 第6後備旅団
  - 第70後備旅団
  - ケーニヒスベルク総予備隊
    - 補充旅団
    - 第9後備旅団

パーヴェル・K・レンネンカンプフ（右）
アレクサンドル・V・サムソノフ（左）

はスホムリーノフ陸軍大臣派、レンネンカンプフはスホムリーノフのライバルであるロシア軍最高司令官・騎兵大将ニコライ・ニコラエヴィッチ大公を支持していたから、そうはいかなかった。つまり、対独戦にあたっては、最高司令官ニコライ大公のもと、彼と対立するスホムリーノフ派のジリンスキーが北西正面軍司令官に就任し、その指揮下にニコライ大公派のレンネンカンプフとスホムリーノフ派のサムソノフが置かれたという構図となる。むろん、かかる歪んだ指揮系統は、ロシア軍の作戦に深刻な影響を及ぼさずにはおかない(8)。

軍司令官解任

1914年8月17日、ロシア第1軍は国境を越え、東プロイセンへの侵攻を開始した。ロシア軍の計画は、突出部を形成している東プロイセン地方東部に第1軍を向け、しかるのちに、ドイツ軍の側面、東プロイセンの南部に第2軍を進めて、守るドイツ第8軍を撃滅する作戦である。構想自体はオーソドックスで手堅いといってよい。だが、発動が過早となっているきらいがあった。ロシア軍の動員が順調に進んでいたため、もっと兵力が集中されるのを待ってから進撃するという選択肢があったからだ。

しかし、北西正面軍司令官ジリンスキーは、自信満々であった。彼は、第1軍は動員12日目（8月11日）に、第2軍も、ビャリストク(9)より行軍中の第6軍団を除けば、もっと早く戦闘準備完了になると、8月10日に報告し、動員12日目には、100個大隊以下しか持たぬドイツ第8軍に対し、歩兵208個大隊および騎兵228個中隊で攻撃をかけられると結んだ。

このような状況になることは、ドイツ側も開戦前から予想しており、最初にニーメン川方面のロシア軍（第1軍）をひきこんで叩き、ついで南のナレフ川方面の敵（第2軍）を攻撃するという各個撃破の方針でのぞむことになっていた。が、ドイツ軍の構想は、二人の将軍の特異な性格——極度の勇猛さと、過ぎた慎重さによって破綻を迎える。

勇敢すぎる将軍とは、第8軍麾下第1軍団長ヘルマン・フォン・フランソワ歩兵大将のことである。フランスから宗教的迫害を逃れてきたユグノーの末裔であるフランソワは（フランス姓なのは、この出自に由来する）、かねて攻撃偏重と独断専行の傾向があることで知られていたが、世界大戦の緒戦においても、その癖が出た。ロシア第1軍が前進してきたとの報告を受けたフランソワは、国境付近に前進、命令を待たずに攻撃を開始したのだ。第1軍をプロイセン領内に引き入れてから撃滅しようとしていた第8軍にとっては、なんとも不都合なことであった。そのため、フランソワに撤退を命じた第8軍であったが、この間にロシア第2軍も進撃を開始している。各個撃破の機会を失うことを恐れた第8軍はグンビンネン付近で攻勢を取り、第1軍を撃滅せんとした。

ここで、もう一人の将軍の個性が、戦闘に影響を与える。今度は、ドイツ第8軍司令官マクシミリアン・フォン・プリットヴィッツ上級大将のそれだ。プリットヴィッツに関しては、さまざまな悪い噂がたてられている。自分勝手で粗野な男だったにもかかわらず、皇帝のお気に入りだったので出世した、参謀本部の反対があったのに第8軍司令官の職を得られたのは、陸軍大臣エーリヒ・フォン・ファルケンハイン中将がプリットヴィッツをベルリンに置いておくのを嫌がったからだ……。しかし、実際には、プリットヴィッツは治世の能吏的な人物で、平時には、有能な人物との評価を得ていた。従って、上記の評言は、第8軍司令官として失敗したために、後付けでなされた誹謗中傷のようだ。とはいえ、プリットヴィッツが、兵力において倍する敵に対して徹底的に抗戦するような気概のある指揮官でなかったことは、事実が証明している。グンビンネンでロシア第1軍に攻勢をしかけているあいだ、第2軍が自軍後背部に迫ってきたことに脅威を感じたプリットヴィッツは、戦闘を中止、ただちに大河ヴァイクセル（ポーランド語名称はヴィスワ）の線まで退き、そこで持久するとの決断を下したのである。軍参謀長であるゲオルク・フォン・ヴァルダーゼー少将（参謀総長を務めたアルフレート・フォン・ヴァルダーゼー元帥の甥）も、何の助けにもならなかった。

大本営と参謀総長小モルトケにしてみれば、寝耳に水であった。ヴァイクセル東方地域を明け渡してしまえば、攻勢防御の可能性もなくなり、東プロイセンを守りきることはできなくなるであろう。

小モルトケは、やむなくプリットヴィッツとヴァルダーゼーの解任を決めた。

危機である。ロシア軍のスチームローラーの前に、プロイセンの矜持もくじけ、ドイツ帝国の中心たる地域も敵手に落ちるのだろうか？

実は、小モルトケは、そう心配する必要はなかった。なるほど、第8軍の司令官と参謀長には苦境に耐える資質がないことが証明されてしまった。けれど、その作戦参謀は——プリットヴィッツとヴァルダーゼーが解任されたのちも第8軍に残留した——第一次世界大戦のドイツ軍の綺羅（きら）、星（ほし）のごとき参謀将校たちのなかでも屈指の頭脳を有していたからだ。

彼の名を、マクシミリアン・ホフマン中佐という。しばしば戯画化されるプロイセン将校そのままの容姿をしていたものの、実際にはヘッセンの郡裁判官の息子であった。ロシア通として知られ、参謀本部のロシア課に長く勤務していた。ロシア語も堪能で、日露戦争では観戦武官として日本軍に従軍している。この男は諦めてはいなかった。むしろ逆に、積極的に攻勢をしかけ、ロシア軍を撃破することで、プロイセン防衛の任務は果たしうると確信していたのである。

ヒンデンブルク登場

しかし、ホフマンはまだ歴史の表舞台に現れてはいない。彼に先んじて、スポットライトを浴びたのは、パウル・フォン・ヒンデンブルク歩兵大将とエーリヒ・ルーデンドルフ少将だった。参謀総長小モルトケは、東部戦線の困難な状況を克服できる人物として、まずルーデンドルフに白羽の矢を立てる。１８６５年生まれのルーデンドルフには、第一次世界大戦前、社会的には無名であったころから、すでに毀誉褒貶(きよほうへん)があった。貴族ではないし、俗物で趣味が悪いなどと悪評ふんぷんである一方、参謀将校としての能力が卓越していることは、誰もが認めざるを得なかったのである。事実、ルーデンドルフは開戦劈頭(へきとう)に手柄を立てた。開戦時、彼はリエージュ要塞攻略の任務を与えられた第2軍の参謀副長だった。ところが、旅団長が戦死したため、臨時に第14歩兵旅団の指揮を執る。この歩兵旅団の攻撃それ自体ははかばかしくなかったけれど、続いて重砲が支援にあたったため、リエージュ突入に成功、みごと奪取したのだ。もしもリエージュが陥落しなかったら、ベルギー侵攻ルートがふさがれたかたちになる。すなわち、西部戦線のドイツ軍にとって、同要塞を占領するのは至上命令だったから、それを短期間にやってのけたルーデンドルフの功績は大きい。彼はプロイセン最高の勲章プール・ル・メリート章を授けられ、「リュティヒの英雄」(リュティヒは、リエージュのドイツ語呼称)として一躍(いちやく)もてはやされるようになった。

8月22日午前9時、ルーデンドルフは、小モルトケより、第8軍参謀長として東部戦線に赴けとの命令を受け取った。その文面には、危機感がみなぎっていた。「貴官には、おそらくはリュティヒ強襲よりも困難な任務が与えられる……。私は、絶対の信頼を寄せられるという点で、貴官以上の人物を知らない。貴官は、きっと東部の苦境を克服してくれるだろう」

こうして、第8軍の新しい「頭脳」は決まった。しかし、軍には「頭脳」のみならず、「心臓」、すなわち司令官が必要である。それがヒンデンブルクであった。彼の任用についても、さまざまな伝説がつきまとっている。１８４７年、ポーゼンに生まれたヒンデンブルクは、第3近衛歩兵連隊に任官したのをふりだしに、普仏戦争に参戦、参謀本部や陸軍省、隊付勤務などを経て、しだいに昇進していった。１９００年には中将に進級し、第28師団長に任ぜられている。続いて、１９０３年には第4軍団長となり、１９０

５年には歩兵大将に進級した。１９１１年には退役し、北ドイツの都市ハノーファーに隠棲する。
こうした経歴自体は間違いないものの、さまざまな尾ひれがついた。１９１１年に軍を退くことになったのは、１９０８年の大演習で皇帝（カイザー）ヴィルヘルム二世の率いる部隊を負かしてしまい、それ以来不興を買ったからだ。ハノーファーに引っ込んだというのも見せかけで、実は、折を見ては東プロイセンの山谷を渉猟（しょうりょう）し、来るべきロシア軍との戦いに備えて、地形を頭に叩き込んでいた。タンネンベルクの勝利は、その努力のたまものだ……。

興味深い話ではある。が、ほとんどはつくりごとにすぎず、現実はもっと索漠たるものだった。ヒンデンブルクは卓越した存在とまでは評価されていなかったけれど、優れた資質の持ち主とみなされていて、陸軍の人事をつかさどる軍事内局（ミリテーアカビネット）により、何度か、参謀総長や陸軍大臣の候補に擬せられていたのだ。加えて、ヒンデンブルクは、１８９８年より第８軍団参謀長を務めていたことがあったが、その時代に東部国境防衛計画案の策定を命じられている。彼の結論は、要塞などの防御施設に予算を費やすことは馬鹿げている、東プロイセンは攻勢防御によってのみ守られるというものであった。このような過去が、第８軍司令官への任用に影響しないはずがあるまい。

もっとも、１９１４年８月の軍事内局において、プリットヴィッツの後任として最初に名があがったのは、元帥コルマール・フォン・デア・ゴルツ男爵であった。元帥は、戦略理論家として有名であり、東プロイセンの事情も熟知していたから、第８軍司令官にはうってつけであった。けれども、同じく頭脳派で、知恵を誇りたがるルーデンドルフでは、元帥とうまくやっていけないだろうという懸念があり、この案は流れた。そこで、軍事内局のある将校が、ヒンデンブルクなら先任序列でも問題ないし、しかるべき条件を備えていることを思いだしたのである。しかも、ヒンデンブルクは８月１日、東ポンメルンにあった夏の別荘からハノーファーに戻る際にベルリンに立ち寄り、小モルトケに「１個師団、いや、１個旅団か１

個連隊でいいから、私にくれたまえ。私は老いぼれてなどいないということだ」と訴えていた。[10]

決定は下った。ヒンデンブルクの回想録より、その簡潔な記述を引用しよう。

「8月22日の午後3時、私は、大本営の皇帝陛下より、ただちに応召の準備ありやとの照会を受けた。我が回答は『準備あり』であった」

HLHトリオ

8月23日午前3時、ハノーファー駅に、機関車と客車2両だけの特別列車が滑り込んできた。プラットフォームに降りてきたのは、もちろん西部戦線から転出してきたルーデンドルフである。待っていたのは、平時用のプロシアン・ブルーの軍服を着た——退役生活中に肥っていたため、戦時軍装の準備が間に合わなかったのだ——ヒンデンブルクだった。両者は握手を交わし、車内に乗り込むと、最初の作戦会議にかかった。長くはかからない。両者ともに、レンネンカンプフの第1軍がグンビンネンの戦いの結果、ある程度行き足が鈍っているあいだに、サムソノフの第2軍を殲滅するという意見で一致したのである。再び、ヒンデンブルクの回想を引くなら、「われわれの会議は30分ほどもかからなかった。すぐ、われわれは休息した。私は、休める時間はすべて利用した」のであった。

同じ日の夜、マリーエンブルクの第8軍司令部に到着したヒンデンブルクとルーデンドルフは、作戦参謀ホフマンの説明を受けて、驚愕した。ホフマンは、ルーデンドルフのそれと同じ作戦構想を独自に固めていて、軍隊部署に関する命令まで下していたのだ。具体的には、第1騎兵師団と第17軍団の一部（ほとんどが予後備で要塞守備に当てられていた部隊だった）[11]で、東プロイセン東部地域にあるロシア第1軍を支え、同時にドイツ第8軍の主力の企図を秘匿する。そのあいだに、東プロイセン南部に侵入中のロシア第2軍を撃滅するのだ。不可解なことにレンネンカンプフが活発な動きをみせず、結果として、サムソノフ

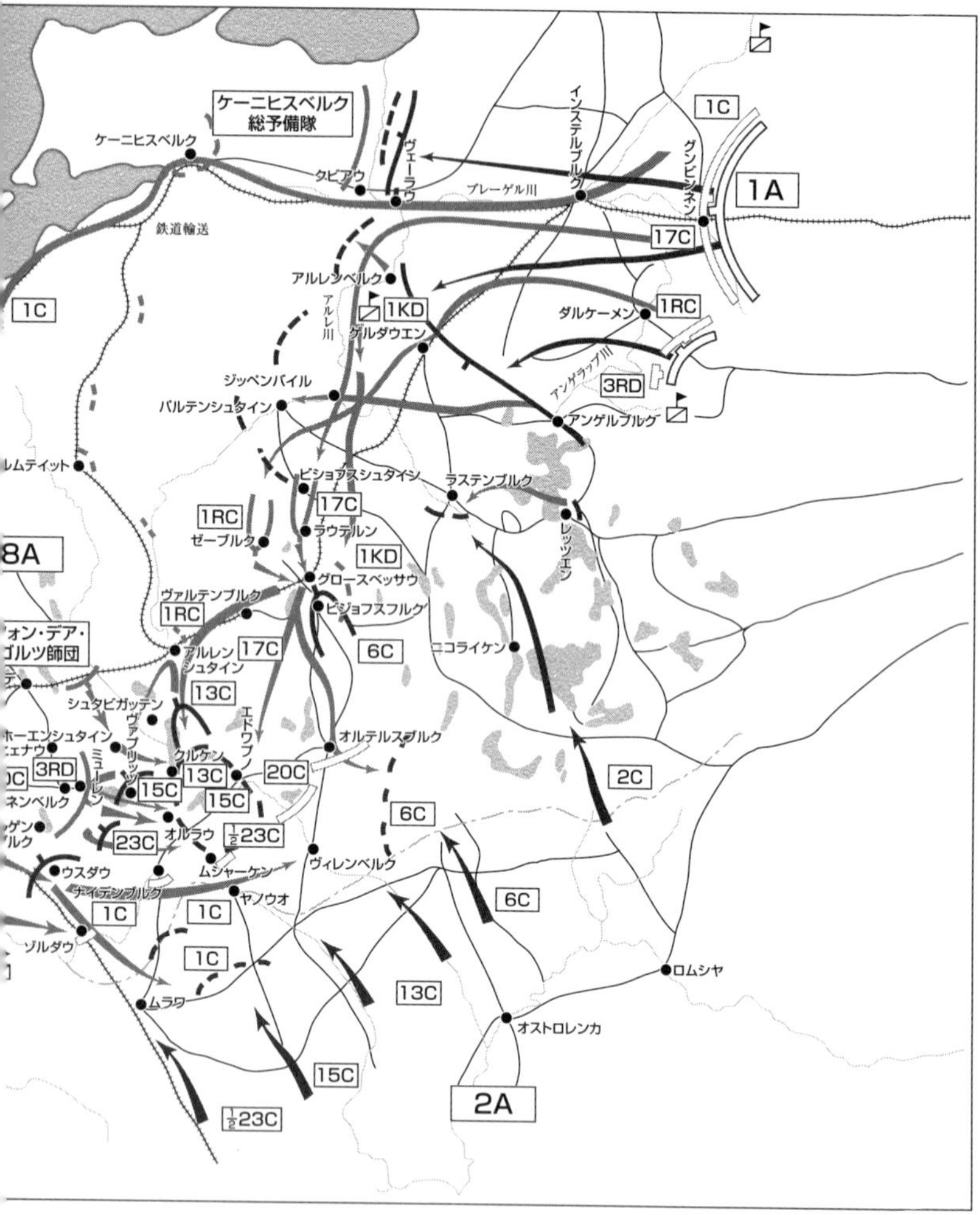
ケーニヒスベルク
総予備隊
ケーニヒスベルク
タピアウ
ヴェーラウ
プレーゲル川
インステルブルク
グンビンネン
1C
1A
17C
鉄道輸送
アルレンベルク
アルレ川
1KD
ゲルダウエン
ダルケーメン
1RC
アンゲラップ川
3RD
アンゲルブルク
ジッペンバイル
バルテンシュタイン
1C
ビショフスシュタイン
17C
ラステンブルク
レッツェン
1RC
ゼーブルク
ラウテルン
1KD
8A
グロースベッサウ
ヴァルテンブルク
ビショフスブルク
1RC
フォン・デア・ゴルツ師団
アルレンシュタイン
17C
6C
ニコライケン
13C
シュタビガッテン
ヴァプリッツ
エドワブノ
オルテルスブルク
ホーエンシュタイン
ミューレン
クルケン
13C
20C
2C
3RD
15C
15C
6C
23C
オルラウ
$\frac{1}{2}$23C
ヴィレンベルク
ウスダウ
ムシャーケン
ナイデンブルク
ヤノウオ
6C
1C
1C
ゾルダウ
1C
ロムシャ
13C
ムラワ
オストロレンカ
15C
2A
$\frac{1}{2}$23C

の第2軍と分離していることを利用した作戦であった。

ヒンデンブルクとルーデンドルフは、自分たちの案が作戦参謀に先取りされているのを識り、けっして愉快ではなかったらしい[12]。しかし、このようにホフマンの有能さを見せつけられては、彼を活用するほかなかった。かくて、ヒンデンブルク‐ルーデンドルフ‐ホフマンの頭文字を取って、HLHトリオと称された司令部が形成され、機能しはじめたのである。

とはいえ、ドイツ第8軍はいまだ窮境から脱したわけではない。レンネンカンプフのみならず、サムソノフの第2軍も補給物資の不足や通信線修復の遅れのため[13]、鈍重な行動しかできずにいたが、ジリンスキー北西正面軍司令官の矢の催促を受けて、前進を開始していたのだ。そのころ、ちょうど8月24日から

25日にかけて、ドイツ第8軍はロシア第2軍攻撃のために主力を移動させつつあった。もしも、第2軍のみならず、第1軍が連携して進撃を開始したら、第8軍は、倍以上の兵力を持つロシア軍のくるみ割りのなかに追い込まれることになり、ルーデンドルフやホフマンの作戦は未発のまま、水泡に帰するであろう。のちにホフマンが、この24日の夜を指して、「東部戦線の諸作戦を通じて、もっとも苦悩にみちていた」と述懐したのも当然だった。

だが、HLHトリオは、驚くほどの幸運にめぐまれていたのだ。

殲滅戦開始

8月25日、ドイツ側は、ロシア軍の重要な電報2通をあいついで受信した。まったく不可解なことだが、この電報は暗号文ではなく、平文で打たれていた。1通は、レンネンカンプフが隷下第4軍団に下した命令の全部で、それによって第1軍はドイツ軍が恐れていたような前進を予定していないことが判明した。2通目はサムソノフが隷下第13軍団に送った至急電で、25日には大きな攻勢がないことを示していた(14)。

あまりにも好都合な機密漏洩である。第8軍は26日に攻勢移転することを決意していた。まさにその直前に、ロシア軍が動かぬことを示す情報が入ってきたのだ。出来すぎだと思ったのであろう、第8軍司令部のなかには、ロシア軍の欺瞞工作ではないかと疑うものもあった。しかし、ホフマンは、ロシア軍には充分あり得ることと主張し、この傍受電に基づいて、作戦を進めるべきだとした。結果として、ドイツ第8軍の配置は、より極端なものとなる。レンネンカンプフのロシア第1軍を押さえるのは、わずか第1騎兵師団のみとされた。それ以外の持てる兵力すべてを、サムソノフに向けることになったのだ。大胆な作戦ではあったが、ロシア第2軍の矢面（やおもて）に立たされているドイツ第20軍団の防御線がいつ崩れるかわからないことを考えれば、思い切った兵力集中により、サムソノフの主力を迅速に撃滅することが必要だったのである。ヒンデンブルクは、第20軍団を東、第1軍団を西に配置し、26日の攻撃に備えた。

一方、サムソノフも、25日には、自軍方面にドイツ軍が集中しつつあることを察知していた。また、麾下部隊の多くは休息の必要を訴えている。しかしながら、第2軍は休むこともせず、進撃を続行しなければならなかった。北西正面軍司令官ジリンスキーは、ドイツ軍はヴァイクセル川の線に撤退しつつあると思い込んでいたからだ。だからこそ、第1軍のレンネンカンプフに、第2軍との協同を妨げる方向、ドイツ軍の策源地であるケーニヒスベルク方面にも兵を割けと命令したのである。

同様の判断から、ドイツ第8軍の主力を遮断すべき第2軍の前進が進捗しないことに、ジリンスキーはいらだっていた。その不満ぶりたるや、第2軍を停止させ、1日休息させるよう請願するために派遣されてきた第2軍参謀長に対し、「サムソノフはもっと勇気を出すべきだ」と言い放つほどだったのだ。かかるありさまでは、サムソノフも、ドイツ軍が側背に進出しつつあることを識りながら、危険な進軍を継続するほかなかった。

さりながら、26日の攻撃は必ずしもうまくいかなかった。配置転換に時間がかかり、攻撃準備が完全ではなかったため、第1軍団と第20軍団は消極的な行動しか取れなかったのである。その一方で、レンネンカンプフの第1軍は、ドイツ第8軍の背後をおびやかすがごとき動きを示しはじめていた。このまま、第2軍に対する総攻撃を継続していていいのだろうか。いくばくかの兵力を割いて、ロシア第1軍への手当てをするべきではないのか？　さしものルーデンドルフも動揺し、サムソノフに一定の打撃を与えたことに満足して、第1軍団を引き抜き、レンネンカンプフに向けることを考えた。ヒンデンブルクの回想録にも、「われわれはレンネンカンプフ軍に対して再び兵力を増強し、サムソノフ軍に対してはむしろ兵力を半減すべきではないのか。味方が潰滅するのを確実に避けるために、ナレフ川方面の敵軍殲滅を中止するほうが有利だろうか」と迷ったことが記されている。

だが、ヒンデンブルクは誤らなかった。ヒンデンブルクの歴史的評価はけっして高くない。軍人としても政治家としても、取り巻きたちに御神輿として利用されることが多かった、識見に欠ける人物であるとの辛辣な評価もある。しかし、いかにヒンデンブルクに批判的であろうとも、このときの沈着不動の決意ばかりは賞讃しないわけにはいくまい。ヒンデンブルクは、レンネンカンプフとサムソノフが協同することはないとするホフマンの意見具申を容れ、第2軍攻撃を続行せよと命じたのである。再び、ヒンデンブルク回想録より引用するなら、「われわれは内なる危機を克服し、一度決心したことを忠実に守り、全力をあげて攻撃することに問題の解決を求めた」のである。

豪胆なる老将に、戦運も味方した。南下中だったドイツ第17軍団ならびに予備第1軍団は、同じ26日にロシア第2軍の右翼と接触、これを撃破したのだ。それによって、ドイツ第8軍は北、西、南の三方面から第2軍を圧迫する態勢を整えたことになる。

27日、戦闘の潮目は、ドイツ軍に有利になっていった。フランソワ大将の第1軍団は東南方へ旋回、ロシア第2軍の南翼包囲にかかった。その南翼もまた、ドイツ第20軍団によって撃破されている。また、中央部で突破をはかったロシア軍の攻撃も撃退された。しかも、レンネンカンプフの第1軍は、サムソノフを救援するには遠すぎる位置にいる。好機だ。ロシア第2軍撃滅の条件が整ったのである。

この苦境にもかかわらず、サムソノフはなお攻撃をやめようとはしなかった。その理由については、レンネンカンプフとの確執があげられることが多い。つまり、宿敵が前進しているのに、停止もしくは退却などできないというわけだ。事実、攻撃を中止し、後退したロシア第1軍団長をそくざに解任したエピソードなどは、サムソノフの勝利への執念を示しているといえる。けれども、そうした説明は、彼の直属上官ジリンスキーという要因を無視している。すでに述べたように、この北西正面軍司令官は、ドイツ第8軍は総退却中だと確信し、敢えて侮辱的な言葉を使ってまで第2軍を急きたてていた。ところが、27日夕刻になって、自軍両翼が崩壊し、中央部も苦戦しているとのサムソノフの報告を受けるに至り、ジリンスキーもようやく実情を認識した。翌28日早朝、ジリンスキーは、第2軍に後退を命じるとともに、レンネンカンプフに対して、第2軍救援を命じた。第1軍は、このとき初めて第2軍が潰滅の危機に瀕（ひん）していることを知ったのである。

サムソノフ自決

ジリンスキーの処置は遅すぎた。28日には、ドイツ軍はすでにロシア第2軍を包囲殲滅する態勢を固めていた。もとより兵力は充分とはいえなかったが、海岸守備や後方警備にあたっていた部隊[15]までもかき集め、包囲の環に投じたのだ。囲まれ、補給や通信連絡を断たれた第2軍の将兵は混乱を来し、潰走しはじめた。28日夕刻、サムソノフはやむなく総退却を命じる。だが、包囲陣はいよいよ圧縮され、ロシアの敗残兵は森林地帯に押し込められていく。

29日、ロシア第2軍の包囲は完成した。この日の早朝、ジリンスキーは、再びレンネンカンプフに第2軍救援を指示していたが、同軍が退却している状況下で第1軍が突出するのは危険であると判断し、すぐに停止命令を出した。第2軍は見捨てられたのである。

軍司令官サムソノフの運命も悲劇的であった。彼は、残った部隊を掌握すべく、麾下軍団司令部の所在地に馬を走らせたのだけれど、道が封鎖されていたり、すでにドイツ軍に占領されていたりで、目的を達成できなかった。ここにおいて、サムソノフは護衛に当たっていたコサック騎兵に、お前たちも逃れよと命じ、自らは幕僚とともに徒歩で後退をはかった。28日から29日にかけての夜に、ナイデンブルク・ヴィレンベルク街道北方の森に迷いこんでしまう。不名誉は耐えがたいと繰り返し呟（つぶや）いていたサムソノフは、やがて「皇帝陛下は私を信頼してくださったのだ」と洩らすと、暗闇のなかに消えた。ややあって、一発の銃声が響きわたる。サムソノフは、おのが命を以て失敗を償ったのだ。

このような経過ゆえに、何故レンネンカンプフはサムソノフを援助しなかったのかという謎が、のちのちまでも残った。前述のごとく、その説明として、両者の不仲説が広く喧伝されたほどである。しかし、本節で紹介してきたように、戦時にあってもロシア軍内部には派閥対立が残っていたこと、偵察や通信連絡の不備により北西正面軍司令官ジリンスキーが状況を把握しておらず、ドイツ軍はヴァイクセル川の線に退却中だと思い込んでいたことを考えれば、ロシア軍のちぐはぐな動きも驚くにはあたるまい。

ちなみに、ジリンスキーは、1914年9月に北西方面軍司令官の職から解任され、1915年から1916年までロシア軍事代表としてフランスに派遣されたのち、1917年に退役した。ロシア革命後、国外に逃れようとしたものの捕らえられ、処刑されている。レンネンカンプフも1914年に解任され、翌1915年には退役させられた。1917年の二月革命以後は、開戦時の失敗の責を問われ、投獄されている。十月革命後、釈放されたレンネンカンプフは偽名で一市民として暮らしていたけれども、ボルシェヴィキに赤軍の指揮官となるよう要請された。断ったレンネンカンプフはただちに逮捕され、1918年4月に処刑された。

神話のはじまり

ともあれ、タンネンベルクの戦いは、ドイツ軍の大勝利に終わった。将官13名を含む捕虜の総数は9万2000人におよび、その後送のため、一週間にわたって使用した列車の数は60本にのぼったという。鹵獲火砲は約350門、またロシア軍の死傷者はおよそ5万と推定された。これに対し、ドイツ軍の死傷者は、約1万2000にすぎなかったのである。

9月1日、ヒンデンブルクは、軍命令で高らかに告げた。

セダン会戦の日[16]　１９１４年9月1日、オステローデにて

第8軍の将兵よ。

アルレンシュタイン・ナイデンブルク間の広大な地域における数日の激戦はついに終わった。

諸子は敵5個軍団および騎兵3個師団に対して殲滅的な打撃を加え、偉大なる戦勝を得た。6万余の捕虜、無数の火砲、機関銃、多数の軍旗やその他膨大な戦利品が、わが軍の手中に帰した。わが軍の包囲網を脱して、南方国境の彼方に敗走したナレフ軍の残兵はわずかにすぎず、ニーメン軍もまたケーニヒスベルクから退却しつつある……。

ドイツ側の作戦、戦術、ドクトリン、そして、技術上の優位がもたらした勝利であった。数は少なくとも、通信連絡や鉄道輸送能力において、はるかに優っていたドイツ第8軍は、それらを駆使して、身動きが鈍い巨人をノックアウトしたのだ。

しかしながら、タンネンベルクの戦いは、戦勝が決したその日から、さまざまな伝説を付与されることになっていく。西部戦線でフランスを打倒することに失敗し、長期戦に突入せざるを得なくなったドイツ政府の指導者たちは、タンネンベルクを実態以上に賞揚することを必要としていた。

事実、ルーデンドルフが戦闘終了後に報告書を口述筆記させているとき、発信地をフレーゲナウとしたとたんに、ホフマンがタンネンベルクの一小村よりとしたほうがよいと進言したとのエピソードが伝えられている。むろん、１４１０年にこの地でドイツ騎士団がポーランド・リトアニア軍に敗れた史実を踏まえ、ゲルマン人がスラヴ人に復仇したとの含みを持たせたのであった。

歴史は終わり、神話の形成がはじまっていたのである。

作戦が政治を壟断(ろうだん)するとき

アルフレート・フォン・シュリーフェン伯爵

ある失敗

私事にわたることから稿を起こすことをお許しいただきたい。もう30年以上前のことであるが、大学3年のころ、第一次世界大戦開戦時のドイツ側の作戦「シュリーフェン・プラン」の外交的な問題性を卒業論文のテーマにしようと思い、指導教授に相談に行ったことがある。

わが恩師の忠告は、失望を誘うものであった。そういうことなら、ゲルハルト・リッターの研究がある、それを下敷きにしたまえ、と。このテーマなら、オリジナリティのある卒論ができると意気込んでいたから、ずいぶん落胆したことを覚えている。今思えば、ろくに勉強もしていない学部生のくせに、だいそれたことを考えていたものだ……いや、無知だからこそ、そんな自惚(うぬぼ)れを抱くことができたのか。

ともあれ、シュリーフェン・プランを、小モルトケが「改悪」しなければ、第一次大戦でドイツは勝利していたはずだという、有名な「伝説」は、実のところ、リッターの著作により、1950年代後半に解体されていたのだ。

さらに、この一件ののち、有名なクレフェルトの『補給戦』の邦訳が出版され、そこでも、シュリーフエン・プランは、兵站面の考慮を欠いた作戦だとされていた。おそらく、読者の多くも、この『補給戦』の批判については承知していると思われるが、リッターの古典的な研究については、とくに第一次大戦史に関心を持っておられる方でなければ、ご存じないのではなかろうか（ちなみに、リッターの本は邦訳されているのだが、私家版として出版されたものなので、必ずしも一般的ではないだろう）。

また、21世紀に入ってから、イギリスの歴史家が、シュリーフェン・プランの改悪者と非難されてきた小モルトケを再評価する書物を上梓（じょうし）しており、これも紹介に値するものである。

以下、そうした諸研究にもとづき、シュリーフェン・プランの実像と、それが内包していた欠陥を述べていきたい。

伝説の形成

1891年から1906年まで、ドイツ陸軍参謀総長を務めた元帥アルフレート・フォン・シュリーフェン伯爵が、ドイツをめぐる国際情勢やその地政学的な位置から、フランスとロシアを敵とする二正面戦争は不可避であると結論づけ、それを前提に作戦計画を立案したことは、よく知られている。

その基本は、まず西で攻勢を取り、勝利を得たのちに東に向かう内線戦略にあった。具体的には、国土が広大で動員速度が遅いことが見込まれるロシアに対しては、最小限の防御兵力をあてるのみで、軍の主力は、西方、フランスにおいて攻勢を実行する。その際、極力右翼を強化し、これを以てベルギーを突破、北フランスにおいて旋回、敵を独仏国境に圧迫して、包囲殲滅するという計画であった。こうして、フランスを降（くだ）したのちに、野戦軍を東部戦線に移動させ、ロシア軍を撃破して講和に持ち込むことによって、二正面戦争という、危険きわまりない課題は克服されると、シュリーフェンは信じたのである。

この構想、いわゆるシュリーフェン・プランを実現するためには、フリードリヒ大王の斜行陣形の現代版ともいえる、巨大な規模の片翼包囲が不可欠であり、それには、ただ西部戦線右翼に兵力をつぎ込まねばならないと、ドイツ帝国第三代の参謀総長は考えた。彼が臨終の床にあって、「われをして、右翼を強化せしめよ」（マハト・ミア・デン・レヒテン・フリューゲル・シュタルク）との遺言を残したというエピソードは、人口に膾炙（かいしゃ）しているところであろう。

にもかかわらず、シュリーフェンの後継者として参謀総長に就任し、第一次世界大戦初期の作戦を指導したヘルムート・フォン・モルトケ（小モルトケ）は、先任者の極端なまでの重点形成を踏襲すれば、独仏国境地帯を防御する部隊が危機におちいると考え、計画を変更、右翼から兵力を引き抜き、左翼の軍に回してしまった。その結果、突進力を失ったドイツ軍右翼は、パリ前面まで迫りながら、マルヌ会戦に敗れ、同時に短期決戦の夢も消えた。以後、ドイツは、国力に優る連合国相手に死闘を繰り広げたものの、ついに1918年の敗戦に至る。もしも、小モルトケが、シュリーフェンの遺した作戦を忠実に遂行していれば、ドイツは大戦に勝っていたかもしれない……。

これが、シュリーフェン・プランをめぐるイフであった。その影響力は大きく、今日なお、死児（しじ）の齢（よわい）を数えるごとく、小モルトケが「改悪」さえしなければ成功は見込めたとする論者も存在する。しかし、かかる主張を鵜呑（うの）みにする前に、誰が、この説を提示し、広めたのかをみる必要があろう。事実、著作や講演を通じ、シュリーフェン・プランの正当性を唱えていたものたちの筋目をあらためていくと、興味深い事実がわかる。

あるいは、第一次大戦中にプロイセン陸軍省に新設された戦時局長として、軍需生産、労働力調達の責任者であったヴィルヘルム・グレーナー（ヴァイマル共和国にあっては、国防相を務めてもいる）。

あるいは、シュリーフェン元帥の女婿（じょせい）であったヴィルヘルム・フォン・ハーンケ。

この二人、または他の「計画」の弁護者たちは、そのほとんどが参謀や副官として、シュリーフェンに仕えた経験を有する、いわば「シュリーフェン学派」の軍人であった。つまり、最初から、彼らには、師父たる元帥を神格化し、オリジナルのシュリーフェン・プランを擁護しようとする意図があったと疑われるのである。もちろん、そこには、敗戦で傷つけられた、ドイツ参謀本部無謬(むびゅう)の神話を復活させるもくろみもあっただろう。

これは、単なる推測ではない。一つの例証として、フォン・ハーンケがプロイセン王太子(正確には、元王太子)に送った、1922年4月1日付の書簡の一節を引こう。

「私はシュリーフェンを盲目的に信用しておりますし、首席副官兼秘書として10年もの長きにわたり彼に仕えてきたあいだ、その思想の正しさと有効性に、絶対的な確信を抱いておりました」

このように元帥に傾倒していたひとびとが、シュリーフェン・プランを元のままで実行していれば、ドイツは第一次大戦に勝っていたという「伝説」を流布させるべく、やっきになったとしても、何の不思議もあるまい。

また、シュリーフェン・プランという名前だけは、おおいに喧伝されたにもかかわらず、計画文書それ自体の公表は、不完全な状態にとどまっていたことも、こうした動きに拍車をかけた。

実は、シュリーフェン・プランと総称されてはいるけれども、たとえば、後年のヒトラーの総統指令などのように、これがそうだと特定できる文書があるわけではない。シュリーフェンが参謀総長であった1905年から、退職後の1912年にかけて記された覚書その他の文書群から成っているのである。

しかし、戦間期、ヴァイマール共和国時代においては、それらすべてが公表されたわけではなかった。シュリーフェン・プランの詳細を知ろうとするものは、関係者の回想などによるか、わずかに発表された、1905年の覚書のうちの断片的な文章によるしかなかったのである。

この状況は、1925年になって、やや改善された。国家文書館(ライヒスアルヒーフ)が編纂した公刊戦史『世界大戦 1914–1918』の第1巻に、シュリーフェン・プランに関する文書のかなりの部分が掲載されたからであるが、それも重要な部分は隠されたままであった。

かような事態が生じた理由は、政治的な問題にあった。当時のドイツは、周辺諸国とのあいだに、第一次世界大戦の戦争責任に関する係争を抱えていた。それゆえ、シュリーフェン・プランのうち、ベルギーやオランダの中立を侵犯する可能性に触れた部分が公になれば、あらたな火種になりかねない。それを懸念したドイツ外務省が、全面公開に強く反対したのである。

いずれにせよ、こうしてシュリーフェン・プランの実体が機密のヴェールに覆われる一方で、グレーナーやハーンケをはじめとする旧帝国軍人たちは、第一次大戦での「失われた勝利」という伝説を広めていった。それが功を奏して、シュリーフェン・プランは勝利への処方箋（しょほうせん）だったのに、小モルトケがだいなしにしてしまったという主張が信じられ、一部には現在までも力を持っていることは、すでに述べた。

だが、第二次世界大戦後になって、シュリーフェン・プランの神話は、ようやく打破されることになる。

リッターの発見

ゲルハルト・リッターといえば、西ドイツ（当時）史学の重鎮で、宗教改革の歴史やフリードリヒ大王伝など、多数の史書を著した碩学（せきがく）だ。

同時に、彼の政治的な経歴にも、きわめて興味深いものがある。抵抗運動の闘士として、１９４４年のヒトラー暗殺未遂事件に関与、ベルリン近郊の強制収容所に収監され、そこでドイツの敗戦を迎えたのである。

さて、戦後フライブルク大学教授に復職したリッターは、史料調査のため、１９５３年にワシントンの国立公文書館（ナショナル・アーカイヴス）を訪れることとなった。第二次大戦末期、ドイツ政府や軍の文書、さらに公文書館にあった史料の多くは米軍に押収され、アメリカに持ち去られていたから、こうした調査旅行が不可欠だった。

リッターは、この旅行で、予想外の文書に邂逅することとなった。押収文書のなかから、1905年の覚書とその草案、1906年の追加覚書、1912年のフランス及びロシアとの戦争に関する覚書や、小モルトケならびにハーンケの注釈などから成る、シュリーフェン・プランの実物を発見したのだ。

この文書群は、もともとハーンケによって、陸軍公文書館(1937年よりポツダムに移転)に寄託されたシュリーフェン元帥の遺稿の中にあったものだった。同文書館は、1945年4月14日のポツダム空襲で大きな被害を受け、所蔵されていたプロイセン陸軍や共和国陸軍の史料のほとんどが灰燼に帰したのだったが、シュリーフェン・プラン関連文書はからくも焼尽をまぬがれていたのだ。それがアメリカ軍の戦利品になり、大西洋を渡って、ワシントンの文書館に収まっていたのである。

この貴重な文書を読んだリッターは、勝利を約束してくれるはずのシュリーフェン・プランが、実は、政治的外交的配慮を欠いた、投機的な計画であったことを識り、驚愕した。リッター自身、第一次世界大戦に従軍した経験を持っているのだから、その衝撃も少なからぬものがあっただろう。

彼は、上記の文書を精査したのち、1956年に、シュリーフェン・プランを徹底的に批判した著作を刊行した。『シュリーフェン・プラン――ある神話の批判』と題された、その書物の序文で、リッターは、同計画が祖国ドイツにもたらした災厄を、かくのごとく剔抉している。

「『シュリーフェン・プラン』の歴史的意義は、純軍事的な意義をはるかに超えている。この計画は、その政治的影響によって、ドイツにとって、まさに運命的なものとなった。1905年秋に、外務省の指導的人物であるフリッツ・フォン・ホルシュタイン男爵とのあいだに申し合わされた、この計画は、フランスに対する予防戦争構想なのだと、あらたに認識された。結果として、シュリーフェン・プランは、1914年以前におけるドイツ参謀本部の政治的役割、またドイツ『軍国主義』一般に関する、いっさいの議論のまさに中心に移ったのである」

リッターの評価は、きわめて適切なものだった。

シュリーフェンは、彼が参謀総長の地位にあった19世紀末から20世紀にかけて、フランスとロシアという二大強国と同時に戦争し、しかもドイツの国力に過剰な負担をかけぬよう、短期戦で決着をつけるという困難な課題を達成するために、軍事的には、練りに練った作戦計画をつくりあげた。にもかかわらず――今や白日の下にさらされたシュリーフェン・プランは、彼が、この間の国際情勢の変動を、まったく理解していなかったということを如実に示していたのである。

政治を無視した軍事

以下、リッターの著書に基づき、シュリーフェン・プランに内包されていた、さまざまな問題性を列挙していこう。

まず、イギリスの問題がある。周知のごとく、ヴィルヘルム二世が即位して以来、英独関係は、しだいに悪化していた。ごく単純化していえば、ドイツの艦隊建造や海外植民地を求める動きが、海洋帝国たるイギリスを刺激していたのである。従って、イギリスが独仏紛争の場合に、後者の側に立って参戦する可能性は、いよいよ現実味を帯びたものになっていたのだった。事実、1905年に入ると、フランスより挑発したということでなければ、ドイツとの戦争が勃発した際、イギリスはフランスの軍事的援助に基づくという情報が、頻々(ひんぴん)として外務省にもたらされている。そうした情報は、シュリーフェンにも伝えられているはずだった。

ところが、1905年12月に作成された覚書の最終的な主文では、イギリスのフランス救援については――草案のなかでは、若干言及されている――同国の介入への対抗措置について、何も述べられていない。さらに、草案や1906年2月の追加覚書をみると、驚くべきことに、シュリーフェンが、英軍の脅威をひどく軽視していることがわかる。

そこでは、イギリス軍がアントワープに上陸し、ベルギー軍と合流する可能性ならびに、ユトランド半島を急襲、ベルリンを脅かすという可能性という、二つのシナリオが論じられているのだが、前者については、ベルギー軍とまとめて、アントワープ要塞に押し込んでやればよいと片付けられている。さらに、後者のケース、ユトランド半島上陸については、むしろ好都合だと断じられていた。というのは、ユトランド方面に、有力なドイツ軍部隊を差し向ければ、フランス軍は同盟軍たるイギリス軍を救援するために、彼らの要塞から出撃してこなければならない。これこそ、ドイツ軍にとっては、フランス軍を撃破する好機だというのだ。

しかし、シュリーフェンの傲慢（ごうまん）は、その程度でとどまるものではなかった。そもそも、ドイツ軍が緒戦でフランス軍を圧倒してしまえば、イギリス軍は上陸作戦など断念するはずだというのが、彼の結論だったのである。ゆえに、元帥は、1906年2月の追加覚書の末尾で、「ドイツ軍にとって好都合な、こういう事態になれば、イギリス軍は、おそらく、その見込みのない計画を放棄するだろう」と、自信満々に記したのだった。第一次大戦初期の展開は、かかるシュリーフェンの見解が、いかに誤ったものであったかを証明することになる。

ついで、イギリス参戦の直接のきっかけであり、連合軍側にとっては戦争の大義名分の一つとなったベルギーの中立侵犯についても、元帥の考慮は浅薄きわまりないものであった。彼にとって重要だったのは、西部戦線の右翼を形成する、巨大な兵力を開進（アウフマルシュ）（前進展開の意）するための空間、すなわちベルギーを確保することであり、同国の中立侵犯が、いかなる反作用をもたらすかということなど、まったく眼中になかったのだ。また、この国の抵抗力についても過小評価していたことは、1905年の覚書に、若干の要塞を自由意思でドイツに引き渡し、敵対行為をやめるほうが有利であることは、ベルギーにもわかるだろ

う と述べていることからも、あきらかだった。

あまつさえ、シュリーフェンは、右翼の迅速な進撃を可能とするため、広い正面を得ようと、オランダの中立を侵犯することさえ検討する始末だった。やや長くなるが、リッターによる、皮肉な指摘を引用する。

「第一の予備草案にいう、ベルギーにおける開進空間が狭いために『ベルギーの中立のみならず、オランダの中立をも侵犯することが必要である。しかし、他に、これを切り抜ける手段が見あたらぬかぎり、できるだけ、これらの困難とは妥協しなければならない』。草案IIは、この文章を繰り返すが、つぎの一節、『他に、これを切り抜ける手段が見あたらぬかぎり』が削除される。そして、これに（きわめて重要な）脚注、『帝国宰相と協議した上で』が付け加えられる。草案IVでは、また元に戻り（脚注なし）、だが、さらに後の部分で、次の注目すべき、最終版にも持ち込まれた文章（受け取った小モルトケは、欄外に懐疑を示すメモを記している）が現れている。『オランダは、フランスと同盟した英国を、ドイツに劣らぬ敵と認識している。彼らオランダとは、協定が結べるであろう』。シュリーフェンは、まもなく、この幻想を放棄し、1912年には、逆に、オランダは英国に従属していると確信するに至った」【註番号を略して引用】

つまり、シュリーフェンは、ベネルクス三国、いわゆる低地諸国に敵対勢力の手が伸びることに対し、イギリスがいかに神経質であるか、まったく認識していなかった。加えて、中立侵犯が、どれだけドイツの信用を下落させるかという問題についても、あまりに鈍感だった。

結局、シュリーフェンは、国際情勢は変化しないという誤った前提のもとで、二正面戦争の勝利という幻想を追っていたと評しても、酷に過ぎることはあるまい。そもそも、皇帝（カイザー）を輔翼（ほよく）する参謀総長という要職にあったからには、シュリーフェンは、二正面戦争を回避するための外交的な手段を用いるよう、政府や外務省に求めることもできたのに、彼はそうしなかった。いわば、元帥は、与えられた状況において、最善の策を出すことのみを求められる下級将校レベルの視座にとどまっていたのだ。ならば、シュリーフェン・プランが、戦略というよりも、戦術の延長ともいうべき性格を色濃く持っていたことも偶然ではあるまい。

シュリーフェン・プランは、クラウゼヴィッツのいう政治の延長としての軍事ではなく、政治を無視した軍事ともいうべき、危険な計画だったのである。

小モルトケの役割

このように、リッターは、シュリーフェン・プランが、一国の大戦略としては、きわめて不備なものであったことを、明瞭に指摘した。さらに、リッターより、およそ20年のちに、イスラエルの歴史家クレフエルトも、同計画の軍事的欠陥について批判している。というのは、シュリーフェン・プランにあっては、密集して進撃する大軍の補給について、適切な考慮が払われていなかったのだ。彼の著書『補給戦』では、兵站面に限っていうなら、小モルトケはシュリーフェン・プランを改悪したのではなく、むしろ改善したと評価されている。

さらに、2001年に出版されたアニカ・モムバウアーの研究『ヘルムート・フォン・モルトケと第一次世界大戦の諸起源』では、大戦初期のドイツの戦争指導において、小モルトケが果たした役割が再検討され、従来とは異なる像が提示されるに至った。彼女の研究は、ソ連軍によって持ち去られたドイツ軍文書（ソ連邦崩壊以降の政治的変化の結果、ドイツ連邦軍事文書館に返還された）を精査した上で、小モルトケは気弱でオカルト趣味の、無能な参謀総長であったとする見解を一蹴し、よりアグレッシヴで、開戦を推進した人物であるとの結論を出した、興味深いものである。その論点は多岐にわたるが、ここでは、シュリーフェン・プランと関連する部分に焦点を合わせて、紹介しよう。

まず、有名な、右翼からの兵力引き抜きの問題をみると、当初シュリーフェンの兵力配備に従うつもりだった小モルトケが、情勢の変化と作戦研究の進展により、左翼が弱体にすぎると憂慮しだしたことがわかる。彼は、シュリーフェンが参謀総長に在職していた当時、1906年の図上演習に参加していたのだが、これは、フランス軍がエルザス・ロートリンゲン（アルザス・ロレーヌ）に向けて攻勢を取るという前提で実行されたものだった。もし、そうなった場合、ベルギーを通過するドイツ軍右翼が、迅速に決定的な勝利を得ることはおそらく不可能になるということを、この図上演習の結果は示していたのだ。また、続く数年のうちにも、フランス軍の攻勢意図とその危険を示唆する情報や研究は累積していったのである。

ゆえに、小モルトケは、シュリーフェン・プランの変更を考慮しないわけにいかなかった。シュリーフェンの1905年の覚書の余白に、彼は、こう書き込んでいる。

「もし、フランスが戦争を望み、主導するというなら、彼らは、それを攻勢的に遂行するであろう。おおいにあり得ることだ。もしフランスが失われた地域【エルザス・ロートリンゲン】を再征服しようと望むなら、そこへの進軍、すなわち攻撃行動をなさねばならない。フランスが、いかなる状況においても防御にまわるというのは、確実なことではないと、私は考える。なるほど、1870年から71年の戦争の直後に建造された国境地帯の【フランスの】諸要塞は、防御的姿勢を強く表してはいる。されど、それらは、かの国民に常に受け継がれている攻撃精神にも、現在フランス陸軍のあいだで支配的な教理や見解にも一致していないのだ」

かくて、小モルトケは、1908／09年の配置計画から変更を加えていき、最終的な計画では、8個軍団を左翼に置くこととした。すなわち、第一次世界大戦初期に、現実に採用された布陣だ。けれども、しばしば誤解されているような、いざシュリーフェン・プランを実行するに際し、小モルトケが怖じ気（おけ）づき、彼の先任者の、あまりにも大胆な兵力配分を平凡なものに直してしまったという観察は適切ではない。少なくとも、小モルトケと、彼を支える参謀本部の将校たちは、充分な研究の結果、この決断を下したのである。

さらに、小モルトケの決定で重要なのは、オランダの中立侵犯の放棄であったろう。彼の判断によれば、オランダの鉄道網は、たしかにドイツ軍右翼の開進に大きなメリットを与えてくれるが、同時に、多くの兵力を吸収せずにはおかない。彼は、参謀総長の職をしりぞいたのち、1915年7月16日付のフーゴー・フォン・フライターク＝ローリングホーフェン男爵宛の手紙で、こう綴っている。「一方、私は、オランダが敵対すれば、ドイツ軍右翼は、大きな戦力を割かれるだろうと予測していた。それは、西方攻勢に必要な戦力を失うことになったであろう」と。

しかし、オランダを西への通路として使用することを断念したために、ドイツのフランス侵攻作戦には、著しい困難が加わることになった。西部戦線のドイツ軍右翼を形成する第1および第2軍は、約60万の大兵力である。それが、最狭部では、わずか20キロ弱の幅があるだけのベルギーの回廊をスムーズに通り抜け、北フランスに展開しなければならない。さらに、リエージュ要塞の存在は、ただでさえ困難なドイツ軍の前進を、より危ういものとしていた。もしも、この要塞を陥落させることができなかったら、ドイツ軍の右翼は、蓋（ふた）をされたびんの内側に閉じ込められたも同然の状態に置かれてしまうのである。

この問題を解決するために、小モルトケとドイツ参謀本部が選んだのは、開戦劈頭（へきとう）、リエージュを奪うという策であった。1915年7月26日の、やはりフライターク＝ローリングホーフェン男爵に宛てた書簡で、彼は「第1軍の進撃をなんとしても可能にしたいのなら、この要塞は、われらの手中におさめねばならなかった。その認識が、奇襲（クー・ド・メン）によってリエージュを取るという決断へと、私をみちびいた」と記している。

かくて、小モルトケは、1908年以来、エーリヒ・ルーデンドルフやヴィルヘルム・グレーナーら、参謀本部の部下たちとともに——いずれも、第一次大戦後はシュリーフェン・プラン神話の擁護にまわった人物であるが、この時点で、小モルトケの計画改変に根本的な異議を唱えたりはしていない——リエージュを電撃的に占領する計画を、ひそかに準備することとなった。この作戦は、カイザーでさえも、その細目を知らされなかったほどで、参謀本部の秘中の秘とされた。周知のごとく、この奇襲作戦は成功しなかったものの、攻城砲の投入によりリエージュ要塞はドイツ軍に占領されたのであるが、実は、この小モルトケの解決策も、政治的には深刻な問題性を秘めていた。奇襲を成功させるためには、宣戦布告直後に攻撃を実行しなければならないからである。それは、すなわち戦争回避のための外交的努力に使える時間に制限を課すこととなる。

事実、第一次大戦の開戦への道程において、軍統帥部は平和の可能性に顧慮することなく、リエージュ攻撃発動を含む戦争への手順を迅速に進めることを、政府に要求した。ゆえに、ドイツ外交は、動員下令、開進、宣戦布告といったことを円滑に実行する邪魔をしてはならないという手かせ足かせをはめられた上で、セルビアとオーストリア・ハンガリーの調停にのぞまなければならなかった。結果は戦争であり、4年後の帝国の崩壊だったのである。

このように、多くの研究者たちは、シュリーフェン・プランは、そもそも大前提において、政治的軍事的な欠陥を内包していたという点で一致している。仮に、モムバウアーの研究に従うなら、小モルトケは、同計画を改悪したというよりも、むしろ現実に実行できるレベルに修正したのだが、それですら、政治を軍事の侍女に堕さしめたという点で、蹉跌（さてつ）を運命づけられていたのだ。

つまり、シュリーフェン・プランは改変されたから、失敗したのではない。外交的手段による状況改善を放棄した軍事的視野狭窄ゆえに、最初から死産を宣告されていたのだった。にもかかわらず、ドイツ帝国は、作戦が政治を壟断することを許し――自壊していったのである。

戦史こぼれ話　擲弾兵ことはじめ

「擲弾兵」というのは、けっして一般的な言葉ではなかろう。

試みに、会社の同僚や学校の友人などに対し、何の説明もなしに擲弾兵と口にすれば、おそらくは、けげんな顔をされるはずだ。ただし、ドイツ戦史ファンに関しては、このかぎりではない。

フリードリヒ大王の戦いやナポレオン戦争の歴史はもとより、第二次世界大戦の史書をひもといていても、擲弾兵という単語は頻繁（ひんぱん）に出てくる。周知のごとく、ヒトラーが1943年に、将兵の士気を鼓舞するため、歩兵を擲弾兵と呼ぶように命じたからだ。それにともない、従来「狙撃兵（シュッツェ）」と呼ばれていた装甲師団隷下の自動車化歩兵なども「装甲擲弾兵（パンツァーグレナディーア）」と改称されている。こうしたネーミングが成功したのは、今日のわれわれ――といっても、ミリタリー雑誌や戦史書を読んでいるような、きわめて限られたわれわれだが――が、「擲弾兵」や「装甲擲弾兵」と聞くと、精鋭部隊というイメージを喚起されることでも証明されるだろう。

また、現在のドイツ軍、連邦国防軍（ブンデスヴェーア）においても、擲弾兵という言葉は現役である。連邦国防軍は、1956年以来、自動車化歩兵大隊を擲弾兵大隊、装甲戦闘車両を装備する歩兵を装甲擲弾兵大隊と呼称してきた。さらに、1978年の改編にともない、山岳猟兵（ゲビルクスイェーガー）と降下猟兵（ファルシルムイェーガー）を除く、すべての歩兵大隊が装甲擲弾兵大隊に改称されている。

ことほどさように、この単語はインパクトが強いわけだが、しかし、なぜ、擲弾兵イコール精鋭ということになるのだろう？　そもそも、Grenadierに、何故、擲弾兵、砲弾を投げる兵という訳語があてられたのか？

擲弾兵という言葉になじみがあるひとでも、案外、こうした質問をされると、詰まってしまうのではないだろうか。そこで、今回は、この種の疑問に答える際のスタンダードである、トランスフェルトの陸海軍用語辞典に従い（*Transfeld Wort und Brauch in Heer und Flotte*, 9.Aufl., herausgegeben von Hans Peter Stein, Stuttgart, 1986）、擲弾兵なる単語の歴史について解説することにしたい。

　まずは語源である。さかのぼっていけば、その由来は、イタリア語のグラナータ（granata, ザクロの実の意）にいきつくという。もっとも、ザクロが軍事用語であるわけはないので、この場合は、そこから転じて、爆裂弾という意味が基（もとい）となる。そう、擲弾兵は、それが戦場に出現した時代、すなわち、17世紀には、爆裂弾を投擲（とうてき）する専門兵だったのである。ちなみに、最初は、Grenadier のほかに、「爆裂弾兵（グラナティーア）」や「爆裂弾投擲兵（グラナートシュロイデラー）」といった異称もあったとか。

第 12SS 装甲師団「ヒトラーユーゲント」の装甲擲弾兵たち
German Federal Archive (Bundesarchiv)

　彼ら擲弾兵が、エリート兵としての扱いを受けるようになったのは、やはり、その任務の危険と困難ゆえであった。16世紀において、すでに、鉄や鉛、ガラスを弾体とする爆裂弾は、攻囲戦などにおいて使われるようになっていたのだが、17世紀中葉に入ると、それが野戦においても用いられるようになる。しかしながら、1キロないし1・5キロの重さがある爆裂弾を、味方に危害がおよばないよう、できるだけ遠くから敵陣に投げ込むというのは、容易なことではない。そこで、爆裂弾投擲のために、銃兵のあいだから、志願兵が募（つの）られた。

　むろん、上記のごとき役目を果たすのであるから、体格が良く、膂力のあるものが選ばれたのはいうまでもない。こうして選抜された爆裂弾要員は擲弾兵と呼ばれ、特別待遇を受けることになった。給与が引き上げられたのはもとより、歩哨に立つ義務なども免除されたという。

肉体的に優れ、給養も別格、ただし、与えられる任務は、常に厳しいもの。まさに、エリート兵の誕生だった。

かかる仕組みが有効であることは、実戦によって証明され、擲弾兵の制度は、みるみるまにヨーロッパ列強にひろまっていく。１６６７年にはフランス、１６７０年にはオーストリア、１６８２年にはバイエルンで、擲弾兵が導入されたことが確認されている。

とはいえ、容易に想像がつくように、この間、大砲の技術が長足の進歩をとげたため、擲弾兵の機能も変化していった。実際に爆裂弾を投げることはなくなっていき、選抜されたエリート歩兵、攻防両面における戦闘力の中核としての意味合いがつよくなっていったのである。プロイセンでの用法などは、その典型で、擲弾兵大隊、あるいは擲弾兵連隊などというものが誕生している。もちろん、このような部隊の将兵がすべて爆裂弾投擲に従事していたのではなく、虎の子の精鋭歩兵ぐらいの含みで、擲弾兵という単語が用いられていたのだ。なお、かような使い方は、第二次大戦でも健在で、前述したごとく、ヒトラーの命令で擲弾兵の呼称が全般的に導入される以前にも、戦功をあげた歩兵連隊が顕彰され、「擲弾兵連隊」と改称されることもあった。

なお、擲弾兵が当初爆裂弾を担当していたことは、実は、軍装の世界にも大きな影響を与えている。というのは、擲弾兵は、爆裂弾の点火や遠距離への投擲といった動作のために、両手を高く振り上げられるようにしておかなければならなかった。ところが、それまで軍帽の主流を占めていた、大きな折り返し帽では、モーションを取る際、肩がつばに引っかかって、邪魔になる。よって、擲弾兵は、当時の手工業者や農民が多用していた三角帽のふちを詰め、投擲動作のさまたげにならないようにした帽子をかぶるようになった。

しかも、ただでさえ大柄の擲弾兵をさらに長身に見せ、威圧感をつよめるために、この帽子も、できるだけ高さを取って、つくられるようになる。のちの筒型帽の走り、ナポレオンの老練親衛隊の熊皮帽やイギリスの近衛擲弾兵の軍帽の遠祖ということになろう。

ちなみに、彼らの背の高い帽子は、カトリックの司教（プロテスタントでは「監督」と訳す）がかぶるものにそっくりだったことから、最初「司教帽（ビショフスミュッツェ）」などと呼ばれていたのだけれど、プロイセンでは、フリードリヒ一世の治世になって、「擲弾兵帽（グレナディーアミュッツェ）」と命名された。フリードリヒ大王の精兵、プロイセン擲弾兵は、この帽子をかぶって、戦場を駆け抜けたのである。

ゆえに、擲弾兵帽は、プロイセンの勃興の象徴となった。その栄光を国民の記憶に残すため、第一次世界大戦まで、アレクサンダー連隊（近衛歩兵第1連隊）と王宮警衛中隊は、パレードや祝典の際には、擲弾兵帽をかぶることになっていたという。

擲弾兵ことはじめと、その名残（なごり）の物語である。

戦史こぼれ話

知られざる単語「ランツァー」

ドイツ兵は、仲間同士では、なんと呼びかけるか？

戦史書の愛読者にとっては、クイズにもならないクイズである。答えは、もちろん「戦友（カメラート）」Kamerad。イタリア語のcamerataやスペイン語のcameradaに由来する言葉で、もともとは同室のもの、同期生を意味する。つまり、同じ時期に入隊し、同じ部屋で寝起きするものを「同宿者」と呼び合ったのが、いつの間にか、「戦友」を指す単語となったわけだ。

この言葉に、日本語でいう、同じ釜の飯を食った仲間というニュアンスがあることはいうまでもない。ドイツの戦記小説、たとえば邦訳のあるところで、ハンス・キルストの『零八／一五』（櫻井和市・櫻井正寅・藤村宏・城山良彦共訳、全3巻、三笠書房、1955年）やギイ・サジェールの『忘れられた兵士』（三輪秀彦訳、早川書房、1980年）などの、とくに兵営での生活を描いた箇所を読むと、なるほど「戦友」とは「同宿者」であると実感させられる。しかし、逆にいうなら、「戦友」とは、ある一定期間にすぎないとはいえ、常設の宿舎を有する軍隊がととのえられたところから出てきたわけで、ドイツ語の語彙（ごい）としては比較的新しいものと推測できるだろう。

実際、ものの本にあたって、ドイツ語でKameradという表現が使われるようになった時代を調べてみると、おおよそ三十年戦争のころ、かなり時代が下ったあたりだとわかる。ただし、Kameradという言葉はなくとも、もちろん「戦友」という概念をあらわす必要はあったし、そうした単語も存在した。「徒党の一味（ロットゲゼレ）」、「槍仲間（シュピースゲゼレ）」、「同行仲間（ミットゲゼル）」、「修業仲間（ブルスゲゼル）」、「同期兵（ミットブルシェ）」……。兵語辞典を引くと、いかにも兵隊言葉らしい表現が続々と出てきて、微苦笑を禁じ得ないのだが、むろん、今となっては、こうした単語はすたれてしまい、場合によっては、ドイツ人相手に使っても通じないことさえある。

ところが、これらと同じく、15世紀ごろに出現した古い言葉であるにもかかわらず、ある単語だけは現代までも生き残っている。ドイツ人傭兵のあいだで用いられた、「戦友」にあたる言葉、「ランツァー」Landserがそれだ。この「ランツァー」は、しばしば語感から「槍(ランツェ)」Lanzeに由来するものと誤解されているけれど、ドイツ人傭兵たちは槍のことを「シュピース」Spiesと呼んでいたから、「槍」語源説はなりたたない(余談だが、ドイツの兵隊言葉で「シュピース」といえば、曹長のことである)。

「ランツァー」の本当の由来は、ドイツ人傭兵を示す言葉「ランツクネヒト」Landsknechtだ。本来、ドイツ語圏では、傭兵は「クネヒト」Knechtと呼ばれていた。古高ドイツ語で、騎士付きの小姓、戦士見習いといったことを意味する「クネート」Knähtからできた言葉である。この「クネート」は、本来傭兵一般を示す単語だったものの、ヨーロッパ各地の紛争でスイス人傭兵が武勲を立てるにつれ、しだいに彼らのみに限定して使われるようになってきた。そこで、スイス人ではなく、当地、自国の、という意味合いを持つLandsを「クネヒト」の頭につけて、ドイツ人傭兵を示す「ランツクネヒト」という単語が造語される。さらに、ドイツ人傭兵は、「ランツクネヒト」を呼びやすいように縮め、「ランツァー」としたのだった。

かくのごとく、つくりだされた当初より、「わが国の」、あるいは「ドイツの」というニュアンスがこめられていたことから、「ランツァー」なる言葉は、他の同義語が持っていなかった生命力を得ることになった。フリードリヒ大王の戦争やナポレオン戦争、ドイツ統一戦争や二つの世界大戦など、ドイツがさまざまの戦争を経験するうちに、そもそもの「ドイツ人傭兵」や「戦友」という語義が拡大されていき、「ランツァー」はドイツ兵一般を指す言葉になったのである。とくに、第一次世界大戦以降は新聞雑誌などにも多用され、現代のドイツでも「ランツァー」、すなわちドイツ兵で即座に通じる。

ちなみに、日本の『丸』のように戦場体験者の手記を集めた雑誌が（といっても、最近の『丸』は、戦記雑誌から一般ミリタリー雑誌へと方針転換しつつあるようだが）ドイツでも発行されている。表紙とごくわずかな写真やイラスト以外は、ぎっしりと文字が詰まった小冊子で、中身はすべて第二次大戦の戦記だ。どの駅のキオスクにも置かれている、1957年創刊のこの雑誌の名は、まさに『ランツァー』なのだ（2013年に廃刊になった）。

かように、ドイツ語圏ではありふれた単語であるのに、なぜか「ランツァー」は日本では、あまり知られていない。管見の限りではあるが、翻訳ものの戦記やミリタリー関係雑誌の記事などでも、「ランツァー」が使われているのをみた記憶がないのだ。そればかりか、各社の独和辞典などにも収録されていなかった（大型独和辞典に収録されはじめたのが、ようやく十数年前のこと）。

その背景には、ドイツで保守的、あるいは極右のメディアが好んで「ランツァー」を使ったことから、あまり良い含みを持たなくなったことがあるのかもしれない。極端な例をあげれば、ネオ・ナチ思想を鼓舞する歌詞の曲を続々と発表したために、2005年にドイツ最高裁判所によって犯罪団体と判定され、メンバーの一人が3年4か月の禁固刑を宣告されたロックバンドは、「ランツァー」と名乗っていたのだった。

もし、こうした「ランツァー」が負のイメージを持ってきたという推定が当たっているとするなら、たとえ中世にさかのぼる、古式ゆかしい呼称であるとはいえ、ドイツ旅行の際、もしくはドイツ人と話す際には、この単語を口にしないほうが無難であろう。それは、たとえるなら、ドイツ人がわれわれ相手に「皇軍」という言葉を使った場合とほぼ同質の「違和感」を与えてしまうかもしれないのだから。

モンスの天使たち

１９１４年8月の、第一次世界大戦における英独両軍の最初の本格的な戦闘であるモンスの戦いにおいて、前者が大打撃を受け、困難な退却を強いられたことはよく知られている。イギリス軍は、強大な兵力を誇るドイツ軍に包囲される危険におびえながら、からくも撤退に成功したのだった。

イギリス軍将兵のあいだに、奇妙な噂が広まりだしたのは、この後退作戦の直後だった。追撃してくるドイツ軍の前に、まるでエジンコートの戦いのころのような甲冑の騎士や弓兵がたちふさがり、彼らを討ち伏せて、イギリス軍を潰滅から救ったというのである。この不思議な話は、またたくまに流布され、なかには、翼のある天使が、英独両軍のあいだに割って入るのを目撃したと証言する兵士も現われた。

有名な「モンスの天使たち」事件である。とても信じられることではないが、ドイツ軍の猛攻によって守勢に追い込まれていたイギリス軍将兵、そして銃後の国民には真実と受け止められていた。

しかし、このマス・ヒステリーとも思われる現象を引き起こしたのは、一人の小説家だったらしい。「パンの大神」などの作品で知られる幻想小説の大家、アーサー・マッケンだ。彼自身の文章を引用して、ことの起こりを説明しよう。

「昨年【１９１４年】八月、正確にいうと、昨年八月の最終日曜日のことであった。炎暑の日曜日の朝食と教会のミサの間の読物にしては、身の毛のよだつような恐ろしい記事が出ていた。モンス退却の凄絶な記事をわたしが見たのは、『ウィークリ・ディスパッチ』紙上であった。細かいことは思い出せないが、そのとき自分の心に受けた印象は今も忘れない。なんだか七たびも熱した苦悩と死と苦悶と恐怖の溶鉱炉がドロドロに燃えたぎっているそのまん中に、わがイギリス軍がいるのを見たような心持がした。ゴウゴウと燃えさかって、まわりに白光の輪ができている灼熱の炎のなかに、灰殻となって、しかも勝利の誇りをいだきながら死んで行った、永久に光り輝く炎のただなかに、イギリス兵が飛び散っている、そんな心持がした。わたしは教会で牧師が福音書を誦唱しているあいだに、五体のまわりに後光がさしているわが兵たちの姿を思いうかべながら、じつはある物語を頭のなかにつくりあげていたのであった。それがあの「弓兵」という作品、つまり『モンスの天使たち』の始まりだったのである」（平井呈一「解説」、『アーサー・マッケン作品集成』第3巻、沖積舎、1994年）

「弓兵」が、エジンコートのイギリス軍さながらの部隊が、モンスにおいて、彼らの子孫を救う物語であったことはいうまでもない。こうして、1914年9月14日の『ロンドン・イヴニング・ニューズ』に掲載された小説は、作者の意図を超えて、真実として受け取られ、大きなセンセーションを巻き起こした。ついには、この眼で天使を見たとするものさえ出てきたのは、すでに記した通りだ。

では、「モンスの天使たち」は、フィクションがノンフィクションと受け取られた結果、独り歩きして、伝説をつくったにすぎないのだろうか？

実は、これと対立する見解がある。当時、ドイツの情報活動にたずさわっていたフリードリヒ・ハーツエンヴィルトが、モンスのイギリス軍将兵が見たのは、神がドイツ軍の味方であることを誇示するために、雲をスクリーンとして、飛行機から投影した天使の映像だったと、1930年に証言したのだ。しかし、残念ながら、彼の主張は、公文書によっては確認されていない（ローズマリー・エレン・グィリー著、松田幸雄訳『妖怪と精霊の事典』、青土社、1995年）。

はたして、モンスのイギリス兵が「見た」のは、何だったのだろう。

マッケンの小説によって、あとからつくられた偽りの——しかし、好ましいこと、この上ない記憶だったのか。

ドイツ軍の人工の天使だったのか。
それとも、本当の……？
今日なお、「モンスの天使たち」の真相は、謎のままである。

第3章

政治・戦争・外交。世界大戦からもう一つの世界大戦へ

——1914－1941年

「ドイツ政治の大目標は、ドイツの西部国境からヨーロッパ・ロシアを含む領域を、枢軸国の軍事的または経済的指導のもとに包含することにある」——コンラート・アルブレヒト

「ロシアとは、不可解な秘密のなかの神秘に包まれた謎である」
——ウィンストン・チャーチル

「重大な日本の脅威の継続とアメリカの軍備未完成が、アメリカの……（電報判読不能）の自由をマヒさせていること、対独参戦は全くありそうにないことは明らかである」——ベティヒャーの報告

「何故にミカドと総統（フューラー）とドゥチェが、モスコー全面におけるジェダーノフの反撃が成功しつつあるまさにその時にアメリカ合衆国に対して戦端を開いたのかという問題は、現在のところまだ明確な答が出ていない。狂熱主義（ファナティズム）と誇大妄想病に罹った死物ぐるいの狂人たちがなした選択は、外交とか戦略とかいった種類の問題ではなく、むしろ精神病理学の問題とした方が説明がつき易いのである」

——フレデリック・シューマン

ポーランド・ゲーム

秘密議定書の存在

過日、とある歴史愛好家向けのSNSで、1939年9月17日にソ連がポーランドに侵攻したとき、なぜ英仏は宣戦布告しなかったのかという疑問が出されているのを見かけた。戦史ファンのあいだでは非常に好まれる話題のようで、ネット検索してみたところ、同様のやり取りがいくつかあった。もちろん、かかる議論が生じるのも、イギリスの参戦義務を規定した、1939年8月25日締結の「連合王国【イギリス】[1]・ポーランド間相互援助条約」の第1条に、「締約国があるヨーロッパの一国により侵略された結果、締約国中の一国が後者と交戦状態に至った場合、他の締約国は交戦下にある締約国に対し、その力をつくし、あらゆる支援と援助を行うものとす」と定められているからである（傍点筆者）。この条文はたしかに、ポーランドに侵攻したヨーロッパの国ならば、どこに対してもイギリスの参戦義務があると読める。従って、ポーランドに攻め入ったドイツに対して実際にそうしたように、ソ連に宣戦すべきだと考えるのも当然だ、となれば英仏波（ポーランド）対独ソの大戦争が生じた可能性もあると、イフの夢想を刺激されるのも無理はない。

しかしながら、史実というものを子細にみていくと、たいていの場合は味気なく、索漠とした結果に終わることが多いのだが、この一件も例外ではない。実は、上述の相互援助条約には、非公開の秘密議定書が付属しており、その第1条a項には「本条約に用いられた『あるヨーロッパの一国』とはドイツであると理解される」と、明快に記されている。[2] つまり、ソ連の侵略に対しては、イギリスに参戦義務はなかったのだ。この事実は1997年に出版された松川克彦の研究にもアウトラインが述べられている。ただ、専門家のあいだでも秘密議定書をめぐる問題が注目されだしたのは、ここ20年ばかりのことであり、一般にはまだまだ広まっていないせいか、なぜ英仏対独ソの戦争が生じなかったのかという疑問が、間歇泉のごとく噴きだしてくるようだ。

とはいえ、歴史の醍醐味は往々にして、「つまらなさ」を乗り越えた先にある。ソ連のポーランド侵略に対する英仏の対応も、その経緯や当事者たちの駆け引きを子細にみていくと、俄然、チェスの試合をみるような面白さが現れてくる。いわば「ポーランド・ゲーム」だ。本稿では、ポーランド援助政策を推進したイギリスを中心にその経緯を概観し、戦争と外交の関わりを考える一助としたい。

二重にチップを張るイギリス

1939年3月15日、ドイツ軍は、ほぼ半年前にミュンヘン会談で交わした、チェコスロヴァキアの独立を保証するという約束を破り、同国の首都プラハに進駐した。ヒトラーが、この成果のみで満足するはずがないことは明白であり、イギリスは、それまでの宥和政策からドイツの拡張拒止に方針を転じざるを得なかった。一方、ドイツはチェコ解体後、ヴェルサイユ条約の規定によりポーランドの管理下にあったダンツィヒ（現グダニスク）の返還と防共協定への加盟などを、ポーランドに要求していた。が、ドイツとソ連のあいだで均衡を取って独自性を保とうとする政策を基本にしていたポーランドにとって、このような傾斜は肯んじられるものではない。かくて、独波関係は急速に冷え込み、対立に向かう。フランス、ソ連、ポーランドと結び、ドイツを封じ込めようとしていたイギリスには好都合な状況だった。1939年3月31日、英首相ネヴィル・チェンバレンは庶民院（下院）において、「ポーランドの独立に対し、あきらかなる脅威が存在し」、ポーランド政府がそれに抵抗することが必要であると考えられるような事態が生じたなら、「イギリス政府はポーランド政府に対して、持てるすべての力をつくし、ただちにあらゆる援助を与える」と声明したのである。

同時に、イギリスはソ連への接近をはかっていた。最初は貿易使節団（1939年7月）、続いてフランスとともに軍事使節団を出し（8月）、ソ連を同盟国として獲得しようと考えたのだ。周知のごとく、この交渉は難航する。スターリンは、潜在的な敵国がソ連の隣国に戦略的な地歩を占めた場合、その隣国を占領することを認めさせようとしていた。英仏としては、とても容認できない条件だ。この隙に、ドイツが先制した。水面下でソ連との接近を進めていたヒトラーは、機が熟したとみて、外相ヨアヒム・フォン・リッベントロップを特使としてモスクワに派遣、独ソ不可侵条約を成立させたのである（1939年8月23日調印）。かかる事態となっては、ドイツがポーランドを攻撃することは必至だ。イギリスは、ポーランドへの保障を強化し、それによってドイツの侵略を抑止する策に賭けることにした。8月25日、英波相互援助条約が、ロンドンにおいて調印される。これには、たしかに一定の効果があったらしく、本来この日に予定されていたドイツのポーランド侵攻は、ひとまず延期されたという。しかし、重要なことは、イギリスがポーランドに与えた保障は、あくまで戦争回避を目的としたものであり、後者の独立を断固として守る意志などなかったということであろう。だからこそ、冒頭に記したごとく、参戦条件に留保を付すかたちで公表された条約文にはあいまいにしか書かれていなかったことを、赤裸々に記した秘密議定書をポーランドに認めさせたのである。いわば、イギリスは、国際情勢がどう転んでも、独ソ両国を相手の戦争などという最悪の状況におちいらないよう、二重にチップを張っていたのだ。

従って、9月17日にソ連軍がポーランド東部に侵入してきたときのイギリス政府の反応は、きわめて冷淡なものだった。ソ連軍の動きが事前に察知されていたにもかかわらず[3]、チェンバレン内閣は、それはさしたることではないと認識していたのである。事実、この報せが届いたとき、首相と外相ハリファックス卿は休暇でロンドンを離れていたが[4]、イギリスに直接関係ない問題であるため、急ぎ戻る必要はないとされ、両者抜きで閣議が行われたほどであった。しかし、ポーランドにとっては、国家の存亡がかかった重大事だ。17日、駐英ポーランド大使エドヴァルト・ラチンスキ伯爵は、イギリスの正式な抗議を要求し、かつ暗に対ソ参戦をうながす覚書を手交している。翌日、ハリファックス卿と会見したラチンスキは、秘密議定書第1条b項に、ドイツ以外の国による侵略が生じた場合、締約国はともに取るべき措置について協議すると定められていたのを頼みとして、対ソ宣戦布告を求めたが、回答はすげないものだった。ハリファックス卿は、秘密議定書第1条a項をたてに参戦を拒否し、ソ連に宣戦布告するかどうかは「ドイツ打倒という、われらが共通の目的を達成するのにもっとも助けとなる」選択肢はどれかという視点から決定されると明言した。なるほど、この日の午後、イギリスはソ連を非難する声明を――正式の抗議ではない――出しはした。けれども、それだけのことだった。フランスもまた、ポーランド支援のためにソ連と戦争するような愚挙は拒否した[5]。

秘密議定書をめぐる悲喜劇

こうして、イギリスにとっての対ソ参戦問題は終わった。しかし、秘密議定書をめぐり、さらなる悲喜劇が生じることになる。公表された条約しか知らぬ内外の外交筋やジャーナリストから、イギリスは条約の規定をふみにじり、ソ連の無法を看過するのかという非難が上がったのだ[6]。困惑したイギリス側は、ルーマニア経由でフランスに脱出中であったポーランド政府首脳陣に秘密議定書の公表を求め、了解を得る。だが、ことは簡単ではなかった。秘密議定書をおおやけにすれば、イギリスが他の国と結んだ条約にも同様の協定が付属しているのではないかと、政府が議会で攻撃される。加えて、秘密議定書の内容から、イギリスとポーランドが、ベルギーやオランダ、バルト三国の扱いについて協議したことが暴露されてしまう。(7) この2点を論拠として、外務省が公表に反対したのである。10月はじめ、戦時の情報管理やプロパガンダを担当する英情報省が、秘密議定書を公表すべきだと提案したけれど、これも却下された。

結局、この問題は、参戦義務を否定し続けることで解決がはかられた。たとえば、10月19日、庶民院において、ポーランドとの相互援助条約はドイツ以外の国による侵略も対象としているのではないかと質問されたリチャード・バトラー外務次官は、そくざに否定し、条約はドイツの侵略にのみ対応するもので、「ポーランド政府もこの点は確認している」と答弁したのだった。

かくて、この、イギリスの巧妙、あるいは狡猾な外交政策の一端を示す実例は隠された。そして、ずっと後になって機密解除され、情報公開されたのちも、秘密議定書の存在は、専門家はともかく、一般にはあまり知られぬままで——結果として、戦史ファンの不審を繰り返しかきたてることとなったのである。

1939年の対ソ戦？
——ドイツのソ連侵攻作戦に関する新説

『敵は東方にあり』書影

『敵は東方にあり（デア・ファイント・シュティート・イム・オステン）』

その昔、第二次世界大戦史の研究においては、ドイツの対ソ侵攻は、あくまでヒトラーの主導によるもので、国防軍はその命令に従い、計画立案と作戦準備を進めただけだという理解が支配的であった。が、1983年に刊行されたドイツ軍事史研究局の『ドイツ国と第二次世界大戦』第4巻で、歴史家エルンスト・クリンクは、OKH（オーカーハー）、陸軍総司令部（オーバーコマンド・デス・ヘーレス）が、ヒトラーから指令を与えられる以前、1940年6月にソ連侵攻の作戦立案と準備に着手しているという、それまで知られていなかった事実を提示した。それ以来、バルバロッサ作戦はただヒトラーにのみ起因するという主張は力を失い、ソ連侵略における国防軍の「共犯」関係が問題とされるに至っている。実際、その後の研究によって、国防軍の指導者たちのあいだには、ヒトラーと同様、場合によっては彼以上にソ連征服を望む分子があったこともあきらかにされ、彼らと対ソ戦決意との関わりを解明することが重要な課題となったわけだ。

とはいえ、さすがに対ソ戦が具体的に論じられるようになったのは、1940年に西方の大敵であるフランスを降してからのことであろうという点では、おおかたの研究者は一致していた。しかしながら、2

０１１年、すでに１９３８年から１９３９年のドイツの膨張過程において、ヒトラーと国防軍首脳は対ソ戦実行を覚悟し、作戦準備も進めていたのではないかとする刺激的なテーゼを打ち出した書『敵は東方にあり（デア・ファイント・シュティート・イム・オステン）』が出版された。しかも、その著者は、センセーショナリズムに走った、いわゆる「ジャーナリスト」のたぐいではなく、第二次世界大戦史の専門家として知られたドイツ軍事史研究局研究監兼フンボルト大学教授であるロルフ＝ディーター・ミュラー博士だったから、珍説として黙殺することはできないというものである。そこで、以下『敵は東方にあり』を、他の関連する研究書を参照しつつ、紹介することにしたい。ただし、同書は19世紀後半の独露関係から説き起こして、バルバロッサ作戦の蹉跌までを論じている。従って、その内容を総合的に述べることは、紙幅の都合上無理があるので、上記のテーゼに関わるポイントに絞って書き記すこととする。とくに関心のある向きには残念なことかもしれないが、ご寛恕を願う。

１９３８年の海軍図上演習

１９３８年から39年にかけての国防軍の作戦立案過程を具体的に検討するには、史料的な困難があるというのは、このテーマを扱う歴史家の共通認識となっている。本書第２章所収の「作戦が政治を壟断したとき」で述べたように、ドイツ陸軍の文書館は戦争中に大きな被害を受けており、当該時期の史料も多くが焼失していたからだ。一次史料がなければ、本質に近づくことは難しい。が、『敵は東方にあり』は、いわば、からめ手から、この問題に迫った。ドイツ海軍の文書である。もっとも破棄の度合いが大きかった空軍の文書、空襲や火災の被害に遭った陸軍の文書とは対照的に、バイエルンのタンバッハ城に移されていたドイツ海軍のそれは、幸か不幸か、西側連合軍に押収され、今日までも残っているのだ。

ミュラーは、これらを精査し、まず１９３８年３月に実行されたドイツ海軍の図上演習記録に着目する。

ミュラーによれば、こうした図上演習は陸軍や空軍と密接な連絡を取り、状況を設定するのが常、すなわち海軍の記録からだけでも、国防軍全体の戦争計画が読み取れるというのだ。そして――この海軍の図上演習は、向こう2年以内に、ドイツが好機をつかんで戦略的奇襲を敢行、フランスとソ連に対する二正面戦争を開始するという想定になっていたのである。

詳しくみていこう。ドイツ海軍は、問題の図上演習から、対ソ戦は海軍作戦に限っていえば、相当有利に運べると判断していた。なぜなら、ドイツ側はバルト海に長大な海岸線と多数の基地を有しているため、行動の自由を享受できる。ところが、ソ連側の基地は遮断しやすい地域に分散しているから、海上交通を断つのも比較的容易だからだ。具体的には、フィンランド湾の封鎖、エストニアやフィンランド沿岸への機雷敷設などが検討されていた。もっとも、いっそう興味深いのは、こうした結論よりも、図上演習終了後に艦隊司令長官ロルフ・カールス大将が下した講評であろう。

カールスは、本図上演習は、1940年夏に仏ソ同盟との戦争が不可避になった場合にドイツ側から戦略的奇襲をしかけることを想定しているとしながら、こうした戦争が実際に起こるとは思えないと述べた。なぜなら、そういった事態になった場合、イギリスはフランスの側に立って参戦するだろうし、ドイツはこの両国を同時に敵に回した戦争には耐えられないからである。続いて、カールスは、見学していた陸軍や空軍、外務省の代表に対して、こう言明している。「ロシアもドイツも、お互いに決定的な規模での作戦を遂行できる状態にないというのが、私の見解である。ドイツの対ロシア作戦は広大な空間に吸い込まれて失敗するであろう。ロシアの対独作戦も、私のみるところ当面は実行不能だし、敢行したとしてもドイツの防衛力によって粉砕されてしまう」と。

この講評からすると、海軍は対ソ戦を現実味に乏しいものと考えているようだが、ことはそう簡単ではない。実は、図上演習開始にあたって、戦略的奇襲を想定するように申し入れたのは、バルト海海軍基地長官コンラート・アルブレヒト上級大将であった。アルブレヒトは、図上演習の準備作業として行われた作戦研究をもとに、ソ連軍がバルト三国を経由して東プロイセンに侵攻してきた場合、たとえバルト三国の軍隊ならびにドイツ軍が抵抗しても、バルト海中部と東部の沿岸基地は奪われ、同海域の制海権も失われると考えた。そうなれば、北海や大西洋での作戦に備えて、背後のバルト海を安全にしておくという大目標に支障が生じる。ために、アルブレヒトは戦略的奇襲を実行するという要素を図上演習に取り入れるべきだと提唱し、それによってオーランド諸島をはじめとするバルト海東部の島々を先制奪取する作戦を立案したのだった。

つまり、カールスの「牽制」にもかかわらず、少なくとも現場は対ソ戦を具体的に考えだしていると読むこともできるのである。

アルブレヒト計画

事実、オーストリア合邦からチェコスロヴァキアの解体を経て、欧州に戦雲が迫るにつれ、ドイツ海軍の対ソ作戦計画は、より詳細で具体的なものになっていった。アルブレヒト提督とバルト海海軍基地司令部は、1938年の図上演習の成果をもとに、1939年3月から4月にかけて研究を深め、計画案を練り上げている。その報告の冒頭で、アルブレヒトは、数年来フランスとロシアに対する二正面戦争が危惧されているとした上で、イギリスは最初中立であったとしても、やがては参戦してくる、そうなれば北海の海上交通は危機にさらされるから、バルト海を通じての海上輸送、とりわけスウェーデンよりの鉄鉱石輸入は、戦争を決定するような重要性を持つと断じた。ゆえに、従来のごとき防衛的な作戦は不可、ソ連に戦略的奇襲をかけ、開戦劈頭バルト海の要衝を押さえることが必要なのだ……。それが、アルブレヒトのテーゼであった。ここには、国際法的、あるいは外交的配慮などは、きわめて乏しい。プロイセン・ドイツ史にしばしばみられる、軍事に奉仕する政治という倒錯が、またしても現れたといえよう。

とはいえ、この場合にかぎっていえば、アルブレヒトの主張は、ヒトラーの「政治」に沿うものであった。「ドイツ政治の大目標は、ドイツの西部国境からヨーロッパ・ロシアを含む領域を、枢軸国の軍事的または経済的指導のもとに包含することにある」と前置きしたアルブレヒトは、南東欧を通じてのルーマニアへの前進と、バルト三国経由の北ロシア征服を戦争目標に掲げたのである。

その作戦計画は、以下のようなものだった。第一撃は、バルト海において、海軍と空軍により実行される。最重要の目標となるのは、ソ連海軍の根拠地クロンシュタット軍港で、そこでは空襲のみならず化学戦、つまり毒ガスの散布も敢行されることになっていた。もし、こうして独ソ戦争が勃発したならば、バルト三国やポーランドは中立を保とうと努力するであろう。が、ポーランドは、イギリスと結んだ軍事同盟があっても、勝敗があきらかになってくれれば、勝者に味方するにちがいない。また、ロシアが海上作戦を遂行するために、エストニアやフィンランドを占領しようとする気配をみせたら、ただちに空軍および陸軍の遠征部隊を編成し、それに先んじる！

かかる侵略的な計画が実行されたら、ドイツは史実以上の国際的な非難を受けたことであろう。だが、アルブレヒトの計画は、いうまでもなく現実のものとはならなかった。１９３９年夏に独ソ不可侵条約が結ばれ、ソ連は、ナチズムの不倶戴天の敵から一転して友好国となったからである。では、アルブレヒト計画は、どこの軍隊でも必ずつくっておく、さまざまな事態――なかには、一見してあり得ない想定がなされていることも珍しくない――に備えたペーパー・プランにすぎなかったのか？

『敵は東方にあり』によれば、必ずしもそうとは言い切れない。１９３９年５月、今度は、陸軍側に、ある動きが生じたからだ。

ポーランドからロシアへ

ミュラーは、空軍の文書を調査していて、これまで知られていない、陸軍参謀総長フランツ・ハルダー砲兵大将主催の参謀旅行に関する報告書を発見した。この1939年5月に実行された参謀旅行に関しては、参加した陸軍軍人の回想録に断片的に記されているだけで、陸軍側の文書によっては詳細がわからなかったのである。だが、この旅行に同行した空軍の連絡将校の報告書が残っていたため、ようやく、その実体が判明したのだ。

それは、注目に値するものであった。ハルダー陸軍参謀総長は、この参謀旅行中に図上演習を実施している。そこで設定されていたのは、英仏、リトアニア、さらにはソ連がポーランドに味方して参戦するという状況だった。ゆえに、図上演習はポーランド軍を撃破したのち、続けてソ連軍を攻撃するという前提で実行された。第一に東プロイセンと東部ドイツより発した軍により挟撃作戦を行い、ヴァイクセル（ヴィスワ）川の西方でポーランド軍を殲滅する。しかるのち、その地域を出撃陣地として、ヴァイクセル川東方に進軍するのだ。

対するソ連軍の動きは、開戦より12日間以内に主力の集結を完了、その時点で先鋒の自動車化部隊がレンベルク（ルヴフ）ならびにシェドルツェに到達するものと予想されていた。彼らに先んじるために、東プロイセンの軍集団はワルシャワより東に前進、ブレスト・ビャウィストク地区を占領。一方、南方から攻めあがる軍集団は、レンベルクを攻撃するというのが、ポーランド軍撃滅後の対ソ作戦の骨子だった。

陸軍を支援する空軍の活動も定められており、重要な目標は、東部ポーランドにおける鉄道と動員上の要点とされている。また、ポーランドならびにソ連空軍、そして迫り来るソ連自動車化部隊の撃滅は、戦争、少なくともヴァイクセル西方におけるポーランド軍相手の戦いでは、決定的な役割を果たすことになると特筆されていた。かかる作戦の前提となっているのは、英仏が介入してきたとしても、当面の敵はソ

会議中のヒトラー。1940 年頃に撮影されたもの。右端がハルダー（出典 Deutsches Bundesarchiv）

連に支援されたポーランドのみであり、これを撃滅できれば、西部戦線の態勢を固めるまで、東方の占領地を犠牲にして時間稼ぎできるという想定だったのだ。それゆえ、東部戦線でポーランド軍とソ連軍の主力を迅速に撃滅することが何よりも大事だったのである。

にもかかわらず——5月17日に実施された図上演習は、ハルダーのもくろみ通りにことが進む見込みはないことを示した。ヴァイクセル川西方において、ポーランド軍に痛打を浴びせることはできなかった。ポーランド軍司令官の役割を担当した参謀将校たちは、図上で侵攻軍を指揮する仲間たちの攻撃を巧みな遅滞戦闘でかわし、殲滅の憂き目をまぬがれたのである。

こうした結果を受けて、ハルダーは苦々しげにドイツ国防軍の弱点を列挙している。

快速部隊の作戦能力には期待できない。防御準備を整えた敵に対するおっかなびっくりの前進ぶり、側背を気にしすぎる。作戦的に有効な方面に攻撃を設定していない。戦車に不都合な地形をわざわざ選ぶ。敵の一部を殲滅せんと逸(はや)るあまり、既定の攻撃方針から逸脱する。無秩序な再編成によって、時間を浪費し、物資を無駄にする……。

かくも辛辣な講評を受けては、ドイツ軍を担当した参謀将校たちもかたなしであった。だが、最悪の場合にはポーランドのみならず英仏ソを相手の大戦争を指導しなくてはならぬハルダーとしては、部下たちのふがいなさに歯嚙みする思いであったろう。

それはともかくとして、この新発見の史料には、当時のドイツ国防軍指導部の不安が浮き彫りになっており、まことに興味深い。おさらいしておくなら、当時のドイツは、英仏ソを牽制し、ポーランドを孤立化して戦争を仕掛けるべく、日本とのあいだに軍事同盟を結ぼうと外交攻勢をかけていた。いわゆる「防共協定強化交渉」である。これが成功すれば、英仏ソはヨーロッパのみならず、ドイツの盟邦となった日本の脅威にも眼を向けなければならず、ポーランドに介入する可能性は低まる。しかしながら、周知のごとく、日本側は海軍や外務省の反対により、ドイツとの同盟をためらっていた。結果的には、ヒトラーは、独ソ不可侵条約締結という奇手によって、この難局を表面的には打開するのだけれど、もちろん1939年5月という時点では、それは未来の事象に属する。従って、ドイツ国防軍の指導者たちは、侵略的傾向の強弱のちがいはあれ、ポーランドとソ連に対する戦争に備えなければならず、具体的な計画も立案しておかなければならなかったのである。

さはさりながら、この文書だけでは、ドイツ国防軍がポーランド侵攻によって誘発されかねない対ソ戦に備えていたということが証明されるだけで、本当に対ソ戦も辞さずというところまで来ていたかどうかはわからない。

加えて——モスクワで発見された奇妙な文書が、この問題にあらたな謎を投げかけるのである。

ハルダーは対ソ戦を覚悟していたのか？

1997年、ドイツの歴史家クリスチャン・ハルトマンとロシアの歴史家セルゲイ・スルーチュは共同で、モスクワの特別文書館（のちにイギリス国立公文書館にも同様の文書が保管されていることが確認された）で見つかったハルダーの秘密演説記録を、ドイツの専門誌『現代史四季報』に発表した。この1939年6月に国防軍大学校で行われた演説において、ハルダーは来るべき戦争は東西二正面戦争になるとし、ポーランドを征服したのちにソ連との戦争もあり得ると明言したというのである。以下、重要な部分を引用する。

「【ポーランドを屈服させたのちに】大戦闘に勝利し、意気上がる軍隊は、つぎなる任務に備えることになる。ボルシェヴィズムと対決するか、内線の利点を生かし、迅速かつ徹底的な打撃を与えるべく西方に投入されるかだ」（【 】内は筆者の註釈）

驚くべき発言である。すると、ハルダー、さらにはドイツ国防軍は、1939年6月の時点で、ポーランド戦に続いて対ソ戦に突入する覚悟を固めていたのだろうか？

あいにく、せっかくの新史料には、すぐに疑義が呈された。ドイツの歴史家クラウス・マイヤーが、やはり専門誌の『軍事史報告』（現在は『軍事史雑誌』と誌名を変更している）に「本当のハルダー演説か？」と題する史料批判を発表し、問題の文書は偽造されたものである可能性が高いと結論づけたのである。

マイヤーの推理はこうである。このハルダーの演説は、それを聞いていた元オーストリア軍（合邦後なので、当時はドイツ軍）将校がメモし、モスクワに流したとされているが、そのころ、イギリス情報機関はこの種の情報操作を頻繁に行っていた。そうした偽情報と比較してみると、問題のハルダー演説も偽造されたものと思われる。その作業をなしたのは、おそらく第一次大戦中にオーストリア・ハンガリーに対するプロパガンダ工作を担当し、のち『タイムズ』紙の編集長になった東欧専門家のヘンリー・ウィッカムであろうというのが、マイヤーの結論であった。

こうした批判があるために、ミュラーも、もし、このハルダー演説の記録が本物であれば、ドイツには1939年の時点で対ソ戦に突入する意思があったとするテーゼの重要な論拠になるとしながらも、断言は避けているのだった。

以上、『敵は東方にあり』の論点を、根拠となる史料に即して紹介してみた。率直なところ、1939年に対ソ戦は実行される寸前まで来ていたという主張を支えるには不充分であるし、そもそも著者のミュラー自身も、このテーゼはいまだ仮説にとどまっていることを暗黙裡に認めているものと思われる。しかしながら、『敵は東方にあり』は、1941年に現実となったドイツのソ連侵攻には、従来考えられていたよりもずっと以前にその萌芽があるということを証明したといえるのではないだろうか。ともあれ、現在のドイツの歴史学界においては、独ソ戦はホットなテーマである。さらなる発見、さらなる論究がなされて、この問題を解明することを期待したい。

独ソ戦前夜のスターリン

６月は、戦いの月である。ワーテルロー、ミッドウェー海戦……。歴史を大きく変え、帝国の命運を決するような重要な戦いの多くが、この月に生起している。が、６月のいくさのなかでも、とりわけ、われわれの眼を惹かずにおかないのは、やはり１９４１年のそれ、バルバロッサ作戦発動であろう。ソ連の独裁者スターリンは、無数の情報源からドイツ軍侵攻が迫っているとの報告を得ていたにもかかわらず、対抗措置を取ろうとせず、緒戦で大敗を喫したのであった。

なぜ、スターリンは危機の高まりを放置していたのか？

これは、独ソ戦をめぐる、古くて新しい謎の一つであり、かねて歴史家たちの議論の的になっていた。この問題をめぐる論争は21世紀になっても下火になるどころか、ソ連崩壊後に今まで未公開だった文書が機密解除されたために、より活発になった。その結果、あるいは隠されていた事実が発見され、あるいは斬新な解釈が提示されるようになっているのだ。

ここでは、それらのうちから興味深いものを選び出し、レポートしたい。かかる作業により、おそらくは開戦前夜のソ連の状況について、従来とは異なる光が当てられることになろう。

デヴィッド・E・マーフィー著
『スターリンが知っていたこと』

先制すべしとジューコフは主張した

1990年前後に、ソ連、のちにはドイツでも話題となった、ジューコフの先制攻撃計画なる史料がある。これは未公開だった赤軍参謀本部の機密文書の一つで、ドイツ軍の国境地帯への集中を侵略準備と判断し、先手を取って、ソ連側から攻撃、可能であればベルリンまでも占領するという内容であった。このジューコフの計画案が本物であり、かつスターリンに裁可されたとなれば、ソ連はドイツに先制攻撃するつもりだったとする、ある種の陰謀史観が正しいということになりかねない。事実、バルバロッサ作戦はソ連の意図を察知して実行された予防戦争だったと主張するドイツの右派や、スターリン弾劾に熱心なロシアの一部の研究者やジャーナリストは、ジューコフの先制攻撃計画こそ、ソ連のドイツ侵攻意志を証明するものだともてはやした。

しかしながら、現在では、この計画案は作成されはしたものの、スターリンに却下され、単なるペーパー・プランに終わったことが、その後発見された史料や証言によってあきらかになっている。ここでは、イギリスのモーズレィやマーイオーロといった歴史家の研究に基づき、いわゆる「ジューコフの先制攻撃計画」の性格について述べてみることにしよう。

1941年2月に赤軍参謀総長兼副国防人民委員に就任したゲオルギー・K・ジューコフ上級大将は、ポーランド西部や東プロイセンにおけるドイツ軍の兵力集中に直面し、ドイツのソ連侵攻は必至であると判断した。彼は、同僚の将軍たちに、以下のごとく語っていたという。「ドイツの西方での成功は、戦車、自動車化部隊、航空機の集中使用によるもので、おおいに示唆に富む。不幸なことに、われわれは、かかる大規模な機械化部隊を保有してはいない。わが機械化軍団は、いまだ揺籃期にある。しかし、戦争は、いつはじまっても不思議ではないのだ。1年ないし2年前につくった作戦案は実行できん。われわれは、たった今、国境部隊が自由に使える資材でやりくりしなければならない」

ジューコフの攻撃構想

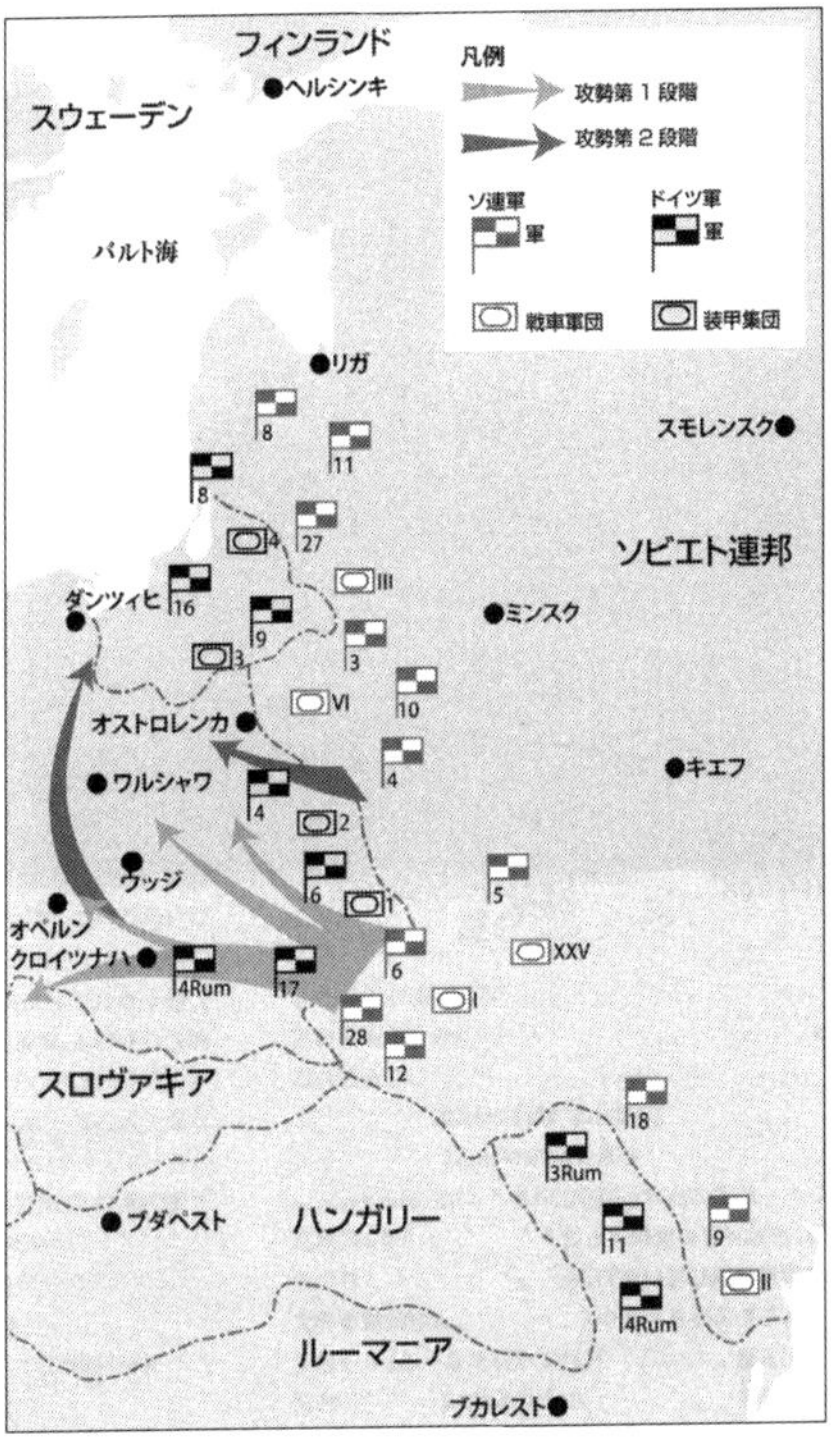

こうした認識から、ジューコフは先制攻撃による国土防衛を考えはじめた。その際、彼の後ろ盾になったのは、1940年5月に国防人民委員となったセミョーン・K・ティモシェンコ元帥だった。就任直後、西部国境での作戦計画が現状に合わせて更新されていないことに驚いた元帥は、あらたな計画の策定を命じた。1938年につくられていた計画では、ドイツとポーランドによる協同攻撃に対し（当時のポーランドは拡張主義的政策を進めており、ドイツと結ぶ可能性があると思われていた）、プリピャチ湿地の北か、南で反撃を実行することになっていたのだが、これが一歩進められ、北からのポーランド突入に加えて、ウクライナからの迂回突進により、ドイツ軍主力を包囲するという構想が生まれたのである。

ジューコフは、このプランを、さらに攻撃的なものとした。ウクライナに強力な部隊を集結させ、先制攻撃をかけてポーランドに進入、ルブリン、ラドム、クラクフを占領、ドイツ軍主力を包囲撃滅する。しかるのちにベルリン、プラハ、ウィーンに向けて進軍するのだ。

ティモシェンコも、こうしたジューコフの構想を了承し、独ソ開戦前夜の1941年5月15日、スターリンに計画案を提示するとともに、予防戦争実行を進言した。ところが、それを聞くなり、スターリンは怒り狂い、「お前たちは頭がおかしくなったのか？ ドイツ人を挑発したいのか!?」と叫んだという。二人の将軍は、国境地帯へのドイツ軍の集中を指摘し、この脅威に何らかの対抗措置を取らねばならぬと説得しようとしたが、スターリンは聞く耳を持たなかった。

ティモシェンコの回想は、この一幕でのスターリンの激高ぶりを鮮明に伝えている。まず、戦争屋とののしられ、冷静さを失ったジューコフが去った。そのあと、自分も退室しようとしたスターリンは、ティモシェンコに捨てぜりふを残す。総司令部がベルリンを挑発したり、許可無く部隊を動かすようなことがあれば、「首が転がる」ことになるぞ、と。

この、いかにもスターリンらしい言葉とともに、ジューコフの先制攻撃計画も、単なる一挿話にすぎなくなったわけである。実際、アメリカの軍事史家グランツが『よろめく巨人』で詳述し[1]、また独ソ戦初期の段階で証明されたごとくに、当時のソ連軍はいまだ将校団粛清からの再建と戦力拡大の途上にあり、ジューコフが夢見た作戦が遂行可能であったか、きわめて疑わしい。いずれにしても、バルバロッサ前夜のスターリンが対独攻撃意志を持っていなかったことは、ここでも証明されたわけである。

しかし――かような先制攻撃案に対するスターリンの反応は、さらなる謎を呼ぶ。さまざまな情報により、ドイツ軍の攻撃近しと知らされていながら、何故に拱手傍観していたのか。

もちろん、スターリンが、あと2年ほどは戦争突入を引き延ばせると確信していた、あるいは、そう信じたがっていたとみることはできる。それだけの時間があれば、戦時に800万人を動員し、狙撃師団300個、戦車師団60個、自動車化師団30個を編成することが可能になる。航空機も1万3000から4000を保有できよう！　かくも強大な軍備を1942年までに完成させるというのは現実的ではなかったかもしれないが、少なくともスターリンは、そういう報告を受けていたのだ。

さはさりながら、あるいはスターリンは別の要因に動かされていたのかもしれない。そんな議論の根拠となり得る、ある「史料」が公開されている。

1941年8月、ヴォルホフ近郊を行軍するドイツ北方軍集団の兵士

ヒトラーのスターリン宛書簡

2003年11月26日付のロシア軍機関紙『赤い星』(クラスナヤ・ズヴェズダ)は、マリーナ・エリゼーヴァによる、当時刊行されていた『ロシア人の政治的生活についての公式史料集』第5巻ならびに第6巻の書評を掲載した。それが、発表されるや、世界じゅうのソ連専門家は色めきたった。というのは、書評のなかに、1940年12月31日および1941年5月14日のヒトラーのスターリン宛て秘密書簡の抜粋が引かれていたからだ。以下、この2通の要点を記していこう。なお、【】内は、例によって筆者の註釈である。

まず、1940年12月31日付の書簡は、新年を迎えるにあたっての挨拶ののちに――余談ながら、書き出しは「親愛なるスターリン氏よ」とはじまっており、その後の歴史を知るものにはグロテスクな感慨を覚えさせる――来年の夏にこそ、イギリス諸島の占領を実行するとの決意が披瀝される。そのため「およそ70個師団を総督府統治下の地【ドイツ占領下のポーランド】に置いておかねばならなかったが、このイギリスの航空機や諜報機関の手がおよばぬ地で、彼らは再編成と訓練を進めている」とした上で、ヒトラーは、これらの部隊にブルガリアとルーマニア経由でギリシアの英軍を駆逐させ、さらにはフィンランドを通過させてノルウェーに展開、英本土上陸を行わせるつもりであると宣言した。続いて、ヒトラーは、イギリスはこうした企図を妨害するために、ドイツのソ連侵攻、もしくはその逆のことが起こるとの馬鹿げた噂を流しているとスターリンに警告してから、ただし、その一部は欺瞞の目的でドイツ側から流されているものもあると補足している。つまりは、ソ連攻撃の意図などないということを間接的に述べ、英本土侵攻こそが重要であると強調しているわけだ（ちなみに、文中には「私は、貴下に対しては、完全に心を許している」との一節がある）。

ついで、1941年5月14日付の書簡で、ヒトラーは、より興味深いロジックを展開している。彼は、いよいよ大英帝国打倒の最終段階に着手すべきときが来たとしながらも、ドイツ国民のあいだにはイギリス人に対する親近感があり、副総統ルドルフ・ヘスのイギリス行が示すごとく、なんとか独英戦争をやめさせたいとする気分があるとする。加えて、イギリス軍の偵察を避けて、東部国境に集結している約80個師団のドイツ軍、そして、それに対抗してソ連軍部隊が展開している事実は、独ソ戦の噂を引き起こさずにはおかないだろうとも指摘した。

しかし、ヒトラーは「国家元首としての名誉にかけて、そのようなことは起こらぬ」と保証し、にもかかわらず、かような状況では偶発的な衝突が生じぬともかぎらないと危惧してみせる。イギリスびいきの何人かの将軍たちが、対英決戦を阻止するために、ソ連軍部隊に武力を行使しかねないというのだ。こうした論理を展開したヒトラーは、およそ1か月後、6月15日から20日にかけて東部のドイツ軍を西部に移動させる計画だと打ち明け、「これに関連し、貴下にお願いしたいのは、責務を忘れたわが将軍たちの一部がしでかしかねないあらゆる挑発に、断固として応じないようにしていただきたいということである」

と結論づける。

こうした2通の書簡から、エリゼーヴァは、ナチが狙っていたのは「ソ連指導部に対し、その真の意図を隠蔽することにあった。ドイツの総統自身が、その作戦に荷担したのだ」と断じた。事実、独ソ開戦直後のスターリンが、挑発に乗ってはならないと部下の将軍たちに命じたことは有名である。だとすれば、スターリンは、ヒトラー自らが仕掛けた欺瞞工作に、まんまと引っかかったという解釈も成り立つ。

もし、この秘密書簡が本物であれば、だが――。

謎のなかの謎

かつてのCIAベルリン支局長であり、さまざまな対ソ情報戦を経験したデヴィッド・E・マーフィーは退官後、いくつかの著作をものしている。なかでも、当時のロシア連邦大統領であったボリス・エリツィンのじきじきの指示により編纂された2巻本の史料集『1941年』（1998年刊行）をはじめとする最新史料を駆使した『スターリンが知っていたこと』は高い評価を得た。そのマーフィーも、『赤い星』に発表されたヒトラーの秘密書簡には深い関心を抱き、『スターリン……』の一章を割いて検討している。

マーフィーによれば、まず、当該時期にヒトラーとスターリンのあいだで秘密書簡のやり取りがあった可能性を示す一次史料は、上記『1941年』に収録されたものしかない。それによれば、1941年5月9日、ドイツの駐ソ大使ヴェルナー・フォン・デア・シューレンブルクは、休暇でモスクワに戻っていた駐独ソ連大使ヴラジーミル・G・デカノゾフと会談した。その際、デカノゾフは、独ソ関係が緊張しているとの噂を打ち消すべく両国の共同コミュニケを発表しようとしたのだが、シューレンブルクはコミュニケ作成には充分な時間がないと難色を示し、むしろスターリンが人民委員会議議長に就任したことを各国首脳に伝える書簡において、ソ連の平和を維持しようとする意志を伝える一方で、ヒトラー宛てに別の書簡を書いて、提案された共同コミュニケについて議論すべきだとした。

5月12日、この件についてデカノゾフは、スターリンと外務人民委員モロトフからの訓令を受けた。「スターリンとモロトフは、そうした書簡の交換に対し、原則として異論はない」という内容のものだ。すなわち、スターリンはヒトラーとの連絡を求めていたということだけは確定できるのだ。ただし、イスラエルの高名なソ連史家ゴロデツキーのように、シューレンブルクは、ヒトラーがソ連侵攻を決意していることを知っていたのだから、これ以上、書簡の交換を進めはしなかっただろうと推測する向きもある。

いずれにせよ、ヒトラーの秘密書簡そのもの、あるいはその存在を示す一次史料は発見されなかったものの、マーフィーは興味深い証言を集めている。『赤い星』の記事に先立ち、いくつかのインタビューや小説が秘密書簡に触れていたのだ。マーフィーに従い、それらを列挙してみる。

第一に、ソ連の従軍記者を務め、作家、編集者、詩人と多方面に才能を示したコンスタンチン・M・シモーノフが、1965年から66年にかけて行ったジューコフのインタビュー。そのなかで、ジューコフは、1941年1月のはじめごろにスターリンと会見した際のことを回想している。そのとき、スターリンは、ドイツ軍の国境地帯への集中は、ソ連侵攻ではなく、イギリスの爆撃や偵察を避けるために東部に動かしたのだと説明するヒトラーの書簡を示したというのである。

第二に、やはり従軍経験があるロシアの歴史家、レフ・A・ベジメンスキーが1966年にジューコフと会ったときの記述だ。ベジュメンスキーによれば、1941年6月はじめにジューコフは、ドイツ軍の危険な集中ぶりをスターリンに説明し、対応すべきだと進言した。その数日後、スターリンに呼ばれたジューコフは、ドイツ軍の国境地帯への増強の理由を尋ねた赤い独裁者の書簡とヒトラーの返答を見せられたと述べている。

第三に——これが、もっとも奇妙なソースであるが——1997年に、ロシアの作家、イーゴリ・ブー

ドイツ軍が奪取したキエフの外哨点の一つから。奥はドニエプル川

ドイツ軍の 7.5cm 歩兵砲 IG18

ニクが書いた小説『雷雨（グラザー）』では、ヒトラーのスターリン宛て秘密書簡は6通あると断定され、うち1940年12月31日付と1941年5月14日付の2通が発見されたとしている。

このように、ヒトラー秘密書簡の存在を示す間接的証拠はあるのだが、いずれも決定的ではない。いうまでもなく、これまでのところ、現物がいっさい公表されていないからだ。かてて加えて、ドイツ側からは、ヒトラーとスターリンが書簡を交わしていたことを証明する文書も証言も出てきてはいない。周知のごとく、ドイツの最高機密文書のかなりの部分が——そのなかには、1941年に訪独した日本外相松岡洋右（まつおかようすけ）とヒトラーの会見記録なども含まれている——連合国に押収されているにもかかわらず、である。

となれば、問題のヒトラー秘密書簡も、なんらかの意図があってつくられた偽文書である可能性を疑わなくてはなるまい。実物を鑑定し、真贋をたしかめることができない以上、たとえば、それがスターリン批判（1956年）以後に、この独裁者が誤判断によりソ連を破滅の淵に立たせたという事実を誇張するために、かかる挿話がつくられたと想像することもできよう。

『赤い星』の書評記事を重視し、「この書簡が、もし本物であれば、スターリンについて、彼は誰も信じなかったのだが、『真実、アドルフ・ヒトラーだけは信頼した』と書いたアレクサンドル・ソルジェニーツィンが正しかったことを証明する」と評したマーフィーも、かかる疑念を抱いているらしく、自著の付録に書簡抜粋の英訳を掲載しながら、「この文書が実物であることを証明する文書館史料は発見されていない」と留保をつけているのである。筆者も、現在のところ、『赤い星』由来のヒトラー秘密書簡の真贋を判断するだけの材料を持たず、ゆえに、それに基づいた叙述をするのは避けたいと考えていることを付言しておく。

以上、最近の独ソ戦研究の成果をスケッチしてきた。ヒトラー秘密書簡についてのマーフィーの考察には、それを運んだ輸送機についての興味深い議論も含まれているのだけれど、紙幅の都合上割愛したことをお断りしておく。

ともあれ、スターリンはなぜ、ドイツのソ連侵攻に関して、あれほど多くの情報を得ていながら、むざむざと奇襲されてしまったのかという、独ソ戦最大の謎について、その昔とは比較にならないほどに解明が進んでいることがおわかりいただけたと思う。

さりながら、イギリスの戦時宰相ウィンストン・チャーチルの「ロシアとは、不可解な秘密のなかの神秘に包まれた謎である」という箴言は、今なお有効さを失ってはいないのだった。

ドイツの対米開戦　1941年
——その政治過程を中心に

ヨアヒム・フォン・リッベントロップ

はじめに

1941年12月という月は、ドイツにとって、いよいよ多正面戦争の見通しが強くなってきた時期であった。即ち、西方にあってはイギリスが健在であり、また東方においてもソ連短期打倒の失敗は明らかとなっていた（12月5日モスクワ攻撃中止）。にもかかわらず、ドイツは11日に日米開戦に呼応し、アメリカに宣戦する。が、かかる状況下でアメリカという大国を敵に加えることは、ドイツにとって不利益だったはずである。では、何故にドイツは参戦したのか？

従来の研究は、ヒトラー個人の動機を開示することにより、この問いかけに答えてきた[1]。こうした解答は、しかし、ヒトラーの意志決定がただちにドイツの意志決定となるような一枚岩的体制を前提としていた。筆者は、ヒトラーが第三帝国の政策決定において占める高い位置を否定するものではない。が、ヒトラー中心論による解釈が、ナチズムの意志決定構造をヒトラー個人に極小化し、他の要素を背景に押しやったことは否定できないであろう[2]。

本節の目的は、かような従来の研究に対して、政策決定機構における複数の政策参画者の存在並びに彼らの競合という視点を導入して、対米開戦を説明することである。この作業は、同時に第三帝国における意思決定構造の解明という、より長射程の問題のための準備作業であり、そのための事例研究という性格を持つことになる。

情報回路の構造

政策参画者の状況認識がいかにして形成されるかという問題が、政策決定過程の検討において重要であることは論を俟たない。その際、政策参画者の認識は、その前提となる情報を提供する回路の構造によって、大きく左右されるのである。そこで、対米開戦というイシューにおいて決定的な意味を持つ対米情報回路、及びアメリカに対するカウンターウェイトとしてドイツ側に重視されていた日本に関する情報回路を検討することにしたい。

まず対米情報回路においては、情報収集上の制約が目立っていた。駐独アメリカ大使館は、独米関係悪化に伴い、情報源としては期待できなくなっていたし、既に1938年の時点で「水晶の夜」事件（大規模なポグロム）に対する抗議のため、アメリカは駐独大使を召還していた。ドイツもこのときに、対抗措置として駐米大使ディークホフ（Hans H. Dieckhoff）を召還しており、以後両国の公式外交ルートは、代理大使によって担われることになったのである。ハンス・トムセン（Hans Thomsen）は、このとき以来駐米代理大使を務めていたが、大使よりも一段低い身分であるところから、ワシントンの外交界における情報収集において、あるいは武官の統制において、充分な力を持っているとはいえなかった[3]。この事情の下、対米情報回路において、高い権威を保持していたのが、ベティヒャー（Friedrich von Boetticher）中将であった。彼は、1933年4月の任命から独米開戦に至るまで陸軍武官（兼空軍武官）の職にあり、その間に米陸軍参謀総長であったマッカーサーをはじめとする米陸軍首脳部の親独派に情報パイプを作っていたのである。この接触は１９４１年の時点においてもなお維持されており、ベティヒャーはアメリカ通とされていたのだった。[4]

が、こうした情報源にもかかわらず、ベティヒャーのアメリカ像は歪んだものとなっていた。彼の報告の基調となっていたのは、アメリカの参戦意図とその軍備の過小評価だったのである。一例を挙げれば、１９４１年7月25日の報告では、日本の脅威に対して米海軍は主力を太平洋に集中しなければならないが、それでも日本攻撃に不充分であるために日本との妥協を求めざるを得ず、それが達成されないうちは【太平洋と大西洋での】二正面戦争をもたらす対独参戦をアメリカは避けなければならないと、ベティヒャーはしていた。この報告の結論の一つは、「重大な日本の脅威の継続とアメリカの軍備未完成が、アメリカの……（電報判読不能）の自由をマヒさせていること、対独参戦は全くありそうにないことは明らかである」となっている。[5]

このように、ベティヒャーの報告はバイアスのかかったものであったが、それに対するドイツ本国の信頼は高かった。外務次官ヴァイツゼッカー（Ernst Frh. Von Weizsäcker）も「この［ベティヒャーの］報告に関して最も危険だったこと、我々に最も不安を与えたことは、ヒトラーとリッベントロップ【Joachim von Ribbentrop、外相】がそれらを読みたがったことであった」としている。また、ハルダー（Franz Halder）陸軍参謀総長もベティヒャーの情報に「特別の価値を置いていた」という。[6]

これに対して、代理大使トムセンや海軍武官フィテフト＝エムデン（Robert Vitthoeft-Emden）少将らはアメリカの戦力や参戦意図について警告を発していたが、[7]右のような事情から彼らの報告は軽視されていた。しかも、ベティヒャーの楽観的な報告を好んだリッベントロップにより、トムセンの外務省ルートでの報告がヒトラーへの伝達がブロックされることもあったのである。[8]かくて、対米情報回路の構造は、アメリカの参戦意図及び戦力の過小評価をもたらすような配線になっていたのだった。

では、対日情報回路はどうであったろう。東京のドイツ大使館は防共協定締結以来の友好関係のもと、日本政府や軍部にさまざまな情報パイプを培っていたし、親独派で知られた大島浩大使以下の駐独日本大使館からの情報提供も期待できたはずである。この豊富な情報網からすれば、対米情報の場合のような情報の制限による歪みは生じ得ないはずであった。しかし、1941年の国際情勢進展に伴い、ドイツの対日認識は情報過多によって混乱に陥っていくのである。即ち、当時の日本にあっては、対外政策をめぐって、陸海軍や外務省、重臣などの政策参画者たちが複雑多岐にわたる競合を繰り広げていた。ドイツ側は、なまじ多くの情報パイプを持っていたがために、日本の政治過程の錯綜を反映し、日本の意図を見失ってしまったのである。はやくも1941年11月22日の報告で、駐日海軍武官ヴェネカー(Paul Wennecker)はかかる状況について触れている。「公的地位にある人々が、あまりにも公然とそれら重要な争点について語ることによって機密の交換から身をかわしていること、それがために［事態の］進展に関する必要な情報を集めるにあたり、我々が後手にまわることを余儀なくされているのは二重に遺憾である」[9] このような情報構造については、以下の論述で具体的に記すことにするが、ここで確認しておきたいのは、日本の意図の把握には困難があったにせよ、ドイツ側が日本の戦力をほぼ正確に判定していたことである。そうした評価を端的に表したものとして、1941年2月3日の、ヴェネカーの日本参戦の可能性と影響を考察した報告をみよう。この報告は日本が新たな軍事行動を実施できるか否かという問いに対して、次のように回答している。「多大な戦力を吸収している4年にわたる支那事変、そして満州に釘付けにされているる日本軍部隊【の存在】にもかかわらず、日本の軍事能力は不可避、または必要と思われる新たな作戦を遂行するのに充分である。軍事、経済的地位は確かに緊張下にあるが、長期にわたり綿密に管理された備蓄政策により、その地位は1〜1年半は完全に安定しているものとみなしうる」[10] このように、日本が持続的なものでないにせよ痛打を与えることが可能であると評価したことは、のちにみるように1941年のドイツの政策決定において重要な意味を持つことになる。

力場の設定

本節では、対米開戦というイシューにおいて、推進、または阻止のいずれの方向に向かうにせよ、のちに叙述するように積極的に参画したと思われる部分、即ち、ヒトラー、海軍、リッベントロップ、「外務省伝統派」に焦点を合わせて観察していくこととしたい。換言すれば、この四者を政策参画者とみなして、分析するわけである。その際、政治過程観察の起点は日本外相松岡洋右の訪欧（1941年3月～4月）に取る。これは、松岡訪欧の前後に日米交渉開始や独ソ開戦などの諸事象があり、ドイツの対米開戦に向けての事態の展開が始まったものとみなしうるからである。ただし、この時期区分はそれほど厳密なものではなく、観察に好都合である場合にはこの画期を超えて分析することもある。まず本節では、この松岡訪欧以前の、政策参画者たちの情勢認識と政策を検討しておくこととしよう。

政策参画者中、筆頭に挙げるべきはヒトラーであろう。というのは、第三帝国の政策決定過程においてヒトラーは最終的な政策決定権を持ち、しかも他の政策参画者たちの政府内政治基盤は彼との信頼関係に大きく影響される。かように、ヒトラーは外政において高い位置を占めているといえる。では、ヒトラーは国際政治において、いかに自己の政策を規定したのか。ドイツの歴史家ヒルデブラント（Klaus Hildebrand）は、ヒトラーの「プログラム」を三段階から成るものとして構成している。第一段階はヨーロッパとソ連の征服である。これは、海外植民地の放棄という代償によって結ばれるはずのイギリスとの同盟によって、その前提を確保される。第二段階は世界制覇をめぐって実行されるアメリカとの決戦である。この戦いは、ドイツ国民を生物学的にゲルマン・エリートに育成することによって、ドイツの勝利に終わる。かくて、ドイツの世界支配という第三段階が訪れる。ヒルデブラントは、こうした「プログラム」から、政権獲得後のヒトラーは、イギリスとの同盟、ソ連との対決をさしあたりの外交目標にしていたと考える。が、イギリスとの同盟は成らず、大戦が起こる。その結果、フランス降伏にまで至るが、イギリスは屈服しようとしない。ヒトラーは、イギリスがソ連に最後の希望を抱いているために抵抗を維持しているのだと判断、ヨーロッパとソ連におけるヘゲモニーを確立し、同時にイギリスを妥協に追い込むために対ソ戦を決意したものとヒルデブラントは解釈するのである。[11] ことヒトラー個人の政策に限定する限りにおいて、このヒルデブラントの解釈は説得力があるものと筆者は考えている。では、対ソ戦の遂行とその間の国際情勢に関して、ヒトラーはいかなる判断を下していただろうか。

まず、独ソ戦の見通しについては、ヒトラーは楽観的であった。ソ連軍は「頭のない粘土の巨人[12]」であるとした発言に代表されるように、彼はソ連を軽視した発言を繰り返していた。1940年12月5日の国防軍首脳との会談では、ヒトラーは、ソ連軍は装備、兵員、とりわけ指揮においてドイツ軍に劣っており、東部の戦争には現時点が好都合であること、ソ連軍はいったん打撃を受けたなら、1940年のフランス以上の崩壊に至ることが期待され得るとしている。[13] ソ連はかくも過小評価されていたわけだが、それでは、もう一つの大国アメリカに対する評価はどうであったろう。彼の外国の使臣や国防軍首脳への発言を追っていくと、おそらくはベティヒャーの報告に影響されたと思われるアメリカ像が浮かびあがってくる。ヒトラーは、アメリカの軍備は未完成であるとしていたのだった。「アメリカ。もし【軍事介入が】あるとしても、1942年より前にはない」(1940年11月4日)「つぎの夏までは、アメリカの援助能力の著しい上昇は予想されない」(1940年12月5日[14])

このような発言から、アメリカの軍事介入は1941年中にはないだろうとヒトラーが観測していたことは容易に汲みとれる。しかし、実際にはアメリカの敵対行動はエスカレートする一方であった。既に、アメリカは駆逐艦・基地交換協定(イギリスに50隻の駆逐艦を給与する代償として、英領土内にアメリカ基地を租借する。1940年9月2日調印）に代表されるようにイギリス支援の意志を明らかにしていたが、かかる姿勢は三国同盟締結後には一層強硬なものとなり、1941年3月11日には、アメリカの防衛に重要であると認められた国に対し、即時の武器給与を可能とする武器貸与法の成立をみていた[15]。続く3月25日にはアメリカにおけるイギリス艦船の修理が認められ、また3月30日には在米の独伊船舶が接収されたのだった[16]。更に米海軍による大西洋の哨戒・護衛範囲も拡大する一方であった。すでに4月24日には船団護衛実行海域は西経25度線に拡大されていたが、7月7日にはアイスランド防衛をイギリスから引き継いだことによって、アイスランドを含む海域において米海軍は船団護衛を実行することになっていた。その結果、独米両国海軍の作戦海域は交差することになり、偶発的交戦の可能性は増大していたのである[17]。

かくて、現実によって、アメリカの意図を見せつけられたヒトラーは、アメリカが事実上敵にまわったという認識を持ったと思われる。事実、ヒトラーはこの時期に、のちの対米戦争遂行を考え、アゾレス諸島、カナリア諸島などの占領、そこを基地とする長距離爆撃機による米本土爆撃の可能性を検討せよと命じている[18]。また、1941年6月21日付ムッソリーニ宛書簡では「アメリカが参戦するか否かは、同国が我々の敵を現状で動員できる限りの全ての力を以て支援している限りにおいて、同じようなことである」と記していた[19]。

しかし、独ソ戦遂行中に大西洋での偶発的戦闘から対米戦争に突入するようなことは、ヒトラーにとって回避すべき事柄であった。彼は、ソ連打倒、然るのちアメリカという「プログラム」を立てていたのであって、偶然から対米英ソ戦争にひきこまれることは許されなかったのである。事実、ヒトラーは対ソ作戦開始前日の6月21日にあらためて海軍に封鎖海域外でのアメリカ船攻撃を厳禁している[20]。

そして、無視できない存在になったアメリカに対するカウンターウェイトとして、ヒトラーが注目したのが日本であった。1941年3月5日に出された総統指令第24号の第1項には、「三国条約の基盤に基づく協力の目的は、日本をして可及的速やかに極東において積極的行動を取らしめることでなければならない。それによって、イギリスの強力なる戦力が拘束され、アメリカ合衆国の利害の重点が太平洋へと牽制されるであろう」とあり[21]、ヒトラーの日本への期待が奈辺にあったかがよく示されているのである。彼は、こうした期待に基づき、1941年3月27日の松岡洋右との会談では、自ら日本の対英参戦を要請している[22]。それればかりか、4月4日の会談では「ドイツは既に述べたように日米紛争の場合には即座に介入するであろう」と、ドイツの参戦について言質を与えることすらしているのである[23]。

こうしたヒトラーの認識・構想に比べ、実際に大西洋の戦いを実行しているドイツ海軍は更に好戦的であった。既に1939年10月15日付という早い時点でのヒトラーに対する覚書において、海軍総司令官レーダー（Erich Raeder）はイギリスを通商破壊戦によって打倒することの必要性を訴えたうえ、下記のように明言している。「一旦、最も尖鋭なかたちで行うと決まった通商破壊戦が、不幸にも【第一次】世界大戦で生起したように、中立国の政治的反対圧力の下に撤回されたり、あとになって緩められるようなことはいかなる場合にも許されない。すべての中立国の抗議は却下されなければならない。また、かような歩みにより、中立国、なかんずく戦争が長期にわたり継続する場合には確実に予想されねばならぬアメリカ合衆国の参戦を恐れて、一度取られた通商破壊戦の形態に制限を加えることも許されない。通商破壊戦の遂行が残忍であればある程その効果は早期にあらわれ、故に戦争も短くなる[24]」ここに示されているように、海軍の対英戦貫徹への執着は、対米戦をも敢えて辞さないほどに強かったのである。この海軍の発想からすれば、対米関係を顧慮した通商破壊戦へのヒトラーの制限は足かせに他ならなかったし、またアメリカの対英援助強化をみて手をこまねいているはずもなかった。例えば、1940年9月6日のヒトラーとの会談では、レーダーは駆逐艦・基地交換協定を公然たるドイツへの敵対行為であるとし、同年11月14日の会談では、パン・アメリカ安全海域（カナダを除く南北アメリカ大陸から300海里の海域。アメリカはこの海域を中立海域として、交戦行為を禁じていた）が、水上艦艇による通商破壊戦を妨害していると不満をぶつけている。[25] かかるレーダーの提案は、1941年に入ると、アメリカの護衛強化措置に直面して、対英封鎖（作戦）海域拡大とそこにおける行動の自由の要求のかたちを取るようになる。例えば、1941年4月12日に、グリーンランドがアメリカに基地として提供されるとの報に接したレーダーは、各中立国の領海以外の西大西洋における作戦の自由とアメリカ艦船攻撃の許可を要求しているのである。[26] こうした要求に対し、4月15日にヒトラーは、イギリスとアイスランド周辺の作戦海域において、すべての部隊の武器使用に関し、いかなる制限も課さないとした。[27] しかし、前述のようにアメリカ側も護衛海域を拡大しているのであるから、両国海軍の遭遇と交戦の可能性は高まっていた。実際、5月21日にはアメリカ商船「ロビン・ムーア」がドイツ潜水艦によって撃沈されるという事件が起こっている。[28] かような状況を事実上の交戦状態と認識したレーダーは独断専行に走ることとさえした。5月24日に日本の同盟通信のインタヴューに答えたレーダーは以下のように明言したのである。

「一、ドイツは戦時禁制品を戦争地域に運輸せんとする米艦艇を実力で排除す
一、米国が哨戒制を起用すれば、ドイツは実力でこの敵対行為を去勢する権利がある
一、無許可で航行する中立船舶には敵性ありと認め無警告撃沈する[29]」

実は、このインタヴューを受けること自体は、アメリカに警告を与えるという観点からヒトラーの了解を得ていたのだが、かかる敵対的な宣言になろうとは思われていなかったらしい。対ソ戦遂行中の背後の安全を願うヒトラーにとって、このような言明は不利益をもたらすものであり、アメリカ船攻撃は厳禁されたのであった。[30] この経緯からみるに、このレーダーの独断専行は、対外的な意味と同時に、政府内政治におけるアピールの意味も持ったと思われるものである。

このように、ドイツ海軍にとって、対英通商破壊戦の貫徹は至上命令になっていたわけであるが、では

彼らはもう一方の日本という権力要素をいかに認識していたか。1941年1月10日、ドイツ海軍作戦部(Seekriegsleitung)は「三国同盟における日本」と題する覚書を提出している。この覚書では、日本の海軍兵力、兵器の性能、日米英の利害領域、地理的条件、中立日本によるドイツの戦略支援の可能性などを論じたのち、アメリカの参戦と中立のいずれがドイツにとって有利であるかが論じられる。次に分析されるのは、日米両国が参戦した場合の得失である。細かい議論は省略するが、注目すべきはその結論であろう。即ち、日本はアメリカ参戦の場合には三国同盟により即時参戦すること、備蓄に着手し中国での目標を限定することにより、太平洋とマレーでの戦争の準備を整えること、利己的目標追求をやめ、枢軸戦線の一員であることを自覚するなどの前提が満たされるなら、日本の参戦は英米戦力の牽制という意味でドイツの利益にかなうものとしているのである。更に、日本の参戦による利益は、アメリカの参戦による不利益を上回るとの結論が出されたのであった[31]。

この覚書は、ドイツ海軍の対日、対米認識を物語っていると思われるが、日本を米英戦力の牽制に用いるという発想はこの時点で突出してきたものではなかった。既に1940年11月22日にヴェネカー駐日海軍武官は、日本参戦の利益は米参戦による不利益よりも大きいとした意見書を送っているのである。これに対し、海軍首脳部はヒトラーや外務省と協議、日本を南進させる策には何の反対もないとする電報をヴェネカーに送ったのだった[32]。かくて、ドイツ海軍は日本を参戦させるという策を献じ、ヒトラーもそれを是認した[33]。これを受けて、レーダー自身が41年4月に日本海軍の軍事視察団長野村直邦中将との会談において、日本のシンガポール攻撃を話題にしているのである[34]。以上の観察からわかる通り、ドイツ海軍は対英戦貫徹を主張するあまり、戦争のグローバルな拡大に対して、政策参画者中最も積極的になっていたのだった。

最後に、外務省の諸勢力を分析することにしよう。まず、外務大臣リッベントロップであるが、彼はヒトラーの意志を外交において忠実に実行しただけにすぎず、独立した研究の対象としてその外交政策を扱う必要はないとする見方が、戦後長きにわたり支配的であった。が、近年の研究の進行により、リッベントロップは、日独伊ソの四国同盟によるイギリス屈服という構想を抱いており、ヒトラーとは異なる外交路線の代表者であったとする説が有力になってきている。このヒルデブラントによって提示されたリッベントロップ像は、ミヒャルカの研究によってほぼ確認されたと考えられる。彼らの主張によれば、ヒトラーは、彼の構想の可能性を認め、対ソ作戦の準備と並行して四国同盟路線を推進することをリッベントロップに許した。しかし、ソ連外相モロトフ（Vyacheslav M.Molotov）の訪独（1940年11月）ではっきりと示されたソ連の強硬な姿勢などに直面し、リッベントロップの反英路線は瓦解したとされるのである。[35]しかしヒルグルーバー（Andreas Hillgruber）も示唆しているように、リッベントロップは41年に入ってからも、間接的にヒトラーの反ソ対決路線を覆そうとしていた形跡があり、なお四国同盟構想による反英路線に固執していたと考えられるのである。[36]では、リッベントロップはかかる構想から、松岡訪独までの国際情勢をどのように把握し、またいかなる政策を採ろうとしていたのであろうか。

結論から述べるならば、リッベントロップの政策は、この時点では、その目標において基本的にヒトラーのそれと一致していたと思われる。1941年2月23日における駐独大使大島浩との会談において、リッベントロップはアメリカが軍備未完成で、軍事行動を取れないことを説き、日本のシンガポール攻撃を要請しているのである。彼によれば、シンガポール占領が英帝国の中核に対する一撃を意味することや、その奇襲占領によるアメリカの参戦抑制効果などから、日本のシンガポール占領は重要なのであった。[37]

このように、リッベントロップもまた日本というファクターに着目し、イギリスの屈服という任務を託そうとしていたのである。また1941年5月13日のムッソリーニとの会談での「アメリカの軍備は世界史上最大のはったりである」[38]という発言にみられるように、彼はアメリカについては未だその戦力を軽視していた。が、既に触れたような敵対行動の激化から、その参戦意図を読みとっていたものと考えられる。リッベントロップが遺した回想録にある「イギリスが講和しない限り、遅かれ早かれ我々に対するアメリカの参戦を計算しなければならないだろうと確信していた[39]」という記述はある程度真実であろう。かかる判断から、リッベントロップは、日本の対英参戦によるアメリカの参戦抑制を図った。彼のこうした政策は、対ソ戦遂行中における米英の太平洋への牽制という意味から日英戦争を望んだヒトラーと比べると、目標においては一致していたが、反英的色彩の濃淡、対米戦に対する姿勢の強弱、反ソ路線へのスタンスの差などから、ニュアンスは微妙になっていたのである。

ともあれ、リッベントロップは以上の政策をその権能の範囲において推進していく。1941年2月27日には駐日大使オット（Eugen Ott）に対し、使用し得るすべての手段を用い、可及的速やかに日本にシンガポールを占領させせよと指令している[40]。続く松岡訪独に際しては、リッベントロップは大島大使に語ったのと同様の論旨で日本の対英参戦を要請しているのである[41]。

しかし、リッベントロップのお膝元である外務省には、異なる状況判断、政策を意図する勢力があった。駐米代理大使トムセン、外務次官ヴァイツゼッカー、元駐米大使ディークホフらである。おおまかに言えば、彼らは親露反英路線というヴィルヘルム時代以来の伝統に立っており、対英戦以外に戦争を拡大するような動きに対する反対勢力となっていた。また、好戦的な外交を実行してきたリッベントロップに対しても、「彼と大政略 große politik を語るのは難しい[42]」と低い評価を下していたのである。彼らを「外務省伝統派」と名付け、その状況判断と政策をみることにしよう。

まず、対ソ戦に関しては、彼らは極めて悲観的であった。対ソ戦の勝利を疑い、その長期化が対英戦を阻害することを恐れたのである。例えば、1941年4月28日のヴァイツゼッカーの覚書は「ロシアに対してただ軍事的にだけは勝てるとしても、経済的には敗北するであろうこと」「東部ロシアとシベリアにおけるスターリン体制の存続、そして1942年春には敵対行為が再開されること」などに警告を発し、対ソ戦突入は対英戦の長期化をもたらすとしている[43]。

この覚書にみられるように、外務省伝統派の政策は戦争を対英戦争に局限することを基本にしていた。かかる前提から、彼らはソ連のみならず、アメリカの過小評価に対しても警告を発していた。トムセンやディークホフのような知米派にとって、本節第1段で述べたような駐米武官ベティヒャーのもたらす報告は、彼らのアメリカ像とあまりに異なるものであった。早くも1940年4月24日という時点において、トムセンは、ベティヒャーが米参謀本部の影響を重要視しすぎていることに対して、ヴァイツゼッカー宛の書簡において警告している[44]。彼らはアメリカの参戦意図に注目し、その影響の大なることも見てとっていた。1941年1月9日のディークホフの覚書には、彼らの対米戦争回避論がよく表れている。その冒頭で、ディークホフは、すでにアメリカは可能な限りの対英援助を実行しているのだから、アメリカが参戦するか否かは、ドイツにとって同じことであるという意見を否定する。もしアメリカが参戦したなら、大統領は平時には持たない全権を持ち、アメリカの対英援助と戦争遂行能力は著しく高まるし、西半球の他の国々の参戦をもたらす。また、世界各地に出ているドイツ敗戦論に拍車がかかる。そして、アメリカとの戦争は長期戦になるというのが、ディークホフの論拠であった。彼はこうした根拠から、隠忍自重により、アメリカ参戦を回避すべしとしたのである[45]。

しかし、彼らの戦争拡大への反対は、ドイツの戦争努力をイギリスとの闘争に集中するという目的から出た権力政治上の主張であった。これは、彼らの対日政策を見ればわかる。外務省伝統派もまた日本の対英参戦を期待していたのである。外務次官ヴァイツゼッカーは、1941年3月24日付で松岡訪独のための覚書を外務大臣宛に提出している。この覚書では、日本の対英参戦の時機が会談の最重要のテーマであるとし、その決定を促進するために蘭印と太平洋の前ドイツ領の放棄、日本の中国政策の支持といった譲歩が必要であること、また日本の参戦が対英戦の戦果にかかっていることなどが述べられている[46]。彼らもまた対英戦に果たすであろう日本の役割に期待していたのであった。

配置転換

ドイツの極東政策はこれまで見てきたように、日本にアクティヴな行動を取らせ、それによって米英の戦力を太平洋に牽制することをその主眼としていた。この政策の前提は日本が三国同盟の側に立つということであった。しかし、松岡帰国の直後から、この大前提を揺るがす事態が生起する。日米交渉の開始である。1941年5月5日、駐日ドイツ大使オットは4月16日付の日米了解案を伝え、これは三国同盟を無力化する試みであるときめつけた[47]。この日米交渉開始の報を受けたドイツ外務省は、当然のことながら日本に三国同盟の側に立つことを要求した。これはリッベントロップも外務省伝統派も同様であった。まず、リッベントロップは5月9日のオット宛電報で、三国同盟加盟国がこの条約で確認された路線を変わることなく冷静かつ決然と維持していくことだけがローズヴェルトの政策に影響を与え得るとしている[48]。外務次官ヴァイツゼッカーも5月15日のリッベントロップ宛の電報で、目下のところ日米のいかなる政治的交渉も望ましくないこと、この了解案が日本を離反させてドイツを英米との戦場に置き去りにすることを狙っていること、故にこの了解が発効しないようにしなければならないことなどを訴えている[49]。

この反応に対し、松岡外相は「アメリカとの交渉の動機は単に、可能ならばアメリカの参戦を引きのばすか、妨げること、更にはアメリカの対英援助能力強化をたな上げにすることである[50]」と、ドイツ側に楽観をもたらすような発言を繰り返していた。しかし、ドイツ側の情報回路は同時にこれと矛盾する情報を送りだしていたのである。即ち、この時期の日本政治においては、参戦か避戦か、参戦ならば北進か南進かと外政をめぐって様々な政策参画者たちの対立ないしは連合が繰り広げられていたのであり、かかる政治過程の錯綜を正確に報告すればするほど、ドイツ側の政策参画者たちの対日情勢判断は混乱していくのであった。例えば、駐日陸軍武官クレッチュマー（Alfred Kretschmer）は「アキタ」より得た情報として、5月23日に報告を送っている。この報告では、アメリカが参戦した際には、日本は同盟発効とみなすが、交戦状態にはせず、シンガポール、マニラ奇襲の準備を行うこと、ソ独戦争の際には右記の準備に加え、ウラジオストック、ブラゴヴェシュチェンスク（Blagoveshcensk）攻撃にも備えること、が、日本軍にとっては、日中戦争終結の方が新しい課題よりも重要であることなどが告げられている[51]。かくも相矛盾する情報を与えられては、ドイツ側の政策参画者たちも混乱せざるを得なかったであろう。5月22日の国防軍首脳との会見において、レーダーから日本の情勢を尋ねられたヒトラーが「目下、明確な像を持たない[52]」と答えたのも故なしとはしない。かくて日本の外政がいずこに向かうかは、ドイツ側にとって一種の謎となるのである。

極東情勢が日米交渉開始によって動きだす一方、ヨーロッパにおいても1941年6月22日に独ソ戦開始という転機を迎えていた。かような情勢下、リッベントロップ外相は対日政策の180度転換を図った。対英参戦に代えて、対ソ参戦を日本に望むようになったのである。ソ連侵入の直後からリッベントロップは、大島駐独大使やオット駐日大使を通じて日本の対ソ参戦を要請していたが、6月28日に日本政府に対して正式に参戦を申し入れた[53]。この申し入れは松岡や大島により側面から支援されて、日本の政策決定過程に紛糾をまきおこしたが、結局7月2日の御前会議において日本が独ソ戦への不介入方針を定めるに至り、拒否されることとなった。が、その後もリッベントロップは、様々なかたちで日本の対ソ参戦慫慂を繰り返している[54]。かつて日本の対英参戦を声高に叫んだリッベントロップのかような転向の意図はどこにあったのだろうか。

彼が、独ソ開戦の直前まで日独伊ソの四国同盟構想によるイギリス屈服を考えていたと推測されることは既に述べた。独ソ開戦はそうした構想に大幅な後退を強いるものであった。つまり、開戦によって、対ソ政策における選択肢はソ連打倒か和平かに限られてしまい、リッベントロップは次善の策である軍事力による枢軸側のユーラシア大陸支配を追求せざるを得なくなったものと思われる。日本の対ソ参戦促進への政策転換も、こうした文脈から捉え得るであろう。

しかしながら、リッベントロップのこうした対日政策は、ヒトラーのそれとの大きな懸隔を示していた。ヒトラーは依然、日本の南進を望んでいたのである。従って、日本への対ソ参戦要請は、ヒトラーにとって、外相の専横に他ならなかった。リッベントロップの回想録には、「総統は、私の見方を否定し、この問題に関し、東京に送った電報［対ソ参戦要請］について厳しく叱責した[55]」とあり、ヒトラーとリッベントロップのくい違いを推察させるのである。が、リッベントロップの独断専行に対してヒトラーが「叱責」程度で済ませた背景には、独ソ戦初期の勝利があるものと思われる。緒戦の勝利はヒトラーをしてソ連打倒を確信せしめ、その結果日本によって米英を牽制するという政策は彼の戦略においてさしあたり緊急性を失い、故にリッベントロップの異なる対日政策が存在する余地を残したのである。

実際、対ソ戦緒戦の勝利によって、ヒトラーのソ連短期打倒への楽観は肥大する一方であった。例えば、7月4日には「実質的には敵はすでにこの戦争に負けている。我々が初めにロシアの戦車部隊と空軍を撃破できたことがよろしい。ロシア人はそれらをもはや補充できない[56]」と言っている。爾後の作戦立案についても、かかる認識が影響していた。7月初めには、コーカサスを通過、イラン、イラクに侵攻する作戦計画案が出されている[57]。

しかし、対ソ戦が有利に進捗している一方で、アメリカの敵対行動、なかんずく大西洋におけるそれは一層激しいものとなっていた。5月21日の「ロビン・ムーア」号事件から6日後の27日の炉辺談話においてローズヴェルト大統領は非常事態を宣言、米海軍による護衛を強化していたのである[58]。これに対し、ドイツ海軍はアメリカ艦船への攻撃許可を求めていた。7月9日、海軍総司令官レーダーは、ヒトラーとの会談において、封鎖海域内での船団攻撃において必要とされた場合の無警告攻撃ならびに封鎖海域内で敵対行動に出た米軍艦を攻撃する許可を求めた。が、ヒトラーは、対ソ戦への配慮から、アメリカの参戦をなお1〜2か月は引き延ばすことが重要であるとしたうえ、偶発的戦闘を避けるよう指令している。[59]

しかし、ヒトラーは海軍を抑制したものの、対ソ戦の勝利の見通しとアメリカのこうした敵対行為のエスカレーションから、対ソ戦の次の段階として、対米戦争をより具体的に考えるようになったものと思われる。というのは、ヒトラーは、7月14日に大島浩との会談において「アメリカは新たなる帝国主義精神のうちに、一方はヨーロッパの、もう一方はアジアの生存圏に圧力をかけている。我々から見るなら東でロシア、西でアメリカ、日本から見れば西でロシア、東でアメリカが脅威を与えている。故に、私は彼らをともに撃滅しなければならないという意見なのである」と語っているのであり、しかも「アメリカと戦わなければならないのなら、それは私の下で行う」と明言しているのである。[60]

このように、対米戦争をも覚悟し、日本の南進を期待するという点で、ヒトラーと海軍の政策は独ソ開戦後もなお一致していたわけであり、故に日本の対ソ参戦追求に政策を転換していったリッベントロップとの間に競合関係をみるに至ったのであった。

さて、外務省伝統派が元来アメリカの国力を高く評価しており、その力が集中的にドイツに向けられることを恐れていたことはすでに触れた。彼らのこの時期の政策をみる上で重要なのは、8月27日のトムセンの報告である。この報告において、彼は、日本海軍で計画されているようなマニラ攻撃を含むがごとき南進はアメリカの参戦を招くこと、しかもそれは三国同盟により独米戦争も引き起こすことを述べた上で、日本のマニラ攻撃はドイツの利害に一致しないと明言している。[61] トムセンのこの報告は、ヴァイツゼッカー、ディークホフらにも大きな影響を与えたと思われる。というのは、だいぶ後の時点ではあるが、9

月8日にヴァイツゼッカーはヒトラーに対し、日本にウラジオストックを攻撃させるよう更に圧力をかけるべきだとしているのである。[62]この日のヴァイツゼッカーは日本のシンガポール攻撃を願った昔日の彼ではない。ここにおいて、外務省伝統派は、独米戦争を招きかねない日本の南進推進を捨て、すでに開始されてしまった独ソ戦終結のための一方策である日本の北進要請に政策を転じたのである。この外務省伝統派の政策転換によって、ドイツの政府内政治における政策参画者の配置は再編成をみたことになる。即ち、対米戦争につながるような措置（例えば、日本の南進）をも敢えてよしとするヒトラー・海軍と、日本の北進を願うリッベントロップ以下の外務省勢力との対立という構造である。この対立は、対日政策における多元性の原因となっていたのである。

しかも、ドイツ外政を一層混迷させたことに、日本の外政像は相変わらず不明確なままであった。例えば、オットの報告であるが、「もちろん、日本の内閣の大多数並びに外相はアメリカの参戦の可能性について明らかに心配している」（7月14日）と報告するかと思うと、[63]7月17日の報告では、陸軍は対ソ戦の準備を進め、海軍はアメリカに備えていることなどを伝えており、[64]要するにオットの報告は日本の進路について、明確な答えを用意するものではなかったのだった。更に、親枢軸政策を推進した松岡の解任（7月17日）はいよいよ日本の態度不明確を印象づけるものであった。かかる動きをみたヒトラーは7月20日のムッソリーニ宛書簡で「なぜ、日本において内閣危機が到来したのか、いまなお私には全く理解できない」[65]と嘆いているのである。

開戦決定へ

対ソ戦における緒戦の勝利が、ヒトラーにすでにソ連は打倒されたがごとき楽観を与えたことはすでに記した。しかし、実際には、短期戦の見通しを疑わしめるような兆候が表れはじめていたのである。一例を挙げれば、陸軍人事局長カイテル大将（Bodwin Keitel）は1941年8月15日に、50日間で1万人、1日に200人の将校が失われたとし、1941年中に1万6000人の将校が必要であるが、補充は5000人しかいないと報告していた[66]。

こうした兆しは現実を先取りしていた。ソ連軍の抵抗にあって、次第に短期戦の見通しは消えつつあったのである。かくて、いままで漠然としか考えられていなかった長期戦が具体的なものとして表れてきた。そこで打ち出されてきたのが、米英が反攻に出ないうち、1942年にもう一度攻撃をかけてソ連を打倒しようという発想であった。ヒトラーの承認を受けて、1941年9月1日に陸海空三軍総司令官並びに外務大臣に配付された「以後の政治的・軍事的計画の基盤としての1941年晩夏の戦略的情勢」と題する国防軍最高司令部長官の覚書をみよう。そこでは、まず対ソ戦で大戦果を挙げたものの、未だ完全にソ連を崩壊させるに至ってはいないことが確認され、41年中に対ソ戦を完了できなかったことが各国に与える影響が考察されている。続いて、今後取るべき作戦について触れられ、イギリスを屈服させる可能性が検討される。しかし、これには困難があることを確認した上でソ連打倒が重要であるとし、以下の結論を出すのである。

「ロシアの崩壊は、他の戦線から引き抜けるすべての兵力を使用して強制しなければならない。次の、決定的な目標である。それは1941年中に完全に実現しない限り、1942年の東部作戦の継続が第一となる[67]」

この覚書に端的に示されているように、ドイツの戦略に残された選択肢は、米英のドイツの背後への攻撃が本格的にならないうちに一刻も早くソ連を打倒することであった。しかし、西方における状況はドイツにとって独ソ開戦当時よりも一層厳しいものになっていた。というのは、41年夏以降のアメリカのドイツに対する姿勢は、「宣戦布告なき戦争」へとエスカレートしていたからである。1941年9月4日、ドイツ潜水艦U-652は米駆逐艦「グリーア」に追跡され、魚雷を以て反撃した。その規模からすれば単なる小戦闘であったが、この小競りあいは上記の如き状況から単なる偶発的戦闘とはみなされないこととなった。ローズヴェルトは9月11日に、ドイツ海軍の行動は海賊行為であるとし、この事件を契機として、護送海域においては独伊艦船に対し発見次第発砲すると宣言したのである。[68] こうして、10月17日には米駆逐艦「カーニー」の被雷撃、10月31日には同「ルーベン・ジェイムズ」の沈没と、一連の遭遇戦が生じ、[69] 以後大西洋における独米紛争はより緊迫した状態を迎えることとなる。これに加えて、アメリカの軍備は1942年には完成をみるというかつての情勢判断が、ドイツの国家指導者たちの脳裡に浮かんだであろうことは容易に想像がつく。

ドイツの戦略において、かようなアメリカの参戦への傾斜を抑制する役割を担っていた日本の態度も未だ不鮮明であった。松岡の後任外相豊田貞次郎は、日本は三国同盟の側に立つと言明しながらも、日本の進路について言質を与えるようなことはしなかったのである。[70] そのため、日本が枢軸を離脱してアメリカと和解するのではないかという疑念は、この時期のドイツ外政につきまとって離れぬ問題であった。

以上の状況をまとめるならば、独米の対立は高まる一方であり、それを抑制すべき日本の動向は定かではない。ドイツにとっての諸困難を打開するはずであった対ソ戦の勝利も41年中には達成できそうもない。いわば、ドイツ外政の状況は閉ざされてしまい、取るべき手段を失ってしまったといえる。

かかる状況の下で、それぞれの政策参画者たちの活動もまた従来打ちだしてきた政策を繰り返し主張するのみとなっていた、海軍は米艦船攻撃制限の緩和を言い、[71] 外務省伝統派はアメリカの参戦意図について警告する。[72] が、結局は手詰まりなのであり、彼らの活動が新味を欠いていたことは否定できない。こうした閉塞状況をヒトラーもまた切実に感じていた。彼は戦争を有利に展開する決め手に欠けることを自覚していたと思われ、11月19日のハルダーとの会見においては、両陣営とも互いに相手を撃滅することはできないという認識から交渉による平和に至ることが期待されるという退嬰的な情勢判断をしている(73)。

このように他の政策参画者たちが停滞している間、リッベントロップにおいては注目すべき政策の転換が行われていた。彼は日本の対ソ参戦推進から、独米戦争に日本を参戦させることに政策を転換したのである。ベティヒャーのアメリカの軍備は未完成という報告に囚われていたリッベントロップも、アメリカが大西洋において事実上の戦争を仕掛けてくるに至り、独米戦争はもはや不可避であると考えたらしい。その転機は枢軸国艦船に対し視認次第発砲するという前述のローズヴェルト声明であった。9月13日、リッベントロップはオットに指令を出している。そこでは、ローズヴェルトの声明は大西洋での偶発的戦闘から戦争に突入するきっかけを作ろうとする試みであるとされ、かかる挑発から独米戦争が勃発した場合には三国同盟に基づく参戦義務が日本にあることを確認せよとされているのである(74)。この外相の政策転換をドイツの政府内政治の観点からみるならば、対米戦争を肯定するという点において、ヒトラー、リッベントロップ、海軍の政策連合が潜在的に成立したことを意味する。しかも、かかる連合に参加する政策参画者たちの積極性の度合いは様々であるにせよ、この政策連合は、アメリカの参戦政策強化により、妥当性を失っていた外務省伝統派の隠忍自重政策を圧倒したのであった。従って、対日・対米政策をめぐって分裂と競合の様相を呈していたドイツ外政は、この9月のリッベントロップの政策転換によって、密かに対米戦争という針路に向けて再結集していたといえよう。

しかし、ドイツ外政はなおも閉塞状況にある。対米戦争を是認する潜在的政策連合がその具現化をみるには、その状況を開くための環境の変化が必要とされるであろう。かかる変化の動因は極東よりもたらされることになる。日本の政治過程はそれまで混迷を極めてはいたけれども、ようやく開戦という決定を導きだそうとしていたからである（1941年11月2日の大本営政府連絡会議）。だが、11月15日に決定された「対米英蘭蔣戦争終末促進ニ関スル腹案(75)」によく示されているように、日本の戦争指導は独伊の対英勝利を前提としていたのだった。ために、日本はドイツに向けて積極的なアクションを取り始めるようになる。かくて、外政上のイニシアチヴにおいて、日独はところを替えるのである。

最初のシグナルは、正規の外交ルート以外からの打診というかたちで送られた。11月18日に日本の陸軍参謀本部第2（情報）部長岡本清福少将が、東郷茂徳外務大臣（10月18日の東条内閣成立により、外相は豊田貞次郎から東郷になっていた）と杉山元陸軍参謀総長の協議の結果を受けて、駐日陸軍武官クレッチュマーに対し、日米戦争発生の場合に単独講和ないし休戦協定を結ばないことを約束する用意はドイツにあるかと問い合わせたのであった。[76] このシグナルによって状況は動きだしたのである。

しかし、19日にこの報せを受けた外務大臣リッベントロップにとって、単独不講和だけでは十分でなかった。すでにみたように彼の対日政策は独米戦争の際における日本の参戦保証を得ることに転換し、日独両国のいずれかが対米戦争に突入した場合の参戦義務をも双務的に定めるものでなければならなかったのである。

11月21日、リッベントロップは単独不講和条約に関する交渉を開始した。オットに対して、岡本の申し出に好意的である旨、口頭で伝えるように指令したのである。[77] オット・岡本経由で、ドイツ側に協定締結の用意があることを確認した東郷外相は、11月30日にドイツと単独不講和に関する協定を結び、日米開戦の際にはドイツも即時参戦するよう要請すべしと、大島大使に訓電した。しかも、日本と米・英との間には、何らかの武力衝突による戦争突発の重大な危険があり、この戦争の開始される次期は想像以上に速かなるかもしれない、と大島は告げることになっていたのである。[78]

12月4日、東プロイセンの司令部にあったヒトラーは、リッベントロップから大島の要請を聞き、決定を下した。[79] ついでドイツは、12月3日に駐伊日本大使堀切善兵衛から同様の通告を受けていたイタリア側と条約に関する協議にかかり、12月4日夜から5日にかけて作成、承認された単独不講和禁止条約案はた[80]

だちに日本に送られたのであった[81]。

かかる過程をみるならば、従来言われてきた対米宣戦は日米開戦直後にあわただしく決定されたという見方はあたっていないことがわかる。実際には、日米開戦の2日前というきわどい日付ではあったが、ドイツはすでに日本とともに対米戦争に突入することを決めていたのである。この決定を支えたのは、ヒトラー、海軍、リッベントロップの潜在的政策連合であった。ドイツの対米宣戦のための構造は完成した。そして真珠湾の日はその構造が発動されるのをみることになる。

12月7日（ドイツ時間）、日本の対米開戦の報せを聞いたヒトラーは喜びのあまり両手で膝を叩き、重い負担から解放されたように、居あわせたものに新たなる世界情勢を熱狂的に解説したという[82]。また12月14日には、ヒトラーは大島に「貴国は正しく参戦された！」として、日本の参戦を歓迎しているのである[83]。このようにヒトラーが喜んだことも、このニュースが彼がそれまで置かれていた閉塞状況からの解放を意味することを考えれば、驚くにはあたらない。彼の考えによれば、ドイツはこれによって狂瀾を既倒に廻らすチャンスを得たのである。

１９４１年12月11日、ドイツはアメリカに宣戦布告、同日に日独伊の単独不講和を定めた協定が調印された。ここにおいて、日独伊対米英ソという第二次世界大戦の枠組みは完成し、戦争は世界大のレベルへの拡大をみるに至ったのである。

結びに代えて

以上、ドイツの対米開戦という問題を検討してきた。この分析から、ドイツは日米開戦以前に日本とともに対米戦へ突入することを決定していたことがわかるであろう。しかも、その動機は、日独伊の持たざる国の同盟が米英ソの持てる国の連合と対決するという大局における不合理はあったにせよ、１９４１年

12月という限られた状況下においては第一目標であるソ連打倒のための時間を稼ぎ、そのために日本を同盟国として獲得するという点で、それなりの合理性を持っていたと言えるのである。

更に、対米開戦がヒトラーの単独決断であったとするのも誤りであろう。本節で観察してきたように、その政治過程にはヒトラー以外の様々な政策参画者たちが関与していた。かような構造からすれば、対米開戦は確かにヒトラーの決断であったかもしれないが、同時にリッベントロップの決断であり、レーダーの決断でもあった。かかる考察は、ナチズムの意志決定構造を多元的に分析すると同時に、そこにおいてヒトラーの果たす機能を再検討する必要を痛感させずにはおかないのである。

ドイツの対米開戦——その研究史

大島浩

一

「何故にミカドと総統(フューラー)とドゥチェが、モスコー全面におけるジェダーノフの反撃が成功しつつあるまさにその時にアメリカ合衆国に対して戦端を開いたのかという問題は、現在のところまだ明確な答が出ていない。狂熱主義(ファナティズム)と誇大妄想病に罹った死物ぐるいの狂人たちがなした選択は、外交とか戦略とかいった種類の問題ではなく、むしろ精神病理学の問題とした方が説明がつき易いのである」

丸山眞男の今や古典となった観がある論文「軍国支配者の精神形態」は、このアメリカの国際政治学者フレデリック・シューマンの著書からの引用で始まっている(1)。爾来40年が経過したが、ドイツは何故アメリカに宣戦したのかという疑問はなお不可解な謎であった。法理論的に解釈するならば、日本国、独逸国及伊太利国間三国条約第三条には「【日独伊】三締約国中何レカノ一国カ現ニ欧州戦争又ハ日支紛争ニ参入シ居ラサル一国ニ依テ攻撃セラレタルトキハ三国ハ有ラユル政治的、経済的及軍事的方法に依リ相互ニ援助スヘキコトヲ約ス」【傍線筆者】とあり[2]、日本から仕掛けた対米戦争に参加する義務はドイツにはない。戦略的に見ても「モスコー全面におけるジェダーノフの反撃が成功しつつあるまさにその時に」、日本がアメリカの参戦をもたらしたことは、独逸の戦争遂行に対する阻害要因となったはずである。国防軍総司令部（Oberkommando der Wehrmacht、以下ＯＫＷと略）統帥幕僚部長（Chef der Wehrmachtführungsstabes）であったヨードル上級大将[3]（Alfred Jodl）は、ニュルンベルク国際軍事裁判での日本がアメリカとともに参戦したことに利益はあったかという質問に対し、以下のように述べている。「否、新たな強力な敵なしでの、新しい強力な同盟国の方がはるかに好ましかっただろう[4]」

欧州戦争から第二次世界大戦への拡大過程における国際関係については、豊富な研究成果が蓄積され、アメリカ参戦までの独米関係を対象とするものに限定しても、少なからぬ研究が公表され[5]、両国の対立が戦争へとエスカレートしていく過程が究明されるに至っている。にもかかわらず、対ソ短期決戦構想の挫折が判明していた１９４１年12月11日という時点で何故にドイツはアメリカに宣戦したのかという問いに対しては、管見する限り、充分な答えが用意されていなかったように思う。

たとえば、第二次大戦史の専門家ヒルグルーバー（Andreas Hillgruber）は、大著『ヒトラーの戦略』において「米英の太平洋領土への日本の攻撃に続く、ヒトラーのアメリカへの宣戦布告（１９４１年12月11日）は、ヒトラーの目的意識的な外交決定にあたるものではなく、一方では彼の諸計画を目茶苦茶にした戦争の進展に対する諦念の表明であり、他方ではヒトラーの、反対諸勢力、とりわけ軍指導部が、今や絶望的になりはじめた闘争から逃げ出すことを不可能にさせようとする『前方への逃亡』（Flucht nach vorn）を表していた」としている[6]。

またハンス・ガッツケ（Hans Gatzke）は、対米宣戦の動機を次のように説明している。おそらく、ヒトラーはアメリカが連合国のために行い得る物質的援助をすでに実行したと考え、前大戦のときのようにアメリカ遠征軍の役割を無視しないまでも、過小評価していた。またアメリカ船に対する全面的な潜水艦攻勢は、アメリカの参戦論に最大のダメージを与え得るだろうと信じていた。加えて、もしドイツが日本の側に加わらなかったなら、独日関係を傷つけるのみか、対ソ戦への日本の援助に関するすべての望みは断たれ、衛星国および未だ中立である国に対するドイツの威信は低下するであろう。こうした合理的判断に加えて、ヒトラーには非合理的な動機があった、すなわち「ローズヴェルトをこわがっている臆病者と思われることへの恐れ」であった、と[7]。

このように多くの解釈が、ドイツの対米開戦＝ヒトラーの対米開戦であるとしていたわけだが、かかる視点に立つ限りにおいて最も興味深いのは、ドイツ連邦共和国のジャーナリスト、ゼバスティアン・ハフナー（Sebastian Haffner）が、ベストセラーになったヒトラー伝において提示したテーゼであろう。彼は、1941年12月5日に始まるソ連軍の反撃、同12月11日の対米開戦、1942年1月20日のヴァンゼー会議（Wannsee Konferenz、ユダヤ人問題の最終解決、すなわち大量殺戮を決定した）の三つの日付を重視し、推論を組み立てる。以下、適宜省略しながら引用する。

「この三つの日付のあいだには明らかに関係がある。ヒトラーが1年前のフランスのときのようにロシアでも急速な勝利を期待できるかぎり、彼はそれによってロシアという最後の『大陸の剣』【イギリスの欧州大陸における最後の同盟国の意】を失うイギリスが折れるのをあてにできた。彼はそのことをしばしば口にしていた。ところでそうなると、彼はイギリスにとって交渉することのできる相手になる必要があった。それで彼はすぐにイギリスに知られるような国々では大量殺戮をやるわけにはいかなかった。【中略】

別の言葉でいうと、全ヨーロッパのユダヤ人を皆殺しにするという彼が長年抱いていた願望が実現できるのは、イギリスとの和解による一切の希望（およびそれと関連しているアメリカの参戦を避けたいとの希望）を放棄するときでしかなかったのである。そして彼が初めてこの希望を捨てたのは、1941年12月

5日以後、モスクワを目前にしてロシアの反攻が始まり、ロシアに対する勝利の夢が破れた日以後だった。【中略】もはやロシアに勝てないのなら、イギリスとの和平の可能性もない、とヒトラーは結論した。そうであれば、直ちにアメリカに宣戦布告したってかまわない。ローズヴェルトの長いあいだの挑戦に応答しないままだったので、このことが彼に満足感を与えたのは明らかである。そして、そうであれば、いまや全ヨーロッパの『ユダヤ人問題の最終処理』を指令するという、より大きな満足を味わってもかまわない、なぜなら、いまやこの犯罪がイギリスやアメリカに与える影響を顧慮する必要はないからだ、というわけであった」

かくて、ヒトラーはドイツによる世界支配という戦争目的を達成できないものとして放棄し、ユダヤ人抹殺に全力を集中することに決めたのだとハフナーは結論づける。[8] 我が国の義井博も「以上のハフナー・テーゼに対しては、1942年度のスターリングラード戦に賭けたヒトラーの期待をはじめ、種々の側面からの反論を想定することができるが、しかし、いまだにハフナー・テーゼに代る納得できる説明はどこからも提示されていない[9]」と高い評価を与えている。

しかしながら、このハフナー・テーゼをはじめとする、対米開戦の動機に関する諸解釈は、ナチズム外政研究を無意識、あるいは意識的に規定してきたヒトラー中心論を背景としていると言ってよい。そこでは、ヒトラーを中心とする一枚岩的な体制、それ故にヒトラー個人の意志決定がドイツの意志決定となるという機構が前提となる。よって研究上の関心はヒトラーに集中し、ナチズム外政は彼の視点から解釈されることとなったのである。ヒルグルーバー、ヒルデブラント（Klaus Hildebrand）の師弟をその代表とする「プログラム」学派[10]（Programmologen）の見解はかかる潮流を代表していた。彼らにあっては、ヒトラーが『わが闘争』や『第二の書[11]』で提示したとされる外交政策上の「プログラム」、すなわち英伊との同盟によって背後を確保した上で東方の征服に乗り出し、大陸帝国を建設するというヒトラーの「プログラム」こそが、内政的諸要因から隔絶されたナチズム外政の推進力となっていたとされるのである。[12]

筆者は、ヒトラーの対外政策決定者としての役割、またヒトラーの人種主義・生存圏などの諸前提からなる思想がナチズム外政において重要な要因を成していることを否定しないし、プログラム学派の諸研究がヒトラーの世界観と外交政策の関連を解明する上で達成した成果を認めるにやぶさかでないが[13]、反面、「プログラム」学派がナチズム外政をヒトラー個人に極小化したことも否定できないと考える。対米開戦の動機に関する説明のほとんどが実はヒトラーの動機の説明に他ならないことは、かかる研究状況の証左であり、集約であるといえよう。

こうした従来の対米開戦解釈に対して、筆者は、多元論的な、政策決定機構内での競合という視点を導入した解釈を提示した[14]。しかし、その際、紙幅の都合から、ハフナー・テーゼのような一元論的対米開戦解釈への批判を十分に展開することができず、また80年代初頭に発表された我が国の義井博[15]、ドイツ連邦共和国のイェッケル（Eberhard Jäckel）[16]、アメリカのワインバーグ（Gerhard Weinberg）[17]らの対米開戦を直接テーマとした研究を紹介・研究することも課題として残された。

本節の目的は、この課題を果たして、拙論への研究史的補完を行うことにある。これに関連し、対米開戦決定の時機をめぐる若干の議論にも言及することとなろう。

二

先行研究を紹介・検討する前に、拙論の繰り返しにはなるが、筆者の対米開戦の政治過程に関する見解を以下にまとめておく。

1940年にイギリスを屈服させるのに失敗したヒトラーはソ連打倒によって、大陸支配を確立し、イギリスを和平に追い込もうと図る。その一方で次第に参戦に向かいつつあるアメリカについてはいずれ対決することになると覚悟するが、駐米武官の報告などからアメリカの参戦準備は未完成であると判断する。しかし、米英の戦力を牽制するという配慮から、日本に対しては対英、または対米英参戦を希望する。

これに対して、外務大臣リッベントロップは日独伊ソの四国同盟による大陸ブロックによってイギリスに圧力を与えるという構想を抱いていた。ヒトラーと同じく、アメリカの軍備は未完成であるという認識を持っていたリッベントロップは、日本を対英参戦させることによってイギリスの屈服を導き、同時にアメリカの参戦を抑制しようとする。これによって、対ソ対決路線を間接的に覆すことを考えていたのである。また、外務次官ヴァイツゼッカーらの「外務省伝統派」は対ソ戦に不安を感じ、アメリカ軽視とそこから来る反米政策に異議を唱える。彼らにとって重要なのは対英戦に全力を傾注することであり、その一手段として日本の対英参戦推進を図る。

海軍もまたイギリスを屈服させるために通商破壊戦を貫徹するには、アメリカの参戦を招くもやむなしとするが、独ソ戦遂行中に偶発的戦闘からドイツ単独で米英ソを相手にすることにならぬよう、ヒトラーからアメリカ艦船攻撃を厳禁される。また日本については、米英の戦力牽制という発想から、やはり対英参戦推進策を採る。

このように日米交渉と独ソ開戦以前には、米英の戦力牽制、アメリカの参戦抑制など思惑は様々であるにせよ、政策参画者たちは日本の対英参戦推進の点で一致し、ドイツ外政はかりそめの一元性をみせる（日本に対する対英参戦要請となって現れる。時期的には独ソ開戦まで）。

しかし、独ソ開戦後にはリッベントロップと外務省伝統派は対英戦への集中という大前提を奪われ、二正面戦争というドイツにとって最悪の状況を克服すべく、ソ連打倒を第一目標とし、対日政策においても対英から対ソ参戦に政策を転換する（1941年7月の日本に対する公式対ソ参戦要請）。が、ヒトラーは対ソ戦への楽観から依然日本の対英参戦を望んでおり、故に対日政策においては、ヒトラー・海軍対リッベントロップ・外務省伝統派の競合が生じ、ドイツ外政の二元性を現出する。また、アメリカの大西洋における敵対行動から、海軍はより尖鋭に米艦船攻撃を求めるようになり、ヒトラーもまたより現実的に対米戦争を考えるようになる。これに対し、リッベントロップはアメリカ参戦抑制を政策の基本としており、外務省伝統派もそれを是としていた。従って対米政策においても、ヒトラー・海軍と外務省勢力の競合という構図が描かれるにいたる。

以上の政府内政治における対立は、対ソ戦が順調に進捗している間は深刻化をみない。しかしながら、対日・対米の二つの局面においては、日米交渉より来る日本の態度不明、アメリカの敵対行動などから、手詰まり状態に陥る。しかも9月頃から次第に1941年中にソ連を屈服させられぬのが明らかとなり、ドイツ外政は閉塞状況に置かれていくことになる。ドイツの戦略に残された選択肢は、1942年に再度攻勢をかけることによるソ連打倒なのであるが、もし日本が枢軸を離脱し、米英が全力をドイツに集中してくれば、そのような攻撃は不可能である。

が、かかる状況の下、ドイツの政府内政治に転換が生じる。アメリカの大西洋において独伊艦船を発見しだい発砲するとした声明（1941年9月11日）をきっかけに、リッベントロップが対米戦争回避は不可能と認識を改めたのである。彼はまた対日政策においても、日本の対ソ参戦推進から独米戦争への参戦保証獲得へと政策を転換する。かくて、積極性の度合いに差はあるにせよ、対米戦争是認、日本の対米英参戦推進という政策において、ヒトラー、リッベントロップ、海軍の政策上の合意が潜在的に成立し、アメリカの敵対措置の激化によって政策の妥当性を失っていた外務省伝統派を圧倒する。

ここにおいて、ドイツの対米開戦への構造が確定、11月の日本の単独不講和条約（双務的な参戦義務と単独講和の禁止を定める。12月4日、ヒトラーはこれを是認）締結への打診によって顕在化し、日米開戦によって、その実現をみるのである。このように、ドイツの対米開戦は、ソ連打倒のための時間を稼ぎ、そのために日本を同盟国として獲得するという意味で、それなりの合理性を持っていたといえる。イェッケルがいう如く「この戦争は狂気であったが、しかし狂気といえどもなお計画性を持っていた」のである[1]。

筆者のこうした見解から、ドイツの対米開戦を直接対象とした先行研究をみるならば、まずハフナーの議論については「(1) 根拠薄弱であり、(2) 対アメリカ宣戦布告や対ソ和平交渉問題についてのヒトラー個人の政策決定能力を過大評価しており、(3) 彼を異常者扱いしているので、信ずるに足りない」(村瀬興雄[2])、「このハフナーの仮説は、ヒトラーの対米宣戦布告の説明としてはなおあまりにも不十分である」(山口定[3]) などの批判に同意せざるを得ないのである。確かに、ハフナー・テーゼは、ドイツの勝利が不可能になったことと「ユダヤ人問題の最終的解決」との相互関連を説明し、その限りにおいては従来の独米関係という限定された基盤からの議論よりは一歩進んだ整合的な解釈を提示しているといえる。しかしながら、ハフナーの説には史料的根拠が極めて乏しい。

ハフナーはまず、デンマーク、クロアチアの外相に対してヒトラーが語った言葉「ドイツ国民がいつかもう強くもなく、自らの生存のために血を流すほど献身的でもなくなれば、滅びてしまえばいい。そして他のもっと強い国に抹殺されるがよい……私はそのときドイツ国民に一滴の涙も流さないであろう[4]」を傍証としているが、もちろんこれだけでは証明になりはしない。ハフナーがもう一つの根拠としているのは、OKW戦時日誌の記述である。「ドイツ国防軍統帥幕僚部の戦時日誌はこれについて『1941年から42年にかけての冬の破局が始まるとともに、総統にはこれを絶頂として、これ以後もはや勝利は……得られないことが明らかになった』と書いている。これが1941年12月6日だった[5]」この引用だけを見れば、確かに1941年から1942年にかけての冬の敗戦によって勝利は望めなくなったという認識は公式のものであるような印象を受ける。

しかし、この引用にはおおいに問題がある。この記述は確かにOKW戦時日誌にはあるが、これはドイツの降伏直後になお存続していた[6]ＯＫＷにおける情勢判断の際にヨードルが語った言葉を記述したものであり、いわば彼の私的な回想なのである。それればかりかハフナーの史料操作にも問題がある。ヨードルの言明（１９４5年5月15日）を前後を含めて訳出してみる。「陸軍参謀本部もまたこの戦争【対ソ戦】が必要であるとみなしていた。〔ＯＫＷの〕我々の全て、特に軍人はみな、このロシアに対する戦争では、その結末を考えると胸が苦しくなるような感じを受けた。特に、総統と上級大将【ヨードル】には、１９４1年から１９４２年の冬の破局がふりかかったとき（まさしくこのひどく厳しかった冬の故に）、１９４２年の初めを頂点として、もはや勝利が得られないことは明らかとなった。頂点は過ぎ去ったのであり、あらたな、最初は成果のあった１９４２年夏の運命を覆そうとする試みも失敗した[7]」

これからもわかるように、このヨードルの言明は自己弁護的な色彩が強く、また彼の印象にすぎない。しかも、ヨードルは１９４５年6月18日のソ連による尋問においては、戦争に勝つ可能性に疑いを持ったのはいつかという問いに対して、「１９４４年2月頃、私は総統にもし英米がフランスに上陸し、我々が彼らを海に追い落とすのに成功しなかったなら、戦争に負けるだろうと書面で述べた。【中略】この頃には、軍事的手段のみではこの戦争に勝てないということは、私にとって明らかとなっていた[8]」と答えている。かような矛盾から省みれば、ヨードルの言明は、１９４1年にヒトラーは戦争に負けたと考えていたとするハフナーのテーゼの根拠たり得ないのである。

他にも軍首脳部の楽観を示す史料はあり[9]、ハフナーの議論は史料的には根拠がない。ハフナーの他にも、たとえばヒルグルーバーは、ドイツの対米開戦は「前方への逃避」であるとしていたのであるが、そうした見方は以上のような考察から承認できない。ヒルグルーバー自身ものちに述べるイェッケルらの研究成果から、『ヒトラーの戦略』第2版のあとがきにおいて、ヒトラーは、真珠湾攻撃によるアメリカ艦隊喪失を利用し、日独に対する二正面戦争を強いることによってアメリカの力を分散させ、ドイツがその間にソ連を屈服させることを願ったと自論を修正しているのである[10]。もっとも、このヒルグルーバーの見解も、対米開戦をヒトラーの短期の決断とすることによって、従来の説明と同様の限界につきあたっているように筆者には思える。

また、「【対米開戦は】彼が人に知らせないで行った決断の中でも最も孤独な決断である。彼はこの宣戦布告について、そのために召集された国会で明らかにするまで、誰にも話さなかった。ロシア戦争が始まってから一日の大部分をともにした側近の将軍にも話さなかったし、外相にも話さなかった[11]」というハフナーの認識も間違いである。そもそも、日本の単独不講和条約の申し出を伝えたのはリッベントロップであるし、拙論でみたように、ドイツの対米開戦にはヒトラー以外の様々な政策参画者たちが関与していた。かような構造からすれば、対米宣戦は確かにヒトラーの決断であったかもしれないが、同時にリッベントロップの決断であり、海軍の決断でもあった。

三

先行研究の紹介と検討を続ける。義井博の論文は6頁ほどの短いもので、ヒトラーは自らの威信を維持するため、先手を打って対米宣戦したというように説明する従来の議論を批判、ハフナーのテーゼを紹介し、相対的にハフナーを評価するものである[1]。しかし、既に検討したようにハフナーの議論は史料的に問題があり、そのテーゼを高く評価することには同意できない[2]。

イエッケルの研究は「プログラム」論者の立場から、ヒトラーは1941年においてはソ連打倒を第一目標としていたと前提を置く。これは「生存圏」を獲得するとともに、抵抗を続けるイギリスの士気を挫くという二重の目的を持つものであった。この対ソ戦遂行中に介入、あるいはソ連支持を行う可能性のある米英を日本によって太平洋に牽制することが、三国同盟の目的であった。更に、牽制の効果を一層つよめるために、ヒトラーは日本にシンガポールを攻撃させようとする。しかし、日本が三国同盟を離脱するか、同盟上の義務を守らないことがあれば、アメリカ抑制の目的は果たせず、アメリカの力はヨーロッパに向く、これを恐れたヒトラーは、日本外相松岡洋右の訪欧（1941年3〜4月）の際に、日米戦争の場合のドイツの参戦について言質を与える。にもかかわらず、日本が参戦しないうちに独ソ戦が開始され、ヒトラーは今度は対ソ参戦を要求する。「もし、シンガポールに向かわないのであれば、せめてウラジオストックへ」というわけであった。しかし、日本の対ソ参戦も実現しないし、日米交渉も続く。その間に、大西洋での独米紛争はエスカレートし、対ソ戦の見通しも厳しくなってくる。そこへ、日本からの単独不講和条約締結の申し出を受けたヒトラーは、アメリカの欧州への全面介入は日本の参戦によって妨害され、その間にソ連に勝利し得ると判断し、日米開戦の際のドイツの参戦を約束したというのである(3)。

このイェッケルの研究は、ドイツの対米開戦についてある程度合理的な説明を加え、単独不講和条約の交渉過程を再構成することを最初に試みたもので、拙論もそこから大きな示唆を受けている。しかしながら、イェッケルにはヒトラー中心論への固執がみられる。1941年のドイツの対日政策にみられる多元性について、ヒトラーはアメリカの参戦抑制のためにとにかく日本の参戦を望み、その際、第一に日本の対英参戦、次善のものとして対ソ参戦を希望、日本がそのどちらも実行しない最悪の場合に備え、日本の参戦を確保するために日米戦争の際のドイツの参戦を約束したとしているのである(4)。が、かかる解釈は、ヒトラーが一貫して日本の対ソ参戦に否定的であった事実(5)、あるいは日本への対ソ参戦要求がリッベントロップの路線から出ていることなどを考えると(6)、首肯し難いものがある。

ワインバーグの研究はやはり、ヒトラーはいずれアメリカとは戦争になると覚悟していたが、当面はアメリカの参戦回避を望んでいたとする。これはイギリス屈服の一助となるべき対ソ戦実行の間には、なおのことであった。故にヒトラーは、イギリスの海上交通への全面攻撃を要求するドイツ海軍を抑制する。

が、その一方で、独ソ開戦前に日本に対英参戦を要請し、対米参戦にさえ言質を与えたのは、「アメリカとの戦争を先伸ばしにしたいという彼【ヒトラー】の意向がいかなるものであったにせよ、もし、そうした【対米】戦争が日本を対英戦争に巻き込むために必要なものであったならば、ヒトラーは喜んで参戦するつもりであった」と説明するのである。(7) ドイツ側のこうした意向をかきたてたのは、日米交渉の継続であった。

ここからワインバーグは、日本からの単独不講和条約の申し出に対して、ヒトラーが日米開戦の際のドイツの参戦について保証を与えたのは、以下の様々な理由によるとしている。すなわち、日本の参戦が対英戦遂行に重要であること、もし日本に参戦の保証を与えず、そのため日米交渉が成立したならば、アメリカの力が大西洋に集中するのを恐れたこと、第一次大戦のときと違いアメリカの参戦はドイツの敗北につながらないのをヒトラーが確信していたことなどをワインバーグは挙げるのである。(8) また、独ソ開戦直後の日本への対ソ参戦要求については次のように説明している。ヒトラーはもともと日本の力が無制限でないことを知っていたため、日本の対ソ戦突入によって米英の力を太平洋に牽制することができなくなるのを嫌っていた。が、1941年夏に日米交渉が成立するかに見えたために、常にためらう（ever-hesitating）同盟国日本を戦争に追い込む裏道として、対ソ参戦を要求したというのである。(9)

しかし、ワインバーグの解釈においても複数の政策参画者より出た政策をヒトラー個人に還元したための無理がみられるように思う。そもそも、日本への参戦要請において、その対象をイギリスからソ連、ソ連から米英へと転換していくヒトラーというイメージは、「プログラム」論者が批判したオポチュニスト・ヒトラー像に近似してはいないだろうか。筆者がイェッケルやワインバーグの研究から多くを学びながら、そのヒトラー中心論による対米開戦の説明に対し、自らの解釈を提示する所以である。

以上、対米開戦をめぐる諸研究を紹介・検討してきた。ヒトラーの個人決定の典型であるかのように思われた対米開戦においてすら、ヒトラー中心論による解釈に問題があることを確認できたと思う。こうした結果は、外政・戦争指導の分野においてヒトラーの決定とされてきた事例を、新たな問題意識によって再検討することの必要性を感じさせるのである。

補遺

最後に、本節の目的とはややはずれるが、対米開戦決定の時期をめぐる若干の議論に触れておきたい。既に述べたように、１９４１年9月11日の「発見次第発砲」の声明をきっかけとしたリッベントロップの政策転換によって、対米開戦の構造は確定したと筆者は考えているが、公式決定の下された月日を確定するのも必要だろうからである。細かい議論になるので、別表にまとめた単独不講和条約と対米開戦をめぐる経緯を参照していただきたい。

この表にあるように、単独不講和条約交渉は11月よりひそかにはじまっていたが、イェッケルはその経緯から以下のように推定する。11月30日に日本外相東郷茂徳から、単独不講和と対米開戦時のドイツの即時参戦を要請せよとの訓電を受けた大島浩駐独大使は、単独不講和条約締結を12月２日にリッベントロップに公式に要請した。後者はそのような問題はヒトラーと協議しなくてはならないが、彼は前線視察中なので翌日報告するとし、翌３日にはヒトラーと接触が取れなかったため明日論議するとしている。かかる重要な申し出に関する協議を２日も延ばすとは考えにくいが、イェッケルは、ヒトラーが当時東部戦線視察に赴いており、12月２日から４日にかけて悪天候により乗機が飛行できなかったため足止めされていたことを指摘、更にヒトラーの近従の証言を引いて、ヒトラーは外界から遮断され、総統大本営や首相官邸から数百キロも離れた屋敷に閉じ込められていたとする。よって、リッベントロップがヒトラーに大島の要請を伝えたのは、ヒトラーが東プロイセンの司令部に帰着した4日のことであり、そこで決定が下されたと推定したのだった。[1]つまり、日本からの単独不講和条約締結の申し出がヒトラーに是認された日を対米開戦決意の日としたのである。

これに対し、11月29日の大島大使の報告電を重視するのは、ドイツ連邦共和国の太平洋戦争前史の専門家ペーター・ヘルデである。この電報は、アメリカが傍受解読し、極東軍事裁判においても証拠として提出されたのであるが、そこではヒトラーは日米戦争の場合のドイツの即時参戦を約束したとされていた。[2]実は、この前日11月28日の晩に政府と軍指導部の会議、その直後に大島・リッベントロップ会談が行われている。ヘルデは、この28日の会議で対米開戦が決定され、ただちに大島が通告されたものと考えた。29日の大島電は、この28日晩の大島・リッベントロップ会談の内容を急ぎ伝えたものだと推定したのである。[3]ヘルデは、この推理にあたり、28日晩の会談に関するドイツ側の記録[4]が不完全（後半部分が欠如している）なことから、アメリカが傍受解読した29日の大島電にその史料的基礎を頼っている。

このように史料基盤が不完全であることから、どちらの論が正しいとにわかに判定を下すことは難しい。しかし、この問題については、第一に極東国際軍事裁判での大島の証言が手がかりを与えてくれる。

「単独和平不締結交渉ハ1941年（昭和16年）12月1日又ハ2日頃ニ亙リ日本政府ヨリ私宛電報ニヨッテ初メテ進展シマシタ。右電報ノ要旨ハ次の如クデアリマシタ。即チ日本政府ハ日米紛争ノ場合ニハ此ノ戦争ニ独逸ノ参加ヲ希望シマシタ更ニ又日本政府ハ単独和平不締結協定ガ調印サレルコトヲ希望シマシタ。此ノ件関シ私ハ、『デイトリッヒ』ト云フ男デ『ライヒス』新聞ノ社長（『ゲッペルス』宣伝相ノ下ニアル独逸新聞の社長）カラ米日紛争ガ開始サレタ場合ニハ『ヒットラー』ハ紛争ニ参加スル事ニ賛成ナル旨ヲ聞イタノデ其ノ『ニュース』ヲ日本ニ送達シマシタ」[5]

この大島の証言をみると、彼が外務省の訓令をうけてリッベントロップと単独不講和協定の交渉を実行している間に、宣伝関係者（「ディトリッヒ」は宣伝省のオットー・ディートリヒ（Otto Dietrich）であろう）からの不確実な情報を本国に送っていることになり、理解に苦しむ。しかし、この内容に応じた電報を、アメリカが傍受したものから探していくと、総統大本営においてヒトラーが日米開戦の場合にドイツはただちに参戦すると語ったという話を「デイ――（DEI）――【傍受失敗】」なる人物から聞いたことを、1941年8月14日付で報告している。[6] おそらく、この「デイ」が「デイトリッヒ」であろう。このように、大島の証言は記憶不鮮明、ないしは自己弁護のために前後関係をあやふやにしていることがわかる。

しかし、この混乱した証言は、大島が実際に行ったことをはしなくも露呈したものではなかろうか。つまり、大島は必ずしも公式の発言でないものを、ドイツ側の正式見解として日本に報告していたのではないだろうか。更に第二のより重要な点として、29日の大島電の内容は、ドイツ側の会談記録の残存部分とほとんど一致していない。たとえば、大島電によると、彼は日米交渉についてほとんど語っていないような印象を受けるが、ドイツ側の記録では、大島はアメリカの要求や日米交渉に関する日本の事情について多くを話しているのである。

以上の検討から、筆者は、29日の大島電は、リッベントロップとの会談の内容にディートリヒとその他からの情報を加え、脚色して報告したものと考えている。その場合、大島の意図は、彼の親独派としての立場から日本の枢軸離脱を阻止することであったろう。大島の報告がしばしばそういう意図を含んでいるのは、当時においても周知のことであった。[7] 故に、ヘルデのように29日の大島電を会談のプロトコルに近いものとみるのは危険であり、筆者はやはりイェッケルの12月4日決定説の方を採用したいと思う。

謝辞　本節及び前節執筆にあたり、伊藤定良、木村靖二、黒川康、佐藤健生、田嶋信雄、中井晶夫、秦郁彦、波多野澄雄、三宅立、三宅正樹、義井博、ヴィーランド・ヴァーグナーの諸氏より御意見御批判をいただき、あるいは史料入手のお世話になった。記して感謝申し上げたい。ただし、本節及び前節に存在するだろう誤りや謬見の責任は、もちろん筆者にのみ帰するものである。

追記　本稿脱稿後、Detlef Junker, *Kampf um die Weltmacht, Die USA und das Dritte Reich 1933-1945* (Düsseldorf 1988) を入手、閲覧の機会を得たが、本節の内容を変更する必要を認めなかった。

別表　単独不講和条約と対米開戦をめぐる交渉経緯（1941年、ドイツ時間）

11・18　日本陸軍参謀本部第2（情報）部長岡本清福少将、東郷茂徳外務大臣と杉山元陸軍参謀総長の協議を受け、駐日ドイツ陸軍武官に対し、日米開戦の場合に単独講和ないしは休戦協定を結ばないことを約束する用意はドイツにあるかと打診。

11・19　リッベントロップ独外務大臣、上記の岡本打診の報告を受ける。

11・21　リッベントロップ外相、単独不講和条約締結の用意があることを伝えるよう、駐日大使に命じる。

11・28　ヒトラーと軍首脳部の会議。その会議ののち、リッベントロップは駐独日本大使大島浩と会談。

11・29　ヒトラーは日米戦争の場合にはドイツは即時参戦するとしたという報告を、大島大使が日本に送る。

11・30　東郷外相、ドイツと単独不講和に関する協定を結び、日米開戦の際のドイツの即時参戦を要請するよう、大島大使に訓電を与える。

12・2　大島大使、単独不講和条約締結をリッベントロップ外相に要請。リッベントロップは、現在ヒトラーが前線視察中であるため、翌日報告するとした。

12・3　リッベントロップ外相は、ヒトラーと連絡が取れなかったため、翌4日に協議する大島大使に告げる。

12・4　リッベントロップ外相、東プロイセンに帰着したヒトラーに単独不講和条約のことを報告、裁可を受ける。

12・5　独伊の協議ののち、単独不講和条約案を日本に送付。

12・7　日米開戦。

12・11　ドイツの対米宣戦。単独不講和条約調印。

本節のもとになった論文発表後、左記の諸研究が出た。

義井みどり「日独伊共同行動協定の締結とドイツの対米宣戦布告」（『国際政治』第91号、１９８９年）は、外務省外交史料館所蔵の文書から、１９４１年11月28日にヒトラーと大島浩の会談があったことを示す大島電を発掘している。Gerhard Krebs, Deutschland und Pearl Haror, in: *Historische Zeitschrift*, Bd. 253, H. 2（1991）は、義井論文をはじめとする日本側の史資料をもとに、対米開戦をめぐる日独の交渉を追ったもの。

Enrico Syring, Hitlers Kriegserklärung an Amerika vom 11. Dezember 1941, in: Wolfgang Michalka (Hg.), *Der Zweite Weltkrieg*, 2. Aufl., München/Zürich, 1990 はドイツ語と英語の史資料に基づき、ドイツの対米宣戦布告に至る過程を再構成した。Ian Kershaw, *Fateful Choices. Ten Decisions that Changed the World 1940-1941*, London et al, 2007（イアン・カーショー『運命の選択 １９４０−１９４１　世界を変えた10の決断』、河内隆弥訳、上下巻、白水社、２０１４年）第６章も同様。

ただし、いずれも、ドイツの対米開戦に「非合理のなかの合理性」をみる点では一致しており、本節の論旨変更を迫るものではなかった。

周縁への衝動——ロシア以外の戦争目的

ヒトラーとフランコ

ナチズムの本質は独ソ戦にあると、戦争中に対独情報活動に従事した経験もあるイギリスの歴史家ヒュー・トレヴァ＝ローパーは唱えている。彼によれば、アドルフ・ヒトラーは、１９２３年にミュンヘン一揆に失敗してから１９４５年にベルリンで自殺するまで、一貫して、ソ連の打倒と植民地化による「生存圏（レーベンスラウム）」確保を自らの最終目的としていたというのである。

この説には、ナチス・ドイツの外交と戦争指導を解釈するにあたり、説得力のある枠組みを提供するという利点があったから、多くの研究者に受け入れられ、いわゆる「プログラム」論として精密化された。つまり、ヒトラーは、オーストリア併合やチェコスロヴァキアの解体からはじめて、ドイツの国力では遂行しきれないような総力戦に突入するのを回避しつつ、段階的に勢力拡張をはかり、フランスを敗北せしめたのちに、全力をあげてソ連を征服するとの構想を追求していたとする主張である。これには、さまざまな反論もなされたが、今日なおヒトラー個人の政策を説明する上では定説になっているとみてさしつかえない。

しかしながら、ヒトラーといえども、外交と内政、のちには戦争指導のすべての分野にわたって、おのが構想を貫徹できたわけではないし、そこには、独裁者と異なる構想、異なる利害を持った人物や組織が政策決定に影響を及ぼす余地があった。たとえば、外務大臣ヨアヒム・フォン・リッベントロップの政策を研究したドイツの歴史家ヴォルフガング・ミヒャルカは、この人物にも、ときにはヒトラーと対立する独自の構想があったと認め、ナチス・ドイツといえど、一定程度の政策の多様性はあったと主張している。

事実、ヒトラーも、外務省や財界、国防軍などの保守派（おおまかにいえば、彼らの多くはヒトラー流のヨーロッパ制覇まではめざしておらず、ドイツが第一次世界大戦以前の強国の地位を回復できればよしとしていた）に対して、一定の妥協を示さなければならなかったことはよく知られているだろう。

そこで、本節では、かかる「対ソ戦への道」以外の構想、具体的には中央アフリカとスペインに対するドイツの政策を例に取り上げ、あり得た可能性を示唆することにしたい。

ロシアの代わりにアフリカを

1939年9月、ポーランドに侵攻したドイツ軍が首都ワルシャワ目指して猛進しているのと同じころ、アフリカにドイツの植民地を獲得しようという動きが顕在化しつつあった。その中心にあったのは、ナチス党植民政策局全国指導者のフランツ・フォン・エップだった。

このフォン・エップという男は、まさにドイツ帝国主義の申し子ともいうべき半生を送ってきている。1868年10月16日にミュンヘンで生まれたエップは、古典学校(ギムナジウム)を卒業後、1887年にバイエルン第9歩兵連隊に志願入隊、将校への道を歩みだした。士官に任官したのち、バイエルン陸軍大学校(クリークスアカデミー)にも入っているのだが（当時、ドイツ帝国全体の陸軍大学校はなく、プロイセンやバイエルンなど、帝国を構成する有力な邦の陸軍大学校がその機能を果たしていた）、参謀課程に合格することはできず、参謀将校にはなれなかった。そのためばかりではないけれど、以後エップは中央の要職に就くことはなく、1900年には義和団鎮圧の任を帯びた「東アジア歩兵連隊」の一員として中国に渡ったり、１９０４年には、ドイツ領南西アフリカにおけるヘレロ族の虐殺に加わったりと、血なまぐさい経歴を積み上げていく。

とはいえ、エップが勇敢であったことは否定できない。第一次世界大戦がはじまると、彼は西部戦線やイタリア、セルビアなどを転戦した。１９１６年にはヴェルダン攻略作戦に参加し、戦功をあげてバイエルン王国の最高軍事勲章マックス・ヨーゼフ章を得た。これ以降、エップは勲爵士（リッター）フォン・エップ（もともとの姓名は、フランツ・クサーファー・エップ）と名乗ることを許される。[1] その後も、東西の戦線で奮戦し、プール・ル・メリート勲章も授与されて、終戦時には大佐に昇進していた。

しかし、ドイツの敗戦後は、政治の世界に転じ、極右運動に走った。その過程でナチズムに共鳴したエップは、１９２８年にナチス党に入党する。ヒトラーも、この大戦の英雄に利用価値を見出し、彼をひきたてた。かくて、エップは、ナチス党国防政策局長やバイエルン地方長官などの要職を歴任したのち、１９３４年に植民政策局全国指導者に就任、ナチス党の植民地政策の責任者となったのである。

このように、カイザーの時代の拡張主義的思潮に、どっぷりと浸かっていた人物にとって、１９３９年の対英開戦はドイツの海外植民地を取り戻す絶好の機会であった。エップは、イギリスを講和に追い込み、その代償としてアフリカの旧植民地を得る日に備え、スタッフに命じて、植民地行政規則の作成など、さまざまな準備に取りかからせていたのだ。しかも、エップは孤立していたわけでない。前述のごとく、海軍や外務省も、かつて握っていたアフリカの植民地を奪回することは、ドイツが再び第一次大戦前のような地位に就くために必要であると考えていた。一例をあげれば、１９３９年10月14日付の海軍司令局（マリーネコマンドアムト）の覚書には、海軍戦略上の理由からアフリカの旧植民地には、常に眼を配っていなければならないとある。

ドイツ外務省にもまた、イギリスとの和平にこぎつけたあかつきには、講和会議で中央アフリカを獲得すべしという分子があった。１９４０年５月30日ならびに６月１日付の、ＯＫＷ（オーカーヴェー）（国防軍最高司令部（オーバーコマンド・デア・ヴェーアマハト））と外務省の連絡役を務めていたカール・リッター大使（この場合の「大使」は、外国に派遣される役職としてのそれではなく、外交官の職階）と、その部下ハンス・クローディウス公使（同じく外交官の職階）の協議に関する記録をみれば、一目瞭然だ。対仏戦の勝利に眩惑されたか、彼らは、ドイツの指導に基づくヨーロッパ「広域経済圏」ばかりか、それを支える中央アフリカ植民地帝国をも同時に建設すべきだと主張している。2人の議論は、いささか誇大妄想的にさえ感じられるもので、クローディウスが、この植民地帝国は旧ドイツ植民地に加えてベルギー領コンゴを含み、ヨーロッパ広域経済圏の原料需要をまかない得ると述べれば、リッターは、それらだけではなく、仏領赤道アフリカや、おそらく英領ナイジェリアも包含すべきだと応じる始末だった。

このように、ナチス党の一部、海軍、外務省は、アフリカの資源に支えられる、ドイツ支配下のヨーロッパというかたちで、ヒトラーの構想とは異なる「生存圏」を確立することをもくろんでいたのである。加えて、漠然とながら、リッターとクローディウスの協議に示されているように、「東」ではなく「南」に補完される経済圏という議論は、ロシアを征服し、あらたな植民地とするという路線に対する、もう一つの選択肢となり得るものだった。ゆえに、ヒトラーも、この案に一定の妥当性を認め、1940年1月23日には、旧植民地奪回をはかるのは外務省、植民地行政を準備するのはナチス党植民政策局、植民地における党組織の確立に責任を負うのはナチス党外国機関（アウスラントオルガニザツィオーン）（外国に在住するナチス党員を統括する部局）であると、各関連機関が有する権限を明確化する指令を出している。

しかしながら、ヒトラーが中央アフリカ植民地帝国案に一定の理解を示したのも、イギリスの頑強な抵抗に遭うまでであった。フランスが降伏したにもかかわらず、大英帝国が屈服しないのをみた独裁者は、ソ連を打倒し植民地化することによって、同時にイギリスの最後の希望――ソ連参戦による状況打開――を粉砕することができると信じ、「バルバロッサ」作戦の準備を命じたのである。こうして、いわば「ナチズムの本質」に立ち返ったヒトラーは、もはや中央アフリカ植民地帝国構想など一顧だにしなかった。ドイツのアフリカ進出構想は幻のままに終わったのだった。

バイロイト決定

かくのごとく、アフリカ植民地帝国構想は、対英戦の趨勢があきらかにならないうちの、一つのオルタナティヴでしかなく、外務省やエップの植民地政策局といった、それなりの発言力を持つ勢力が主唱したものといいながら、しょせんはあだ花に過ぎなかった。しかしながら、もう一つの周縁、スペインに対するドイツの関わりを観察すると、より複雑な動因がはたらいているのがわかる。それは、両国の関係が深まる契機となったスペイン内戦への介入から、すでに作用を及ぼしていたのである。

1936年7月17日のスペイン共和国政府（左派勢力の結集によって成立した、いわゆる「人民戦線」政府）に対する軍部の反乱に端を発した内戦に、ドイツが「コンドル兵団」なる義勇部隊を派遣し、反乱軍の勝利に貢献したことは、あらためて述べるまでもあるまい。

だが、ドイツは、何のために反乱軍を助けたのか。

実は、この点については、戦後およそ30年にわたり、専門の研究者も一致していなかった。というのは、彼らは、ほとんど例外なく、ドイツ＝ヒトラーと仮定し、この独裁者の動機のみを推定してきたからである。ところが、ロシアへの異常なまでの関心とは対照的に、ヒトラーは、内戦勃発以前には、スペインに対して、ほとんど興味を示さなかった。『我が闘争』や『第二の書』(2)にも、いうに足る言及は少なく、政権を掌握してからも対スペイン政策に何らかの重点を置いていたという形跡はない。

かように明白な見解や構想がないために、ヒトラーの心中は、さまざまに忖度することができた。そのため、政治的戦略的な考慮であるとか、イデオロギー的な理由、つまり反共産主義によるものであるとか、さまざまな解釈がなされていた。それが尾を引き、現在も一般のミリタリー本などでは、反共勢力を勝たせるために介入したという説明がなされていることが多いようだ。

しかし、1976年に発表されたドイツの歴史家ヴォルフガング・シーダーの論文「スペイン内戦と四か年計画」は、コンドル兵団の派遣の背景には経済的な理由があり、またヒトラーよりも空軍総司令官ヘルマン・ゲーリングが大きな役割を果たしたとする画期的な見解を打ち出した。この説に対し、ヒトラーの独裁権力を重視する研究者はさまざまの異論を唱えたものの、今日ではシーダー説は無視できないものになっている。以下、シーダーと、彼の主張を継承し、深化させた諸研究に拠り、介入決定の過程を叙述してみたい。

1936年7月18日、前日の反乱開始を受けて、当時危険人物としてカナリア諸島地区司令官に左遷されていたフランシスコ・フランコ——いうまでもなく、のちにスペインの独裁者となる男だ——は、クーデター宣言を放送した。翌19日には、スペイン領モロッコ北部の都市テトゥアンに飛び、アフリカ駐留軍の指揮権を掌握する。これによって、外人部隊ならびにムーア人部隊というスペイン軍最強の部隊が、フランコの配下に入ったわけだ。

けれども、フランコは、反乱を成功させるには、このアフリカ駐留軍をスペインに送り込まねばならないのを充分に認識していた。スペイン本土の反乱軍は、政府軍に比して、なお弱体だったからである。さりとて、スペイン海軍は共和国政府を支持していたから、海上輸送の見込みはない。そこで、フランコは空輸作戦を実施すべく、ドイツとイタリアに航空機の援助を求めることにした。イタリアとの交渉は本節の主題からそれるから省略するとして、ドイツに対しては、2通りの経路で接触がなされた。フランコは、7月22日、テトゥアン駐在ドイツ領事を通じ、ドイツの駐フランス陸軍武官宛に「最大限の人員輸送能力を持つ軍用輸送機10機を、ドイツの私企業を通じて送るよう要請する」との電報を打ったのだ。加えて、

23日には、ルフトハンザ機で、特使をドイツに送ることが決定された。

だが、フランコの請願を受けたドイツ外務省の反応は冷淡だった。彼らは海軍と協議し、居留民保護のために装甲艦「ドイッチュラント」と「アトミラール・シェーア」を派遣すると決定してはいたが、それ以上スペインに深入りするつもりはなかった。ドイツを再び大国にすることを願っているとはいえ、その計画を実行に移す手段である国防軍は、いまだ再軍備を完了していない。そんな状況で、他国の紛争に介入する余裕などないというのが、ドイツ外務省の認識だったのである。事実、ドイツ外務省は、フランコの要請をヒトラーに伝えなかったばかりか、ルフトハンザ機に便乗して来独する使者を、政府やナチス党当局に接触させないように画策するありさまであった。

しかし、フランコが使者として選んだのが、ナチス党外国機関のテトゥアン地区班指導者アドルフ・ランゲンハイムと同地区班経済指導者ヨハネス・ベルンハルトだったことが、外務省の思惑をくつがえすことになる。7月25日、彼ら2人よりフランコのヒトラー宛親書を受け取った外国機関長のエルンスト・ボーレは、外務省に対応を求めた。が、すでに述べたように、外務省は否定的な態度を取っていたから、ボーレは業を煮やし、自らの後ろ盾である総統代理ルドルフ・ヘスに、この案件を持ち込んだ。その結果、ヘスは、フランコの要請は無視できないと判断、折からドイツ南部の都市バイロイトで開催中の音楽祭に出席しているヒトラーに親書を届けるよう、ランゲンハイムとベルンハルトに命じたのである。

ゲーリングの戦争

その日の晩、楽劇鑑賞を終えたヒトラーは、2人の使者を引見し、親書を一読するや、国防軍の責任者たちを召集した。まずは、ヒトラーに従ってバイロイトにいた国防大臣兼国防軍最高司令官ヴェルナー・フォン・ブロンベルク元帥と航空大臣兼空軍総司令官のゲーリング上級大将が駆けつけ、さらに海軍総司令部航海局長のカール・クペット大佐が到着した。この劇的な状況の下、フランコを助けるとの決定がなされ、ユンカースJu52輸送機20機、ハインケルHe51戦闘機6機、そして20ミリ高射砲20門が送られることになったのだ。

では、かかる決断の背景には、どのような思惑があったのだろうか。

まずヒトラーに関していえば、スペインは不案内であり、その東方帝国建設をめざす計画にもしかるべき位置を与えられていなかったことが指摘できる。ゆえに、ヒトラーは、即興でスペインに対する基本姿勢を定めることを余儀なくされた。当然、そこには、さまざまな要素が入ってくる。戦略的配慮、軍事経済的な考慮、紛争時のイギリスの反応をテストしたいという思い……。この席にいたベルンハルトとゲーリングは戦後、異口同音に、ヒトラーはためらい、決断に至るまで熟考したと証言している。

が、こうして躊躇している総統の背中を、ゲーリングが押した。いうまでもなく、フランコの要請は、新設されてまもないドイツ空軍の力を誇示する絶好のチャンスである。もし、この援助により、フランコと反乱軍が勝利するなら、空軍の発言力は飛躍的に増大し、伝統ある陸軍と海軍にならぶ第三の軍としての地位を占めることができるだろう。また、実際の戦場において空軍部隊を運用することは、さまざまな戦術・技術上の実験を行う機会を得ることでもあり、これも利益が大きい。

しかし、ゲーリングの動機は、こうした空軍総司令官としての思考からのみ出ているのではなかった。というのは、彼は、1936年4月に「原料・外国為替問題全権」に任命されており、再軍備を遂行するための経済的前提を確保する責任を負っていたからである。当時のドイツは、急ピッチで進められていた軍拡により、原料とそれを調達する外国為替において、危機的な状況に直面していたから、この課題は喫緊のものであった。例を示すと、原料不足から軍需工場は70％しか操業されず、軍用車両の生産においても8月中に2000両を生産する予定だったのが、1600両しか完成しないといった事態を来していたのである。通常ならば、こうした事態を打開すべく、外貨を使って外国から原料を調達するのだけれど、それも底をつきかけている。かかる苦境にあって、原料・外国為替問題全権となったゲーリングにしてみれば、フランコへの軍事援助は――その代償は、スペインの天然資源で支払われることが期待される――外国為替によらずに原料を獲得するという点でうってつけだったのだ。

かような視点から、フランコ支援を唱えるゲーリングに対し、陸軍のブロンベルク（陸海空三軍の最高司令官であるとはいえ、陸軍の利害を代表していることはあきらかだった）と海軍のクペットが、どのような反応を示したかは、史料的にさだかではない。だが、ここまで述べてきた経緯からもわかるように、フランコ援助が主として空軍の任務となることは間違いなかったから、いわば当事者ではない陸軍と海軍が強力な反対論を主張できたとは思えない。

かくて、ヒトラーも、ゲーリングの積極的な姿勢を認めるかたちで、フランコ支援を決断した。この決定を受けて、ゲーリングは、スペイン反乱軍への援助、「集中砲撃（フォイアーツァウバー）」作戦を実行に移す。最初は少数の航空機を供給するのみだったが、その規模はやがて急速に拡大し、地上部隊の派遣、ついには義勇部隊「コンドル兵団」の派遣に至る。具体的な数字をあげるならば、１９３６年10月の時点で、スペインに派遣されたドイツ空軍部隊は、１個爆撃機中隊（26機）、１個戦闘機中隊（30機）、１個実験飛行隊（３機）、１個偵察隊（21機）に達していた。また、同じく10月までに、ドイツが提供した援助物資の総額は、４５００万ライヒスマルクに達していたといわれる。

もちろん、ゲーリングは、これらを無償で与えたわけではない。バイロイト決定から５日後の７月30日、経済スタッフとの会議において、ゲーリングは、資源の調達と外貨の節約の文脈でスペイン問題を論じ、しかも、フランコへの援助物資は原料とバーターで取り引きするとした。加えて、鉄鉱については反乱軍とただちに協議を持つべきとの提唱がなされ、その際援助の代償はバスク地方の鉱山から採掘されるものとされた。また、銅に関しても、スペインからの供給が期待できると発言したのだった。内戦開始以前から、スペインは水銀、黄鉄鉱、銅、鉛、亜鉛、タングステン、鉄鉱石などの戦略物資を豊富に産出すると、ドイツ経済界の要人たちは注目していたが、今や、それらは射程内に入ったとみなされたのである。

さらに、ゲーリングは、現地における援助の受け入れを差配する偽装民間会社「スペイン・モロッコ輸送会社」(Compañía Hispano-Marroqui de Transportes、略称ＨＩＳＭＡ)と、ドイツにおける物資調達を任務とする「原料・貨物仕入れ会社」(Rohstoffe-und-Waren-Einkaufgesellschaft、略称ＲＯＷＡＫ)を設立した。この二つの会社には、内戦によって途絶えたスペインとの貿易を再開し、ドイツにとって必要な原料を調達するために、独占権までも与えられていた。つまり、ドイツの企業は直接スペインに生産品を輸出するのでなく、まずＲＯＷＡＫに売り、しかるのちにＲＯＷＡＫがＨＩＳＭＡに売却するという仕組みが定められたのである。むろん、両社ともに、ゲーリングの支配下にあったから、彼はスペインへの軍事支援のみならず、同国に対する経済政策をも一手に握ったことになる。

つまり、ゲーリングは、スペイン反乱軍により、空軍総司令官と経済的な戦争準備の責任者(１９３６年10月に、軍拡のための経済計画である「四か年計画」全権に就任)として、二重のメリットを享受したのだ。多くの歴史家たちが、スペイン内戦へのドイツの介入は「ゲーリングの戦争」であったと評するゆえんである。

身をかわすフランコ

かくて、ドイツ、そしてイタリアのバックアップを得たフランコは、１９３６年10月1日に「国民戦線軍」と称するようになった反乱軍の総司令官に就任し、共和国政府に対抗するもう一つのスペインの指導者となった。さりながら、世界各国から志願してきた自由主義者や社会主義者によって編成された国際旅団、さらにはソ連の支援を受けた政府軍の抵抗は頑強で、フランコも独伊の援助に頼らざるを得なかった。当然、支払う代償も大きくなる。この時期、スペインの総輸出量においてドイツ向け物資が占める割合は、１９３６年の10・７％から１９３７年の38・５％に増大、１９３８年には40・７％にまでなっていた。

もし、このまま、ゲーリング主導によるドイツの経済的浸透を許していたなら、スペインは、ドイツの非公式帝国（インフォーマル・エンパイア）（国制的には植民地ではないが、経済的戦略的に影響下に置いている地域）に組み込まれていたかもしれない。だが、フランコは、そうしたドイツの野心に気づかぬ愚者ではなかったし、警鐘を鳴らすような事象もあった。

たとえば、ドイツは「モンタナ計画」と称して、スペインの鉱山会社に投資し、採掘権を獲得しようと試みつづけていた。ゲーリングにこの計画を委任されたＨＩＳＭＡは、１９３７年には、実に２００件に及ぶ採掘権設定申請、契約、契約期限延長要求を行ったという。フランコと国民戦線の指導者たちは、軍事援助の代償がいかに高くついたかを識（し）り、愕然としたものの、政府軍と死闘を展開しているさなかとあっては、ドイツに譲歩するほかなかった。こうして、１９３８年６月に、内戦の混乱で権利者不明になっていた鉱山を採掘することを目的とする会社が、６社設立される。いずれも、ドイツ資本が参加していたのはいうまでもない。

しかしながら、１９３９年末には「モンタナ計画」は蹉跌（さてつ）を迎える。この計画のもと、採掘を実行した会社に与えられたのは、いずれも産出量が乏しく――あるいは、フランコは、そのような鉱山ばかりを選んだのかもしれない――損失が増えていくばかりだったのだ。かような状況について、１９３９年11月２日から12月22日にマドリードにおいてフランコ政府と交渉したＨＩＳＭＡの担当者は、苦々しげに記している。「２億９４００万ペセタもの資本を投下したモンタナ企業は、いまだ開発段階にあるのみ……６社とも、今のところ損失ばかりだ」

そう、フランコがドイツの要求に従っていたのは、内戦に勝利できるかどうか不分明な時期までであった。1938年7月のエブロ河畔の戦いで、政府軍が消耗しきったとみたフランコは、同年12月にカタルーニャ方面で攻勢を開始、バルセロナを陥落させる。翌39年3月には首都マドリードをめざす進撃を開始、これを奪取して、ついに内戦を終結せしめた。

もはや、フランコには、ドイツに独占的な経済特権を与える必要はなかった。また、1939年9月には、ドイツは英仏相手に二度目の欧州大戦に突入、スペインに圧力をかける余裕をなくしていたのである。かかる変化を受けて、勝者となったフランコは、ゲーリング・HISMA・ROWAK路線の特殊な貿易をやめ、正常な通商関係を再構築するよう、ドイツ側に求める。これを受けて、1940年1月には、スペイン新政府との新たな経済協定が締結され、独占的な地位を誇っていたHISMAも、その活動を制限された。かくて、ゲーリングのスペインを経済的な支配下に置こうとする試みは失敗したのである。

以後も、フランコは、ドイツに対し、友好を保ちつつも距離を置くという、微妙な政策を取り続けた。1940年10月23日のヒトラーとの会談は、その頂点であったろう。ジブラルタルへの侵攻路を得るべく、スペインの参戦を求めるヒトラーに対し、フランコはのらりくらりと身をかわした。あげくのはてに、スペインは内戦の疲弊から立ち直ってはいない、参戦しろというなら援助が欲しいと法外な経済的要求をほのめかしたのだから、ヒトラーとしても、それ以上の取り引きはできなかった。会談終了後のヒトラーは、きわめて不機嫌で、「あんな交渉をするぐらいなら、歯を2、3本抜いたほうがましだ」とか、フランコは「詭弁だらけのブタだ」とか洩らしたというエピソードが伝えられている。いささか皮肉な見方をすれば、これは、フランコの巧妙な外交に対する、裏返しの賛辞であったといえる。

いずれにせよ、フランコは、第二次大戦を通じてスペインの中立を守り通した。かかる政策の裏には、おそらく内戦中にドイツが示した資源獲得への貪欲さに対する警戒があったものと思われる。

以上、アフリカとスペインを例にとって、ドイツの外交や戦争指導にも、ヒトラーのロシア打倒と東方植民帝国建設構想以外の可能性があったことを述べてきた。これらはすべて歴史の闇に消えてしまったが、まったく実現性がなかったわけではない、歴史のオルタナティヴだったのである。

戦史こぼれ話　狩るものたちの起源

「降下猟兵（ファルシルムイェーガー）」（Fallschirmjäger）、あるいは「山岳猟兵（ゲビルクスイェーガー）」（Gebirgsjäger）。

いずれも人口に膾炙（かいしゃ）した名訳である。前者は、戦前にはそのまま直訳して、「落下傘猟兵」とされることもあったが（たとえば、エー・カー・ベルツィッヒ『落下傘部隊』、秋本敏夫訳、高山書院、１９４０年）、後者については、早くから「山岳猟兵」で定着していた。やはり例を挙げるなら、元軍人であり、かつ登山家としても有名だった坂部護郎が著した『山岳戦』（墨水書房、１９４３年）にも、すでに「山岳猟兵」が用いられている。

さて、この「猟兵」にあたる部分の原語は、もちろんJäger、普通には「猟師」とか、「狩人」の意味で使われる名詞である。それが何故、精鋭歩兵というニュアンスを持つようになったのだろうか？

ときは、16世紀にさかのぼる。戦術の進歩とともに、いかなる地形においても軽快な機動力を持ち、射撃にも長けた軽歩兵部隊を編成する必要に迫られたドイツの諸侯は、そのための人的資源として、領内に居住する猟師たちに眼をつけた。彼らならば、職業上銃の扱いにも慣れているし、普段から山岳や森林を踏破して、素晴らしい脚力を身につけている。戦時にはこの猟師たちを一隊にまとめ、普段彼らを統括している営林監督官（オーバーフェルスター）を隊長として、活用しよう。

自らの手勢を持つほどの王侯貴族らは、はからずも同じ結論に達した。

それまでも猟師たちは、軍隊に徴募されれば、道案内や伝令、狙撃兵などに用いられることが多かった。が、ここにおいて、彼らは、今日でいうところの特殊部隊に勤務することとなったのである。

以下、トランスフェルトの陸海軍用語辞典（Hans Peter Stein (Hrsg.), *Transfeld Wort und Brauch in Heer und Flotte*, 9. Aufl., Stuttgart, 1986) やドイツ軍事史研究局の研究 (Militärgeschichtliches Forschungsamt, *Tradition in deutschen Streitkräften bis 1945*, Bonn/Herford, 1986) に基づき、今日に至るまでの経緯をたどってみる。

ごく小規模な猟兵部隊は16世紀にはすでに編成されていたけれど、１６３１年に至って、ヘッセン・カッセル方伯(ラントグラーフ)は３個中隊もの猟兵隊を戦場に投入している。ついで、１６３３年には、ブランデンブルク選帝侯ゲオルク・ヴィルヘルムも領地の猟師や馬子をかき集め、猟兵隊を編成した。

かかる流れを受けて、１６７４年にはゲオルクの子、大選帝侯フリードリヒ・ヴィルヘルムが小銃で武装した猟師らで数個中隊を編み――加えて、恐るべき使命を与えることになる。彼らは、敵の将校を狙って、射撃せよと命じられたのだ。当時の慣習からすれば、この戦術は「非騎士道的」であり、ゆえに、大選帝侯の猟兵が捕虜となった場合、助命の願いは受け入れられず、殺害されることが多かったという。

ともあれ、こうして、しだいに有効な兵科として認められてきた猟兵であったが、飛躍的に拡大したのは、フリードリヒ大王の時代である。大王は、初めて常備の猟兵大隊を編成し、１７４０年には「騎馬野戦猟兵兵団(フェルトイェーガー・コーア・ツー・プフェールデ)」、１７４４年には「徒歩野戦猟兵兵団(フェルトイェーガー・コーア・ツー・フス)」を創設し、いっそう、その数を増していった。後者は、いわゆる軽歩兵部隊として、七年戦争の時代には例外的な散兵戦術を採用、機動力を利して、スカーミッシュ――ドイツ語では「プレンカー」――として機能した。攻撃部隊の前衛として、散兵線を形成し、狙撃や敵陣擾乱(じょうらん)、偵察などを実行したのだ。

しかしながら、こうして編制が拡大されれば、当然、猟兵予備軍である猟師の数が足りなくなり、彼らだけで部隊を構成することは難しくなってくる。かような事情から、ナポレオンに敗れたのち、１８０７年以降のプロイセンの猟兵隊は、近衛猟兵大隊のような例外を除けば、通常の歩兵と変わらなくなっていた。とはいえ、猟兵には、右記の任務のほかにも、騎兵が前進する際の側面援護や撤退時の後衛といった機動力を必要とする難しい役割を果たすのが常だったから、彼らは依然エリート部隊とみなされた。このあたりから、「猟兵」という単語に、原義の「狩人」、「猟師」から離れた、「精鋭」の意味合いが加わってくるのだ。

そうした「猟兵」イコール精鋭というイメージは19世紀を経て、20世紀初頭になっても変わらなかった。そのため、第一次世界大戦がはじまって、フォゲーゼン（フランス語呼称ではヴォージュ）山地で、フランス軍アルペン猟兵と戦うために編成されたドイツ山岳部隊はもちろん（フランスやオーストリア、ロシアなどとの国境の一部は山岳地帯であるため、彼らを刺激しないようにとの配慮からか、ドイツ帝国は常備の山岳部隊を持っていなかった）、「山岳歩兵」というような野暮な名前ではなく、誇り高き精鋭であることを暗黙のうちに示す「山岳猟兵」の呼称を与えられたのである。ちなみに、彼ら、エーデルヴァイスの戦士たちの最初の指揮官になったのは、登山家としても有名だったマンフレート・シュタイニッツァー予備少佐だった。

戦間期に誕生した新兵科、空挺部隊の命名についても、同様の経緯がみられた。航空機を利用して機動する、あらたな部隊を編成する際、それを所管することとなったドイツ空軍は、降下猟兵の名を選んだのだ。もっとも、興味深いことに、空軍と対抗して、独自の空挺部隊を持とうとしていたドイツ陸軍は1938年末に至るまで、自らが有する大隊を「落下傘歩兵大隊」と称し続けていた。もっとも、さまざまな論争や権限争いののち、ついに空軍が降下猟兵を統括することに決まって、陸軍の空挺部隊を吸収したときに、「落下傘歩兵大隊」は「第1降下猟兵連隊第2大隊」と改称されてしまったのであるが。

このように尊ばれた「猟兵」の名は、ドイツが二度目の世界大戦に敗れたあとも、連邦国防軍（ブンデスヴェーア）に引き継がれている。現在のドイツ連邦国防軍が有する山岳部隊、空挺部隊は、それぞれ山岳猟兵、降下猟兵という呼称になっているのは、よく知られていることだろう。

また、受け継がれた伝統は、その名前だけではない。周知のごとく、兵科色や「イェーガーブルフ」と呼ばれる3枚の柏葉のシンボルも、古式ゆかしきドイツ猟兵たちは今日なお、昔のままに保っているし、彼らの守護聖人は猟師のそれと同じ聖フベルトゥスなのである。突撃の喊声も、ほかの兵科は「フラーー！」であるのに対し、猟兵は、猟師の伝統に従い、「ホリドーー！」を用いる。

かくのごとく、かつて猟師の集団から誕生した猟兵は、ドイツ軍事史に深く根を下ろし、かつ、さまざまな翻訳書などを通じて、われわれの美意識（？）にも深く影響しているのである。

戦史こぼれ話

Uボートと大海蛇(シー・サーペント)

1950年代アメリカの三流SF映画ふうのタイトルに、驚かれた読者もいるかもしれない。一方、はは あ、あの話だなと、相好をくずした方もおられるだろう。そう、UMA、ネッシーや雪男といった未知動物にまつわることがお好きなひとなら、誰でも知っている有名な話である。さりながら、読者のすべてがご存じとは限らないので、まずはあらましを記そう。

ときは1915年7月30日、第一次世界大戦中の北大西洋で通商破壊戦に従事していたドイツ潜水艦U-28は汽船に遭遇した。5223トン、全長約180メートルにもおよぶ、その船は、イギリス船籍の「イベリアン」号だった。U-28はためらうことなく雷撃を敢行、みごと命中させた。相手はただの汽船だから、魚雷を受けては、ひとたまりもない。「イベリアン」号は、船首をほぼ垂直に宙に向け、おそろしい速さで沈んでいった。

轟沈(ごうちん)である。そうして「イベリアン」号が海中に消えてから、およそ25秒後、船体が水面下100ないし200メートルの深度まで沈んだと推定されるようになったころ、水中で大爆発が起こり、空高く水柱があがった。それに続いて、汽船の破片が宙に飛ぶのを、U-28の司令塔から見ていた艦長以下当直の6人は、さらに信じがたいものを目撃した。とほうもなく大きな動物、しかも、彼らが知っている海の動物とはまったく異なる怪物が、空中に投げ出されてきたのだ。

おそらく、海面近くに浮上してきたところを、水中爆発の衝撃波で、宙に放り出されたのだろう。この怪物は、もがきながら20~30メートルの高さまであがると、海中に落ちていった。U-28の乗員たちは驚倒するばかりだった。伝説の「大海蛇」であるとしか思えぬ怪物の体長は20メートルほどで、ワニに似て

U-28が遭遇したという大海蛇は実在したのか？

おり、頭は細長く、四肢の先には水かきがあったという。ただ、致命傷は負わなかったのか、水中に消えたあと遠くに泳ぎ去ったとみえ、それが再び姿を現すことはなかった（ジャン＝ジャック・バルロワ『幻の動物たち』上巻、ベカエール直美訳、ハヤカワ文庫、１９８７年）。

これが、有名なUボートの大海蛇遭遇事件の顛末である。右記のバルロワの本以外にも、ＵＭＡを扱った本の多くに紹介されているエピソードだ。クリプトズーロジィ、未知動物学の研究家たちは、この証言に示された大海蛇の形状から、中生代白亜紀に棲息していた肉食海棲爬虫類モササウルスの生き残りではないかと推測している。しかも、U-28の艦長が大海蛇の一件について記した報告書がドイツ海軍の公式記録として残っていると、まことしやかに記している本まであるのだが――。

では、フライブルクにあるドイツ連邦軍事文書館（Bundesarchiv/Militärarchiv）に照会してみるかと腰を上げるのは、いささか気が早い。残念ながら、この種の話は、虚偽や誇張であることが少なくないのだ。ここでは、軍事史面からの検討を加えてみようではないか。

まず、U-28なるドイツ潜水艦は、本当に存在するのか。これについては、簡単に調べられる。第一次大戦前から戦後に就役したドイツのUボートすべてについて、個々の艦の要目や戦歴までも詳細に記した文献、ヘルツォークの『ドイツの潜水艦』にあたってみればいい（Bodo Herzog, *Deutsche U-Boote 1906-1966*, Erlangen, 1993）。

それによれば、U-28は実在しており、１９１５年から１９１７年まで、たびたび出撃し、大きな戦果をあげている。「大海蛇」事件が起こった１９１５年の撃沈数は、18隻、４３、７６０トンだ。ところが、１９１７年9月2日に北岬の東で、沈めたイギリス汽船「オリーヴ・ブランチ」の爆発に巻き込まれ、U-28も沈んでいる。ちなみに「オリーヴ・ブランチ」の救命ボートは、U-28の生き残りを助けようとせず、見殺しにしたという。

では、U-28乗員が見た「海のクロコダイル」の話は真実だったのか？　あいにく、そう考えるには、材料が乏しすぎる。筆者は、Uボートと大海蛇の物語について、そもそもの出所を探ってみた。案の定、ベルナール・ユーヴェルマンの『大海蛇を追って』(Bernard Heuvelmans, *In the Wake of Sea-Serpents*, London, 1968) であった。ユーヴェルマンは、１９１６年にル・アーヴルに生まれ、ブリュッセル大学で動物学の博士号を取得したのちは、謎の動物を求めて世界中を旅したという、未知動物学の始祖ともいうべき人物である。ＵＭＡに関する話の起源をさかのぼっていくと、彼の著作に行き着くことが多い。この場合も例外ではなかった。

結論からいうと、大海蛇事件のソースは、ドイツ海軍の公式記録ではなく、１９１５年当時の艦長、ゲオルク・ギュンター・フォン・フォルストナー男爵が、１９３３年12月19日付のチュービンゲンの地方紙『ドイツ一般新聞(ドイッチェ・アルゲマイネ・ツァイトゥング)』に寄せた「スコットランドの海の怪物【ネッシーのことだろう】は、すでにU-28によって目撃されていた」(【　】内は筆者の注釈。以下同様) という談話記事なのだった。これでは、フォルストナー艦長が、海の男にありがちなホラを吹いたものという推定も成り立つではないか……いや、白状しよう。実は、筆者は、ドイツ連邦軍事文書館の史料目録を調べたことがある。なるほど、U-28の航海記録などは残っているものの、大海蛇と遭遇した件の報告などありはしなかった。当然のことで、そんなものが残っていたら、マスコミが放っておかないだろう。まあ、可能性をつぶしていくのが、リサーチというものではあるのだが。

ともあれ、なんともつや消しな方向に傾いてきたけれど、落胆するのはまだ早い。フォルストナーの談話は、事件の際に司令塔にいたのは、自分のほかに、ディークマンとローマイスの両中尉、ツィーマー機関長、パリシュ救命ボート手、バルテルス上等水兵だったと、固有名詞を列挙しており、妙にリアルで、あながち虚言と切り捨てられないのである。ロマンの余地は、なお残っているというべきか。

最後に、フォルストナー証言の核心部分を訳出しておこう。信じようと信じまいと、読者の自由である。

「この海の奇跡に、われわれは、あれを見ろと互いに言い合った。ブロックハウス【ドイツの百科事典】にも、ブレームにも【ドイツの動物学者で、水棲動物の権威であったアルフレート・ブレームの著書か】記載がなかったから、残念なことに、それが何かは特定できなかった。この動物は、10秒か15秒で視界の外に沈んでいったので、写真を撮るひまもなかったのだ……それは、18メートルほどの体長で、かたちはワニに似ていた。四肢の先には、しっかりしたひれがあって、先に向かって細くなっていく長い尾を持っていた」

第4章

人類史上、最大の戦い。独ソ戦点描

――1941－1945年

「対ソ戦役の目標は、西部ロシアに在るソ連の大軍を撃滅し、戦闘能力を有する部隊がロシアの奥深く撤退するのを阻止することにある……」――「ロスベルク・プラン」

「ヴェリキエ・ルーキ守備隊長へ。貴官とその将兵たちの勇敢さに賛嘆の意を表明する。諸君が、救出されるまで、ホルムのシェラー将軍同様に鉄のごとく守り抜くことを確信するものである。アドルフ・ヒトラー（署名）」――アドルフ・ヒトラー

「本日、相当量の輸送筒を受領。物資７本、通信機材３本、弾薬６本。ただし、弾薬の輸送筒２本はひどく損傷しあり。より厳重に包装されたし！【原文改行】タバコ製品が緊急に必要、弾薬を積んだ輸送グライダーは何時到着するや？」

――エドゥアルト・フォン・ザス

「彼【ヒトラー】は、もう、いかなる決断もなさず、すべてを先延ばしにするだけだった。そして、必要な決定が下されたときには、もう遅すぎた」「一度はスターリングラード、二度目はクリミアで」「今や、どうにかして、これを終わらせる企てがなされねばならぬ」

――クルト・ツァイツラー

冬のアイロニー

赤の広場を行進するソ連軍

赤い朔風

1941年12月5日、金曜日午前3時。零下25度ないし30度、積雪1メートル以上。

OKH、ドイツ陸軍総司令部の作戦課が、「【敵軍には】目下のところ、言うに足る大規模な予備兵力はない」と結論づけた報告書を完成させてから4日後のこの日、モスクワを防衛していたソ連軍は、極寒をついて、突如反撃に転じた。

第一撃は、ヴァシリー・A・ユシュケヴィッチ少将の第31軍が、カリーニン南方で仕掛けた。それから8時間後、イヴァン・I・マスレニコフNKVD（内務人民委員部）中将の第29軍が、同市北方で攻撃を開始する。翌土曜日には、ドミトリー・D・レリューシェンコ少将の第30軍、ヴァシリー・I・クズネツォフ中将の第1打撃軍、アンドレイ・A・ヴラソフ少将の第20軍が、北の友軍に続いた。

まさかのソ連軍全面攻勢である。すでに述べたように、ドイツ軍は、ソ連軍はいまだ回復していないと判断していた上に、モスクワ攻略を中止、防御態勢に転じようとしている途上の、きわめて脆弱な状態にあった。冬季戦用の装備も不充分であったことは、あまりにも有名であるから、付け加えるまでもあるまい。つまり、ドイツ軍は、最悪のタイミングでソ連軍の反攻を迎えることとなったのである。

その結果、ドイツ軍は、大幅な後退と抵抗拠点の放棄を強いられた。イヴァン・S・コーニェフ大将率いるカリーニン正面軍の攻撃に対しては、ある程度持ちこたえたものの、ゲオルギー・K・ジューコフ上級大将の西正面軍に抗することはできなかった。攻勢開始から2日で、ロガチェフ、ヤフロマ、クラスナヤ・ポリャーナといった、モスクワの北と西に位置する諸都市を奪回され、さらに、12月15日には、包囲されていたクリンが陥落。モスクワ前面に在った部隊も包囲の危険にさらされ、重装備や車両の多くを放棄して、敗走する。

モスクワ南方では、西正面軍左翼と、セミョーン・K・ティモシェンコ元帥の指揮する南西正面軍（12月18日付で指揮官交代、新任司令官はフョードル・Y・コステンコ中将。ついで、12月24日に右翼の部隊を分離し、ヤコヴ・T・チェレヴィチェンコ大将を司令官とするブリャンスク方面軍を新編）右翼が協同し、ドイツ第2装甲軍に打撃を加えて、撤退に追い込んだ。とくに、ドイツ第34軍団を撃滅し、交通の要衝イェレツを占領してからの作戦の進展はめざましく、退却するドイツ軍を追って、80から100キロもの進撃をみせた。

かくて、モスクワを南北から窺う態勢にあったドイツ軍も、新しい年、1942年の初頭には、完全に撃退された。なかには、250キロもの後退を余儀なくされた部隊があったほどである。赤い朔風は、首都をおびやかす暗雲を吹き払ったのだった。

1812年の夢

しかしながら、モスクワ前面の反撃に参加したソ連軍諸部隊は、実は、装備豊かでもなければ、潤沢な補給を受けていたわけでもなかった。その多くは、直前までの首都防衛戦で消耗しているか、兵員こそかき集めたとはいえ、兵器や装備に乏しい新編部隊だったのである。たとえば、西正面軍麾下の第10軍（11月24日付で第三次編成。フィリップ・I・ゴリコフ中将指揮）などは典型的な例で、重砲や戦車はなく、歩兵火器、通信機器、工兵資材、トラックなども全般的に不足していた。

ここで、興味深いデータを示すことにしよう。アメリカ陸軍の退役大佐で、有名な軍事史家であるトレヴァ・N・デュピュイが、1962年に設立したリサーチ会社、HERO（Historical Evaluation and Research Organization、「歴史評価調査機構」）は、おもに第二次大戦以降の戦闘を徹底的に調査、数量化して分析をほどこすという、ユニークな戦史研究の方法を創案したことで知られている。同社のデータベースをもとに、デュピュイが、ソ連軍事の専門家P・マーテルとともに著した『東部戦線の大戦闘』から、モスクワ前面の冬季反撃、1942年末のスターリングラード反攻、そして、1944年にドイツ中央軍集団を壊滅させた「バグラチオン」作戦の数字を引用する（表1〜3。ただし、ソ連邦が崩壊し、大規模な機密文書の公開がはじまる以前のものなので、現在では若干の修正が必要であろうが、一般的な状況を把握する上では、今日なお有効であると思われる）。

これらの表を参照すれば一目瞭然、説明の必要もあるまい。1キロあたり最低でも30門の砲・迫撃砲を用意した「バグラチオン」はもちろん、スターリングラード反攻に比べても、火力において、相当に見劣りすることがわかる。これを要するに、1941年末から1942年初めのソ連軍は、なお夏の諸会戦で受けた打撃から回復していなかったのだ。事実、独ソ両軍の兵力を比較すれば、わずかながら、ドイツ軍のほうが優っているほどだった。

つまり、モスクワ前面での反撃の成功は、死力を振り絞って、獲得したものだったといえるし、その本来の目的も、首都前面の脅威を排除することでしかなかったのである。

にもかかわらず、スターリンは、期待以上の勝利に有頂天になり——ソ連軍事史の権威、J・エリクソ

表1　ソ連軍の戦術的密度（1941年12月5日）

		カリーニン正面軍	西正面軍				南西正面軍右翼	総計
		第22軍 第29軍 第31軍	右翼： 第1打撃軍 第30軍 第20軍 第16軍 第5軍(一部)	中央： 第33軍 第43軍 第5軍(一部) 第49軍(一部)	左翼： 第10軍 第50軍 第49軍(一部) ベロフ支隊	合計	第3軍 第30軍 コステンコ支隊	
1キロあたりの兵員・兵器 正面幅（km）		250	220	150	280	650	240	**1,140**
兵員		786.8	2,026.0	1,198.0	577.6	1,211.0	339.9	**930.6**
野砲・迫撃砲	口径76ミリ以上の砲	2.3	3.5	3.5	1.7	2.7	0.7	**2.2**
野砲・迫撃砲	82ミリ及び120ミリ迫撃砲	0.7	4.0	1.7	1.4	2.3	0.5	**1.5**
野砲・迫撃砲	合計	3.0	7.5	5.2	3.1	5.0	1.2	**3.7**
対空砲・対戦車砲	対空砲	0.4	1.6	0.8	0.5	1.0	0.3	**0.7**
対空砲・対戦車砲	対戦車砲	0.2	1.3	1.3	0.5	0.9	1.0	**0.5**
砲・迫撃砲の合計		3.6	10.4	7.3	4.1	6.9	2.5	**4.9**
戦車		0.06	1.40	1.20	0.40	0.90	0.10	**0.60**

【『東部戦線の大戦闘』、56頁より一部を略して作成】

表2　スターリングラード反攻におけるソ連軍の戦術的密度（1942年11月20日）

			正面軍 南西	ドン	スターリングラード
担当正面幅（km）		合計	250.0	150.0	450.0
担当正面幅（km）		攻撃地域	56.0	10.5	40.0
担当正面幅（km）		突破地区	22.0	10.5	40.0
砲・迫撃砲 *		担当正面合計	4,320.0**	4,076.0	4,502.0
砲・迫撃砲 *		攻撃正面1kmあたりの数	17.3	27.2	10.0
砲・迫撃砲 *		攻撃地域合計	3,508.0	735.0	1,320.0
砲・迫撃砲 *		攻撃地域1kmあたりの数	62.4	70.0	33.0
砲・迫撃砲 *		突破地区合計	1,452.0	735.0	1,320.0
砲・迫撃砲 *		突破地区1kmあたりの数	66.0	70.0	33.0
多連装ロケット砲	BM-13及びBM-8	担当正面合計	148.0	147.0	145.0
多連装ロケット砲	BM-13及びBM-8	担当正面1kmあたりの数	0.6	1.0	0.3
多連装ロケット砲	BM-13及びBM-8	攻撃地域及び突破地区合計	134.0	105.0	90.0
多連装ロケット砲	BM-13及びBM-8	攻撃地域及び突破地区1kmあたりの数	2.4	10.0	2.2
多連装ロケット砲	M-30	担当正面合計	480.0	288.0	192.0
多連装ロケット砲	M-30	担当正面1kmあたりの数	2.0	1.9	0.4
多連装ロケット砲	M-30	攻撃地域及び突破地区合計	480.0	288.0	192.0
多連装ロケット砲	M-30	攻撃地域及び突破地区1kmあたりの数	8.6	27.4	4.8
戦車 ***		担当正面合計	560.0**	166.0	621.0
戦車 ***		攻撃正面1kmあたりの数	2.2	1.1	1.4
戦車 ***		攻撃地域合計	560.0	161.0	397.0
戦車 ***		攻撃地域1kmあたりの数	10.0	15.3	9.9
戦車 ***		突破地区合計	560.0	161.0	397.0
戦車 ***		突破地区1kmあたりの数	25.4	15.3	9.9

* 対空砲と50ミリ迫撃砲は含まず。
** 反攻の最初の段階で参加していなかった第1親衛機械化軍団の砲・迫撃砲182門ならびに戦車163両は含まず。
*** 戦闘部隊の保有している車両のみ。

【『東部戦線の大戦闘』、73頁より一部を略して作成

表3　バグラチオン作戦におけるソ連軍の正面幅及び砲*、戦車、自走砲の密度（1944年6月〜7月）

		正面軍					
		第1バルト	第3白ロシア	第2白ロシア	第1白ロシア（右翼部隊のみ）	**合計**	第1白ロシア（44年7月15日に投入された左翼部隊）
正面幅	総km数	160	140	160	230	**690**	120
砲及び迫撃砲**	全正面総計	4,950	7,134	3,989	8,310	**24,383**	8,335
	全正面1kmあたり	31.0	51.0	30.0	36.0	**36.0**	70
	突破地区総計	3,768	5,764	2,168	5,929	**17,629**	7,126
	突破地区1kmあたり	151.0	175.0	181.0	204.0	**178.0**	356
戦車及び自走砲	全正面総計	687	1,810	276	1,297	**4,070**	1,748
	全正面1kmあたり	4.3	12.9	1.7	5.6	**5.9**	14.5
	突破地区総計	535	1,466	227	1,297	**3,525**	1,663
	突破地区1kmあたり	21.4	44.4	18.9	44.7	**35.6**	83.2

* 対戦車砲と対空砲は含まず。 ** 多連装ロケット砲を含む。

【『東部戦線の大戦闘』、162頁より一部を略して作成】

ンは、「1812年と大陸軍(ラ・グランダルメー)の芳香が宙にただよっていた」と評している——ロシアの大地から侵略者を追い払うときが来たと確信した。

1942年1月7日、赤い独裁者は、ほとんど全戦線にわたっての、戦略的攻勢を命じる。

北では、包囲下にあるレニングラードを救援。

モスクワ正面では、ドイツ軍の主力、中央軍集団を包囲撃滅。

南では、ハリコフ周辺の工業・資源地帯を奪還、クリミア半島を解放する。

前述のごとき、消耗しきった、あるいは、間に合わせで編成された諸部隊には、あまりに過大で、幻想的でさえある目標であった。

デクレシェンド

いうまでもなく、クレムリンの夢想郷(シュララッフェンラント)で考えられた作戦は、いたるところで齟齬(そご)を来す(きた)ことになる。

北方、レニングラードの解囲を命じられた、キリル・A・メレツコフ上級大将のヴォルホフ正面軍などは、新しく生産された砲を受領したものの、照準装置が取り付けられておらず、ソ連砲兵総局長官が、それらを満載した航空機に同乗し、自ら届けなければならないありさまだった。かかる部隊を以て行う作戦が成功するはずもなく、レニングラード救援も成らぬまま、逆に、いくつかの軍が反撃を受け、孤立してしまう。

東部戦線の中央部、モスクワ西方での攻勢も、同様に竜頭蛇尾の結果に終わった。各地でドイツ軍に打撃を与え、突破口を開いたにもかかわらず、機動力に乏しいソ連軍は、先鋒部隊に充分な兵力を後続させて、戦果を拡張することができなかったのである。その結果、ドイツ中央軍集団に大きな圧力を加えながらも、これを包囲撃滅するという大目標は達成されなかった。

もっとも、ソ連軍指導部とて、好機を見過ごしていたわけではない。ジューコフは、攻勢のモーメンタムを維持し、重要都市ヴャジマを奪取するために、およそ1万の兵力を有する第4空挺軍団を繰り出した。彼らは、ヴャジマ西方に夜間降下、地上部隊と協同して、同市を占領することになっていた。しかし、この作戦も、準備段階から、失敗を運命づけられていた。というのは、第4空挺軍団は、冬季用の白色迷彩服を支給された、数少ないエリート部隊の一つだったから、ドイツ軍にしてみれば、容易に識別できたのである。彼ら、白い迷彩服の将兵が、出撃基地であるカルーガ付近の諸飛行場に現れただけで、空挺作戦が近いと予想されたのだ。ゆえに、ソ連軍の降下がはじまるや、ドイツ空軍はただちに、それら出撃飛行場を特定し、爆撃した。かてて加えて、輸送機や熟練したパイロットの不足、悪天候などに災いされて、1月末から2月初めにかけて、そして2月中頃と、二度にわたって実行された空挺作戦は、目標地点以外の場所に降下する将兵が続出、多くの装備を失うという結果を招いたのみで、失敗に終わる。

さらに南方の攻勢も、イジュム附近で突出部をつくり、クリミア半島の東端、ケルチ半島に橋頭堡を築いただけにとどまった。

結局、スターリンの甘美な幻想は、現実によって、鉄槌(てっつい)を下されたのである。歴史にイフはないが、もしも、このとき、ソ連軍が手持ちの兵力や物資を、より限定された目的のために投入していたら、ある程度の成果が挙げられたかもしれない。されど、スターリンは、すべてを奪おうとして、何ものをも得られなかったのだった。

予想されざる「戦果」

しかしながら、ソ連軍の冬季攻勢、とりわけ1941年12月から1月にかけてのそれは、今まで敗北を知らなかったドイツ国防軍に屈辱を嘗めさせ、同時に、深刻な危機感を抱かせていた。かかる苦境に対応すべく、ヒトラーが「死守命令」、寸土も譲らず抵抗せよとの指令を出したことは、よく知られている。従来、陸軍総司令官ヴァルター・フォン・ブラウヒッチュ元帥をはじめとする、多くの高位の軍人たちは、この方針に反対したために罷免（ひめん）されたのだと言われてきた（いわゆる「統帥危機」）。けれども、ドイツの歴史家ヒュルターの最新の研究によれば、ことは、そう簡単ではないようだ。紙幅が限られているから、彼が示した、さまざまなケースのすべてをあげることはできないが、一つだけ、第2装甲軍司令官ハインツ・グデーリアン上級大将の解任の例を紹介しよう。

意外にも、グデーリアンは当初、前線の危機に対応できない上官たちに不満をおぼえ、ヒトラーの積極的な関与を望んでいた。たとえば、第2装甲軍作戦参謀戦時日誌の12月17日の記述には、グデーリアンは軍中央を辛辣（しんらつ）に批判し、ヒトラーの「いつもながらの行動力」に期待していた、とある。皮肉なことに、彼は、その数時間後に幻滅を味わうこととなった。同じ日の夜、ヒトラーは、いかなる状況にあっても、おのが戦区を維持せよと、電話でグデーリアンに命じてきたのだ。

周知のごとく、グデーリアンは、こうした死守命令に反対し、行動の自由を得ようと、空しい努力を重ねることになるわけだが、実は、その対手はヒトラーだけではなかった。12月19日に、フェドーア・フォン・ボック元帥の後任として中央軍集団司令官、すなわちグデーリアンの上官になった人物は、彼と犬猿の仲であるギュンター・フォン・クルーゲ元帥だったからである。グデーリアンがしばしば独断専行をなすことを極度に嫌っていたクルーゲは、彼を去らせるべく、画策をはじめた。その際、強力な援護者となったのは、陸軍参謀総長フランツ・ハルダー上級大将である。１９４５年以降、敗戦の責任はヒトラーにあると主張し続けたハルダーは、しかし、ソ連軍冬季反攻が開始された直後にあってはなお楽観的で、総統の死守命令を支持してさえいた。一例をあげれば、12月21日には、中央軍集団作戦参謀との電話で、「全戦線で持ちこたえれば、2週間以内にすべては終わる。敵は、長期にわたり、総攻撃を継続することはできない」などと語っているほどである。この頼もしい味方を得たクルーゲは、グデーリアンは「逆上している」、「かくも悲観的になっている」、「そもそも、これ以上指揮を執ることができない」などと、ハルダーや総統付国防軍副官のルドルフ・シュムント少将に、電話で訴え続けた。かかる対立と、後退の自由をめぐるヒトラーとの衝突。この二つが相俟(あいま)って、グデーリアンは罷免に追い込まれたのである。

この例が示すごとく、一連の将軍たちの解任には、今まで説明されてきたように、死守命令に反対するか否かを基準に、ヒトラーが意に染まぬ言動をなす部下たちをパージしたというふうに単純化するわけにはいかない、さまざまな側面があることがわかる。けれども——「統帥危機」の原因と影響については、定説を変更する必要はなかろう。何よりも「統帥危機」を招いたのはソ連軍の冬季攻勢であり、かつ、それは、ヒトラーが絶対的な軍事指導権を掌握するという、のちにドイツ軍に大きな災厄をもたらすことになる事態につながっていったのだった。しかも、独ソ戦史の研究家であるグランツとハウスが、彼らの共著で喝破したごとく、「ドイツ軍が生き残ったのは『死守』命令ゆえではなく、ソ連軍が、自分たちに実行可能である以上のことを試みたからだった」のに、ヒトラーは、そうは考えなかった。ために、彼は、おのが軍事的才能を過信し、以後、部下の反対を握りつぶして、非合理的な指令を乱発することになる。

つまりは、冬のアイロニーともいうべき結果であった。スターリン自身は、もちろん気づいていなかっただろうが、彼が命じた、当時のソ連軍の力量を超えた全面攻勢は、スターリングラード、さらにはベルリンに通じる道を、はからずも開いていたのである。

隠されたターニング・ポイント——スモレンスク戦再評価

ロシアの大草原を行くIII号戦車

バルバロッサ作戦の新解釈

もう数年前のことになるが、ドイツ軍事史研究局（現ドイツ軍事史・社会科学センター）研究監兼フンボルト大学教授であるロルフ＝ディーター・ミュラー博士が、防衛省防衛研究所戦史部（現戦史研究センター）の招きに応じて来日され、クルスク戦の実相やソ連パルチザン作戦に関する最新の研究について講演されたことがある。その際、筆者はミュラー博士の案内役を務めたため、親しくお話しする機会を得た。いろいろと興味深いことをご教示いただいたのだけれど、なかでも、博士が指導しているオーストラリア人の学生が、ドイツのソ連侵攻は、第2装甲集団の南方旋回やモスクワ戦のはるか以前、1941年7月のスモレンスク戦の時点で、すでに挫折していたとするテーゼを打ち出した学位論文を書いているという話題には驚かされた。

「バルバロッサ」作戦の既成概念とは、ずいぶん異なる話ではある。ゆえに、筆者もにわかには信じ難かったものの、ドイツにおける第二次大戦史研究の第一人者であるミュラー博士は、その論文を激賞し、独ソ戦史の重要な部分を書き換えるであろうとまでおっしゃる。それほどの論考ならば、いずれ単行本として上梓（じょうし）されるだろうとみていたところ、期待通り、２００９年に出版されるに至った。ケンブリッジ大学出版局より刊行された、デイヴィッド・ストーエルの『バルバロッサ作戦と東方におけるドイツの敗北』がそれである。一読したところ、きわめてリサーチが行き届き、説得力がある上に、作戦戦闘史と政治外交史の結節点を見出そうとする姿勢も斬新であった。加えて、シンクロニシティとでもいうべきか、アメリカの独ソ戦史の権威グランツも、ほぼ時を同じくして、ストーエルと同様の見解に達していたらしく、別のスモレンスク戦研究書、『脱線したバルバロッサ』（より戦闘戦史を重視したもの）を準備、やはり昨年より刊行を開始している。

そこで、本節では、この新しいテーゼを、おもにストーエルの著書を中心として紹介することにしたい。というのは、グランツの研究は第１巻しか発売されておらず（２０１２年刊行）、いまだ全貌をつかむことができないからだ。ちなみに、全４巻になる予定の『脱線したバルバロッサ』は、一次史料や戦闘序列などを多数収録しており、しかも第４巻は戦況図だけで構成されるという（２０１５年末に完結した）。

空虚な勝利

バルバロッサ作戦の構想には、さまざまな源流があること、また、政治的な中心であるモスクワを重視するか、南方の資源地帯を優先するかに関して、ドイツ側にあつれきがあったことはよく知られている（バリー・リーチ『独軍ソ連侵攻』、岡本雷輔訳、原書房、１９８１年が詳しい）。しかしながら、多数の計画立案者たち、そして、ヒトラーと国防軍指導部は、ある一点において、完全に一致していた。それは、可能な限り独ソ国境の近く、ヨーロッパ・ロシアの西部において、ソ連軍主力を撃滅し、奥地への撤退とそこでの抵抗を許さないということである。たとえば、ＯＫＷ（オーカーヴェー）（国防軍最高司令部（オーバーコマンド・デア・ヴェーアマハト））国防軍統帥幕僚部の参謀だったベルンハルト・フォン・ロスベルクが執筆した「東方作戦研究」、いわゆる「ロスベルク・プラン」

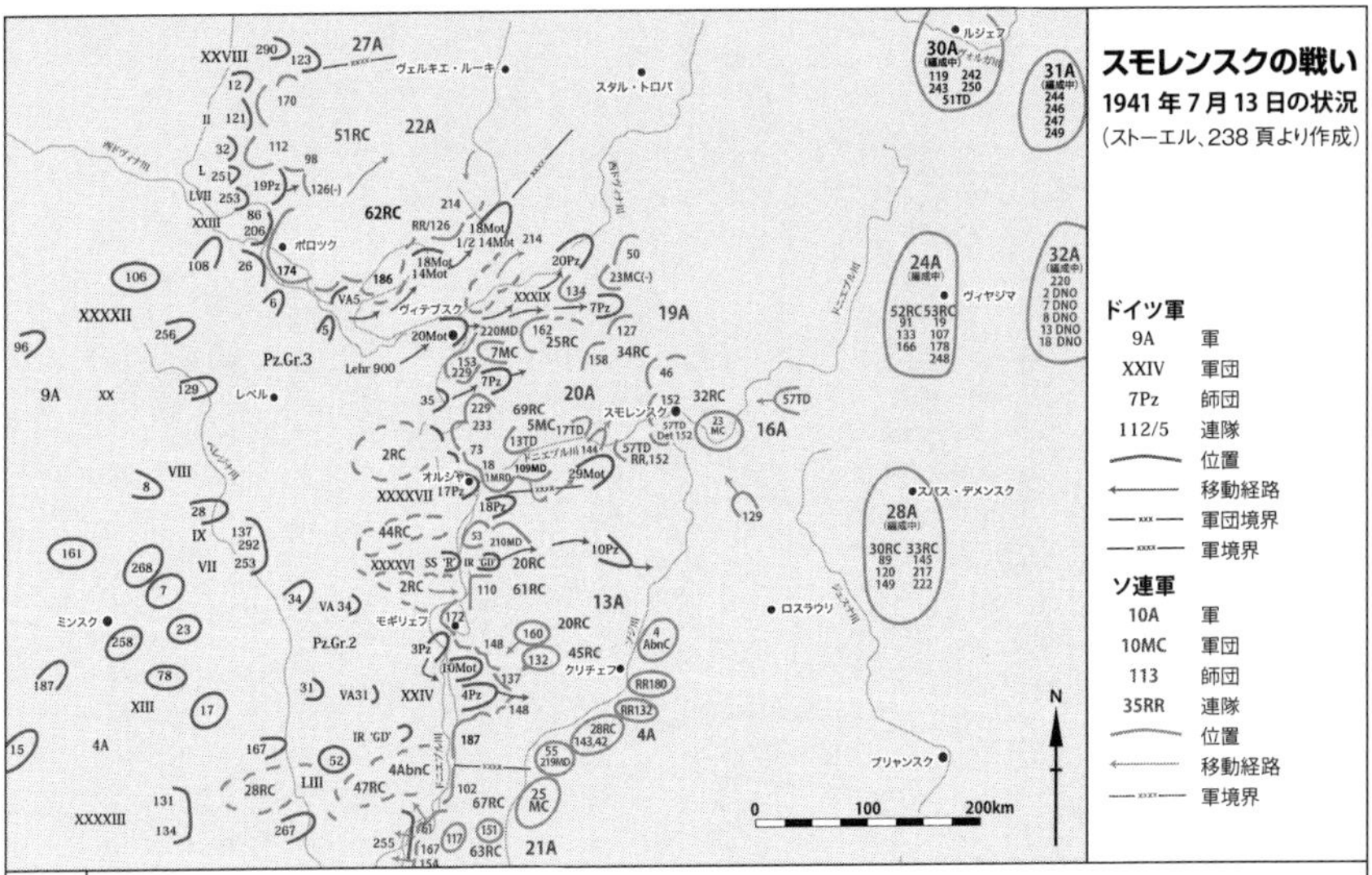

略号										
	Pz	装甲	SS	武装親衛隊	Lehr	教導	RR	狙撃連隊	MC	機械化軍団
	Pz.Gr.	装甲集団	R	「帝国」	Mot	自動車化歩兵師団	RC	狙撃軍団	AbnC	空挺軍団
	IR	歩兵連隊	GD	グロスドイッチュラント			MD	機械化師団		

には、「対ソ戦役の目標は、西部ロシアに在るソ連の大軍を撃滅し、戦闘能力を有する部隊がロシアの奥深く撤退するのを阻止することにある……」と記されている。

ごくわずかな例外を除き、ドイツ軍の将校たちは、これをさほど難しい課題とは思っていなかった。1940年のフランスに対する電撃的勝利が彼らを自信過剰にさせていた上に、第一次世界大戦でドイツ軍がロシア軍に対して示した優越は、そうした信念をつよめるばかりだった。「タンネンベルク神話」は、1941年になっても消え去ろうとはしていなかったのである。むろん、ロシア人を「劣等人種(ウンターメンシュ)」とみなすナチズムのイデオロギーも、かかる誤謬と偏見が蔓延(まんえん)するのに一役買っている。結果として、彼らは、プロとしてなすべき、醒めた敵情判断すらも怠っていた。

けれども、バルバロッサ作戦初日に、ドイツの軍人たちは、自分たちの高慢さを思い知らされることになる。それも、ストーエルによれば、従来の研究に述べられていた以上の深刻さで——。

そう、1941年6月22日午前3時15分にソ連侵攻を開始したドイツ軍は、一見奇襲に成功し、敵を圧倒しているかにみえた。中央軍集団正面では、ソ連第3、第10、第4軍が、西に突出するかたちで集結していたため、独第2および第3装甲集団に挟み込まれる態勢となっていたのだ。そのため、ヘルマン・ホート上級大将率いる第3装甲集団は快調に進撃し、開戦初日夕刻までにニェマン川にかかる橋2本を押さえた。順調な進撃ぶりである。少なくとも、あらたに開かれた東部戦線における作戦を指揮するOKH（オーカーハー）、陸軍総司令部（オーバーコマンド・デス・ヘーレス）では、かように判断していた。だが、現場の感触はちがう。6月22日の第3装甲集団の戦時日誌をみよう。「敵が現れたところでは、彼らはすべて頑強かつ勇敢に、死に至るまで戦っている。いかなる地点においても、脱走兵や降伏を申し出るものがあったとの報告はない。ゆえに、この戦いは、ポーランド戦や西方戦役よりも厳しいものとなろう」第4軍所属の第43軍団長ゴットハルト・ハインリーチ歩兵大将も、同様の印象を受けており、6月24日付の家族に宛てた私信には「【ソ連兵】は、フランス人よりもはるかに優れた兵士だ。極度にタフで、狡知と奸計（かんけい）に富んでいる」とある（【】内は筆者の註釈。以下同様）。

ホート装甲集団の南190キロの地点を進撃するハインツ・グデーリアン上級大将の第2装甲集団においても、状況はたいして変わらなかった。いや、湿地を進撃するという地形上の困難も加わっていたから、ホートよりも悪かったといえるかもしれない。なるほど、奇襲によって、ブーク川の複数の橋を占領したものの、ロシアの道路は、装甲部隊の大縦隊の移動に耐えられなかった。第47装甲軍団長ヨアヒム・レメルセン装甲兵大将は、橋に通じる道路が、重量のある車両の通行によって、文字通り湿地に沈んでしまったと報告している。グデーリアン装甲集団右翼を担う、男爵レオ・ガイア・フォン・シュヴェッペンブルク装甲兵大将の第24装甲軍団も、割り当てられた道路が「壊滅的な状態」にあり、ほとんど使えなかったために大渋滞を起こし、80キロ前進する予定が18キロしか動けないというありさまだった。

さらに、包囲され、取り残されたソ連軍の反撃も無視できなかった。たしかに、そうした攻撃は、いずれも小規模かつ散発的であったし、多くの場合大損害を出して撃退されるようなものではあったが、ドイツ軍は、これらに対応せざるを得ず、そのぶん進撃は遅れた。中央軍集団司令官フェドーア・フォン・ボック元帥の6月24日の日記を引こう。「ロシア人は死にものぐるいで防戦につとめている。グロドノ付近で、第8および第20軍団に対する猛反撃あり。グデーリアン装甲集団もスロニム近くで敵の反撃により足止めされている」

加えて、ドイツ軍の損害も、個々の戦闘ではわずかなものだったとしても、ひっきりなしの小競り合いによって、それらが積み重なっていけば無視できないものになった。早くも開戦3日目に、陸軍参謀総長フランツ・ハルダー上級大将は、損害は「耐えられる程度」としながらも、「将校の損失は著しく多い」と日記にしたためている。こうした困難は、機動力の差から、快速部隊と歩兵部隊のあいだにギャップが生じるにつれて、いよいよ増大した。

これらの諸事象は、もちろん従来の研究書にも記されていたことである。が、ドイツ軍前線部隊の文書を精査したストーエルは、侵攻軍の苦境はあまりにも過小評価されていたとする。バルバロッサ作戦初期段階でのドイツ軍の前進はめざましいものとみえたが、彼らが達成すべき戦略目標からすれば、なお足りなかった。一つ一つは軽微なようである損害も、累積していくと、実は戦略的攻勢の遂行を不可能にしかねないものだったというのだ。

かくのごときストーエルの視点からすれば、中央軍集団が達成した最初の包囲殲滅戦、6月下旬のビャリストク＝ミンスク包囲戦も、たとえ33万余の捕虜を得たとしても、多くの戦闘力を残したソ連軍部隊の東方脱出を許し、かつ出してはならぬ損害を出したということで、戦略的には「空虚な勝利」であったと断じられる。興味深いのは、前線のドイツ軍司令官たちも、このような事態を認識し、焦りを深くしていたという指摘だ。ここでは、グデーリアンの例を引こう。戦後の回想録では、彼は、ミンスク包囲戦は大勝利だったと誇っている。しかし、1941年6月27日付の夫人への書簡、すなわち一次史料では、「敵は、勇敢に激しく抵抗している。ために、戦闘はきわめて厳しい。誰もがただ、それに耐えるだけだ」と本音を吐露していたのだ。

こうした認識は、続くスモレンスク戦において、ベルリンの上層部も共有することになってゆく。

ドイツ軍首脳部の焦慮

いずれにせよ、より国境に近い地域でソ連軍主力を撃滅し、それによってモスクワなどの重要地帯を守る兵力を奪うという所期の目的が達成されなかったことは、あきらかだった。だとすれば、次善の策であるにしても、ソ連軍のつぎなる防衛線になるであろうドヴィナ川とドニエプル川を可及的速やかに渡り、そこで彼らに決定的な打撃を与えなければならない。敵に堅固な陣地をつくることを許さず、モーメンタムを維持して、今度こそ、真の意味での包囲殲滅戦を遂行するのである。

グデーリアンもホートもそう考えていたが、麾下(きか)部隊は、すでにミンスク戦で消耗していた。6月29日付のヴィルヘルム・リッター・フォン・トーマ装甲兵大将の視察報告によれば、第3装甲集団の保有する戦車のうち、7月2日までに戦闘に使用可能になるものは70%にすぎなかったという。より酷使された第2装甲集団所属の装甲師団の場合は、もっとひどい。やや後の数字になるが、同装甲集団の7月7日付戦時日誌の記述によると第10装甲師団がいちばんましで、戦闘可能な戦車は80%。しかし、第4と第17は60%にすぎず、第3と第18に至っては、35%でしかないというのである。

にもかかわらず、歩兵部隊が先行した装甲部隊に追いついてきたのをみた中央軍集団は、7月3日に前進を再開した。このときまでに、ソ連軍の戦術は、著しい変化をとげている。やみくもな反撃を止め、ドヴィナ川とドニエプル川の線に――そこでは、いわゆる「スターリン線」、開戦前に構築されていた陣地を利用することも期待できた――増援が到着し、充分な防御線が築かれるまで、少しでも敵の前進をとどこおらせることを目的とした遅滞戦術に切り替えたのだ。ドイツ軍にとっては、なんとも不都合な転換であった。

さらに、前線の派手な戦闘ほどには眼を惹かないものの、政戦略レベルにおいては重要な意味を持つ事態も生じていた。初期の段階から、ドイツ軍の兵站機構はうまく機能せず、ドイツ軍諸部隊、とりわけ快速部隊は、補給の不足に苦しんでいたのだが、それを補おうと略奪の挙に出たのである。ハインリーチ将軍の嘆きを聞こう。早くも6月23日の時点において、彼は日記にこう書いていた。「あらゆるところで、われわれの仲間が荷馬を探し、それらを農民から奪い取っている。村々では動揺と失望がみられる。かくて、この民衆は『解放』されつつあるのだ」。こうした蛮行の結果、ドイツ軍はロシア人の支持を失っていった。やがて、彼らの多くは、パルチザンの供給源となっていくのである。

やや話がそれるが、ドイツ軍が反スターリン的な民衆感情を利用し、解放者として振る舞えば、対ソ戦は勝利を得られたのではないかという説がある。だが、最近の研究では、ドイツのソ連侵攻は、収奪を大前提としていたことが解明されている。つまり、ソ連の住民に充分な保護を与えれば、戦争経済上齟齬（そご）をきたすような構造があったというのだ。とすれば、右記の仮説はなりたたないとみるのが妥当と考えるが、どうだろうか。

ともあれ、戦力不足と不充分な補給に悩まされながら、ドイツ軍は前進した。この過程で、スモレンスクを防衛する任を帯びて、モスクワから派遣されたセミョーン・K・ティモシェンコ（ソ連邦元帥）は、赤軍大本営（スタフカ）の指令に従い、7月6日、第20軍麾下の第7および第5機械化軍団を投入、レペルに向けて反撃をかけさせているけれど、これはドイツ第7装甲師団の巧妙な防御戦により、完全に失敗した。とはいえ、ソ連軍にまだ反撃の余力があることが示されたために、ボック中央軍集団司令官は、より慎重な対応を取ることになる。

好ましくない事態であった。なるほど進撃はしていても、6月下旬のごとき、めざましいものではない。それは、国内政治や外交にも影響を与えつつあった。ヨーゼフ・ゲッベルス宣伝大臣などは、早くから対ソ戦の進捗がはかばかしくないことに憂慮を示していたが（有名なゲッベルス日記には、そうした記述が多々みられる）、そうした懸念は同盟国にも波及しつつあった。たとえば、イタリア外務大臣ガレアッツォ・チャーノは、7月10日の日記で、自らの不安を洩らしている。「ロシア戦線からのニュースは、まったく深刻である。ロシア人は善戦している。この戦争ではじめて、ドイツ人は、2箇所で退却したことを認めた」と。

かかる状況下、前線の認識は、しだいに上層部にも伝わっていった。7月4日の時点では、「実質的には、敵は、すでにこの戦争に負けている」などとうそぶいていたヒトラーも、中央軍集団の前進が鈍ったという事実を突きつけられ、「ロシア人は強力な巨人だ」などと、総統付国防軍副官ルドルフ・シュムント大佐に弱音を吐く始末だった。

奇妙な状況ではあった。中央軍集団は、ソ連軍の抵抗や反撃を粉砕しつつ、スモレンスク周辺のソ連軍を包囲殲滅すべく前進している。だが、その進撃速度は、ソ連を打倒するという大目標のためには遅すぎたし、そのために支払った代価は、あまりにも高かった。第3装甲集団の戦時日誌には、このころのホートの状況判断が記録されている。一言でいうなら、「戦力の消耗は、得られた成果よりも大きい」。麾下将兵から「ホートおやじ（パパ・ホート）」と慕われたこの将軍は、部下たちが消耗し、「自動車化部隊は独力で何もかもしなければならないのか？」という不満を抱いていることを知っていたのである。それだけではなく、ホートは敵についても鋭い洞察を示していた。その結論は「ロシア兵は、恐怖からではなく、理念によって戦っている。彼らは帝政時代に戻りたくないのだ」であった。

敗北に向かう勝利

さりながら、中央軍集団の2個装甲集団、ホート装甲集団とグデーリアン装甲集団は突進を続け、7月中旬には、南北からスモレンスクを挟撃し、ソ連防衛軍の包囲を試み得る態勢をつくっていた。表面的には輝かしい進撃ぶりであり、当時の外国軍事筋、あるいは後世の史家の少なからぬ部分も、そうみなしている。けれども、その内実は火の車だった。この段階で、補給がすでに危機的状況におちいっていたのである。

周知のごとく、ソ連の鉄道は軌間(ゲージ)が異なるため、ドイツ軍はこれを標準軌に置き換えていかなければならず、ゆえに前線部隊が進むにつれ、鉄道による補給端末との距離は遠ざかるばかりだった。このギャップは、自動車部隊の輸送で埋められていたのだが、装甲部隊が敵陣深く進撃するにつれ、彼らの活動は著しく困難になっていった。加えて、ドイツ軍装甲部隊が突破前進したのちに、撃滅されることなく取り残されていたソ連軍部隊が補給縦列に対する攻撃を実行したことも見逃せない。こうした諸要因が影響した結果、装甲部隊の機動力は限定される一方だった。

たとえば、7月16日付の第2装甲集団兵站部長の戦時日誌には「とくに燃料が欠乏している。補給物資はまばらにしか来ない。鉄道の状況は、まったく不充分だ」とある。また、自動車輸送を支える部品も不足しており、同戦時日誌によれば、予備タイヤは必要量の6分の1しかなかったという。北のホート装甲集団にあっても、似たような状況で、その再先鋒となっていた第20装甲師団の戦時日誌には(7月15日)、燃料消費の急激な増大に危惧が抱かれているとの記述がみられた。

また、槍の穂先である装甲師団の損害もはなはだしかった。いくつか列挙してみよう。第4装甲師団は開戦当初169両の戦車を有していたが、7月17日に使用可能なものは40両にまで減少している。第7装甲師団の場合は、300両近い戦車を有していたのに、7月21日の時点で、うち77両が失われ、さらに1

20両が修理中だった。すなわち使用可能な戦車は、およそ3分の1にまで落ち込んでいたのである。

かかる戦況に対するストーエルの評価は、彼のテーゼをよく表していると思われる。

「ドイツが対ソ戦に勝利するための重要な条件の一つとして、機動力を維持することが必要だった。ソ連の大軍を罠にかけ、打ち破るため、そして、大規模で継続的な抵抗力が東方からもたらされるのに先んじて、工業・経済上のセンターを充分に占領しておくために、である。つまり、かつてのドイツ軍の成功に典型的であったような、迅速なペースでの作戦遂行を当てにしていたのだ。兵站システムの決定的な過重負担、装甲ならびに自動車化歩兵師団の疲弊といったことは、ワーテルローやタンネンベルクなどといった歴史上の例に比べれば、敗北をはかる上では、取るに足らない物差しにみえるかもしれない。が、それは、根本的で、最後には破滅をもたらす敗北に通じていた。ドイツがバルバロッサ作戦に失敗したのは、大戦闘で惨敗したことによるのでもなければ、ソ連軍の善戦ゆえというわけでもない。彼らは、戦争に勝つ能力を失うことによって、失敗したのである」

たしかに、ドイツ軍は勝利を重ねていた。ドニエプル川の線を突破した第2装甲集団は、ソ連第13軍を圧迫し、その麾下にある第29自動車化歩兵師団は7月16日にスモレンスクを占領している。一方、北からはホートの第3装甲集団が湿地や山地を踏破して南下しつつあったから、スモレンスク周辺にあったソ連3個軍（第16、第19、第20）は、包囲の危機にさらされたことになる。7月18日には——ちなみに、この日、第14戦車師団に所属していたスターリンの長男ヤーコフが捕虜になっている——両装甲集団の先鋒間の距離は16キロにまで狭まっており、すぐにも大包囲陣が完成するかにみえた。

しかし、この間に、必死になって予備軍を進めていたスターリンは、スモレンスク周辺の味方を救い、同市を奪回するための大反撃をティモシェンコ元帥に命じていた。作戦は、ゲオルギー・K・ジューコフ上級大将が立案した計画によるもので、第24、第28、第29、第30の4個軍が投入されることになっていた。

が、7月23日に開始されたソ連軍の反撃はなお準備不足で、スモレンスク解放という所期の目的を達するには至らず、8月上旬には中止される。その過程で、独ソ両軍ともに大きな損害を出したが、どちらがダメージが大きいかといえば、補充がきかないドイツ軍だということは自明の理だった。とりわけ、すでに消耗していた装甲部隊は(第3装甲集団の数字を挙げておく。グラフ1参照)、またしてもやせ細っていったのである。

加えて、同攻勢は、スモレンスク周辺にあったソ連軍部隊の脱出を助けた。そもそもソ連軍の反撃以前から、弱体化したドイツ軍は彼らの後退を完全には阻止できずにいたのだが(7月21日のボック元帥の日記には、「パイロットたちより、強力な敵部隊が包囲陣から東方へ行軍しているとの報告があった」との苦々しげな記述がある)、その傾向にいっそう拍車がかかったことになる。

なるほど、ドイツ軍は最終的にはスモレンスク包囲戦に「勝利」し、約25万もの捕虜を得た(従来、およそ30万とされてきたけれど、ここではグランツの数字に拠ることにする)。けれども、包囲陣から逃れた部隊が、あらたな防衛線を築く助けとなるのを妨げることはできなかったのだ。

かかる戦況を受けてか、7月26日のボック日記のトーンは、壮大な包囲戦を遂行している軍集団の司令官とは思えないほどに暗い。「多くの地点で、ロシア軍は攻撃に転じようと試みている。あれほど、手痛い打撃を受けた相手としては、驚くべきことだ。彼らは、とほうもないほどの物資を持っているにちがいない。今や、野戦部隊は、敵砲兵の恐るべき威力について、不平を洩らしている。ロシア軍はまた、空でも攻撃的になってきた」

戦闘の政治への影響

事実、ソ連軍の反撃は戦略的な目的は達成できなかったとしても、戦術的にはドイツ軍に脅威を与える

グラフ１

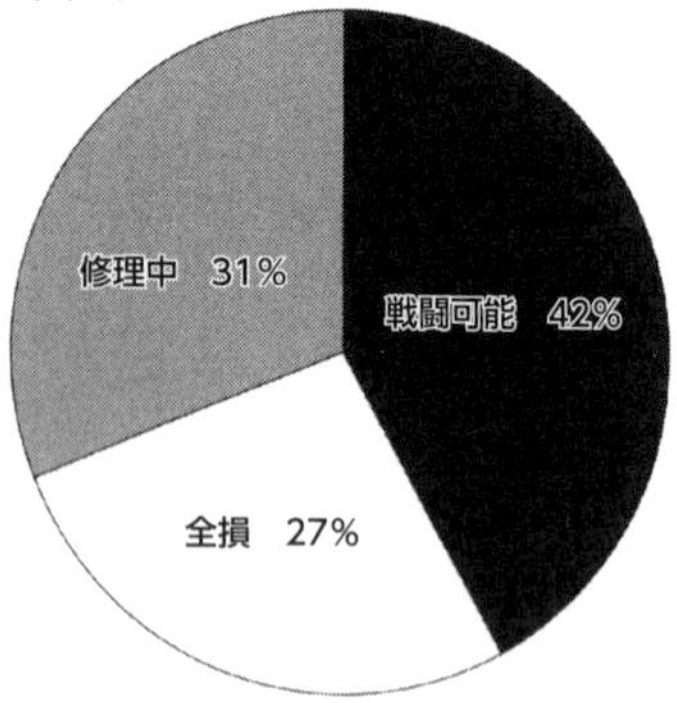

1941年7月21日時点で第3装甲集団が保有する戦車の状況（ストーエル、282頁より作成）

グラフ２

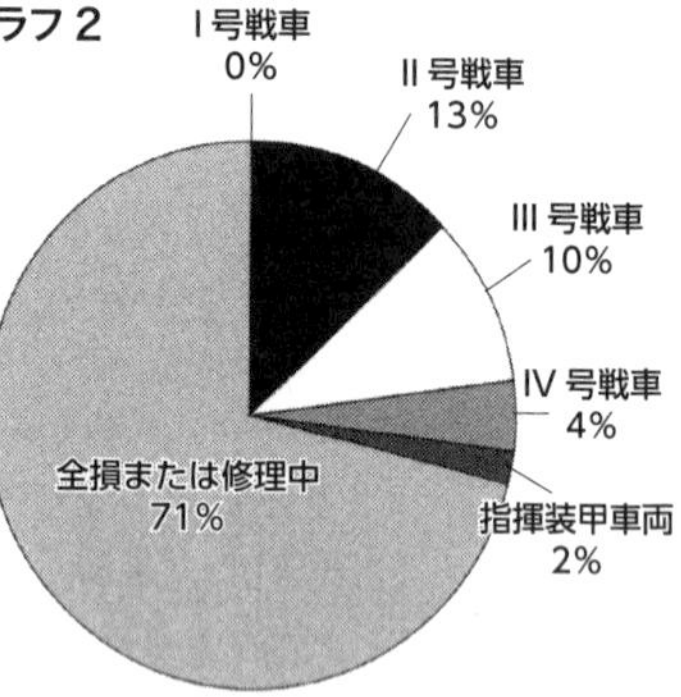

1941年7月29日時点で第2装甲集団が保有する戦車の状況（ストーエル、316頁より作成）

ものとなっていた。その最たるものは、７月下旬のイェリニャの戦闘だったろう。ジェスナ川を渡河し、イェリニャ市を占領して橋頭堡を築いていた第46装甲軍団は、周到な準備砲撃からはじまる本格的な攻撃にさらされたのである。それは、わずか５分間で、１個中隊の守備地域に１５６発の弾着が記録されたほどの猛烈な砲撃だった。これを体験したものは「(第一次)世界大戦の西部戦線における、もっとも熾烈（しれつ）な時期【の砲撃】と比肩しうる」と評している。

続いて、T34に支援されたソ連軍が突撃してきた。矢面に立ったのは、武装親衛隊の「帝国（ダス・ライヒ）」師団だった。初めてT34に遭遇した「帝国」は、自らの37ミリ、あるいは50ミリ対戦車砲が無力であるのを思い知らされ、震え上がることになる。それでも、士気が高かった同師団は、モロトフ・カクテルを使い、やっとのことで撃退したが、甚大な損害を出した。これは、ほんの一例にすぎず、「帝国」師団のみならず、第46装甲軍団全体が著しい消耗を強いられていたのだが、モスクワへの出発点となるイェリニャ橋頭堡からの撤退は許されなかった。結果として、同軍団は、スモレンスク包囲戦が進捗し、増援が送られてくるまで、厳しい防衛戦を続けるはめになる。

こうした経緯からもわかるように、8月5日に終了した(と、中央軍集団は日々命令で宣言している)スモレンスクの戦いは、ドイツ軍から本質的な意味での突進力を削いでいた。それを、端的に示すのは、やはり戦車の消耗であろう(グラフ2参照)。華々しい勝利の陰で、ドイツ軍は戦略的に敗北しつつあったのだ。

かかる停滞は、外交にも影響を与えていた。もともとヒトラーは、ドイツ独力で対ソ戦に勝利しうると確信しており、主たる同盟国である日本とイタリアにも協力を求めなかった。だが、短期決戦の見通しが立たなくなると、そう高飛車ではいられなくなる。

7月なかば、ヒトラーは、駐独日本大使大島浩と会見した際、個人的見解だと断りながらも、「ロシアを潰滅させることは、ドイツと日本にとっては、政治的なライフワーク」といえると発言し、日本の意向をうかがっている。たしかに、この時期、日本陸軍には、ドイツに呼応して満州から極東ソ連に攻め入るべきだとする有力な勢力があったし、日独による東西からの挟撃の可能性も、あながち否定できなかった。さりながら、7月の停滞は、日本陸軍の北進熱を冷やしてしまった。彼らは、1941年中にドイツがソ連を打倒することは望み薄と判断、南進に転じたのである。東部戦線で、こうした動きを観測していたボックとしては、皮肉な感想を抱かずにはいられなかった。7月25日の彼の日記を引用する。「日本人はインドシナを押さえる好機をうかがっている。逆に、待ち望まれるロシア攻撃については、彼らはまったく不熱心だ! 私にとっては、いずれも驚くことではないが」

冷淡な日本に対し、イタリアは、はるかに協力的だった。ムッソリーニは、北アフリカやバルカン、地中海方面で国運を賭した戦争を遂行しているにもかかわらず、6万2000名におよぶイタリア軍を東部戦線に派遣したのである。しかし、8月末にロシアに到着した「イタリア・ロシア遠征軍団」を査察したOKW長官ヴィルヘルム・カイテル元帥は、のちに回想している。ロシアにやってきたイタリア軍は、年老いた将校に率いられた「半兵士」の集団であり、とうていソ連軍に抗しえないものだったと。ヒトラーでさえ、このロシア遠征軍団は、「刈り入れの助手」にすぎないと認めざるを得なかった。

つまり、ドイツ軍が直面した難局を外交的に打開する手段は、少なくとも1941年8月の時点では見当たらなかったのである。

再検討されるスモレンスク戦

以上、概観してきたように、仮にストーエルの主張に依拠するならば、ドイツは、すでに1941年8月の時点で対ソ戦に敗れることを運命づけられていたことになる。ドイツの勝機は唯一、装甲部隊による機動戦で数に優るソ連軍を撃滅し、赤い巨人の国力が発揮される前に、ヨーロッパ・ロシアの主要な工業資源地帯を占領することにあったのだが――それは、ドイツ国防軍の実力からして不可能なことだった。ドイツが頼みとする鋭利な剣、装甲部隊はバルバロッサ作戦を発動した時点で、早くも刃こぼれを起こしていたのだ。こうした消耗は、続くスモレンスク戦で決定的なものとなった。ロシアの斧と打ち合った剣は、あるいは欠け、あるいは折れて、敵の心臓部に致命的な一撃を与える能力を失ってしまったのである。以後、キエフ、ブリャンスク、ヴィヤジマと、ドイツ装甲部隊はなお、一見輝かしい戦果をあげる。だが、それらはあくまで戦術的な成果でしかなく、ソ連を打倒することはできなかった。彼らの脅威は、実はスモレンスクで排除されていたのだ……。

このようにストーエルの議論は、バルバロッサ作戦のイメージを塗り替える刺激的なものであり、今後よりいっそうの検討を加えられることと思う。しかし、冒頭に述べたように、アメリカのグランツなどもストーエルの見解を支持していることを考えると、今後、彼の主張は定説となる可能性が高い。そのあかつきには、スモレンスク戦は、モスクワやスターリングラード、クルスクといった大戦闘以上に、独ソ戦のターニング・ポイントとして評価されることになるかもしれない。

いずれにしても、21世紀に入ってからの独ソ戦史は、このスモレンスク戦研究やクルスク戦像の変化が示すように、コペルニクス的転回をとげつつあるのだ。

もう一つの悲劇——ヴェリキエ・ルーキの死闘

「火星」作戦前夜

1942年11月、世界の視線はスターリングラードに注がれていた。この、赤い独裁者の名を冠する都市をめぐる攻防こそ、独ソ戦の天王山となるであろうことは、誰の眼にもあきらかだったからである。しかしながら、時を同じくして、重要性においてスターリングラード反撃に勝るとも劣らないソ連軍の攻勢が開始されようとしていた。

「火星（マールス）」——モスクワに対する脅威を形成しているドイツ中央軍集団のルジェフ突出部を両翼から挟撃し、同戦区を守る第9軍の殲滅を企図した作戦である。副次的な目的は、スターリングラード方面に、中央軍集団より引き抜かれた部隊が増援されるのを妨害すること。旧来の解釈では、そうなっていた。

もちろん、これだけでも、大攻勢と称するに充分な計画であるのだが、アメリカの独ソ戦史の専門家グランツは、冷戦終結後に機密解除されたソ連軍文書に基づき、「火星」作戦には、より大きな目標があったとしている。ルジェフ突出部の第9軍を撃滅したのち、南方に突進する支隊と、東方からヴィヤジマ目指して進撃する別支隊により、さらに大規模な挟撃作戦を実行、中央軍集団を崩壊させる……。

「火星」作戦を立案した赤軍最高司令官代理ゲオルギー・K・ジューコフ上級大将は、かかる大包囲撃滅戦をもくろんでいたというのだ。ところが、ドイツ軍の激しい抵抗に遭い、壮図は潰えたばかりか、大損害を出してしまった。その失態を隠すため、ソ連政府や同国の歴史家たちは、「火星」作戦は局地的な攻勢にすぎなかったという主張をなし、真実を歪曲してきたというのである。このグランツの主張は、豊富な史資料に裏付けされ、今日では定説になりつつあると言ってよいだろう。

従って、ヴェリキエ・ルーキ戦の評価も、微妙に変わってくる。従来は、ルジェフ方面攻勢の支作戦にすぎないとされてきたヴェリキエ・ルーキ攻略も、実は、より大きな作戦へと発展する可能性を秘めていたのかもしれないのである。

いずれにせよ、スターリングラード方面のみならず、中央軍集団正面においても危険が存在することは、ドイツ軍指導部もよく認識していた。なんといっても、中央軍集団の戦区でソ連軍が突破に成功したら、沿バルト海地域への道が開けるばかりか、北方軍集団の背後に回りこめるのである。1942年11月6日付の東方外国軍課（フレムデ・ヘーレ・オスト）の文書「中央軍集団正面の敵情判断」で、ソ連軍攻勢の重点はまず中央、ついで南方に置かれるという判定がなされていたことは、こうした不安を如実に物語っていた。ゆえに、中央軍集団は、防御戦の準備も怠らなかった。

前年、1941年の夏以降、重要な交通の結節点であることから、常に戦闘の焦点となってきたヴェリキエ・ルーキ正面の戦線を守る第83歩兵師団も例外ではない。そもそも、この方面のドイツ軍は手薄で、ヴェリキエ・ルーキへの補給においても、敵のゲリラ的襲撃に備えて、装甲列車を使用しなければならぬありさまだったのである。よって、1942年11月7日に着任した新師団長テオドル・シェラー中将は――42年初頭の冬季戦において、優勢な敵に対し、104日にわたりホルムを守り通した防御の名手である――ただちに隷下（れいか）連隊長と会同し、陣地の改善を命じている。同師団の担当正面幅は実に125キロにおよび、ソ連軍の攻撃を受けた場合、戦線は各地で寸断され、拠点防御に頼るしかなくなるという事態が予想されたのだ。ヴェリキエ・ルーキ市を守備する第277擲弾兵（歩兵）連隊長、男爵エドゥアルト・フォン・ザス中佐も、同市が包囲される可能性が高いと強調され、そのような状況に対応するため、ドイツ軍からみた背面、西側の陣地の強化にかかっている。

これら11月の防御改善措置が誇張されたのか、戦後の文献には、ヴェリキエ・ルーキ守備隊は急ごしらえの陣地で、あれほどの奮闘をなしたとするものが多い。が、実際には、何度となくソ連軍の攻撃にさらされていたヴェリキエ・ルーキでは、それ以前から野戦築城が実行されていた。そこに加えて、戦闘開始直前にも追加の陣地構築がなされたのだから、同市の防御態勢は、完璧とはいわないまでも、強固にかためられていたのである。そのことを指摘しても、けっしてドイツ軍守備隊の名誉を傷つけるものではあるまい。

事実、彼らがヴェリキエ・ルーキ防衛準備のために流した汗が無駄でなかったことは、すぐに証明されるのだ。

拒否された要請

11月24日、クズマ・N・ガリツキー少将率いる第3打撃軍を主力とするソ連軍部隊は、ヴェリキエ・ルーキ正面で攻勢を開始した。ルジェフ方面でのカリーニン正面軍と西正面軍の作戦に呼応し、ヴェリキエ・ルーキを攻略、さらに西方に進んで北方軍集団と中央軍集団の連絡線となっている鉄道を遮断しつつ、要衝ヴィテブスクを占領するというのが、作戦の骨子である。市の北側を攻撃する支隊の主力は、第381狙撃師団。南側に突進する支隊は、おもに第9親衛狙撃、第21親衛狙撃、第46親衛狙撃、第357狙撃の4個師団より成っていた。彼らは、多大な犠牲を払いながらも、ヴェリキエ・ルーキ周辺の湿原に点在する第83歩兵師団の抵抗拠点を排除し、進撃する。27日には同市を包囲し、第83師団の南を守っていた第3山岳師団より遮断した。この報を受けたガリツキーの上官、カリーニン方面軍司令官マクシム・A・プルカーエフ大将は、ドイツ軍戦線の間隙に、第2機械化軍団を投入、戦果を拡大しようとする。

まさしく危機であった。ドイツ側の状況を概観してみよう。

ヴェリキエ・ルーキには、前述の第277擲弾兵連隊のほかに、第3ロケット砲連隊、陸軍第286高射砲大隊、第70砲兵および第183砲兵連隊の一部などの雑多な部隊が——変わったところでは、ドイツ軍に投降したエストニア人で編成した義勇部隊もあった——包囲されている。その数、およそ8500名(5000~8500名まで、諸説があるが、ここでは、ドイツの戦史家ヴェルナー・ハウプトが、一次史料に基づいて推定した数を採用した)、第277擲弾兵連隊長ザス中佐に指揮されていた。ただし、包囲されることを想定し、弾薬や物資の備蓄につとめていたため、ヴェリキエ・ルーキが、すぐに補給不足に悩まされることはなかった。たとえば、12月3日の、第83歩兵師団宛無電報告には、「補給はなお危機的状況にあらず。弾薬については、必要な弾種を至急供給されたし」とある。もっとも戦闘が続くにつれ、当然のことながら、ヴェリキエ・ルーキ守備隊は窮地に追い込まれていくのであるが……。

さらに、ヴェリキエ・ルーキの南では、同じく第83歩兵師団に属する第257擲弾兵連隊、そして第3山岳師団の第138山岳猟兵連隊を基幹とする部隊が、それぞれ包囲されながらも、南西に血路を開き、味方の戦線に合流しようとしていた。

かかる苦境に直面し、中央軍集団司令官ギュンター・フォン・クルーゲ元帥は、東部戦線全体を指揮するOKH(オーカーハー)、陸軍総司令部に撤退許可を求めた。今ならば、ヴェリキエ・ルーキ西方、旧市街を守るかつての城塞がある方面のソ連軍包囲陣は薄い(2個旅団程度と推定されていた)。守備隊に西方への突破退却を命じると同時に、戦線を十数キロほど後退させ、南北に走る鉄道を守る、安定した防衛ラインをつくるべきだ。もし、ソ連軍が追撃をかけ、突出してきたら、むしろ、その側面を衝いて反撃する好機となる。

いかにも「賢いクルーゲ」と異名を取る将軍らしい、理にかなった提案であった。しかし、元帥の要請はヒトラーによって拒否される。前の冬における死守命令の成功、とりわけホルムで包囲された部隊が空輸補給により頑張り続け、ついに救援されたという戦例に、総統は眩惑されていた。今度もその対応が有効であるとかたくなに信じ込んでいたヒトラーは、ヴェリキエ・ルーキの死守と西方からの救援作戦を命じたのだ。

現場の指揮官、第138山岳猟兵連隊長パウル・クラット大佐は、戦後苦々しげに記している。「ヒトラーは、第83師団の戦区における、いかなる撤退をも禁じた。彼は、すべての拠点で戦い抜くことを要求し、同地域にある部隊には、主要な戦闘線を築くのに必要な物資などないということを認めようとしなかった。ヴェリキエ・ルーキとノヴォソコルニーキは要塞であると宣言され、そこから部隊を抽出転用するのは不可能となった」と。

第一次救出作戦の失敗

かかる総統の命を受け、中央軍集団も、撤退ではなく、攻撃と解囲によりヴェリキエ・ルーキを救う策を練らなければならなかった。だが、ルジェフ方面の第9軍に対する赤い大攻勢に対処するため、予備は出払っている。すなわち、有るものでやりくりするしかないのだった。

こうした状況を赤裸々に示すエピソードがある。本来ならば、この規模の作戦を実行するには、軍団司令部をあてるのが普通だけれど、中央軍集団には、そのような余分の幕僚などいなかった。ゆえに、中央軍集団参謀長オットー・ヴェーラー中将が臨時の指揮権を与えられ、「ヴェーラー集団」の長として指揮を執ることになる。当初、彼を助けたのは、中央軍集団司令部の訓練担当将校、主席砲兵将校、そして若い参謀将校の3名のみだった！

兵站等については、ヴェリキエ・ルーキ方面を担当する第59軍団（軍団長クルト・フォン・デア・シェヴァレリー歩兵大将の名を取り、「フォン・デア・シェヴァレリー集団」とされていた）に従属することにし、ヴェーラー中将は、12月なかばになってようやく、ヴェリキエ・ルーキの南西ロヴノに司令部を構えることができた。ところが、この司令部施設も間に合わせのしろものだった。農民の小屋を接収した建物には部屋が一つしかなく、そこにヴェーラー以下将校6名（さすがに増員されたのである）、書記3名、運転手3名、従兵2名が寝起きし、かつ勤務したのだ。

こうした状況にありながら、中央軍集団は最善をつくした。「ヴェーラー集団」の基幹兵力である第291歩兵師団に加え、急遽呼び寄せた第8装甲師団と第20自動車化歩兵師団および第3山岳師団の一部を用いて、手薄な北西からヴェリキエ・ルーキの城塞地区に突入、守備隊を救出するという計画を立案、準備を進める。

だが、ここでもまた、ヒトラーが介入した。予定を数日早め、クリスマス直前に作戦を発動するよう命じたのだ。この間に、総統はヴェリキエ・ルーキ守備隊の奮戦にいたく感銘を受け、是が非でも彼らを救おうとしていたので

ヴェリキエ・ルーキ攻略戦における第３打撃軍戦闘序列

第３打撃軍（クズマ・N・ガリツキー少将）
- 第２親衛狙撃軍団
  - 第８親衛狙撃師団
  - 第26狙撃旅団
- 第５親衛狙撃軍団
  - 第９親衛狙撃師団
  - 第46親衛狙撃師団
  - 第357狙撃師団
- 第21親衛狙撃師団
- 第28狙撃師団
- 第33狙撃師団
- 第117狙撃師団
- 第257狙撃師団
- 第381狙撃師団
- 第31狙撃旅団
- 第54狙撃旅団
- 第44スキー旅団
- 第２機械化軍団
  - 第18機械化旅団
  - 第34機械化旅団
  - 第43機械化旅団
  - 第33戦車旅団
  - 第36戦車旅団
- 第184戦車旅団
- 第27独立戦車連隊
- 第34独立戦車連隊
- 第36独立戦車連隊
- 第37独立戦車連隊
- 第38独立戦車連隊
- 第45独立戦車連隊
- 第146独立戦車大隊
- 第170独立戦車大隊

ある。その意志は、12月16日にヴェリキエ・ルーキ宛に送られた無電メッセージにも端的に表れている。引用してみよう。「ヴェリキエ・ルーキ守備隊長へ。貴官とその将兵たちの勇敢さに賛嘆の意を表明する。諸君が、救出されるまで、ホルムのシェラー将軍同様に鉄のごとく守り抜くことを確信するものである。
アドルフ・ヒトラー（署名）」

しかしながら、総統の「確信」は、前線の将兵にとっては、何の助けにもならなかった。増強される一方のソ連軍、前年の撤退時にほどこされた焦土作戦の結果、荒れ果てて機動を阻害する地形（作戦に参加した将校の一人は、まるで月世界の風景のようだったと回想している）、そして何よりもドイツ側の兵力不足のために、第一次救出作戦は失敗した。質量ともに見劣りする装甲兵力では（投入された戦車の多くはチェコ製38t型だった）、ヴェリキエ・ルーキを囲む鉄環を砕くことはできなかったのである。

ただし、一つだけ「イフ」がある。というのは、実はドイツ軍には手つかずの予備1個師団があったのだ。それは、空軍の第7空挺師団（フリーガーディヴィジオーン）だった。同師団は、フランスから東部戦線に送られてきたものの、この時期ヴェリーシ南東の比較的静穏な地区に配置されていた。当然、中央軍集団は、航空部隊であると地上部隊であるとを問わず、全空軍部隊の指揮権を握っていた空軍総司令官ヘルマン・ゲーリングに、第7空挺師団の作戦参加を要請している。が、ゲーリング国家元帥の答えは「否（ナイン）」だった。おそらくは空軍エゴイズムから、第7空挺師団は現在地に留めおかれなければならないと主張したのである。

すでに記したごとく、第一次救出作戦に使用できた兵力は貧弱なものでしかなかったが、それでもヴェリキエ・ルーキ近郊まで前進できたことを考えると、精鋭空挺部隊1個師団が天秤のドイツ軍側の皿に載せられれば、あるいは異なる結果をもたらすこともできたかもしれない。されど、ゲーリングは、そうは考えなかったのだ。

消えかかる抵抗の灯

そうしているうちにも、ヴェリキエ・ルーキ守備隊の状況は、いよいよ困難なものになっていた。ソ連軍は、なんとしてもこの都市を奪い、先に進みたかったのである。ゆえに、第3打撃軍司令官ガリツキー少将は、ソ連軍の守護神たる砲兵を以て、ヴェリキエ・ルーキを叩きに叩き、かつ損害をかえりみずに攻撃を繰り返した。さりながら、ドイツ軍守備隊も譲りはしない。彼らには、勇気だけでなく、戦闘前に必死に構築しておいたトーチカや塹壕が味方しているのだった。

かくて、南のスターリングラードに匹敵する激戦が展開された。「バイロイト」、「ヴェーゼル」、「フェルト工場」……拠点やトーチカの一つ一つをめぐって、大量の血が流される。

とはいえ、補給が続いているあいだは、ヴェリキエ・ルーキ守備隊は抵抗をやめようとはしなかった。そう、包囲されたとはいえ、ドイツ空軍は、彼らに物資を供給し続けていたのだ。

この任務を指揮したのは、第53爆撃航空団司令のエドゥアルト・ヴィルケ大佐だった。戦闘開始前に、彼が持っていたのは、ハインケルHe111のみだったが、12月16日には第1急降下爆撃航空団のユンカースJu87も到着する。ヴィルケは、これらの機体を用い、弾薬や食糧をヴェリキエ・ルーキに投下したのである。困難な作戦だった。いうまでもなく、ソ連軍もドイツ守備隊を飢餓におとしいれるべく、戦闘機と高射砲によって、濃密な防空陣を形成していたのだから。

それでも、投下目標となる地域が広く、グライダーなども使えるうちはまだ良かった。12月16日に、He111に曳航され、オルシャを離陸したゴータGo242がヴェリキエ・ルーキの陣地内に到達できたのを手はじめに、ドイツ空軍のグライダー搭乗員たちは、1機あたり3トンの物資を同市に届け続けた。He111やJu87による、物資を詰めた輸送筒投下も、それなりの成果をあげている。従って、この時期の守備隊長ザス中佐の無電報告にも余裕がみられた。たとえば、12月6日のそれなどは、ユーモラスでさえある。

「本日、相当量の輸送筒を受領。物資7本、通信機材3本、弾薬6本。ただし、弾薬の輸送筒2本はひどく損傷しあり。より厳重に包装されたし！【原文改行】タバコ製品が緊急に必要、弾薬を積んだ輸送グライダーは何時到着するや？」（【　】内は筆者の註釈。以下同様）

だが、ドイツ軍守備隊が圧迫され、狭隘な地域に押し込められると、これらの方法では、うまくいかなくなった。グライダーが着地するための空間を確保できなくなり、かつ水平投下では、味方陣地内に正確に落とせなくなってしまったのだ。

かかる苦境を打破し、ヴェリキエ・ルーキの生命線を維持するために、ドイツ空軍でも初めての試みがなされた。Ｊｕ87に、爆弾の代わりに輸送筒を搭載し、急降下爆撃の要領で精密投下を実行するのである。アイディアはともかく、結果は、さんざんだった。投下された輸送筒のほとんどが、両軍前線のあいだの無人地帯か、ソ連軍陣地に落ちてしまったのである。もっともＪｕ87の搭乗員を責めるわけにはいくまい。ヴェリキエ・ルーキ防御陣が縮小した結果、西部の城塞地区などでは、幅１５０メートル、奥行き２５０メートル程度の投下帯しか準備できなくなっていたのである。ここに輸送筒を落とすためには、よほどの低高度で飛行しなければならず、事実上不可能だったのだ。

かくて、空の輸送路が絶たれるにつれ、フォン・ザス中佐と守備隊の奮戦にも翳りがみえてきた。中佐の無電報告を抜粋してみると、その変化が、はっきりと読み取れる。

「ロシア軍の対戦車砲、歩兵砲、迫撃砲の集中砲撃により大損害。わが隊は、弾薬不足のため報復不能。弾薬補給は焦眉の急なり」（12月21日）

「『フェルト工場』ならびに『バイロイト』は、戦車に支援された、圧倒的に優勢な赤軍部隊の反復攻撃

により陥落……ヴェリキエ・ルーキ守備隊は、危機的状況にあり」(12月23日)

「わが隊は、もはや損害を補充できず。軽野砲、重野戦榴弾砲、軽ロケット砲、重ロケット砲、迫撃砲、75ミリ対戦車砲と重機関銃を含む歩兵火器における弾薬不足のため、敵の攻撃を拒止することあたわず。大量の輸送グライダーによる弾薬と兵器の補充を試みざるべからず。わが隊は、超人的努力をなしつつあり」(12月24日)

「兵員兵器の著しい損失のため、小官は、市東部地区を放棄、おおむね『ブラウンシュヴァイク』・『クラウゼンブルク』のあいだに、新たな主戦闘線を引くことを決せり」(12月27日)

もはや一刻の猶予も許されなかった。ヴェリキエ・ルーキ第二次救出作戦を実行する……いや、実行しなければならない!

「トーティラ」作戦

明けて1943年1月の元旦、フォン・デア・シェヴァレリー歩兵大将は、ヴェーラー中将の司令部を訪れ、ヴェリキエ・ルーキ救出作戦の細目を協議した。その結果、ビザンチン王国に戦いを挑んだ東ゴート王にちなみ、「トーティラ」と秘匿名称をつけられた作戦は、1月4日に発動されることになった。主攻を担うのは、第291歩兵師団および第20自動車化歩兵師団と、他師団からの若干の分遣隊より成る「ヴェーラー集団」。これを、「フォン・デア・シェヴァレリー集団」がバックアップし、第8装甲師団を中心とする支隊で助攻する。昨年、1942年に停止を余儀なくされた、ヴェリキエ・ルーキ西方10キロの線から打って出て、今度こそ守備隊を救うのだ。

しかし、「トーティラ」作戦は、最初から思うように進まなかった。攻撃開始の翌日、1月5日の早朝に、「ヴェーラー集団」の先鋒は、ソ連軍の集中砲火と戦闘爆撃機の攻撃を受け、前進できなくなってしまう。それどころか、第291歩兵師団などは、ソ連軍の先制攻撃を受けて、防御にまわるていたらくだった。

この日は、ドイツ軍にとっては、厄日だったのかもしれない。同じ5日に実行されたソ連軍の攻撃により、ヴェリキエ・ルーキ守備隊は、東西に分断されてしまった。もはや拠るべき要害は二つしかない。市西部の城塞と、東の鉄道駅である。前者には、エーリヒ・ダルネッデ大尉に率いられた第83歩兵師団の野戦補充大隊がこもり、後者はザス中佐と他の守備隊の生き残りが守っている。終わりが近づいていると、いわざるを得ない状況だ。

ドイツ軍救援部隊に、側面を気にしたり、損害を恐れている余裕はなくなった。「トーティラ」は続行され、第331歩兵師団などはヴェリキエ・ルーキの西4キロの地点まで迫る。かかる状況をみた守備隊の上級部隊である第83歩兵師団の長シェラー中将は、無電でザス中佐に死守を命じる。その指令は、「勇気だ。われわれはすぐにゆく！」という一文で結ばれていた。

けれども、救援部隊は、ヴェリキエ・ルーキを目前にして、足踏みを強いられた。消耗しきったドイツ軍は、ほとんど限界に達しようとしていたのである。さりながら、救援部隊は、不屈の精神を持っていた。1月9日、再び救出の試みがなされ――奇跡を起こした。救援部隊の先鋒がソ連軍戦線を突破し、ヴェリキエ・ルーキ西部城塞地区に到達したのである。

その主役は、第5山岳師団から分遣されていた、ギュンター・トリブカイト少佐指揮の第5猟兵大隊（対戦車部隊）だった。少佐は、第8装甲師団ほかから寄せ集めた戦車の支援のもと、部下たちを乗せたハーフトラックにより、強行突破をはかったのだ。撃たれても停止せず、ヴェリキエ・ルーキまで走り抜け！　少佐の、無謀といってもさしつかえないぐらいの大胆な命令が功を奏した。ソ連軍は、まさか、こんな命しらずの攻撃が実行されようとは、まったく予想しておらず、虚を突かれたのだ。

1月9日、午後3時6分、大損害を出しながらも、ソ連軍戦線を突破、包囲陣打通に成功したトリブカイト戦隊の生き残り、15両の戦車は、ヴェリキエ・ルーキ西部を守る野戦補充大隊将兵の歓呼の声を浴びながら、城塞の中庭に入った。このときのことを、補充大隊長ダルネッデ大尉は、「熱狂はとどまるところを知らなかった。それによって、ロシア軍の包囲陣は、団結した部隊が突破できないほど強固でもなければ、厚くもないことが証明されたのである」と書き残している。

だが、トリブカイトの栄光も、しょせんは一瞬のことだった。城塞を囲んでいたソ連軍指揮官は、ドイツ救援部隊の一部が包囲陣内部に侵入したことを識り、これを撃滅すべく、集中砲火を指向してきたのである。狭い中庭に戦車が蝟集（いしゅう）しているのだから、かかる砲撃を受けてはひとたまりもない。トリブカイト少佐は苦い思いで城塞外への待避を命じたが、時すでに遅かった。先頭の1両が真っ先に撃破されたため、トリブカイトの隊列は身動きが取れなくなってしまったのだ。とどのつまり、少佐の戦車は1両残らず撃破されてしまう。その乗員や随伴歩兵で戦死や負傷をまぬがれたものも城塞に取り残されて、守備隊に編入された。

こうして、トリブカイトの試みが挫折したことを受けて、最後のカードが切られることになる。中央軍集団の懇請に、ついにゲーリングが折れ、分けてくれた降下猟兵——第7空挺師団第1降下猟兵連隊第3大隊が投入されたのである。そう、わずか1個大隊！　少なすぎ、遅すぎるとは、このことであろう。とはいえ、この局面において、降下猟兵は、またとない切り札である。解囲攻撃の計画は、慎重に練られた。降下猟兵は1月14日の夜から翌15日未明にかけて、ヴェリキエ・ルーキ城塞地区を囲んでいるソ連軍を南西から攻撃、守備隊のために退路を開く。同時に、城塞地区内部からは、ヴェリキエ・ルーキに到着したばかりで、比較的疲労していないトリブカイト戦隊の残兵が城塞外への突出をはかる。

それなりに可能性を追求した計画であったが、実行に移したとたんに蹉跌（さてつ）を迎えた。52両のトラックを与えられた降下猟兵大隊は、一面の大雪原と化した湿原で道に迷い、予定通りの位置に進出できぬまま、ソ連軍に発見され、猛烈な砲撃を受けて停止させられてしまったのである。

脱出

もはや、ヴェリキエ・ルーキの運命は、定まったも同然だった。1月15日、ソ連軍の猛攻を受け、東側の駅周辺を守っていたザスの部隊が力尽きた。この日無電で送られた、中佐の報告と意見具申を引こう。

「約2000名の負傷者が赤軍の手に落ちることになる上、東部および南部に点在する諸防御陣地に命令伝達が不可能であるため、突破は問題外。外部からの迅速なる救援が必要なり。至急回答乞う」（午前4時40分）

「当方は突破不能。ただちに突破来援されたし。ザス」（午前7時20分）

「至急砲兵支援されたし。ザス」（午前8時40分）

このあと、午前10時35分に、最後の無線連絡がなされたけれど、雑音のため内容を取れないものになっていた。

15日から16日にかけ、ソ連軍がラウドスピーカーを使い、ドイツ語で「上官たちを逮捕し、降伏しろ」と宣伝をがなりたてるなか、ザス中佐は決断した。16日午後、中佐は、部下の命を保証することを約束させた上で降伏を承認、ソ連軍に第277擲弾兵連隊の軍旗を引き渡す。

一方、残る西部城塞地区では、包囲された部隊中最先任の将校として、ダルネッデ大尉より指揮権を引き継いでいたトリブカイト少佐が、脱出作戦の準備を進めていた。もともと、降下猟兵の解囲攻撃に呼応するはずだったのだが、彼らの状況がわからぬため、15日午後11時に独力で血路を開き、西方へ退却すると決心したのである。

少佐の命令は、こうであった。16日午前2時、ソ連軍の追撃に対応するための後衛30名を除き、行軍できるもの全員が城塞より撤退し、西方へ突破攻撃をはかる。後衛は、本隊が出発してから2時間後に西進開始。

だが、負傷兵は――動けないものはどうなる？　彼らは、ヴェリキエ・ルーキに残ると自発的に申し出たヴェーアハイム軍医中尉と衛生兵2名、担架手2名にゆだねられることとされた。ヴェーアハイムらは、使える機材を手榴弾で破壊したのち、赤十字の旗を掲げ、城塞に戦闘員がいなくなったことを示す手はずになっていた。

かくして、ヴェリキエ・ルーキ城塞地区の生き残りは脱出を開始した。トリブカイト少佐の指揮のもと、彼らが多大な犠牲を払いながら、友軍戦線にたどりついたのは、16日午後5時30分。そのとき残っていたのは将校15名、下士官24名、兵63名だったと記録されている。ほかにも、19日までに84名の落伍兵が「フォン・デア・シェヴァレリー集団」に収容されていた。

また、驚くべきことに、わずか4名とはいえ、ヴェリキエ・ルーキ東部の包囲陣から脱出し、味方のもとに帰り着いたものもいた。第183工兵大隊第2中隊のシュミゲルスキー軍曹、第736砲兵連隊第2中隊のフォル衛生兵、第17軽観測大隊のシュペーア兵長、そして、有名な第183砲兵連隊第9中隊（しばしば第2中隊と誤伝されているが、正確には第9）のヘルマン・ベーネマン中尉である。

創意工夫を働かせ、さまざまな危険を克服したベーネマンの劇的な脱出行については、多々語られている。しかし、率直にいって、それらはかなり脚色されているようだ。ここに、ベーネマン自身が脱出直後に記した報告書（「第8装甲師団宛、わがヴェリキエ・ルーキ東部地区よりの突破行に関する報告」）がある。最後の、ヴェリキエ・ルーキから友軍戦線に戻ってきた際のもようを描いた部分を引用する。「そのとき、私は、第8装甲師団所属第5砲兵中隊の戦術マークのついた看板を、通りの反対側に見出した。最初のドイツ兵に邂逅するまで、60時間のときを費やし、40キロを踏破してきたのだ。【原文改行】休みなしに、連隊長のもとに連れていかれ、食べ物をもらった。それから今度は師団長のところに出頭、そこで二度目の朝食を摂った。私の、死に抗いながらの長い旅は12時に終わった」

よりドラマチックに書かれた「物語」に慣れた眼には、あまりにも淡々とした記述とみえる。だが、当事者であるベーネマンにとっては、ヴェリキエ・ルーキを逃れてきたことの重みは、いわば自明のことで、ことさらに誇張するまでもなかったのであろう。

そう、ベーネマンは、まさに幸運児であった。決死の脱出行により、中尉は、彼の上官たちを見舞った運命をまぬがれたのだ。

エドゥアルト・フォン・ザス中佐と、そのほか7人の将校たちは、戦後、ソ連軍捕虜とヴェリキエ・ルーキ周辺の市民に対する戦争犯罪に責任があるとして、死刑判決を受け、１９４６年1月に処刑されたのである。

こうして、ヴェリキエ・ルーキの悲劇は終わった。スケールこそ小さいとはいえ、スターリングラードのそれを先取りした敗北だ。しかも、ヒトラーの頑迷な死守作戦信仰により、以後、この種の難戦は幾度となく繰り返されることになる。

その意味において、ヴェリキエ・ルーキは、スターリングラード同様、ドイツ軍の終わりのはじまりを示唆していたのだった。

ツァイツラー再考

クルト・ツァイツラー

以前、最近の研究の進展により、クルスク戦のイメージが大きく変わりつつあることを紹介した（本書第4章所収「クルスク戦の虚像と実像」）。その際、これまで、「総統の作戦」とされていた「城塞（ツィタデレ）」の計画と実行にあたり、ドイツ軍首脳部、とりわけ陸軍参謀総長のツァイツラーが深く関わっていたことに触れた。わが国のみならず欧米の文献においても、ツァイツラーは影が薄く、彼が果たした役割は必ずしも相応の注意を払われてこなかったのだが、21世紀に至り、その重要性が認識されてきたのである。

そこで、今回は、ドイツ連邦軍の軍事史研究局（現軍事史・社会科学センター）による第二次世界大戦史をはじめとする新しい資料により、ツァイツラーという、文字通り黒子に徹した参謀の小伝を記すとともに、彼がドイツの戦争指導——とくに「ツィタデレ」作戦の起源に焦点を当てる——さらには、戦後の第二次大戦史像の形成に、いかに関わってきたかを述べることとしたい。もしも、筆者の論述が成功したならば、死せるツァイツラーは、歴史のカーテンの向こうから、意外なほど大きな姿を現すはずだ。

輝ける影

１８９５年6月9日、ブランデンブルクの小さな町ゴスマールで、牧師の家に、男の子が生まれた。クルト・ツァイツラー、のちにドイツ国防軍最年少の上級大将となり、陸軍参謀総長として戦争のもっとも困難な局面の指導を担うことになる人物である。

ツァイツラーは、ゴスマールの文科古典学校（ギムナジウム）を卒業したのち、１９１４年3月、トルガウ駐屯の歩兵第72（テューリンゲン第4）連隊に入隊、士官候補生となった。第一次世界大戦の勃発により、彼は、この身分のままで前線に向かったが、同年12月に少尉に任官している。以後、ツァイツラーは、工兵中隊長や連隊副官などの職務を務めながら、4年間を西部戦線で過ごした。

敗戦後、ヴェルサイユ条約の制限によって「10万人の軍隊」とされた共和国陸軍（ライヒスヘーア）にあっても、優秀だったツァイツラーは退役させられることなく、現役士官として残ることができた。大隊副官、歩兵第18連隊の中隊長、さまざまな師団司令部での幕僚勤務などを経て、１９３４年2月、国防省国防軍局（国防省官房局より改編、のちOKW（オーカーヴェー）、国防軍最高司令部（オーバーコマンド・デア・ヴェーアマハト）の中核となる）に配属された。この部署にあって、ツァイツラーは、１９３７年の国防軍大演習の準備や対チェコスロヴァキア作戦計画「緑の場合（ファル・グリューン）」の立案に関わり、参謀業務に習熟した。階級も、１９３４年には少佐、37年には中佐と、順調に進んだ。１９３９年4月には歩兵第60連隊長を拝命し、2か月後には大佐に進級している。

だが、ツァイツラーが連隊長になってから半年と経たぬうちに、ドイツは二度目の世界大戦に突入した。ツァイツラーも、動員規定に従い、8月末にハンブルクに設立された第22軍団司令部の参謀長に就任。ポーランド戦において、南方軍集団所属第14軍の右翼を形成することになる同軍団（装甲師団、軽師団、山岳師団各1、計3個師団）の長は、エヴァルト・フォン・クライスト騎兵大将であった。クライストもツァイツラーも、それまで装甲部隊を実際に指揮したことはなかったが、これをみごとに使いこなし、高い評価を得た。ゆえに、このコンビは、翌年の西方戦役で装甲集団を任される。「クライスト装甲集団（パンツァーグルッペ・クライスト）」の誕生だ。

　フランス戦における彼らの貢献については詳述するまでもあるまい。アルデンヌの森を突破したクライスト装甲集団は、またたく間に英仏海峡に到達、連合軍を分断して、決定的な勝利を得たのである。かかる猛進を支える補給の維持や空軍との協力調整において、ツァイツラーは傑出した手腕を示し、「創意工夫の名手」の異名を取った。ために、対仏戦終了後、当時の陸軍参謀総長フランツ・ハルダー上級大将が、大規模な装甲部隊の組織と運用に関する経験を文書にまとめるよう、ツァイツラーに命じたほどである。

　続くバルカン作戦および対ソ作戦においても、彼は、クライストの参謀長として、多くの功績をあげた。１９４１年5月18日に、騎士鉄十字章を授与されていることも——参謀職にある人間が、この勲章を得ることは稀（まれ）である——その活躍の証左であろう。また、人間性の一端を語るエピソードとしては、ソ連軍の政治委員は捕虜に取らず、殺せとした「政治委員命令（コミッサールベフェール）」に、一貫して反対したことがあげられる。ツァイツラーは、あるいはヒトラー付国防軍副官のシュムント大佐らを通じ、あるいはヒトラーと会見した際に直接訴えて、ついに１９４２年には、試行的にではあったものの、同命令の遂行を停止させることに成功している。

　さらに、少将に進級し、西部戦線で連合軍の上陸に備える任務を負っていたD軍集団の参謀長に転じた（１９４２年4月）ツァイツラーは、その上官である老元帥ゲルト・フォン・ルントシュテットとともに、再び勝利を得た。同年8月、ディエップに上陸してきた連合軍部隊に対し、迅速かつ適切な反撃を指向して、これを完膚（かんぷ）無（な）きまでに撃滅したのだ。

　ときに、ツァイツラーは47歳。たしかに、参謀将校は無名であらねばならぬというドイツ軍の伝統を守り、影に徹してはいた。だが、彼は、好むと好まざるとにかかわらず、すでに、輝ける影ともいうべき存在になっていたのである。

栄光の向こう側

１９４２年9月24日、ツァイツラーを呼びつけたヒトラーは長広舌を振るったのちに、貴官を陸軍参謀総長ハルダーの後任とする予定だと宣言した。ツァイツラー自身の回想によれば、否やを口にする機会も与えられぬ、断固たる指示だったという。同時に、彼は、中将を飛び越して、歩兵大将に特進した。ドイツ陸軍将校として、これ以上はない地位に就いたわけで、ツァイツラー個人にとっては、生涯最高の瞬間といえた。

しかし、ツァイツラーはすぐに、栄光の向こう側にある諸問題に直面することになる。前任者のハルダーとのあいだに、深刻な対立を経験していたヒトラーは、参謀本部に対し、強い不信を抱いており、その結果、円滑な意志決定に支障をきたすようになっていたのである。加えて、東部戦線の作戦に責任を持つＯＫＨ（オーカーハー）、陸軍総司令部（オーバーコマンド・デス・ヘーレス）（陸軍参謀本部と陸軍人事局によって構成されている）と、それ以外の戦線を担当し、かつ旧国防省の流れをくむＯＫＷのあいだには、深い溝があった。

当初、ヒトラーより〝友好的すぎる〟ほどの扱いを受けていた（以下、〝〟内は、ツァイツラーの戦後の証言）新任参謀総長は、こうした状況を打開し、ＯＫＷの介入に対して、ＯＫＨの地位を守るべく努力した。ツァイツラーにとって、東部戦線に関するかぎり、ヒトラーの助言者たる資格があるのは、陸軍参謀総長とＯＫＨのみだったのだ。

だが、彼らの愚劣な権力闘争を嘲笑（あざわら）うかのごとく、戦局は悪化していく。スターリングラードで、第6軍が包囲されたのである。

着任前後は、ソ連軍とその指揮官たちの能力を過小評価していたツァイツラーも、このころまでには、

〝ロシア人のすさまじいまでの当意即妙の才〟を認めるようになっていた。それには、前線の司令官たちとのあいだに信頼関係が築かれてきたことも与(あずか)っていた。とくに、最初のうちは、〝非友好的な調子での〟戦況判断、諸要求、不平不満で〝もてなしてくれた〟エーリヒ・フォン・マンシュタイン元帥が、ツァイツラーにうちとけてきたという点は、のちの「ツィタデレ」への展開に鑑(かんが)みて、重要であろう。

いずれにせよ、ツァイツラーは、総統と激論を交わし、第6軍の撤退許可を求める。そのためには、スターリングラードの将兵が摂(と)っているのと同じレベルまで食事を制限することも辞さなかった。けれども、みるみる痩(や)せ細(ほそ)っていく参謀総長を見ても、ヒトラーの意志は変わらなかった。独裁者は、抗議のデモンストレーションを止めるよう、ツァイツラーに命じただけで、第6軍の包囲突破を許そうとはしなかったのである。

なれど、さすがに動揺したのか、もう一つの戦線に関しては譲歩がなされた。1942年12月29日、総統の従僕ハインツ・リンゲのはからいで、余人を交えずヒトラーと会見したツァイツラーは、独裁者の説得に成功し、コーカサスからA軍集団を退却させる許可を得たのである。ただし、ヒトラーが再び変心することを恐れたツァイツラーは、退出するなり、控えの間から退却命令を出したというエピソードもあり、この時期のドイツ戦争指導の頽廃(たいはい)をうかがうことができよう。

ともあれ、A軍集団の脱出や第6軍の降伏、マンシュタインの反撃といったドラマを経て、1943年春の泥濘期の訪れとともに、東部戦線には、かりそめの安定が訪れた。が、ヒトラーとドイツ軍指導部は息をつくわけにはいかなかった。

「後手からの一撃(シュラーゲン・アウス・デア・ナッハハント)」への疑問

現在なお日本では、ヒトラーは、東部戦線で三度目の戦略攻勢を実行する端緒として、「ツィタデレ」

作戦に踏み切ったという説が、一定の力を持っているようだ。しかし、残された一次史料を精査すると、そうした議論は事実に反するという結論がみちびかれる。１９４３年春、ヒトラーも、ＯＫＷやＯＫＨも、ドイツが戦略的に守勢に立たされているという認識において一致していたのだ。たとえば、１９４３年２月18日、ザポロジェの南方軍集団司令部を訪れたヒトラーは、はっきりと述べている。「本年は大規模な作戦は実行不可能で」、「複数の小さな鉤（ハーケン）を打ち込むことができるだけだ」と。

かのごとく、スターリングラードの敗戦は、さしもの傲岸なヒトラーとドイツ参謀本部をも意気消沈せしめるほどに衝撃的だった。しかも、アメリカの工業力が大きな影響を及ぼしはじめたことは、誰の眼にもあきらかだったのである。

では、いかなる対策を取るべきか。東部戦線を守るにあたり、ドイツ国防軍は、どのような作戦を採用すればよいのか？

大幅な撤退を実行し戦線を短縮、予備兵力を捻出するという、常識的な策は、例によってヒトラーに一蹴された。彼は、同盟国の反応や国民に与える影響もさることながら、戦争経済上の理由から、ロシア南部の資源地帯を放棄することは絶対に不可と断じたのだ。スターリノの炭鉱、ザポロジェの水力発電所、ニコポリのマンガン鉱……。このうち、鉱山を失っただけでも、戦争の終わりを意味すると、総統は将軍たちに警告している。

ならば、攻勢防御、マンシュタイン流の「後手からの一撃（シュラーゲン・アウス・デア・ナッハハント）」、ソ連軍に先手を取らせ、態勢が伸びきって、隙ができたところで反撃に出て、これを撃破、戦線を維持する作戦はどうか。よく知られているように、マンシュタインは、具体的な構想を提案している。攻勢を発動したソ連軍を、わざと西に進ませ、メリトポリとドニエプロペトロフスクを結ぶ線まで来させる。その間に、南方軍集団北翼に兵力を集中させ、敵側面を突破、南方もしくは南東方向に進撃して、ソ連軍攻撃部隊を包囲殲滅するのだ。

ヒトラーは、このマンシュタインの提案を拒否した。かかる作戦を実行するための二つの前提、ドニェツ盆地の一時的放棄と、南方軍集団への極端な兵力集中――当然、他の戦線の弱体化を招くことになる――を満たすことは不可能と判断したのである。

現在に至るまで、こうしたヒトラーの決定はドイツから勝利の可能性を奪った、マンシュタインの計画を採用していれば、ソ連軍に多大な出血を強いることが可能になり、和平交渉のテーブルに着かせることができたかもしれないなどと主張する論者は、後を絶たない。が、当時の東部戦線の現実を直視すれば、ヒトラーの拒絶は、必ずしも間違っていたとはいえない。なぜなら、ロシアにおけるドイツ軍は、別表(次頁参照)が示すごとく、消耗しきっていたからだ。この程度の兵力しか持たないというのに、マンシュタインが望む集中を行ったなら、南方戦区以外でソ連軍が攻勢に出た場合に対応する予備が無くなってしまう。ヒトラーのみならず、実はＯＫＨも同様の見解に達していた。１９４３年３月８日に、今後の作戦のために、追加16個師団の増援を送られたいと、マンシュタインから電話で要請されたとき、ツァイツラーがお笑いぐさだと応じたという挿話は、こうした背景から出たものだったのだ。むろん、東部戦線以外の戦場に責任を持つＯＫＷも、南欧や大西洋沿岸への連合軍の上陸など些事(さじ)であると言わんばかりの作戦に賛成するはずがなかった。

加えて、敵がマンシュタインの予想通りに動いてくれるとはかぎらない。事実、ソ連軍の情報収集にあたっていた、有名な「東方外国軍課(フレムデ・ヘーレ・オスト)」による、１９４３年2月から3月にかけての敵の企図に関する報告(2月22日付)も、「明瞭で、疑問の余地のない像はいまだ得られない」とした上で、赤軍は、南部と中部もしくは北部の2か所で同時に作戦を遂行し得るが、冬季、または連合軍の西方への大規模な上陸まで防衛策を取って、待機することも考えられると、玉虫色の見解を打ち出している。つまり、ソ連軍が必ず南方軍集団に対して大攻勢を実行するという保証など、どこにもなかったのだ。

ドイツ軍による東部戦線の兵力比評価

(1943年4月1日の状況)

ドイツ軍兵力[a]				ソ連軍兵力[a]		
戦区	予備	前線/前線付近	[c]	前線/前線付近	予備	合計
A軍集団	-	8[d]	歩兵師団	44	2	46
	-	1	装甲部隊	2	7	9
	-	321,800	兵数	388,000	23,500	411,500
	-	43 (35)[b]	戦車	45	100	145
	-	581	砲	1,749	87	1,836
南方軍集団	4[e]	22	歩兵師団	97	43	140
	-	13	装甲部隊	51	43	94
	-	548,000	兵数	1,008,000	524,500	1,532,500
	-	887 (389)[b]	戦車	765	655	1,420
	-	928	砲	3,779	1,815	5,614
中央軍集団	-	70.5	歩兵師団	152	10	162
	-	8	装甲部隊	56	11	67
	-	1,221,000	兵数	1,429,000	131,000	1,560,000
	-	396 (181)[b]	戦車	1,210	165	1,375
	-	2,732	砲	6,327	508	6,835
北方軍集団	-	42.5	歩兵師団	115	5	120
	-	-	装甲部隊	34	18	52
	-	642,000	兵数	1,166,000	51,000	1,217,500
	-	10 (7)[b]	戦車	735	165	900
	-	2,119	砲	4,771	172	4,943
全東部戦線	-	147	歩兵師団	408	60	504[f]
	-	22	装甲部隊	143	79	251[g]
	-	2,732,000	兵数	3,992,000	730,500	5,152,000[h]
	-	1,336 (612)[b]	戦車	2,755	1,085	6,040[i]
	-	6,360	砲	16,646	2,582	20,683[j]

(a) 「前線付近」=軍予備。「予備」=「縦深予備」、すなわち軍集団予備を指す。
(b) ( ) 内の数字は稼働戦車数。
(c) 各項目の説明は、以下の通り。
歩兵師団=ドイツ軍歩兵師団/ソ連軍狙撃兵師団　装甲部隊=ドイツ軍装甲師団/ソ連軍戦車旅団　兵数=前線部隊のもの　戦車=突撃砲を含む　砲=砲兵部隊所属のもの
(d) クリミア駐屯部隊を含む。　(e) 休養補充中。　(f) 所属不明の狙撃兵師団36個を含む。
(g) 所在不明の戦車旅団29個を含む。　(h) 所在不明の兵429,500名を含む。
(i) 所在不明の戦車400両および1943年3月に完成、もしくは配備された1800両を含む。
(j) 所在不明の砲1455門を含む。

史料 FHO Ia, 80/43 g.Kdos, 17.10.1943, Anlage 4b, BA-MA, RH 2/2566 に拠る(*Das deutsche Reich und der Zweite Weltkrieg*, Bd.8, p.74)。

こうして概観する限りでも、マンシュタインの「後手からの一撃」案は、元帥自身が戦後に主張し、多くの無邪気な戦史ファンが信じているような、確実な勝利を約束する切り札ではなかったということが理解できよう。

コンセンサスとしての「ツィタデレ」

かくして、春の泥濘がもたらした休止のあいだに、戦略的攻勢も大幅な退却も不可であり、「後手からの一撃」も望み薄であるということが確認されていく。それらの選択肢が消されたあとに残ったのは、戦略的な防御態勢を固めるために、どこかで攻勢をかけ、ソ連軍に打撃を与えるとともに戦線を短縮、それによって予備兵力をつくろうとする発想である。こうした作戦にうってつけの状況になっていたのが、クルスク周辺の戦区だった。そこに形成されている突出部を南北から挟撃し、食いちぎってしまえば、前線はおよそ240キロも短くなる上に、少なからぬソ連軍部隊を撃滅できる！

かような構想にこそ、「ツィタデレ」作戦の萌芽(ほうが)があった。

では、最初に、この攻勢を実行しようと言い出したのは誰なのか？

残念ながら、現在の史料状況では「ツィタデレ」の発案者を特定することはできない。なるほど、ツァイツラーは、戦後〝疑いなく、ヒトラー一人が、その責任を負う〟としている。〝なぜなら、彼は、政治的理由と威信の問題から、この作戦的には望ましくない攻勢を遂行したがったのである〟と。ツァイツラーのみならず、他の将軍たちの多くも、同様に主張している。

しかし、ヒトラーが賛成したことは間違いないとしても、将軍たちが「ツィタデレ」に消極的であったという証拠はない。実際、クルスク突出部を挟撃し、そこにある敵部隊を包囲撃滅するという策は、戦略的にも作戦的にも理にかなったものだった。ゆえに、1943年3月13日、「ツィタデレ」作戦への第一歩となる作戦命令第5号が発令されたとき――当時、装甲兵総監だったハインツ・グデーリアン上級大将は、その回想録において、「陸軍参謀総長ツァイツラー将軍の発議によるもの」だとしている――これに反対するものは誰もいなかった。それどころか、攻勢防御論者のマンシュタインなどは、3月18日の電話によるツァイツラーへの報告で、「ロシア人は、わが左翼と中央【軍集団】右翼の前には、もはや、たいしたことはできない」、「中央軍集団は現在、難なくクルスクを奪取し得る状況にあるものと確信する」と話していたのである。

いずれにしても、この作戦命令第5号には、目的は、泥濘期の直後、ソ連軍の新たな攻勢が始まる前に、クルスク突出部を挟撃することにより、「少なくとも、ある一戦区において、行動の原則のお手本を示し」、それによって改善され、強化された味方戦線に敵を「突進させ、出血せしめる」ことにあると明言されていた。すなわち、「ツィタデレ」は、実際には、ごく限られた狙いしか持たぬ作戦だったのであり、戦後の多くの史書に喧伝されたような戦略攻勢ではなかったのだ。しかも、かかる認識は、作戦発動に至るまで、ドイツ軍指導部に共有されていた。南方軍集団司令部は、自軍の予備を保全しつつ、なお「主導権を握り続ける」ことにこそ、おもに目的があると考えていたし（4月11日の同軍集団作戦参謀の戦時日誌）、5月7日にはヒトラーも、純粋に作戦的な意義を持つだけの「限定攻勢」であると発言している（宣伝相ゲッベルスの日記）。

こうして、いわば、ヒトラーとドイツ軍首脳部のコンセンサスの産物ともいうべき、クルスク突出部の挟撃案、「ツィタデレ」の実行が決まったわけである。だが、周知のごとく、この作戦は延期を重ねることとなった。

失敗は予想されていた

当初、OKH作戦部は、4月後半に「ツィタデレ」の発動を予定していた。けれども、実施部隊である中央軍集団および南方軍集団は、OKHの時刻表に沿って動ける状態になかった。中央軍集団は、攻勢開始のための配置転換と増援部隊の集結作業に忙殺されていたし、予備行動としてパルチザン制圧作戦を行う必要があった。南方軍集団もまた、消耗しきった麾下部隊に補充と休養を与えなければならなかったのだ。ゆえに、4月15日に出された作戦命令第6号では、作戦開始を5月3日に設定し直したのだけれど、北の主役である中央軍集団第9軍司令官ヴァルター・モーデル上級大将は、装備や機動力、訓練の点で、自分の部隊は充分な状態にないとして、これに嚙みついた。4月27日、モーデルの直訴を受けたヒトラーは、しかたなく「ツィタデレ」発動を5月9日に延期している。

だが、この間にも、クルスク突出部のソ連軍は続々と増強されていたし、ドイツ軍の情報関係者も、そうした動きを察知していた。4月17日、中央軍集団情報参謀は、「『ツィタデレ』作戦のための欺瞞措置遂行に関する命令」で、「敵は、ドイツの攻撃準備を知っており、全般に防御に重点を置いている」との判断を示している。東方外国軍課も、5月2日付の情報判断において、ソ連軍は充分な防衛措置をととのえており、いったんドイツ軍に攻撃させたあとで、後置しておいた予備を投入、攻勢に出るだろうと予測していた。彼らの計算は正しかった。ソ連邦崩壊後に公開された史料に基づく研究によれば、すでに4月上旬の時点で、クルスク戦区の独ソ両軍の戦力比は、砲兵で1：3・2、戦車と突撃砲で1：1・3、兵数では1：1・8にまで開いていたのである。

このような、ソ連軍の増強に関する報告を受けたヒトラーは動揺し、4月18日、クルスクを挟撃するのではなく、突出部中央を西から東に攻め、敵軍を二分したのちに撃滅するという代案の検討を命じた。戦後の研究で解明されたように、クルスク突出部の両側面に強固な陣地が築かれ、多数の兵力が集中されていたことを鑑みれば、ヒトラーの着想のほうがまだしも成功の見込みがあったと思われる。されど、陸軍参謀総長は、そうは考えなかった。問題の指示があった2日後、ツァイツラーは、ベルヒテスガーデンの山荘に滞在していたヒトラーのもとに飛んだ。そこで、彼は、総統の代案を論駁（ろんばく）するために、予想される兵站上の困難を著しく誇張して伝え、その種の問題に疎（うと）いヒトラーを翻意させたのである。

ちなみに、草稿のままで、公刊されることがなかったツァイツラー自身の戦後の回想では、本当はこのときに、「ツィタデレ」作戦を全面的に中止するよう進言したかったとしている。しかし、以後の経過をみれば、ツァイツラーの主張は、うなずけるものではない。

5月4日、ヒトラーは、またしてもモーデルが出してきた延期要請を検討するため、関係者をミュンヘンに召集した。この会議の内容を記した資料は、マンシュタインとグデーリアンの回想録と、先に触れたツァイツラーの手記のみである上、それらが相互に矛盾しているため、正確な再構成は難しい。とはいえ、ツァイツラーと中央軍集団司令官ギュンター・フォン・クルーゲ元帥が、ソ連軍がより増強され、かつ先手を取って攻勢をしかけてくることを案じて、作戦延期に反対したことは、はっきりしている。つまり、ここでも、ツァイツラーが「ツィタデレ」の実行に消極的であったという証明はなされないのだった。

いずれにせよ、再建された装甲部隊の消耗を恐れるグデーリアンだけは懐疑的だったものの、「ツィタデレ」構想を全面的に否定し、中止を訴えるものはいなかった。結局、「ツィタデレ」は、独自のダイナミズムを得て、坂道を転がり落ちていく。同作戦は、さらに延期につぐ延期を繰り返したのち、ようやく7月5日に発動すると決定されたが、その間に、ソ連軍の集中は危険なレベルに達し、成功は望めなくなっていた。「ツィタデレ」発動の前日、東方外国軍課のゲーレンは、この攻撃はもはや、いかなる理由によっても正当化できないとし、「企図されている作戦は、のちのちまで禍根を残す、決定的な誤り」であるとの結論を付した意見書を、陸軍参謀総長宛に提出している。戦後、ツァイツラーは、こうしたゲーレンの危惧を共有していたと回想した。だが、彼の証言を裏付ける一次史料はない。また、前線の責任者たるマンシュタインやクルーゲもなお、作戦成功に疑いを抱いていなかった。
かくて、「ツィタデレ」作戦は開始され——ゲーレンが発した「カサンドラの予言」通りの結末を迎えたのだった。

舞台を去るツァイツラー

「ツィタデレ」の失敗以降、対ソ戦においてドイツの敗色が濃厚になるにつれ、ツァイツラーとヒトラーの関係も悪化していった。ツァイツラーの戦後の記述は、独裁者に対する呪詛(じゅそ)にみちみちている。〝彼【ヒトラー】は、もう、いかなる決断もなさず、すべてを先延ばしにするだけだった。そして、必要な決定が下されたときには、もう遅すぎた〟。〝一度はスターリングラード、二度目はクリミアで〟信念に反した行動をすることをヒトラーに強いられたが、三度目は認めないと、ツァイツラーは決意していた。彼にとって、戦争は軍事的にはすでに敗れており、〝今や、どうにかして、これを終わらせる企てがなされねばならぬ〟ものになっていた。

1944年1月30日の上級大将への昇進も——彼は、それにともなう賞与の受け取りを固辞した——何の慰めにもならなかった。ツァイツラーは5回にわたり辞任を求めたが、ヒトラーは、けっして許そうとはしなかった。けれども、1944年7月9日、陸軍参謀総長の希望は、とうとうかなえられることになる。ベルヒテスガーデンでの作戦会議の最中に、ツァイツラーは心臓発作で倒れたのだ。

同年8月に、ツァイツラーは、現役ではあるものの任務を与えられず、待機状態に置かれる「指揮官予備」身分に編入された。ついで、11月には陸軍人事局長ヴィルヘルム・ブルクドルフ歩兵大将から、ヒトラーの決定により、以後、国防軍で貴官が勤務することはないと宣告されている。翌1945年1月31日、ツァイツラーは、ドイツ軍人の名誉の象徴である軍服を着用する権利を剝奪された上で、退役に追い込まれた。ヒトラーは、参謀本部に蔓延している自分への批判の震源地は、ツァイツラーにちがいないと決めつけていたのだ。かかる恥辱に遭って、ツァイツラーは自殺も考えたといわれている。

しかし、戦争の終わりとともに、転機が訪れた。英軍の捕虜となったツァイツラーは、収容所生活ののち、ハルダーを長とする、米軍のための戦史研究グループの一員となったのである。このグループに属していた間に、ツァイツラー、そして、他のドイツ軍人たちは、ヒトラーの素人戦略が敗戦を招いたという史観のもと、多数の戦史研究報告を作成した。それらが、あるいはドイツの将軍たちの回想録、あるいは通俗的な読物の通奏低音となって、今日までも大きな影響を及ぼしているのは、周知の事実である。

さらに、ツァイツラーは、ハルダー・グループが解散したのちも、西ドイツ（当時）の現代史研究所の求めに応じて、しばしば講演をなしたり、多くの手記をしたためた。その結果、彼が１９６３年９月26日にバイエルンのホーエンアシャウで没したときには、大量の草稿や個人文書が残され、第二次世界大戦史研究の貴重な資料となった。が、敢えていうなら、こうした資料に拠ることにより、意識するとしないとにかかわらず、多くの史書がツァイツラーの視角を間接的に採用することになったし、今日なお、それに無批判で従う論者もいる。つまり、われわれが抱く第二次世界大戦像は、少なからずツァイツラーの認識に規定されているのだ。

さりながら、ここまでの検討からおのずと浮かび上がってくるようにツァイツラーの戦後の証言には、一定の作為がひそんでいることは否定できない。

なるほど、ツァイツラーは優れた軍人であり、人間性においても評価されるべき美質を有してはいた。だが、「ツィタデレ」の立案から実行に至る過程に関する、彼の証言と史実との乖離が示すごとく――個人的な名誉心やヒトラーに対する遺恨が動機なのか、それとも、参謀本部の神話を崩壊させたくないという、ドイツ軍人の義務感ゆえのことだったのかはわからない――ドイツ国防軍最年少の上級大将は、死の翼に拉しさられる前に、欺瞞の罠を仕掛けていったのである。

追記。その後の研究の進展により、クルスク戦線屈曲部への攻撃を最初に提唱したのは、南方軍集団司令官エーリヒ・フォン・マンシュタイン元帥であることがあきらかにされた。

クルスク戦の虚像と実像

読者のみなさんは、１９４３年７月のクルスク戦について、いかなるイメージを抱かれておられるだろうか？

ヒトラーが主導して、決定された突出部への挟撃作戦。にもかかわらず、彼が新型戦車の投入に固執したため、作戦は延期につぐ延期、ようやく発動されたときには、ソ連軍は強力な縦深陣地を築いており、グデーリアン装甲兵総監が再建したドイツ装甲部隊は大損害を受けた。加えて、シチリアに上陸した西側連合軍への対処を余儀なくされたこともあって、攻撃続行は不可能となり、以後東部戦線の戦略的イニシアチヴは、ソ連軍の手に移ることとなる。

おそらく、戦史に興味を抱く一般読書人が抱く、平均的なクルスク戦像とは、こういったものであろう。

ところが、２００２年に、かかる理解に、真っ向から異議を唱える論文が現れた。

ドレスデン工科大学の国際関係学部助手ローマン・テッペルが記した「歴史記述における伝説の形成――クルスクの戦い」である（Roman Töppel, Legendenbildung in der Geschichtsschreibung - Die Schlacht bei Kursk, in: *Militärgeschichtliche Zeitschrift*, 61 (2002), H. 2)。

タイトルからも容易に見て取れるように、クルスク戦にまつわる伝説を打破することをテーマとした論文だが、実は、これは、テッペルの修士論文をもとにしたもの。かような、いわば習作ともいえる研究が、専門誌（掲載誌の『軍事史雑誌（*Militärgeschichtliche Zeitschrift*）』は、ドイツ連邦軍の研究機関である軍事史研究局（現軍事史・社会科学センター）によって編集されており、きわめてレベルが高い）に発表されるのは、ドイツでは、まったく異例のことなのだ。その事実自体が、テッペルの主張に対する評価を表わしているといえるし、実際、彼の論考はクルスク戦イメージの転換を迫るものだと、私なども思うのである。以下、テッペルが提示した論点に沿って、紹介していくことにしよう。

ヒトラーの攻勢か？

クルスク突出部を南北両翼から挟撃、ここに集結したソ連軍大部隊を殲滅し、戦線を短縮すると同時に、戦略的な主導権を奪回する。ヒトラーは、このアイディアに取り憑かれ、当時陸軍参謀総長であったクルト・ツァイツラーをはじめとする将軍たちの疑義や反対を押し切って、これを実行、結果的にはドイツ東部軍の「終わりのはじまり」をみちびいた。「城塞」作戦は、まさにヒトラーの攻勢だったのである。

テッペルは、こうした戦後流布したイメージの源流をたどっていき、ツァイツラーの未刊行の回想（米軍の要求に応じて記述したもの。現在、フライブルクの連邦軍事文書館が所蔵している）にいきつく。これが、パウル・カレルをはじめとする戦記作家たちによって、広められていったというわけだ。

しかし、国防軍最高司令部（ＯＫＷ）やドン軍集団（のち南方軍集団に改称）の戦時日誌といった一次史料を渉猟（しょうりょう）したテッペルは、正反対の結論を出す。そもそもクルスクをめざす挟撃作戦の案は、南方軍集団総司令官マンシュタインから出たものであり、ほかならぬツァイツラーが強く支持、ヒトラーを説得して、実行させたというのである。

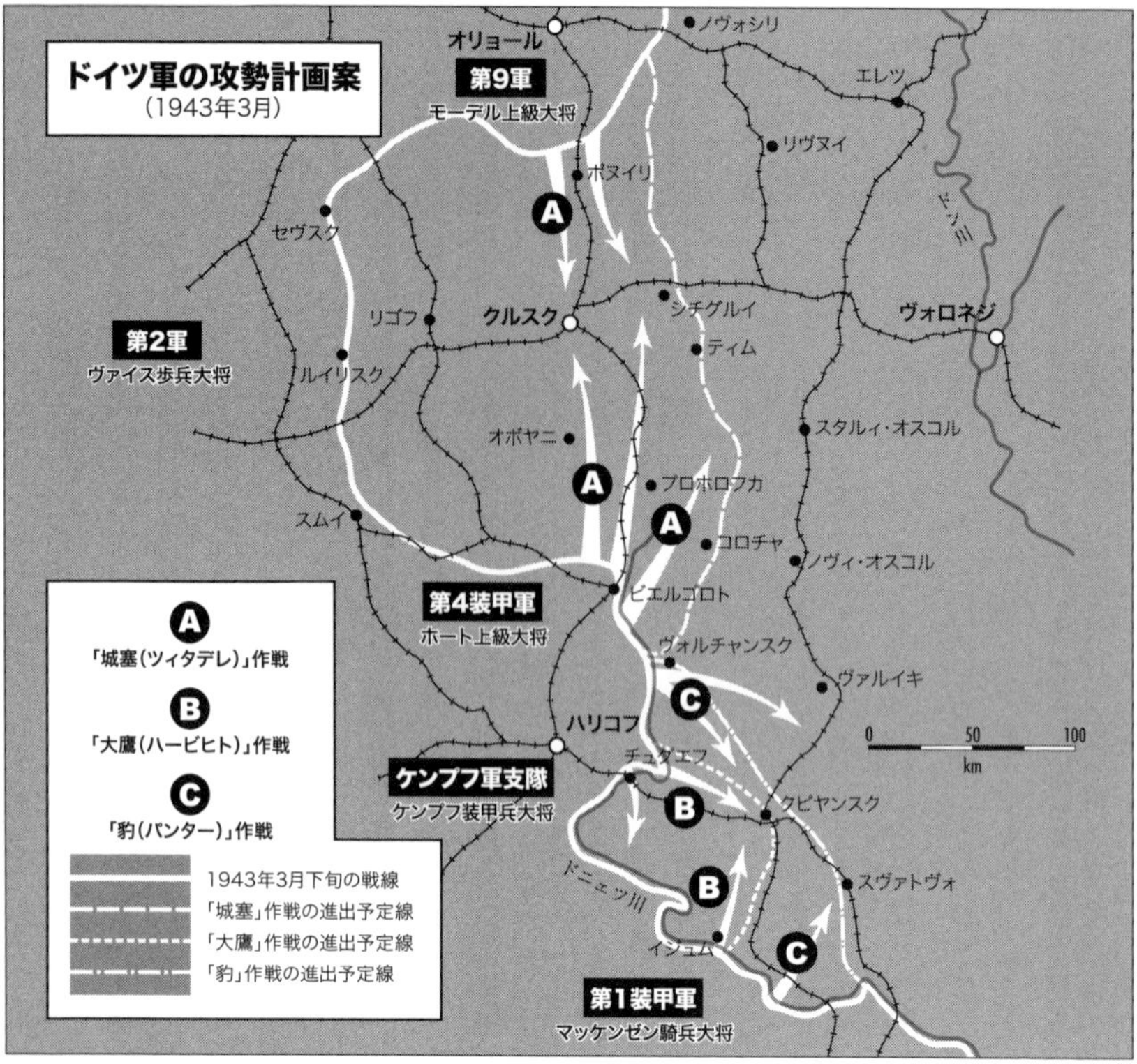

以下、テッペルに基づき、時系列に沿って記述してみる。

すでに第三次ハリコフ戦の直後より、クルスク突出部の南北からの挟撃という構想を抱いていたマンシュタインは、ヒトラーに面会、この作戦案の準備に踏み切るよう、説得する。その結果が、クルスクの南北に2個の攻撃集団を形成するよう命じた、3月13日付の「翌月のための作戦命令」であった。

ただ、ヒトラーにはまだ迷いがあり、「大鷹（ハービヒト）」と「豹（パンター）」という二つの代替案（ハリコフ南方での作戦）を検討させていた。前者は、地域的にも限定されており、クルスク方面への攻撃の補助作業であったけれど、後者は、「城塞」への対抗案とみなされていたという（南方軍集団戦時日誌、3月29日の項）。

だが、4月第2週において、「城塞」は、決定的に「豹」に打ち勝つ。「作戦命令第6号」が出され、クルスク方面での南北挟撃を実行すると確定されたのである。

この方向に、ヒトラーを説得したのは、ツァイツラー参謀総長であった。テッペルは、装甲兵総監グデーリアン、第48装甲軍団司令部参謀メレンティン、OKW統帥幕僚部国土防衛課長ヴァーリモント、陸軍総司令部（OKH）作戦部長ホイジンガー、OKH戦史部全権シェルフらの回想や証言をもとにそれを立証していく（興味深いことに、ツァイツラーは戦後、クルスク攻勢案は陸軍参謀本部より出たものとする、誤った噂を流したと、シェルフを非難している）。

つまり、「城塞」作戦は、なるほどヒトラーが命じたものであったかもしれぬが、けっして戦後主張されているように、彼だけに責を負わせるべきものではなく、むしろツァイツラーも主導者の一人であった。にもかかわらず、作戦失敗を受けて、ツァイツラーは「ヒトラーの攻勢」という伝説の作成にかかり――これを広めることに成功したのだ。

かように、「城塞」計画が、実は、ヒトラーが将軍たちの要請を受け入れた結果だったとすれば、作戦発動までの、彼の奇妙な態度（有名な、この攻勢のことを考えると、胃がむかむかするという発言などにみられる、ヒトラーには珍しい消極性）も納得できるように思われるのだが、いかがであろう？

遅きに失した攻勢か？

「城塞」作戦が、延期に延期を重ね、それが失敗の大きな原因――この間に、ソ連軍はクルスク突出部の防御陣地を固めてしまった――となったというのは、よく知られている。

その理由を説明する際、ヒトラーが新型戦車の投入に固執したことを第一にあげるというのも、しばしばなされるところだ。だが、ことは、そう単純ではない。テッペルは、たび重なる「城塞」発動延期の理由を一つ一つ検討していく。

まず、車両が動けなくなる、ロシア特有の泥濘期の影響、消耗した部隊の休養や補充などを考えれば、4月開始は論外。ならば、5月に発動か。ところが、実施部隊の史料をあたっていくと、それも不可能だったことがわかる。

まず、北の翼を担う中央軍集団は、オリョール周辺の鉄道輸送能力が不足していることに加えて、パルチザンへの対応に追われていた。事実、5月には、中央軍集団は数度にわたるパルチザン制圧作戦を実行することを余儀なくされている。そのうち最大のものである「ジプシー男爵（ツィゴイネルバローン）」作戦は1か月近くも続いたばかりか、1個装甲軍団の投入を強いられるものとなっていた。その結果、中央軍集団の攻撃の主役となる第9軍は、「城塞」作戦を開始できるのは早くとも6月19日と報告してくる始末だったのである。

一方、挟撃の南の刃、南方軍集団でも、第4装甲軍やケンプフ軍支隊の指揮官たちは、5月第2週の時点になっても、さまざまな装備の不足を指摘し、より多くの戦車と航空支援を求めていた。これを要するに、「城塞」は5月に発動したくても、そうできる状態になかったのだ。

さて、衆知のごとく、「城塞」は6月に入っても、たびたび延期される。しかも、それはヒトラーが新型戦車に過大な期待を抱き、これらが投入できるようになってからの作戦発動にこだわったからだと、今までは説明されてきた。が、テッペルによれば、むしろ、こうした延期は、地中海の情勢に対応するため（5月13日のアフリカ軍集団降服など）と考えたほうが適切であるという。

つまり――「城塞」を早期に発動していたら成功していたはずだという、将軍たちの戦後の回想は、史料に照らし合わせて判断するなら、実現不可能な繰り言にすぎないとテッペルは示唆しているのである。

プロホロフカの神話

1943年7月5日に開始された「城塞」作戦は、7月12日のいわゆるプロホロフカの大戦車戦でクライマックスを迎える。ロトミストロフ中将率いる第5親衛戦車軍は、南方軍集団の尖兵にして切り札である第2SS装甲軍団相手に、正面から戦いを挑み、後者を撃破して、ドイツ軍の進撃を停止せしめ、攻勢転移を可能としたというのが、旧来の、とりわけソ連側によって主張されてきた説明である。

ソ連側は、真っ向からドイツ軍を撃破する能力が赤軍にあったことを誇示するために、意図的に、この「神話」を広めた。たとえば、旧ソ連の軍事史家コルトゥノフは、ドイツ軍の損害を実際よりも高く、かつ赤軍のそれは低く記述するよう命令されたと、ソ連崩壊後に告白しているのである。が、原史料が鉄のカーテンの向こうに隠されていたこともあって、こうしたプロホロフカ戦車戦の像は、西側の歴史学界やジャーナリズムにも浸透したのだった。

だが、その虚構は、現在ではあばかれており、日本にも断片的に伝えられている（J・ルスタン／N・モレル『クルスクの戦い』山野治夫訳、大日本絵画、2003年などを参照）。そこで、この論点については、ごく簡単に紹介しよう。

まず、ソ連側の記述に基づき、多くの西側の戦史家なども踏襲している、7月12日の時点で第2SS装甲軍団が600から800両以上の戦車を保有していたという認識は、過大である。同軍団司令部の戦時日誌によれば、プロホロフカ戦車戦の前夜、11日の稼働戦車は236両、突撃砲58両、マルダー自走砲43両。しかも、軍団所属の髑髏（トーテンコップフ）師団（以下、トーテンコップフ）はプロホロフカの戦闘に参加していないから、そのぶんを差し引くと、実際には、戦車、突撃砲、自走砲を合わせて204両ほどが、実際のドイツ側の装甲戦力だったと推定される。これに対し、ソ連崩壊後にアクセス可能になった史料によると、第5親衛戦車軍は、およそ850両の戦車と自走砲を保有しており、プロホロフカ戦区だけでも500両の戦車を投入することができた。

しかし、この数の優位にもかかわらず、ソ連戦車隊は大敗を喫することになる。戦車の行動には不向きな地形、そして、ティーガー戦車を近接戦闘で撃破することを急いだあまり、不適切な接敵行動を取ったがゆえである。結果は、悲惨なこととなった。7月10日から13日のあいだに、SSアドルフ・ヒトラー親衛旗（以下、LAH）師団とSS帝国師団（以下、ダス・ライヒ）から出た全損戦車は3両（！）、南方軍集団全体では戦車31両、突撃砲3両を喪失している。これに対して、第5親衛戦車軍は、7月12日と13日の両日で、およそ350両の戦車と自走砲を破壊されたのであった。つまり、プロホロフカの戦車戦という局面に限っていうなら、ソ連側のプロパガンダとは逆に、ドイツ軍は大勝利を収めていたのだ。

この事実を象徴する、興味深いエピソードがある。戦闘終了後、スターリンは、ロトミストロフに問いかけたというのである。

「貴官は、麾下の強大な戦車部隊に、いったい何をしでかしたのか？」と。

「失われた勝利」か？

7月13日、ヒトラーは、中央軍集団総司令官クルーゲ元帥ならびに南方軍集団総司令官マンシュタイン元帥を総統司令部に呼び、西側連合軍のシチリア上陸（7月11日）に対処するため、「城塞」作戦を中止すると命じた（といっても、この会見のもようを記述した史料は、マンシュタインの回想しかないのであるが）。

ところが、マンシュタインは、これに異論を唱え、攻勢を継続すべきだと意見具申したが聞き入れられなかった。それればかりか、彼がのちに著した回想録でも、「城塞」を継続していれば、勝利が得られたと主張しているのは、周知の事実だ。

しかしながら、テッペルは、「城塞」中止時点の、東部戦線の状況は、けっしてマンシュタインの楽観通りのものではなかったと断じている。まず、7月12日にオリョール方面で発動されたソ連軍の攻勢は、中央軍集団に深刻な影響を与えており、クルーゲ元帥は「城塞」継続は不可能と明言していたのだ。

また、南方軍集団にあっても航空戦力の不足（7月10日の時点で、南方軍集団の支援にあたっていた第8航空軍団の兵力は、中央軍集団支援、のちにはミウス正面に分遣したために、攻勢開始時の3分の1になっていた）と歩兵の消耗により、攻撃続行は難しくなっていた。しかも、ドニエツ方面とミウス方面でのソ連軍の圧力は、しだいに大きくなっており、7月15日には、マンシュタインも装甲部隊を抽出し、これらの脅威に対応することを認めざるを得なくなっていた。事実、LAHとダス・ライヒ、第24装甲軍団は、イタリアではなく、17日にはじまったソ連軍の攻勢を抑えるため、ドニエツ地区やミウス地区に配置されたのだ。

すなわち、「城塞」中止の真の理由は、マンシュタインが戦後主張したごとくに、ヒトラーが連合軍シチリア上陸の報に狼狽し、過敏な対応を命じたからではなく、ソ連軍の攻勢に対応しなければならなかったからだと、テッペルは主張するのである。

ドイツ装甲部隊の「白鳥の歌」か？

クルスクの戦いによって、ドイツ装甲部隊は決定的な打撃を受けたという点では、独ソ双方の主張が一致している。まず、ソ連側では、当時ステップ正面軍の司令官であったコーニェフが、「城塞」でのドイツ装甲部隊の奮戦は、彼らの「白鳥の歌」（白鳥が死に際して発する美しい鳴き声の意。転じて、芸術家の最後の作品、末期の奮戦などを意味する）となったとし、ジューコフも、クルスクにおいて、ドイツ軍のエリート、最強の部隊が撃破されたと回想録に記している。一方、ドイツ側でも、グデーリアンやヴァーリモント、メレンティンといったひとびとが、「城塞」でこうむった被害から、ドイツ装甲部隊は回復できなかったとしているのであった。

しかしながら、今日なお一部の戦史書が踏襲している、クルスクの戦いにおいて、ドイツ軍の装甲車両1500両以上を撃破したという、ソ連側の主張は、はたして維持できるものだろうか？　テッペルは、

「城塞」作戦における、ドイツ軍装甲車両損失の相対的な意味

（テッペル論文、397 頁より作成）

対フランス戦（1940年）における戦車の損失	**839 両**（投入戦車総数の 35%）
1943年2月の全戦線における戦車の損失	**1596 両**（うち 1105 両が東部戦線での損失）
1944年7月の全戦線における戦車と突撃砲の損失	**2124 両**
「城塞」作戦における戦車の損失（投入戦車・突撃砲・自走砲の総数は2374両）	**約 270 両**（投入戦車総数の 11%）
1943年7月および8月の東部戦線全体における戦車と突撃砲の損失	**1331 両**

こうした数字から、テッペルは、ドイツ装甲部隊がクルスク戦において、致命的な打撃を受けたとはいえないと、結論づけている。

再び一次史料にあたり、意外な結果をみちびいている。

１９４３年７月から８月にかけての、東部戦線全体における戦車と突撃砲の喪失は、１３３１両。が、各部隊の史料を子細に検討していくと、戦史においては、しばしば軽視されているミウス方面やドニエツ方面での損害のほうが、クルスクのそれよりも大きいことがわかってくる。たとえば、第23装甲師団は、ミウス戦線に投入された初日だけで、11両の戦車を失っているし、ダス・ライヒとトーテンコップフは、最初の2日で23両の戦車と突撃砲を喪失、これはクルスク戦での喪失を上回っているのだった。

さらに、テッペルは、１９４０年の対仏戦や、対ソ戦の他の時期の装甲車両の喪失数などと比較し、「城塞」での損害が、ドイツ装甲部隊にとって決定的であったとはいえないと結論づける。すなわち、ドイツ装甲部隊は「城塞」で回復不可能な消耗を受けたというよりも、クルスク以降の苛烈な戦闘の連続によって、徐々に失われていったのであって、必ずしも短期間の激烈な戦車戦によるものではないと、テッペルはみるのである。

にもかかわらず、「白鳥の歌」論が蔓延したのは、クルスク戦を、赤軍戦車部隊がドイツ装甲部隊を圧倒した記念碑的な戦闘に祭り上げようとするソ連軍将星の戦後の政治的思惑と、敗戦の責任をヒトラーに押しつけたいあまり、「城塞」の失敗を過大に評価せんとするドイツの将軍たちの利害が、はからずも一致したからだと、テッペルは示唆するのだった。

以上、テッペルの所論を紹介してきたが、もとより、彼の主張が100％正しいというのではない。以後、ソ連側の史料とドイツ側の史料をつき合わせての、より客観的な調査が必要であろうし、また、必ずや、そうした研究がなされると思う。

ただ、われわれが、ここで注目すべきは、冷戦時代のソ連のもののみならず、ドイツ側の戦史にも（従来の第二次大戦像は、彼らドイツの将軍たちが描いたそれを元にしており、原史料に基づく再検討が必要であることは、近年強く言われていることである）虚像があることであろう。

あるいは、われわれは、自らの戦史の常識を疑ってかからねばならぬ時期にさしかかっているのかもしれない。

戦史こぼれ話　政治的戦闘――オデッサ攻囲

バルバロッサ作戦における南方軍集団の諸戦闘において、ほとんど注目されていないものにオデッサ攻囲がある。この黒海の港湾都市は、主としてルーマニア軍により2か月あまりも包囲され、陥落に至ったのだが、一種の幕間劇というか、ウマーニやキエフの戦いの陰に隠れてしまっているのだ。とはいえ、戦史家たちがこうした扱いをするのも無理はない。なぜなら、ドイツ軍ではなくルーマニア軍がオデッサ攻囲を任せられるまでの経緯には相当に政治的な背景があり、それが同戦闘に奇妙な陰翳を与えているからである。それゆえ、このコラムでは、もっぱら政治的戦略的な流れについて述べたい。

そもそも、ルーマニアの国家指導者イオン・アントネスクにとって、ドイツのソ連侵攻はまたとない失地回復の機会であった。周知のごとく、ルーマニアは1940年にベッサラビアとブゴヴィナをソ連に奪われていたし、隣国のハンガリーとは、第一次世界大戦の結果併合したトランシルヴァニアをめぐって緊張した関係にあった。ルーマニアもハンガリーもドイツと同盟を結んでいたにもかかわらず、このバルカンの二国のあいだには敵対感情がくすぶっていたのである。かかる背景のもと、アントネスクはルーマニア軍に手柄を立てさせることにより、ドイツ主導のヨーロッパ「新秩序」において有力な地位を占めようと企図していた。

その目標として、オデッサは絶好の目標だった。意外なことだが、ドイツ軍の当初のソ連侵攻計画においては、オデッサはさほど重視されていなかった。何故、ソ連黒海艦隊の重要な根拠地であり、ドイツ軍にとっても重要な補給港となり得るオデッサ攻略が本気で考えられていなかったかは不明であるけれど、おそらくは、より重要なキエフ奪取のほうに注意が集中していたのであろうか。いずれにせよ、オデッサは装甲部隊によってソ連軍の主戦線から孤立させたのちに、1個軍団程度で攻撃すればよいと考えられていた。ところが、いざバルバロッサ作戦がはじまってみると、1個軍団を供出するはずのドイツ第11軍はブーク川の戦闘に忙殺され、その余裕がなくなってしまう。ここぞとばかりにアントネスクは、黒海北岸、ドニエストル川からドニエプル川のあいだのオデッサを含む地域の占領はルーマニア軍が引き受けると申し出た。8月7日、ベルディチェフでアントネスクと会見したヒトラーは、彼に騎士鉄十字章を授与したのちに、この提案を是認する。

しかしながら、ルーマニア軍にとって、かかる任務は能力以上のものだった。政府が、戦間期の親英仏政策からドイツへの接近に外交方針を切り替えた結果、フランス式のドクトリンや訓練からドイツ式に切り替える必要が生じ、混乱が生じていたのだ。従って、当時のルーマニア軍に対する評価は、将兵の勇敢さは別として、きわめて低いものにならざるを得なかった。この同盟軍を指揮下に入れたルントシュテットの評価は、以下のごとくである。「当時、ルーマニアの諸師団は旧式ではあるものの、悪くはなかった。山岳師団と騎兵旅団はとくに良かった。しかし、指揮能力ということになると、筆舌につくしがたい。その将校と下士官ときたら……!」

かかる軍隊で、ロシア人が守る都市を奪うことは困難である。オデッサ守備にあたっていたソ連独立沿岸軍が、8月までに同市周辺の陣地に3万4000名の将兵と249門の大砲を集結させていたとなれば、なおさらだ。さらに海からの接近路も、海岸砲によってふさがれていた。結果として、8月18日に開始された本格的なオデッサ攻撃は、惨憺たる結果に終わる。アントネスクは8月末までにオデッサを占領することを希望していたのだが、それどころではなかった。攻撃にあたったルーマニア第4軍は大損害を出したにもかかわらず、ほとんど前進できなかった。攻撃はおよそ6日間続けられ、ついで小休止を取ったのち、8月28日に再開され、9月5日まで実行された。この間のルーマニア軍について、ドイツ第11軍から派遣された連絡将校は、ドイツ軍司令部が統制しなければ、攻撃は混乱するばかりだと酷評している。

かかる状況にあって、ドイツ軍は、キエフ戦遂行中で兵力の余裕がなかったのだけれど、工兵4個大隊、歩兵2個大隊、重砲1個大隊、海岸砲兵2個大隊を基幹とする支援部隊を増援すると決めた。アントネスクは、それでは沽券にかかわると、ドイツ軍の増援が到着する前、9月11日から15日にかけて、再びオデッサを攻撃させたが、ソ連軍の反撃に遭い、撃退されるありさまだった。

しかし——皮肉なことに、アントネスクもドイツ軍も急ぐ必要はなかったのだ。というのは、ソ連軍は、全面的な後退を強いられ、セヴァストポリまでも危機に瀕している状況にあっては、いずれは保持できなくなるオデッサに兵力を残しておくのは不都合と判断し、独立沿岸軍を海路撤退させると決めていたからである。10月3日から16日にかけて実行されたソ連軍のダンケルク式撤退は完全に成功し、17日にオデッサに入ったルーマニア第1軍団は6000人ほどの捕虜を得たにすぎなかった。とどのつまり、アントネスクの野心は、ルーマニア軍に無用の損害を出し、同盟国ドイツを悩ませたのみだったと断じても、おそらく酷評に過ぎるということはあるまい。

「誓いの休暇」その仕組み

『誓いの休暇』といえば、1959年のソ連映画が有名だろう。スターリングラードで手柄を立てた少年兵アリョーシャが特別休暇を貰い、故郷に帰ろうとしたものの、さまざまな出来事にあって時間をなくしてしまう。その結果、ほんのひととき母親に会っただけで、前線に戻らざるを得なくなる。だが、戦争が終わったのちも、アリョーシャが母親のもとに再び帰ることはなかった。彼は、その後も勇敢に戦って、戦死したのである。

哀切きわまりない物語だが、実は、ソ連の『誓いの休暇』よりも先に、ドイツ映画にも、同じ『誓いの休暇』というタイトルの作品がある。『急降下爆撃隊』や『ミヒャエル作戦』などの監督カール・リッターが、1938年に撮ったものだ。

こちらの舞台は1918年のドイツ帝国。西部戦線に送られる補充部隊1個小隊が首都ベルリンに到着する。この小隊はベルリン編成で、兵士たちは当然休暇がもらえるものと、期待に胸をふくらませている。しかし、敗戦直前で厭戦気分が高まったドイツ軍には脱走が横行していたため、いっさいの休暇を禁じるとの命令が出されていた。たまりかねた兵士たちは、一時帰宅させてくれと懇願する。小隊長も情におい て忍びず、彼らに休暇を与えてしまう。だが、輸送列車が出発するまでに兵たちが集合しなければ——ただの一人でも脱走兵を出せば、小隊長は軍法会議にかけられることになるのだ……。

このドイツ製の『誓いの休暇』も、ナチス政権下でつくられたものとは思えぬ佳品である。ちなみに、日本では、小隊長が上官の命令にそむいて、独断専行で休暇を与えるのは軍規違反を肯定するものだという理由で、上映禁止になったという（岩崎昶『ヒトラーと映画』、朝日新聞社、1975年）。

それはともかくとして、こうした映画を観ていると、当然の疑問がわいてくる。ドイツ軍将兵の休暇は、制度的には、どんな仕組みになっていたのだろう。戦時下での、その運用の実態は？

かかる問いかけに答えてくれる本はないかと、書庫を探ってみると、マーチン・ファン・クレフェルトの『戦闘力』に、興味深い記載があった。この書物は、例の『補給戦』（佐藤佐三郎訳、中公文庫、２００６）で有名なクレフェルトが、組織論的な観点から、独米両軍を比較検討した、ユニークな研究だ（Martin van Creveld, *Fighting Power*, London/Melbourne, 1983)。そのなかで、ドイツ軍の休暇システムも検討されている。

クレフェルトのまとめによれば、原則として、すべてのドイツ軍人は、階級や兵科にかかわらず、年間14日の休暇（所属部隊と自宅の往復に要する時間として、別に2日）が与えられていた。ほかに、結婚や家族の死亡といった慶弔事、自宅が爆撃で破壊された場合、あるいは家族の入院などといった事態となった際には、10～20日の休暇が認められることがあった。ちなみに、休暇が与えられるのは、既婚者が未婚者に優先。加えて、既婚者のあいだでも、家庭に何か問題があるものが先にもらえることになっている。ただし、作戦開始直前、あるいは、出動が予想される場合には、指揮官には、すべての休暇を差し止める権利がある。なお、前線にある部隊の場合、休暇を与える人数は、総員の1割を超えてはならないと規定されていた。

クレフェルトが、こうした記述の根拠にしているのは、ドイツ軍人事担当者の戦後の回想であるが、『戦闘力』の出版後、ドイツでアプゾロンの国防軍法制史などが上梓されたので、そこに収められた一次史料（１９４２年10月25日付で陸軍総司令部編制課が発布した「戦時下の軍人ならびに国防軍職員への休暇許可に関する規定」）でより詳細に確認することができる（Rudolf Absolon, *Die Wehrmacht im Dritten Reich*, Bd.6, Boppard am Rhein, 1995)。

しかし、かように立派な規定があったとしても、戦況が厳しくなり、一兵卒といえども貴重となってくれば話は別、実際には休暇など与えられなかったのではないのか。南方の島々に兵をばらまき、休暇どころか、補給さえも充分に与えなかった総司令部をいただいていたという過去を持つ日本人の一人としては、つい、そう疑ってしまう。

ところが、幸い1942年から43年にかけての第9軍（司令官は、ヴァルター・モーデル上級大将）の休暇関係記録が残っており、これを分析すると、この時期にあっても休暇システムが機能していることがわかる。以下、同記録を精査したクレフェルトに従って記述しよう。

第9軍にあっては、ひと月あたり構成員の約10％に休暇を与えている。前線勤務にあたる兵士には、原則として、最初の1年には12か月あたり1度、2年目には9か月に1度、3年目には6か月に1度の割で休暇が許可された。また、前線部隊の将兵は（連隊指揮所より前方で勤務するものと規定されている）休暇を得るにあたり、後方要員よりも優先されることになっていた。驚くべきことに、第9軍に関していえば、激戦のさなかにあっても、こうした休暇規定は守られていたのである。

もちろん、階級が高いものが、特別扱いされるわけではなかった。たとえば、1942年5月の時点では、1年以上休暇を得ていないもの17万9997名のうち、将校は5489名（3％）、下士官は3万2千64名（17・8％）であり、これは第9軍構成員のうちの、将校、下士官、兵の比率とほぼ一致している。つまり、将校だけが優遇されるようなことはなかったのだ。

加えて、モーデルは、士気を鼓舞する材料として、特別休暇の制度を活用していた。対戦車戦闘など、とくに危険な任務を達成したものに関しては、かかる功績をあげたという説明と、そくざに特別休暇を許可するという文書が全軍に発布され、それにはモーデル自らが署名していた。名誉と休暇が二つともに得られると識った第9軍の将兵が奮い立ったことは想像に難くない。

こうしてみていくと、軍隊と休暇――昇進や懲罰のシステムなど、興味深い側面は、ほかにもあるが――というのは、単に好事家的興味のみならず、まさに「戦闘力」に関わる問題だということがわかってくるし、事実、各国の軍隊に対して、かかる側面から分析を加え、比較検討した研究も出てきている。それらについても、機会があれば紹介していきたい。

第5章

ドイツ国防軍の敗北

——1945年

「東部の危機はまだ続いている。しかし、いまや西方に、より大きな脅威が現れた。すなわちアングロサクソンの上陸である！」

——————————————アドルフ・ヒトラー

「まず俺たちを走らせろよ！」———西方装甲集団司令部のある参謀

「勇気とパンツァーファウストは、いかなる戦車にも打ち勝つ」

——————————————国民突撃隊のスローガン

「おもに、ソ連軍の前進地域から押し流されてきた諸部隊が潰乱しているという事実に帰せられる。そこでは、彼らを再び信頼できる戦闘部隊とするために、意志強固な人物が必要なのだ」

——————————————ヨーゼフ・ゲッベルス

「わがドイツ国民が、故郷を守り、あらゆる川、あらゆる橋、あらゆる尾根、あらゆる町で、最後の一人に至るまで戦い抜く力を持っていることを、心の底から望む」————ベルンハルト・ラムケ

自壊した戦略

ノルマンディー上陸作戦、1944年

休養地転じて前線に

ドイツ国防軍が西側連合軍の上陸にいかに対応し、その企図を挫折させようとしたか——。

われわれは、コーネリアス・ライアンの『史上最大の作戦』（広瀬順弘の訳書がハヤカワ文庫で入手できる）をはじめとする多くの戦記ノンフィクションで、そのアウトラインを知っている。もちろん、それらが描く、ロンメルの防衛強化における役割や、装甲部隊の配置をめぐる彼とルントシュテットの対立といった「ドラマ」が嘘であるというわけではない。しかしながら、さらに踏み込んで、80年代以降に出版された、ドイツ側の一次史料に基づく戦史研究を読むと、国防軍の西方防衛戦略が、読者諸氏が知るようなかたちを取るに至った背景には、一般向けの戦記ものに書かれているよりも、はるかに複雑な経緯やニュアンスがあることがわかる。そこで、本節では、ドイツ国防軍の西方防衛戦略がいかに形成されたかを概観することとしたい。

１９４０年８月にヒトラーが英本土上陸作戦延期を決定して以来、ドイツ占領下のベネルクス三国やフランスは、海空戦の基地としての機能を措（お）けば、事実上休養地になっていた。なるほど、ヒトラーは、西

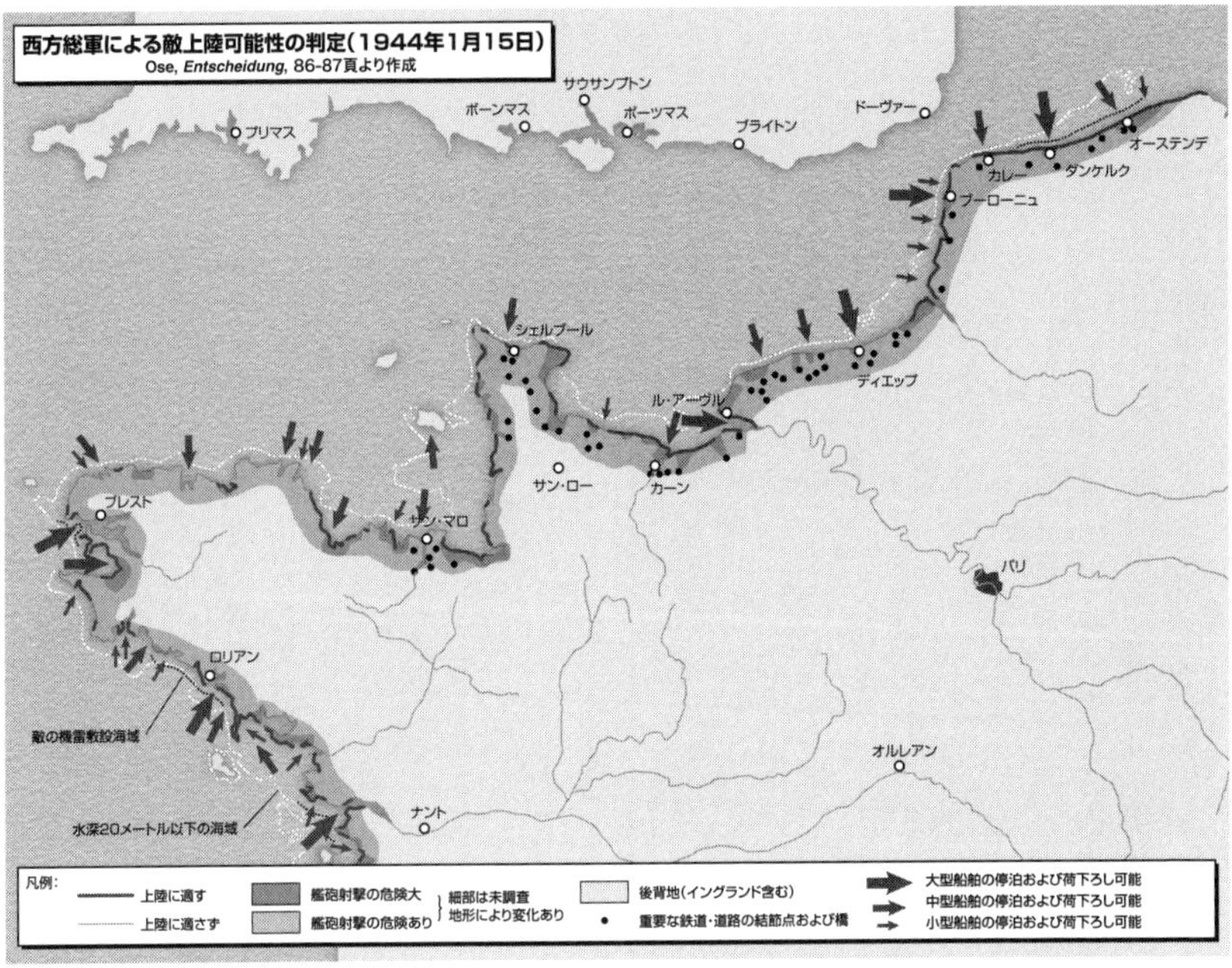

西方総軍による敵上陸可能性の判定（1944年1月15日）
Ose, *Entscheidung*, 86-87頁より作成

から東に眼を転じて、対ソ戦を開始するにあたり、「組織的な沿岸防衛に着手すること」や「沿岸野戦陣地構築の統一的計画」作成を命じてはいた。が、ヒトラーが西方防衛について、さほど深刻に考えていなかったことは、1941年12月14日付の指令をみれば、容易に読み取れる。そこでは、たしかに海岸地帯を「新たな西方防壁（ヴェストヴァル）」とする決定がなされていたものの、その目的は、陣地に配置される味方部隊を「可能な限り少なくしながら、なおかつ敵の上陸作戦に対し、最強の力をもって」防衛することだとされていた。つまり、連合軍が大兵力を投入し、上陸作戦を実行する可能性は無きに等しいのだから、海岸防御陣地を築き、さしあたりの手当てに必要な程度の兵力を配置しておけば充分だと、独裁者は踏んでいたのである。

その結果、フランスやオランダは、東部戦線で消耗した部隊が休養し、再編成を行う後方地域と化していった。若く戦闘力にみちた兵士や優良装備はロシアや他の前線へ、というわけだ。こうした過程で、フランスに常駐する部隊のなかから、いわゆる「貼り付け」師団が出現することとなる。これらの部隊は、保有する車両を東部戦線に向かう部隊に譲り渡して、陣地防御に特化してしまったために、野戦を実行できるような機動力を失っていた。当時のドイツ軍の判定によれば、「貼り付け」師団に任せられる正面は、せいぜい15ないし20キロ、重要な戦区においては6ないし10キロを超えてはならないとされていたという。また、当時のフランス駐屯部隊の質を示す指標として、中下級指揮官の平均年齢もあげておこう。大隊長で45・25歳、中隊長で35歳。さらに、下士官兵となると、30〜31歳という数字が残されている。要するに、一部の例外を除けば、フランスに在ったドイツ陸軍部隊は、いずれも二線級だったと評してもさしつかえなかろう。

かかる状況をみて、東部戦線の将兵は、フランスにいる仲間をやっかみ、しばしば「海水浴場の賑わい」を楽しんでいるとか、「冬眠中」であるとか揶揄（やゆ）したものである。なかには、第一次世界大戦で艦隊保全策を取り、戦争遂行に寄与することなしに終わったドイツ帝国海軍の「現存艦隊主義（フリート・イン・ビーイング）」をもじり、フランスのドイツ軍は「現存陸軍主義（アーミィ・イン・ビーイング）」かとくさすものさえあったという。

しかし、１９４２年になって、状況は一変した。戦力を回復した連合軍は、威力偵察的な攻撃にすぎなかったとはいえ、ディエップやサン・ナゼールを急襲してきたのだ。これをみたヒトラーは、西方上陸の可能性を軽視することはできないと悟り、防御陣地強化に本腰を入れはじめたのである。１９４２年９月、ヒトラーは、とほうもない指令を出した。１９４３年夏までに、英仏海峡沿岸を中心に１万５０００個の堡塁（ほうるい）を築き、最終的には海岸1キロあたり15ないし20個のトーチカを設置せよと命じたのだ。

むろん、当時のドイツの生産力や労働力では、そんな工事は不可能であったし、ナチズム体制特有の「権限のカオス」と呼ばれる関連部局間の競合も（この場合は、陸海空軍や建築労働組織である「トート機関」などの権限争い）、沿岸陣地線構築をより困難にしていた。けれど、ヒトラーは、年が明けて１９４３年となり、自分が命じたような陣地は完成させられないと知ったのちも、なおあきらめず、パ・ド・カレーやブーローニュ、ブレストやシェルブールなど16の地点を要塞化するよう命令している。「大西洋防壁(アトランティクヴァル)」は、いまだ貧弱なものではあったにせよ、かたちをととのえはじめたのである。

進まぬ防衛準備

一方、ヒトラーは、組織的な面でも手を打っていた。1942年3月23日付の総統命令第40号で、オランダを含む西方地域における海岸防衛の準備とその実行の責任は西方総軍(オーバーベフェールスハーバー・ヴェスト)が負うものとし、同総軍をOKW(オーカーヴェー)、国防軍最高司令部(オーバーコマンド・デア・ヴェーアマハト)の直属に置いたのだ。1942年3月1日付で西方総軍司令官に任命されたドイツ陸軍の長老、ゲルト・フォン・ルントシュテット元帥は、この総統指令第40号に基づき、4月28日に「基本命令第1号」を出した。そこには、戦闘に向けて、最後の一兵、最後の労働者までも掌握すること、戦力の速成、補助手段の創出、予備部隊の機動力強化、図上演習の実行などを謳(うた)っていたが、1875年生まれの老元帥は、おのが企図通りに防衛準備を進められぬことを、すぐに思い知らされた。

労働力や資材の不足もさることながら、陸海空軍が、異なるドクトリン、異なる指揮系統のもとに、ばらばらに動いていることが困難を招いているのだった。一例として、海岸砲台のことをあげてみよう。これらは、陸軍ではなく海軍の所管となる。ゆえに、海軍は、直接射撃を優先し、射線を妨害されない高地に砲台を据えつけ、強固な掩蓋や防壁をほどこし、斉射ができるよう複数の砲を同一地点に置きたがった。ところが、陸軍の眼からすれば、このような砲台は、艦船や航空機の偵察によって簡単に発見されてしまうし、防壁なども不必要なほどに厚く（最大7メートルのものもあった）、何よりも近接戦闘になった場合に、大規模な陸軍部隊の援護を必要とする代物だった。そのほかにも、陸軍部隊を援護する高射砲部隊は、空軍の指揮下にあるため、迅速な対応が期待できないなど、さまざまな問題が生じていた。

もちろん、ルントシュテットは、これらのあつれきをヒトラーに説明し、オランダやフランスに在る陸海空軍諸部隊を、西方総軍の統合指揮下に置くよう提案したのだが、総統は拒否した。彼は、この時点ではまだ、敵上陸部隊が洋上にあるうちに、海軍や空軍で叩くべきだと考えていたのである。

こうして、「大西洋防壁」の強化がヒトラーやルントシュテットの思惑通りに進捗しないうちに1943年となり、事態は、いよいよ悪化した。スターリングラードの敗北をきっかけに東部戦線に火がついたばかりか、西側連合軍がイタリアに上陸してきたのだ。西方総軍は、希望した増援を受け取るどころか、逆に手元にあった優良部隊を抽出して、危険な戦線に送り出さねばならなかった。その数、1943年だけで、実に30個歩兵師団、6個装甲擲弾兵師団、2個降下猟兵師団、1個SS旅団。ほかにも、20個以上の独立大隊が引き抜かれた上に、各部隊から選抜された将兵45万人が東部戦線に送られている。代わりに、西方総軍が受け取ったのは、第3度の凍傷やマラリア、胃病にかかった兵士であり、彼らが戦力にならないのは明白だった。

「西方総軍情勢判断」

たまりかねたルントシュテットは、1943年10月25日付で、49頁もの長さの覚書「西方総軍情勢判断」をOKWに提出した。この文書で、元帥は西方防衛の基本構想を開陳している。ルントシュテットによれば、敵は、まずパ・ド・カレー地区、ついでノルマンディとブルターニュを攻撃する。理由は、パ・ド・カレー地区は、海峡がもっとも狭く、かつドイツ本国に近い上に、そうした攻撃が成功すれば、在フランスのドイツ軍はきわめて困難な状況に置かれるからである。しかも、敵にとって、補給線は最短で済む。加えて、英本土は、敵航空部隊ならびに空挺部隊に最良にして、周到に準備された出撃基地を提供しているのだ。いうまでもなく、かような攻撃によって、連合軍は、ドイツ軍の最強の部隊と交戦することになるけれども、彼らはそれに耐えるだけの兵力をすでに有している。

ルントシュテットは、こう判断したのちに、西方総軍の実情を赤裸々に書き綴る。何よりも守るべき戦線に対し、兵力が不足している（原文書では、オランダ方面総軍では５３７キロ正面に３個師団、英仏海峡を守る第15軍では７２０キロ正面に９個師団、ノルマンディとブルターニュに展開する第７軍は１７００キロ正面に８個師団、ビスケー湾沿岸の第１軍は、およそ１０００キロの正面に３個師団、地中海方面の第19軍は６５０キロ正面に４個師団と、いちいち数字を示している）。さらに、西方総軍の有する師団のほとんどは、三単位ではなく二単位、すなわち隷下（れいか）に２個連隊しか持たぬ弱体な部隊である上、質的にも将兵の高年齢化が目立っている。機動予備についても、１９４２年には、完全自動車化師団７個、歩兵師団６個を持っていたのに、現在では、それぞれ６個師団と２個師団があるのみ。

続いて、ルントシュテットは、「大西洋防壁」の効果についても疑問を呈する。元帥の言葉を借りるなら、それらの陣地は「プロパガンダ的には不可欠であろうが、攻略できぬものではないし、また万能薬でもない」のだった。

にもかかわらず、ルントシュテットは、無抵抗に海岸線を放棄することは、もっとも有効な地形的障壁を失い、砲台などのドイツ側防衛システムを無意味なものとするばかりか、敵に港（それらは同時にUボートの出撃拠点である）と海上交通の自由を渡してしまうことになると断じる。そればかりか、海岸を突破されれば、装備に優る敵に運動戦に持ち込まれることになるから、そこの陣地線はなんとしても守り抜かねばならないと主張するのだった（北フランスの上陸適地に関する西方総軍の判断については３１７頁の付図を参照）。

では、ルントシュテットの対応策は、どういうものであったか。海岸陣地は死守するが、連合軍が各地で突破してくるのは避けられない。そうした事態に対しては、局地的戦術的な反撃で対応し、時間をかせぐうちに予備を集結し、敵の脆弱な地点に向けて集中攻撃をかけ、これを殲滅（せんめつ）する。

こう記すと、読者のなかには、意外に感じられる方もおられるかもしれない。ルントシュテットは、連合軍が内陸部に進攻してきたのちに機動決戦をいどみ、これを撃滅することを考えていたのではないかと。その認識は間違っていない。しかし、老元帥のいう「内陸部」とは、従来いわれているよりも、はるかに海岸に近いものだったのだ。ドイツ側の一次史料をみていくと、ルントシュテットは、連合軍が築くであろう橋頭堡周辺での決戦を企図していたことがわかる。後述するロンメルの作戦案との相違は、上陸の初期段階で手持ち兵力だけで攻撃するか、充分な装甲予備を集めた上で反撃に出るかという点にあるのだ。もちろん、ここに紹介した「西方総軍情勢判断」にあるごとく、内陸奥深くで連合軍相手に運動戦を実行する能力がドイツ軍にないということも、元帥は正しく見抜いていたのである。

かくも的確な判断を示されては、ヒトラーも認識をあらためざるを得なかった。

1943年11月3日、ヒトラーは「東部の危機はまだ続いている。しかし、いまや西方に、より大きな脅威が現れた。すなわちアングロサクソンの上陸である！」という有名な一節ではじまる「総統指令第51号」を発した。そこでは、OKH（オーカーハー）、陸軍総司令部（オーバーコマンド・デス・ヘーレス）に対し、装甲兵総監（ハインツ・グデーリアン上級大将）と協力して、西方の諸部隊に充分な機動力を提供すること、部隊を新編または再装備し、対戦車兵器、歩兵兵器、砲を充分に供給することなどが命じられている。

西方総軍にも、より詳細な指示がなされていた。「西方総軍は、これまで以上に予定を守り、図上演習や局地的演習を通じて、攻勢を受けていない戦区よりの、攻撃可能な応急部隊召致を確実たらしめること。その際、脅威を受けていない地区からは、わずかな警戒部隊で保持するという程度にまで、兵を引き抜くことを求める」

要するに、ヒトラーは、ルントシュテットの献策を全面的に受け入れたのだ。西方にあってもまた、重点形成が開始されたのである。

しかしながら――独裁者の関心が西方に向けられたことは、同時に、より頻繁な介入を覚悟しなければならないことを意味していた。「総統指令第51号」において、ヒトラーは「西方およびデンマークにあるすべての部隊ならびにその一部、そして、今後西方において新編される、あらゆる装甲・突撃砲・対戦車猟兵部隊は、私の許可なくして、他の戦線に動かしてはならない」と定めていたのだ。これは、ドイツの西方戦略に、大きな影を落とすことになる。

加えて、ヒトラーは、もう一つ、あつれきの種をまいた。扱いにくい「砂漠の狐」をフランスに送り込んだのである。

当時、ロンメルはB軍集団司令部の要員とともに北イタリアにあったが、1943年10月ごろには同方面の戦況は安定しはじめていた。ロンメルと、この1個軍集団をも指揮できるスタッフは、西側連合軍の企図がはっきりしないうちは、フランスに置いておくのが得策ではないか。もし仮に、他の地区で進攻があった場合に、そのまま転用できるのだから……。ヒトラーは、この意見に賛成し、当面ロンメルとB軍集団司令部をして、防衛措置の進捗状況の点検にあたらせることにした。

かくて、「砂漠の狐」と、将校32名、下士官兵173名から成るB軍集団司令部は、ヒトラー直属の予備司令部として、イタリアから西方に移動することになる。当初、彼らが「特別予備B軍集団司令部」と呼称されていたことは、この司令部がどこに使われるか確定していなかったことを物語っているようで非常に興味深い。

だが、ロンメルはパートタイム的な仕事で満足している人物ではなかった。デンマークからフランスまで各地の陣地を精力的に視察したロンメルは、1943年12月18日にフォンテーヌブロー地区に司令部を置く。たちまち、西方総軍とのあいだに紛糾が起こった。西方総軍参謀長ギュンター・ブルーメントリット歩兵大将の言葉を引こう。「すぐに、各軍は、自分がルントシュテットの麾下にいるのか、ロンメルの下なのか、わからなくなってしまった。もちろん、ロンメルが海岸防衛に関する彼の案を実行に移そうとしたからだ」。こうした混乱を避けるために、ルントシュテットも、ロンメルとB軍集団司令部を、西方総軍の指揮下に組み入れ、命令系統を明確にすることを余儀なくされた。1944年1月1日、OKWの指令により、B軍集団は西方総軍の麾下に入った。ついで、同年1月15日、総統命令第40号の規定に従い、第7軍・第15軍およびオランダに駐屯する部隊に対する「戦術的な」指揮権がB軍集団に譲渡される。

こうして、西方のドイツ軍の指揮系統は複雑さを増し、それは、装甲部隊の配置という防衛戦略上の大問題にも影響を及ぼしていくのだった。

装甲部隊はどこに？

すでに述べたように、ルントシュテット元帥は、海岸地区で戦線を保持しなければ、防衛作戦は成功しないと確信するようになっていた。されど、要塞や陣地に頼って、それを達成することはできないとも考えていた。彼は、早くも1942年の段階で、敵の上陸企図を確実に粉砕できるほどの陣地構築にはおよそ10年の時間がかかり、完成は1951ないし52年になるだろうと判断していたのである。

ゆえに、ルントシュテットは、陣地ではなく、装甲部隊に頼ることにした。彼らなら、上陸直後の、敵がもっとも弱体な時期に、もっとも早く反撃できるし、重点移動にともなう配置転換も容易だ。この装甲部隊を集中運用してこそ、海岸地区の戦線を維持し、敵を粉砕することができる。

しかしながら、連合軍側にはドイツ装甲部隊の鋼鉄の本流をおしとどめる対抗策があった。上陸支援艦隊の艦砲射撃だ。むろん、ルントシュテットもそれに気づいていた。1943年11月26日付の元帥の覚書から引用しよう。「……あらゆる戦訓（シチリア、サレルノ湾）が、将来、上陸してきた敵に対し装甲部隊を集中投入する際、作戦的に好都合な突進方向を選んで攻撃させることが重要であるのを指し示している。

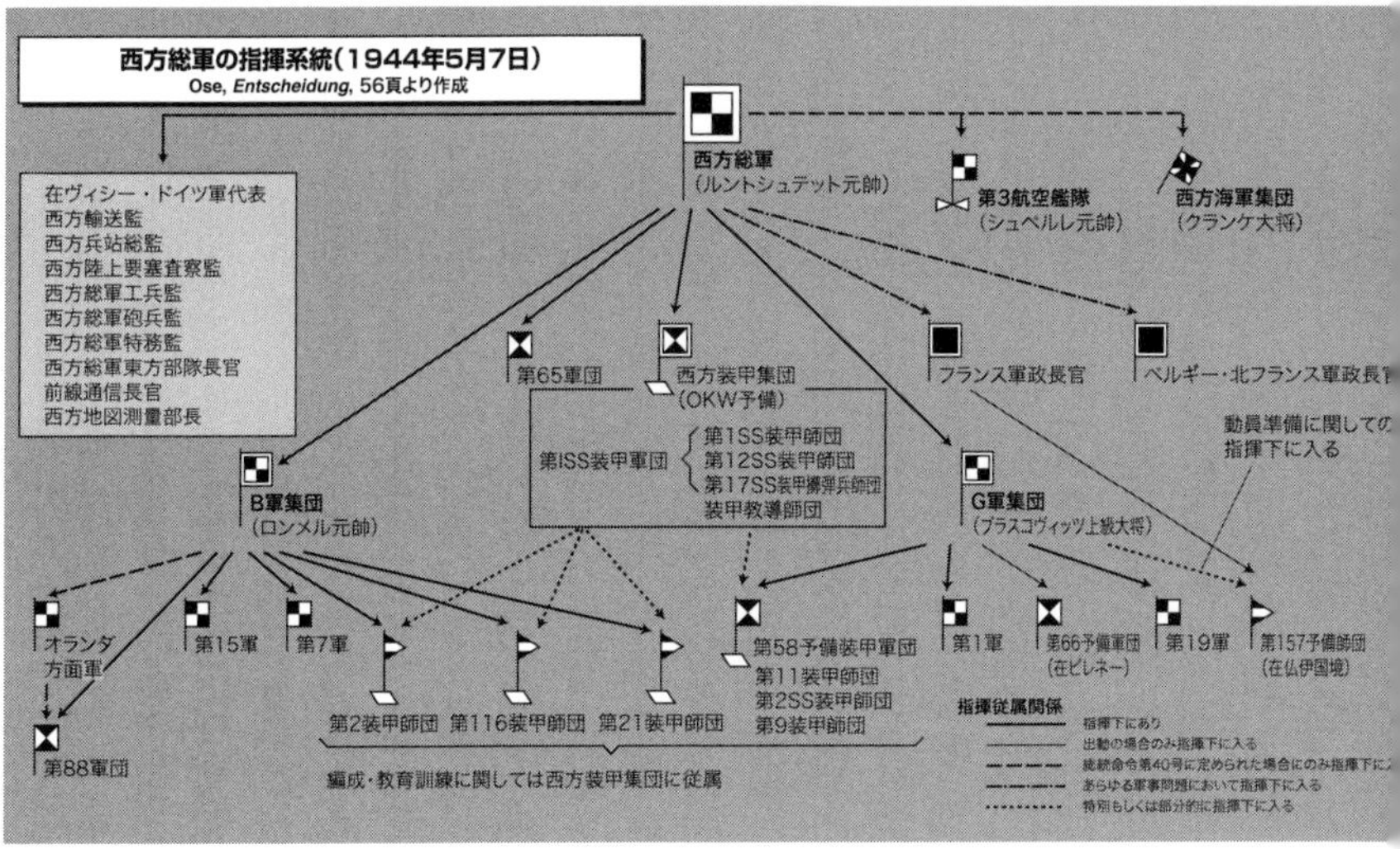

かかる価値ある部隊が、敵の艦砲射撃の犠牲にならぬようにしつつ、決定的な作戦上の突進を遂行できる進路を選ぶということだ。すなわち、敵艦船の大口径砲による統制された射撃のなかを、戦車が突進し、海岸まで直進するというやりようなど、今日ではもはや有効な手段ではない。むしろ、装甲部隊の集団は、敵艦隊がこちらの対抗手段によって海岸を離れざるを得なくなり、陸上戦闘への介入を放棄した場合でないかぎり、こうした砲撃範囲から離れて戦わなければならない」この一文からも明白なように、ルントシュテットは、歩兵部隊その他で海岸線を保持しつつ、戦線背後の艦砲射撃が届かない地点に装甲部隊を集結し、一大反撃をかけることによって、連合軍を撃破することをもくろんでいたのだった。

　西方の装甲部隊を統一指揮するために新編され、1944年1月24日付で西方総軍直属となった西方装甲集団（パンツァーグルッペ・ヴェスト）の司令官、男爵レオ・ガイア・フォン・シュヴェッペンブルク装甲兵大将も、ルントシュテットと同意見であった。シュヴェッペンブルクは、装甲部隊をばらばらにではなく集中運用することが重要だとみなしており、その集結のためには、24ないし48時間かかるだろうが、連合軍の主攻正面をみきわめるには、それぐらいの余裕が必要だという判断だったのである。

ちなみに、シュヴェッペンブルクは、ノルマンディ上陸作戦を扱った多くの戦記物で、ロンメルの「敵役」にされており、東部戦線の流儀を西部戦線に持ち込み、敵空軍の脅威を軽視してドイツ軍の敗北を招いたとされている。けれども、彼が戦前にロンドンのドイツ大使館付陸軍武官を務めたことがあり、国防軍きっての西側通とされていたと聞けば、おのずから評価も変わってくるだろう。事実、シュヴェッペンブルクは、駐英武官時代に、イギリスにおける海空軍の新戦法の主唱者だったジョン・スレッサー（最終階級は空軍元帥）の論文を深く研究しており、敵制空権下で陸上部隊が行動する際の困難についても理解していた。さはさりながら、後方地区からの夜間前進により、連合軍の橋頭堡、あるいは、その主攻正面に、装甲部隊を集結させることは可能だと考えていたのだ。戦後、シュヴェッペンブルクは、かような機動を「ジャングルの虎」戦術と名付けている。

こうしたルントシュテットとシュヴェッペンブルクの装甲部隊による集中反撃論に対し、ロンメルが真っ向から反対したことは、よく知られている。一連の査察によって「大西洋防壁」が名ばかりのものであることを実感したロンメルは、すべての戦力を海岸間近に配置すべきだと主張した（実は、ロンメルは装甲部隊のみならず、歩兵師団や陸軍所属の砲兵部隊も海岸に配置するよう求めている）。北アフリカで連合軍の空軍力のすさまじさを体験したロンメルは、いったん上陸作戦がはじまれば、後方に配置された部隊を海岸に召致することは、きわめて困難だとみなしていたのである。ならば、現場にある部隊、とりわけ装甲部隊によって、拙速ではあっても、上陸部隊が脆弱な状態にあるうちに攻撃をかけるよりほかに勝機はないというのが、ロンメルの議論だった。かかる意見に、ＯＫＷ統帥幕僚部長アルフレート・ヨードル上級大将も同調していたから、事態が紛糾したのも無理はない。ルントシュテットやシュヴェッペンブルクがそれぞれのチャンネルを使って、装甲部隊の集中運用を実現させようとする一方で、ロンメルもヨードルを通じ、あるいはヒトラーに直訴して、海岸配備論を貫徹しようと試みる。

この装甲部隊をめぐるあつれきは、いつ果てるともしれなかったけれど、１９４４年４月26日、ヒトラーは、ついに裁定を下した。Ｂ軍集団には第２、第21、第１１６の３個装甲師団、Ｇ軍集団（新編）には第９、第11、第２ＳＳの３個装甲師団を与える。西方装甲集団の麾下に入るのは、第１ＳＳ装甲軍団（第１ＳＳと第12ＳＳの２個装甲師団および第17ＳＳ装甲擲弾兵師団から成る）と装甲教導師団（パンツァー・レーア）。ただし、これらの快速師団群は、「戦術的」に各軍集団や軍の指揮下に入るのみであり、かつ西方装甲集団の快速師団は「ＯＫＷ予備」とみなされる。

なんとも奇妙な決定ではあった。一応は装甲師団を現場に預けながら、その使用には手かせ足かせをはめ、集中運用か、敢えて逐次投入も辞さぬのかという問いかけには、何の回答も与えていない。従来、この指令は、ヒトラーの優柔不断によるものと説明されてきた。もちろん、それは間違いではなかろう。だが、今日では、ＯＫＷの意向も反映していたことが判明している。というのは、ＯＫＷは戦争突入以来、ヨーロッパの鉄道網を活用し、東西の戦線の決勝点に遅滞なく動かせる「中央予備」を握ることを願ってきた。この「中央予備」はＯＫＷの決定によってのみ投入可能なのである。しかし、戦争の激化、とくに対ソ開戦以降の情勢は「中央予備」の創設を許すようなものではなかった。かかる欲求不満状態にあったＯＫＷにとって、西方における装甲部隊の運用と配置をめぐる論争は、表向きは「中央予備」とは呼べないし、また実質的には西部戦線以外に使えないものであったにせよ、念願の戦略予備兵力をつかむチャンスだったのだ。ＯＫＷの参謀将校たちは、この機会を逃さず、ヒトラーに働きかけて、現地部隊から装甲部隊の指揮権を奪ってしまった。西方での決戦が迫っているというのに、自ら属する部局の権限強化を画策するとは、なんともグロテスクなことだったが、これがドイツ軍最高統帥部の実体だった（ノルマンディ戦前夜のドイツ軍の複雑怪奇な指揮系統については３２５頁の図を参照のこと）。

かような状態のもと、いわば自壊した戦略に基づいて、西方のドイツ軍は連合軍との死闘に突入していったのである。

奇跡なき戦場へ——１９４５年のドイツ国防軍

ドイツ国防軍の神話

　ドイツ国防軍には戦争を継続する力はない。１９４４年末の時点で、西側連合軍の情報部の判断は一致していた。兵員も物資も不足し、それらを補充すべき本国の工場や施設は爆撃により廃墟と化している。国民の厭戦気分もまた強まっており、体制が転覆される可能性も否定できぬ。

　にもかかわらず——ドイツ軍はアルデンヌ反攻でひとたびは連合軍を震撼させたばかりか、１９４５年春に至るまで抵抗を続けることができた。かかる事実は、西側連合軍、とりわけアメリカの将校たちにとっては驚異であり、ゆえにドイツ国防軍は研究、ときには憧憬の対象となってきた。アメリカの歴史家デニス・ショウォルターの強烈な表現を引用するなら、「ドイツ国防軍の男根崇拝」である。その結果、ドイツ国防軍は降伏文書に調印する、まさにその瞬間まで組織的な戦闘能力を維持していたという、極端な見解も一部にはみられたのだった。

　だが、近年ようやく刊行されはじめた一次史料に基づく研究によれば、１９４５年のドイツ国防軍の状況は、当事者の回想録や断片的な資料が示唆するよりも、はるかに悪かったことが判明している。本節では、そうした研究に依拠して、いわゆる最終戦にのぞんだドイツ国防軍の状況をスケッチしてみたい。その作業によって、奇跡が望めなかったことも、おのずから見えてくるであろう。

機動不能の軍隊

ヒトラーより軍需生産に関する全権を任せられたアルベルト・シュペーアの努力により、空襲の激化にもかかわらず、ドイツの兵器生産量が１９４４年夏に戦争中の新記録を達成したことはよく知られている。この事実だけに注目するなら、ドイツにはなお継戦能力が残されていたという結論を引き出すこともできるかもしれない。が、むろん、その推論は誤っている。というのは、東部戦線におけるドイツ軍の物資装備の損害に関して統計を取ると、１９４３年以降、四半期ごとにスターリングラードのそれに匹敵する物資装備の損害を出している計算になるのだ。これでは、シュペーアがいかに軍需生産の奇跡を起こそうとも、補充が追いつくはずがない。

ドイツ陸軍の虎の子、戦車部隊にあっても、かような惨状に変わりはなかった。１９４５年1月5日のＯＫＨ（陸軍総司令部）装甲兵総監幕僚部の状況報告は、そのさまを如実に表している。東部戦線では、それでもⅣ号からⅥ号までの各種の戦車に突撃砲をあわせ、１５００両を保持していたが（１９４４年12月1日の状態）、西部戦線と南部戦線（イタリアとバルカン半島）の損失がひどく、１９４４年夏の時点でおよそ２０００両あった戦車が同年末には半分近くになっていたのだ。この損失を補うべきドイツ本国の戦車数は、１９４４年末で約７８０両。だが、うち半分は損傷を受けて、修理中だった。

かくも弱体化したドイツ戦車部隊に対し、連合軍の保有する戦車の数は圧倒的である。イギリスの歴史家リチャード・オヴァリーの試算に従うなら、西部戦線ではドイツ軍の6倍、東部戦線では3倍の戦車が配備されていたのだ。この実情に鑑み、ＯＫＨも、１９４５年2月には、「能動的な戦争指導はもはや不可能」と認めざるを得なかった。いきおい、部隊の運用も、局地的かつ戦術的なものとなり、戦車の多くは拠点防御に投入されることとなる。というより、協同する歩兵の慢性的な弱体化によって、攻撃的な作戦が取れない以上、それが、もっとも有効な戦法だったのだ。加えて、この時期の国防軍に一般的だった対戦車兵器の不足を、戦車によって補うという意味もあった。

かくて、最終戦にしばしば見られる、一握りの戦車や突撃砲を中心とする戦隊（カンプフグルッペ）が、強大な連合軍に対し、怒濤（どとう）に抗する巌（いわお）のごとく抵抗するという光景が現出する。ただし、これは、上記のように、ドイツ軍に唯一残された戦術上の選択肢だったのであり、積極的な意味で採用されたわけではないとみるべきだろう。事実、ドイツ軍の補充能力は限界に達しており、供給されるはずだった戦車も、何週間も遅れて到着したり、仕上げ作業が未成であるために前線の将兵が代わってその作業をなしたりと、さまざまなアクシデントが生じている。

また、戦車ばかりではなく、トラックや装甲輸送車両の不足も、ドイツ軍の機動力をいちじるしく低下させていた。この側面においても、やはり１９４４年の大損害によるところが大きい。陸軍と武装親衛隊の装甲・装甲擲弾兵師団は、８月だけでなんと建制で６個師団ぶんのトラックを失っていたのである。かような輸送能力の減少がもたらした弾薬補給の困難により、砲兵の戦闘力低下も深刻となった。この困難を打開するため、消耗した砲兵隊を、別の隊に吸収させ、装備の充実をはかるという措置が取られたのだが、その結果、東部戦線に配置された自動車化砲兵大隊の数は、１９４４年初頭から秋にかけて、４分の１にまで減少した。

もちろん、こうした自動車不足を解消する努力がなされなかったわけではない。しかし、いわゆるソフトスキン、非装甲の輸送車両の供給を、ドイツが占領した国々の自動車産業に頼っていたことが裏目に出た。シュコダ、ルノー、シトローエン……。ドイツ軍が使用する自動車の種類は多岐にわたり、当然補充部品も多種多様となる。いかに、ドイツの補給組織が臨機応変の才を有していたとしても、このカオスを制御しきれるものではない。よって、修理可能なトラックが適切な部品がないばかりに放棄されるという事態が続出した。この問題に直面した陸軍兵站部の自動車輸送長官が、1944年10月18日の報告書において、「陸軍快速部隊ならびに陸軍自動車化部隊の、緩慢だが確実な自動車喪失を拱手傍観するのか」と警告したのも無理はなかった。

エリート部隊の装甲師団や装甲擲弾兵師団ですら、かようなありさまだったから、一般歩兵師団の機動力は衰える一方だった。開戦時、平均的な歩兵師団は、およそ1万7000名の将兵と48門の砲を有しており、その輸送用に600両のトラック、900台の馬車、4800頭の馬を与えられていた。ところが、1944年になると、1万2000名の将兵と39門の砲を保持していながら、輸送手段としては、370両のトラックと1300台の荷車、3200頭の馬を有しているだけなのだった。

さらに、燃料不足も見逃せない。東部の守りに当たるヴァイクセル軍集団は、生産施設から直接燃料を得て、やっと必要を満たせる状態だった。西部戦線でも同様で、1945年4月9日に国防軍統帥幕僚部より「あらゆる国防軍部隊ならびにその他諸部隊・司令部に、戦車戦とすべての兵器を用いた対戦車戦の理念を徹底させよ」との仰々しい督励が下されたとき、西部の装甲部隊を束ねる西方装甲集団司令部の参謀は、皮肉な寸評を加えたものだ。「まず俺たちを走らせろよ！」と。西部戦線においては、直接戦闘に投入される車両以外に燃料を与えてはならないとの総統命令が出されていたのである。事実、故障部品の代替品が供給されず、かつ燃料が不足していたために、装甲車両やトラックの自走能力は著しく低下しており、西方総軍は1945年4月11日付の麾下部隊宛の命令で、それらは鉄道で輸送すべしと指示するはめになった。貨車で移動する装甲部隊！　そのようなものは、もはや装甲部隊とはいえず、いわんや効果的な機動戦など望むべくもない。つまり、最終戦におけるドイツ軍は、作戦的な機動を行う能力を失っており、苦肉の策として少数の装甲車両を中心とした戦隊による拠点防御に頼ったのだ。もし、連合軍の攻撃を受けるドイツ軍を、温めたナイフで切り裂かれるバターにたとえるなら、これら最後の装甲戦隊は、そこに混じった砂でしかなかったのである。

「最後の弾丸」はあったか

太平洋戦争末期の日本軍は、重装備はおろか、小銃さえも不足するといった惨状を呈していたことはよく知られている。それに比べれば、ドイツ軍は敗戦に至るまで、武器弾薬の供給を絶やしたことはないようだというのが、一般に流布しているイメージであろう。けれども、残されたデータを子細に検討すると、必ずしもそうではないことがわかってくる。そもそも、1945年初頭の時点で、OKH兵站総監部は、ルールや上シュレージエン（シレジア）の工場地帯が占領された場合には、1945年第1四半期の弾薬生産量は、1944年秋の数字の3分の1に低下し、深刻な事態を迎えることになると憂慮していた。その結論は、「あらゆる戦線で同時に大戦闘が生じた場合、充分に弾薬を供給することはできず、必ず破局が訪れる」というものだったのだ。

彼らの予想は当たっていた。1945年2月、東部戦線の一日あたりの弾薬消費量が、想定されていた全国防軍への補給量を超えたのである。これに先立ち、弾薬不足を予想した国防軍統帥幕僚部から、弾薬の備蓄を増やすために、大戦闘がない戦線では発砲を制限する、そうした戦区では節約し、攻撃に値する目標への射撃も断念せよとの通達が出されていたのだが、これは不可能な要求というものだった。

弾薬だけではなく、小火器も乏しくなっていた。なんといっても、1944年1月から10月にかけて、ドイツ国防軍は、385万挺の小銃と28万挺の機関銃を失っていたのである。これらの損失を補充することは不可能であり、新編部隊の多くは、小銃のような最低限の装備すら充足することなく、戦場に投入された。結果は、さらなる消耗であり、その損失がまたしても装備不足を引き起こすという悪循環をもたらす。たとえば、1945年1月と2月のソ連軍冬季攻勢により、東部戦線で失われた小銃の数は、同時期に補充されたものの10倍に達していた。また、西部戦線で戦っていた第1軍司令官ヘルマン・フェルチュ歩兵大将は、1945年3月22日の西方総軍への報告で、「部隊の装備状態は、1918年なみだ。近代兵器はサンプル程度の数しかないし、弾薬補給に関しては停止したも同然である」と嘆いている。

かかる窮状をしのぐために、最後の手段が取られた。まず、1944年夏に、ドイツ本国にあった兵站部隊ならびに後方勤務部隊が、保持していた小銃と拳銃の半分を前線部隊に譲り渡す。残りの半分についても、1945年春、同様に手放すことになった。この非常措置に象徴されるように、後方の補充部隊や教育訓練部隊の装備はやせ細る一方だった。当然のことながら、ドイツの生産能力は、前線と後方の需要を同時にみたすことができる状態になかったからだ。いくつかのエピソードが、そのありさまを鮮明に伝えてくる。1944年3月1日、ドイツの国内予備軍はなお1100両の戦車と突撃砲を有していたが、実に半分が旧式化したⅢ号戦車、もしくはその改造型であった。軍用車両の運転手も、燃料不足ゆえに、ろくな訓練を受けていないために、貨車からトラックを降ろす際に事故が続出している……。なかでも、笑えぬ喜劇は、1945年春、プラハの砲兵学校が1000人以上の新兵を受け入れながら、教育訓練用の砲が一門もなく、ほとんど無為に過ごすしかなかったという挿話であろう。

こうして、前線でも後方でも、多数の武器なき戦士が現れることとなった。1945年5月5日、シュテンダール付近で米軍の捕虜となった、ドイツ第12軍麾下10万の将兵のうち、およそ40％は何の武器も持っていなかったのだが、おそらく、すべてが投降前に銃を捨てたというわけではなかっただろう。

「最後の一兵まで、最後の弾丸まで」とは、よく言われる督戦のことばだ。されど、最終戦のドイツ国防軍にあっては、最後の弾丸を撃つ銃を与えられずに戦わされた兵も少なくなかったのである。

消えた精兵

もちろん、ドイツ国防軍の末期症状は、物質面だけに現われたのではない。1939年以来の戦争は、軍の背骨である下士官と古兵に大消耗を強いており、しかも補充もままならないありさまだったのだ。当然、補充兵の質も低下し、かつてのレベルの戦闘力を維持することは、きわめて困難になってくる。1944年9月に、東部戦線にあった第2軍に配属された、第580特務前線補充大隊に対する軍司令官ヴァルター・ヴァイス歩兵大将の苦情をみよう。彼の中央軍集団への報告によれば、同大隊の兵士の年齢は、30歳から38歳、うち5人以上の子持ちは50人もいるというのだ。訓練の程度も、せいぜい2ないし3週間のかたちだけのもので、機関銃の射撃経験があるのは13人に1人でしかない。しかも、ほとんどのものが、ただ一度射撃教練を受けたのみで、3分の1は手榴弾の取り扱いを体験していない。これを受けた中央軍集団司令部も、この種の補充兵を送り込んだところで、前線部隊の戦闘力向上は見込めないと判断した。

しかし、補充兵の訓練不足は改善されるどころか、ますます悪化していった。1944年秋に受けた補充に関する報告で、第30歩兵師団長は、以下のごとく憤懣をぶちまけている。「第673前線補充大隊より受けた下士官兵のうち、戦闘に投入できるのは40%。これらの兵士の大部分は、まったく不充分な歩兵の訓練しか受けておらず、戦闘経験もないので、下士官46名、兵47名、すなわち補充要員の52%を、第30野戦予備大隊に配属し、短期訓練で武器取り扱いと歩兵勤務に関する知識を得させなければならなかった。態度や雰囲気、服命の程度などは、ひどく悪い。当師団には、かような補充兵を配するべきではない」

もちろん、国防軍首脳部も、こうした状態を放置していたわけではなく、OKHは1945年2月11日という時点においてすら、新兵は野戦での戦闘能力を充分につけさせた上で実戦に投入すべしとの通達を出しているのだが、これは絵に描いた餅でしかなかった。戦況の逼迫により、補充兵は行軍や保安任務でてんてこ舞いになり、戦闘訓練を受けるひまなどなかったのである。かくて、補充される下士官兵の能力向上問題は、解決されぬままとなった。とりわけ、その影響が出たのは、新編された国民擲弾兵(フォルクスグレナディア)師団においてであった。これらの師団は、従来の歩兵師団が改称されただけの古参部隊のようにはいかず、とりあえず確保できる間に合わせの将兵で編成された上に、兵器の配備も遅延するのが常だったから、ほとんど訓練も受けぬまま、戦場に投入されることになったのだ。１９４４年９月にハンガリーで新編されたのち、西部戦線に送られた第２７７国民擲弾兵師団などは、その典型であろう。この師団の、ある小隊長などは、戦闘参加の３週間前に転属になったばかりで、新しく配備された兵器を使った経験がなかったというのに、未熟な下士官兵を自ら訓練するはめになったという。かくのごときありさまだったから、新しい国民擲弾兵師団の多くは、書類上の人員よりもはるかに少ない人数しか用いることはできなかった。前線に、師団の将兵の３分の１、残りは兵站などの後方要員にまわす……いや、まわすしかない。それが、たいていの新編国民擲弾兵師団の常態となっていく。

　大戦後半のドイツ国防軍において、装甲部隊の機動を支える歩兵戦力が減少したために、大胆な運動戦ができなくなったことは、よく知られている。だが、その苦境は、量のみならず、質的な退勢がもたらすものでもあったのだ。

未熟な下級将校

　ドイツ国防軍にとっては不幸なことに、レベルが下がっていたのは、下士官兵だけではなかった。戦争前半に世界を瞠目(どうもく)せしめた、誇り高き戦闘指揮官たちの多くは、あるいはロシアの平原や北アフリカの砂漠に屍(しかばね)をさらし、あるいは連合軍の捕虜収容所にあって、もはや前線に立つことはできなくなっていた。そのあとは、充分な訓練も受けていない、経験不足の士官たちが埋めざるを得ない。たとえば、戦車部隊にあっては、戦争前は21週間の訓練を受けることになっていた。ところが、１９４４年には、わずか数週間、それも戦況によっては、さらに短縮されたのである。エリート部隊の第6装甲軍も例外ではない。司令官だったヨーゼフ（ゼップ）・ディートリヒ親衛隊上級大将の証言によれば、第6装甲軍こそアルデンヌ反攻の主力であったにもかかわらず、麾下部隊の半分以上が6ないし8週間の訓練しか受けていなかったという。

こうした質的劣勢のため、1944年以降、連合軍の物量の優越ゆえというよりも、ドイツ側の指揮官の未熟さによる失敗が目立つようになってきた。かかる事態を憂慮した西方総軍司令官ゲルト・フォン・ルントシュテット元帥は、1944年11月、麾下部隊に対し、以下の指令を出している。「最近、準備不足かつ地形を顧みない戦車の運用によって、耐えられないほどの損害が生じている。階級はさまざまであるにせよ、指揮官たちが、戦術的に実行不可能な行動を命じているのだ。これは、戦車の運用に関する既定の方針に反しているし、技術性能の限界に対する無理解でもある。戦車長たちの戦術的、あるいは技術的な進言は、多くの場合顧慮されなかったし、彼らの現実に即した懸念も誤解されてきた」

しかし、ルントシュテットを悩ませた将校の能力低下は、その後も止むことはなかった。いうまでもなく、ドイツの継戦能力が、この分野においても枯渇しはじめていたためである。ゆえに、最終戦に突入したのち、新編部隊について各方面から上がってくる報告は、悲鳴に近くなってくる。

「大部分は戦争を経験していない若い将校たちは、互いによく知らず、団結心に欠けている。師団全体の訓練程度は平均以下で、編成期間が短かったために、いまだまとまっていない。装甲擲弾兵連隊の総合的な武器使用、戦車と装甲擲弾兵の協同についても、まったく経験がない。自動車の運転手も、道路外もしくは夜間走行の訓練を受けていない」（1945年3月7日付、第9軍司令官テオドール・ブッセ歩兵大将の現状報告）

「士官候補生師団3個の編成は、4月8日晩におおむね完了する。それらは、約1万8000名の歩兵士官候補生とおよそ3000名の砲兵士官候補生、撃破されたが信頼できる西部戦線の師団の残兵と輜重部隊より構成される。醜悪な表現ではあるが、『人的資源』という点で、きわめて優れているのは疑いない。にもかかわらず、彼らが寄せ集めであり、戦闘遂行の基本において（戦術や補給、戦闘技術）欠けているところがあることは確認しておかなければならない」（1945年4月7日付、国防軍統帥幕僚部長代理アウクスト・ヴィンター中将より第12軍司令官ヴァルター・ヴェンク装甲兵大将宛書簡）

かように、ドイツ国防軍は、悲惨な状態におちいっていた。しかしながら、ヒトラーは戦争継続をあきらめておらず、なお国民突撃隊（フォルクスシュトゥルム）や「人狼（ヴェアヴォルフ）」などの軍事的合理性を欠いた部隊の編成を命じるのである。

軍服すらもなく……

1944年10月18日、宣伝大臣ヨーゼフ・ゲッベルスは、「国民よ起て、嵐を起こせ！」と詩人テオドール・ケルナーの言葉を引用し、国民突撃隊創設に関するヒトラーの指令を公表した。実は、この件は9月25日に決定済みだったのだが、プロパガンダ上の効果を狙い、ナポレオン戦争におけるライプツィヒの戦いで、プロイセン軍も加わった連合軍がフランス軍を敗走させた10月18日に発表されることになったのだ。

けれども、ファンファーレとともに生まれた国民突撃隊は、その名の勇ましさとは裏腹に、それこそ「人的資源」の残りをかき集めたようなしろものだった。第一陣として、1884年から1924年までに生まれた戦闘可能な男子を召集し、国民突撃大隊を編成する。第二次召集は、これまで本国で軍以外の職業に就いていた25歳から50歳の男子。第三次召集は、いまだ国防軍ないしは武装親衛隊において軍務に服していない1925年より1928年のあいだに生まれた男子（ただし、1928年生まれ、すなわち16歳のものについては、1945年3月16日までに、ヒトラー・ユーゲント、またはライヒ勤労奉仕団において軍事教練を受けることとされていた）。もっともすさまじいのは第四次召集で、戦闘不適格であっても警戒保安任務に就くことが可能なすべての男子を国民突撃隊に編入することになっていたのである。まさしく、根こそぎ動員という形容がふさわしいような、非常の措置であった。

しかし、当然のことながら、書類上では約６００万に達する国民突撃隊を充分に武装させることなど不可能だった。第一次および第二次召集に基づく部隊を編成するだけでも、４００万挺の小銃と20万挺の機関銃が必要となる計算になるのだが、既存部隊を維持するだけでも精一杯のドイツ国防軍には、とてもそれだけの兵器を供給する余裕はなかった。１９４４年10月、国民突撃隊のために10万挺の小火器を譲渡するよう、ナチス党より要請された陸軍一般兵器局長は「ご存じのように、はだかの人間からは何も取れないものだ」と、苦々しげに応じたものである。

結果として、国民突撃隊は、猟銃やスポーツ用の銃、旧式の鹵獲（ろかく）小銃で武装せざるを得なくなった。弾薬も不足がちで、一部には1人当たり5発ないし10発の弾丸しか与えられない部隊もあったという。こうした窮状を補うために、生産工程を簡略化した「国民小銃」や「国民短機関銃」、「国民手榴弾」といった間に合わせの兵器も少数生産されたものの、信頼性に欠けていた。それでも、パンツァーファウストをはじめとする、簡易対戦車兵器が配備されたのは、国民突撃隊に召集された市民にとっては、幸いであったといえるだろう。たとえ、その威力が、「勇気とパンツァーファウストは、いかなる戦車にも打ち勝つ」というスローガンとは、程遠いものだったとしても……。

しかも足らないのは、武器だけではなかった。１９０７年のハーグ陸戦協定により、戦闘員として認められるためには、言い換えれば捕虜になった場合に人道的に取り扱われるためには、遠方からも認識できる徽章を着用していなければならない。たいていの場合、どこの軍隊も、一定のデザインの軍服を将兵に支給し、この条件を満たしている。だが、再末期のドイツにあっては、国民突撃隊の兵士一人一人にゆきわたるだけの軍服を生産する力などありはしない。それゆえ、苦肉の策として、私服に「ドイツ国民突撃隊」と記した腕章をつけさせて、軍服に代えることとなった。かような窮状は、軍服にとどまらなかった。ほとんど、あらゆる分野の装備が不足していたため、1945年1月7日から28日にかけて、「国民犠牲の結集」なるキャンペーンが張られ、国民は、古着や古靴、テント、調理器具、望遠鏡といった、さまざまな物資を供出させられたのである。

こうして、武器どころか、軍服も与えられぬままに戦場に投入された国民突撃隊の末路は悲惨であった。戦後の調査によれば、行方不明になった国民突撃隊員の数は、およそ17万5000人。戦死者の数は、今なお不詳である。

幻のパルチザン「人狼(ヴェアヴォルフ)」

一方、かつて占領地でパルチザンに悩まされた記憶がよみがえったのか、逆に、連合軍に占領された地区において、抵抗運動を組織する試みもなされた。「ナチズム精神より生まれた組織」と称された「人狼」である。この人狼部隊の要員は、敵戦線背後の占領地に侵入、破壊工作やゲリラ作戦を実行するとともに、住民が連合軍に協力するのを妨害する任務を帯びていた。1944年秋、ヒムラーの幕僚であったハンス・プリュッツマン親衛隊大将(秘匿名称「ライヒ人狼」)に、その指揮が託されることとなる。

連合軍のドイツ本国進攻後、これら「人狼」部隊の本格的な活動がはじまった。西部の占領地において、「人狼はここにいる。降伏するものは射殺されるであろう」というポスターがしばしば貼られていたのも、おそらく彼らのしわざだと言われている。しかし、「人狼」の最大の「戦果」は、1945年3月25日の「謝肉祭」作戦であったろう。前年10月21日以来、市民の代表として連合軍との折衝につとめていたアーヘン市長フランツ・オッペンホフを裏切り者とみなした「ライヒ人狼」は、その暗殺を命じていたのだ。

これを受けた実行部隊の7名（うち1人は女性）は、鹵獲したB17爆撃機より落下傘降下し、占領下のアーヘンに潜入、オッペンホフを射殺した。

こうした「人狼」部隊の活動のほかにも、1945年4月1日のゲッベルスによる、占領地における自発的地下運動を呼びかけた演説に呼応して、サボタージュに走ったものもあった。彼らもまた「人狼」と称したから、「人狼」部隊は実態以上に巨大な抵抗組織であるかのように思われたのだった。

とはいえ、戦争に疲れ、犠牲につぐ犠牲を強いられたドイツ国民には、フランスやロシアとちがい、「侵略者」に抵抗する気運など、ほとんどありはしなかった。「人狼」部隊、あるいは「人狼」抵抗運動に参加したものが、テロリストとして扱われるのをみた彼らは、レジスタンスの意志を失い、占領下の生活を維持することのほうを重視するようになる。かくて、抵抗運動としての「人狼」は活動の基盤を失い、それを支えるはずだった親衛隊の「人狼」部隊も、ドイツ降伏ののちに——敗戦後も抵抗を続けるはずだったにもかかわらず——消え去っていく。

「最終戦」とは、ある種の軍事的ロマンを感じさせる言葉ではある。事実、圧倒的な連合軍に対し、最後の力を振り絞って戦うドイツ兵の姿は、賞賛を引き起こさずにはおかない。けれども、本節で概観してきたごとく、それらは例外だったのであり、だからこそ今日までも語り継がれ、伝説になっているのだといえよう。実際には、ドイツ軍の大多数は、勝利の見込みなどかけらもないまま、奇跡なき戦場に投入され、非情な戦理のままに潰滅していったのである。

軍集団司令官ハインリヒ・ヒムラー

1945年1月14日、もしくは15日のことだったと、ハンス＝ゲオルク・アイスマン参謀大佐は記憶している。新設されるヴァイクセル軍集団の作戦参謀に任命されたアイスマンは、フランクフルト・アン・デア・オーデル[1]とキュストリン経由で、同軍集団の司令部があるというシュナイデミュールに向かった。途中、大佐が目撃した光景は、まさに第三帝国が滅亡しかけていることを示すものだった。見渡すかぎりの避難民の群れ、空襲で廃墟となった街。およそ信じ難いデマが横行しており、なかにはソ連軍は猛烈な勢いで西進しており、ドイツの西部国境で、米英を中心とする西側連合軍と握手しようとしているというものさえあった。

ヴァイクセル軍集団の交通管制指揮所にたどりついたアイスマンは、着任申告をなそうとしたが、誰もその人事について聞かされておらず、ただ、ドイッチュ＝クローネ駅に軍集団司令官の特別列車「シュタイアーマルク」が到着しているから、そこに行ってみろと教えられただけだった。午後5時半ごろ、ドイッチュ＝クローネ駅のホームにやってきたアイスマンが見たのは、何十両もの寝台車を連結した特別列車だった。3両ごとに、短機関銃を携えた歩哨がついている。やがて、応接室として使われている車両に案内されたアイスマンは、執務机の向こうに座った軍集団司令官に敬礼した。中背で、丸眼鏡の貧相な中年男だ。軽いO脚とみえた。しかし、ナチス・ドイツにおいて、これほど恐れられている人物は他にはあるまい。軍集団司令官の名は、ハインリヒ・ヒムラー。親衛隊全国指導者である。

ヒトラーと握手するヒムラー

戦闘経験なき指揮官

プロイセン・ドイツ軍事史上、前例のない椿事といえた。前線どころか、戦時に司令部勤務や兵站要員をやった経験もない、いわば、ずぶの素人が軍集団を指揮するのだ。
なるほど、第一次世界大戦勃発時にまだ少年だったヒムラーは従軍を希望し、１９１７年にバイエルン第11歩兵連隊に士官候補生として迎えられている。ところが、訓練を受けているあいだに戦争は終わってしまった。つまり、この1年ほどの期間が、ヒムラーの軍隊体験のすべてであった。警察機構を駆使して、国民を統制する手腕こそ十二分に証明されていたとはいえ、軍人としての能力は未知数なのである。

　こうした不可解な人事がまかりとおった裏には、やはりナチス・ドイツ特有の事情がある。１９４４年7月20日の暗殺未遂事件以来、ヒトラーは、国防軍の将軍たちに対する不信をいよいよ深めており、指揮統率能力よりも、自分に対する忠誠と命令のままに熱狂的に戦う姿勢こそが、軍司令官に不可欠な条件だと考えるようになっていた。そのヒトラーにしてみれば、ナチ党創生期からの同志であるヒムラーは、軍を指導させるのにはうってつけだと思われた。また、7月20日事件以後、ヒムラーは国内軍（エアザッツヘーア）司令官を務めており[2]、国民突撃隊の編成などにもかかわっていたから、多少の経験は積んだものと考えられたのである。

1944年12月2日、ヒムラーは手はじめに上ライン総軍（オーバーベフェールスハーバー・オーバーライン）を任された。主たる任務は、総軍の北、エルザスに布陣するG軍集団がアルデンヌ攻勢に呼応して実行する攻勢「北風（ノルトヴィント）」作戦を支援することにあった。そのため、上ライン総軍も3度にわたり、大規模な攻撃を実施しているが、さしたる戦果はあがらなかった。が、逆に取り返しのつかない失敗もなく、ヒムラーは最初の司令官任務を大過なくこなしたといえる。

これに気をよくしたヒトラーは、より深刻な戦線、すなわち崩壊しつつある東部戦線にヒムラーを派遣することにし、1944年12月2日付でヴァイクセル軍集団司令官に任命したのであった。この総統の決断について、宣伝相ヨーゼフ・ゲッベルスは日記に書いている。この決定の理由は「おもに、ソ連軍の前進地域から押し流されてきた諸部隊が潰乱しているという事実に帰せられる。そこでは、彼らを再び信頼できる戦闘部隊とするために、意志強固な人物が必要なのだ」というのである。ヒムラーには、「そうした課題を解決する力が絶対にある」とされたのだ。

さらに、ヒトラーは、「これまでのヒムラーの仕事ぶりには、おおいに満足している」と付け加えた。かかる評価を聞いたゲッベルスは、では、ヒムラーを陸軍総司令官に任じたらどうだろうと提案してみた。1941年以来、ヒトラーが自ら務めていたこの職をヒムラーに渡せば、総統の負担が軽くなると考えたのかもしれない。これに対し、ヒトラーは意味深長な答えを返している。「ヒムラーがいくつかの重要な作戦的問題を解決し、おのが資質を証明しない限りは、そこまで思い切った措置はまだ取れない」と。かかるヒトラーの意向は、ヒムラーにもほのめかされていたにちがいない。つまり、ヒムラーは、総統の信頼を背に、より高みにつきたいとの野望を抱いて――ナチス・ドイツが深淵に落ち込もうとしていたことを考えれば、滑稽でさえあったとしても――東部戦線に赴任したのであった。

その種の懐疑を終わらせる

しかしながら、東部戦線は、ヒムラーが軍功をあげられるような、なまやさしい状況にはなかった。圧倒的なソ連軍の攻勢により、北方軍集団は分断され、クールラントに孤立している[3]。中央軍集団[4]も圧迫される一方で、ドイツ軍の戦線には１２０キロにおよぶ間隙が生じていたのである。新設されたヴァイクセル軍集団の任務は、ヴァイクセル川[5]下流部から中部シュレージェンにかけて「可能な限り東方に張りだした、切れ目のない戦線を張り、ロシア軍がこれ以上バルト海方面に前進してこないよう拒止する」こと（ヒムラーに与えられた命令）にあった。

着任の挨拶を済ませたアイスマンは、さっそくヒムラーとともに、客間中央のテーブルに広げられた地図を囲んで、協議に入った。OKH（オーカーハー）、陸軍総司令部（オーバーコマンド・デス・ヘーレス）が作成した戦況図で、1月15日ごろの状況を示しているものと思われた。大佐はまず、何を以て、戦線に空いた大穴を埋めるのか、尋ねる。返ってきた答えは、アイスマンをあぜんとさせるに充分なものだった。そのときまで、地図上のあちこちを指でさしていたヒムラーは、こう言ったのである。「私は、ヴァイクセル軍集団を以て、ロシア人を停止に追い込む。しかるのちに、戦線を突破し、ついには押し戻すのだ」

呆れたアイスマンは、いったい、軍集団のどの部隊を用いて、そんなことをやろうというのですかと反問した。ヒムラーがいらだたしげに応じてくる。その内容は、主として東部戦線で実戦経験を積んできた大佐を、いっそう困惑させるものだった。麾下第9および第2軍、そして、トルン、グラウデンツ、ポーゼンほかの要塞守備隊が使えるというのだ。実際には、第9軍は紙の上の存在に近い。第2軍も、10個師

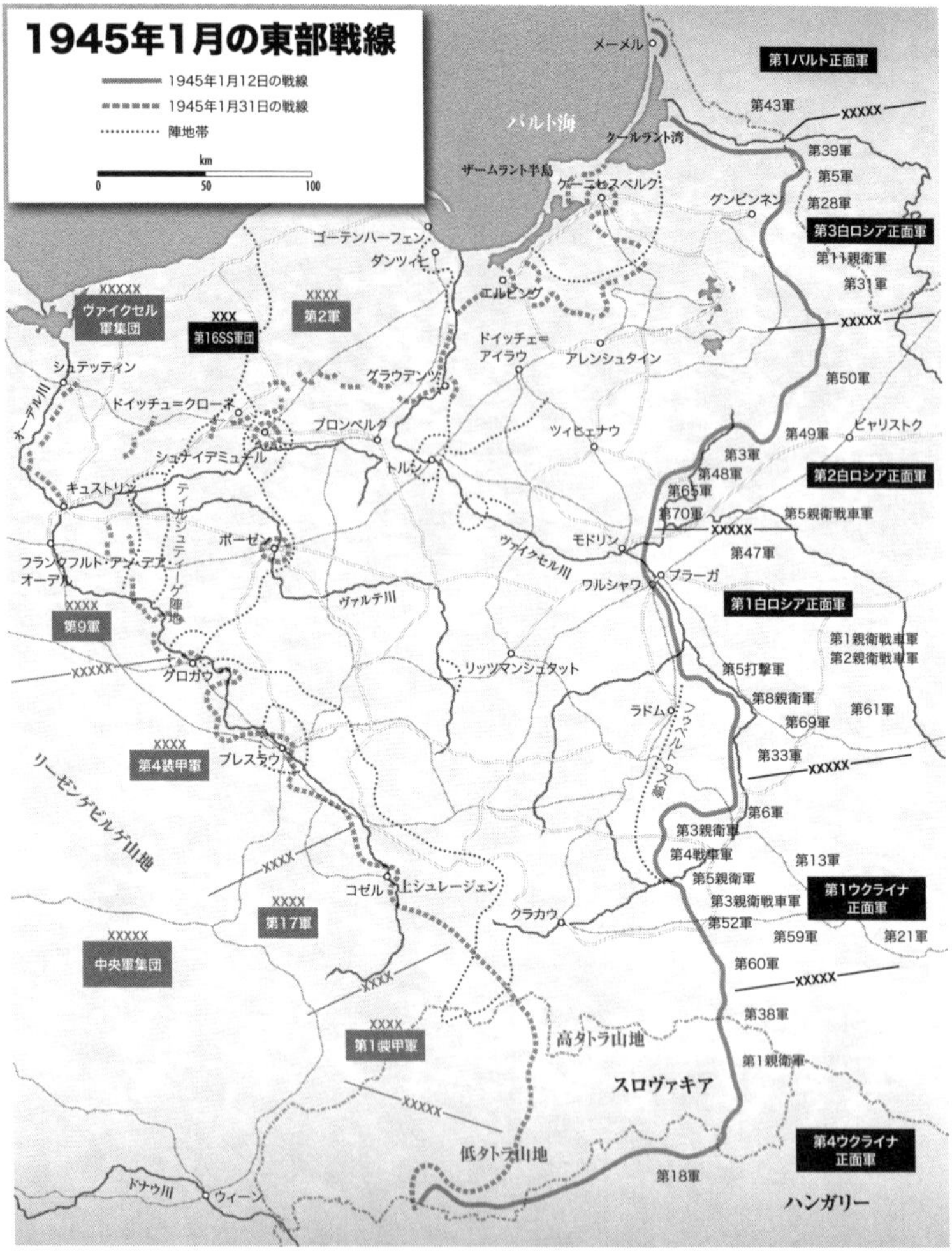
1945年1月の東部戦線
1945年1月12日の戦線
1945年1月31日の戦線
陣地帯
km
0
50
100
メーメル
第1バルト正面軍
第43軍
XXXXX
バルト海
クールラント湾
第39軍
第5軍
ザームラント半島
ケーニヒスベルク
グンビンネン
第28軍
第3白ロシア正面軍
ゴーテンハーフェン
第11親衛軍
ダンツィヒ
第31軍
XXXXX
ヴァイクセル軍集団
XXX
第16SS軍団
XXXX
第2軍
エルビング
ドイッチェ＝アイラウ
アレンシュタイン
シュテッティン
グラウデンツ
第50軍
オーデル川
ドイッチュ＝クローネ
ブロンベルク
ツィヒェナウ
第49軍
ビャリストク
シュナイデミュール
トルン
第3軍
第48軍
第2白ロシア正面軍
キュストリン
ティルシュティーゲ陣地
第65軍
第70軍
XXXXX
第5親衛戦車軍
ポーゼン
ヴァイクセル川
モドリン
第47軍
フランクフルト・アン・デア・オーデル
ワルシャワ
プラーガ
XXXX
第9軍
ヴァルテ川
第1白ロシア正面軍
第1親衛戦車軍
第2親衛戦車軍
XXXXX
グロガウ
リッツマンシュタット
第5打撃軍
第8親衛軍
ラドム
第61軍
第69軍
XXXX
第4装甲軍
ブレスラウ
第33軍
XXXXX
リーゼンゲビルゲ山地
第6軍
第3親衛軍
第4戦車軍
第13軍
XXXX
コゼル
上シュレージェン
第5親衛軍
第1ウクライナ正面軍
XXXX
第17軍
第3親衛戦車軍
クラカウ
第52軍
XXXXX
中央軍集団
第59軍
第21軍
第60軍
XXXX
XXXXX
第38軍
XXXX
第1装甲軍
高タトラ山地
第1親衛軍
スロヴァキア
XXXXX
第4ウクライナ正面軍
低タトラ山地
第18軍
ドナウ川
ウィーン
ハンガリー

団の兵力を有する4個軍団と、一見強力にみえるが、それらの部隊はあいつぐ激戦に消耗しており、どの師団も建制の3分の1程度の兵力しか持ち合わせていなかった。それが、トルン南西からドイッチュ＝アイラウに至る130キロもの戦線を守っているのだ。とても攻勢などできるはずがなかった。

だが、質問されたヒムラーが発した言葉は、辛辣なものだった。「参謀将校という人種は、懐疑を抱くことしかしない。学校秀才の賢さだ。しかも、即興的にことに対することができない。彼らの態度は、敗北主義、あるいは、それ以上のものだ。私は、その種の懐疑を終わらせる。仮借なしのエネルギーを注いで、難局に対するのだ」

機能しない司令部

勇壮で、決然たるせりふではある。こうした発言をしたあとで、しかと勝利をもぎ取れば、ヒムラーの名言として後世に伝えられたことであろう。けれども、親衛隊全国指導者にして、ヴァイクセル軍集団の司令官である人物の厳命には、裏付けがなかった。アイスマンは、すぐにそのことを思い知らされることになる。

そもそも、2個軍を麾下に置く軍集団の司令部だというのに、必要な装備や人員も整っていなかった。戦務作業にあたる完全編制の1個分隊があったものの、自動車がない。アイスマン自身の表現を借りよう。「司令部運用にあたるのは、3人の参謀将校。それで全部だ。兵站将校も書記も製図士もいない。タイプライターや自動車もない。最悪だったのは、通信装備の欠如だ。あるのは、首席副官の電話1台だけ。私は、それを共用しなければならなかった」付け加えるなら、戦況図も、ヒムラーが抱え込んで放さなかった。アイスマンは嘆く。「大隊ならば、1個通信小隊で充分だ。だが、軍集団となると、3ないし4個大隊から成る1個通信連隊を必要とする。ところが、このときには、連隊どころか、1個通信小隊もなかった」

　しかし、アイスマン大佐の証言を聞いていると、疑問がわいてくる。ヒムラーは、自らの特別列車「シュタイアーマルク」で乗り込んできたのではなかったか。そこには、司令部機能を果たすための設備があるのではないのか？

　たしかに、「シュタイアーマルク」には、ヒムラーが兼任していたさまざまな役職、親衛隊国家指導者、内務大臣、警察長官、国内軍司令官などの仕事を行うための助手や秘書が常駐していた。電話装置、テレタイプ、無線機も満載されている。ただし、これらはヴァイクセル軍集団司令部には使わせてもらえなかったのである。たまりかねたアイスマンは、司令部要員を増派するようＯＫＨに要請したが、彼らがいつ到着するかもわからなかった。

　このような状況にあったのだから、ハインツ・ラマーディング武装ＳＳ少将が参謀長として赴任してき

ヴァイクセル軍集団戦闘序列（1945 年 3 月 1 日）

軍集団司令官ハインリヒ・ヒムラー親衛隊全国指導者
- **第 11 軍**
  - 特務第 610 師団司令部
  - 「シュレージェン」警察師団主力
- **オーデル防衛地域（第 2 軍団留守司令部）**
  - 第 9 降下猟兵師団
  - デネッケ支隊
- **第 9 軍**
  - 第 10SS 装甲師団「フルンツベルク」主力
  - 第 5SS 山岳軍団
    - 特務第 391 師団司令部
    - 第 32SS 義勇擲弾兵師団「1 月 30 日」
    - レーゲナー師団（第 433 歩兵師団と第 463 歩兵師団の残存部隊を編合）
    - フランクフルト要塞
  - 第 11SS 軍団
    - 第 71SS 義勇擲弾兵連隊「クールマルク」
    - 第 25 装甲擲弾兵師団
    - キュストリン要塞
  - 第 101 軍団
    - 「ベルリン」歩兵師団
    - 「デーベリッツ」歩兵師団
    - 特務第 606 師団司令部
  - オーデル軍団
    - 第 1 海軍銃兵師団
    - O支隊
    - クレセク支隊
- **第 3 装甲軍**
  - 第 33SS 武装擲弾兵師団「シャルルマーニュ」主力
  - 装甲師団「ホルシュタイン」
  - 第 3SS 装甲軍団
    - 第 261 歩兵師団
    - 第 11SS 義勇装甲擲弾兵師団「ノルトラント」
    - 第 28SS 義勇擲弾兵師団「ヴァローニエン」
    - フォイクト擲弾兵支隊および第 27SS 義勇擲弾兵師団「ランゲマルク」の編合部隊
    - 第 23SS 義勇装甲擲弾兵師団「ネーデルラント」
  - 第 10SS 軍団
    - 第 5 猟兵師団
    - 特務第 402 師団司令部
    - 第 163 歩兵師団
  - フォン・テッタウ軍団支隊
    - ベーアヴァルデ特別師団
    - ポンメルラント特別師団および第 15SS（ラトヴィア第 1）武装擲弾兵師団一部の編合部隊
    - 第 15 歩兵師団の残存部隊
- **第 2 軍**
  - 第 20 軍団留守司令部
  - グラウデンツ要塞
  - 降下装甲師団「ヘルマン・ゲーリング」補充旅団
  - 第 203 歩兵師団の残存部隊
  - 第 549 歩兵師団の残存部隊
  - 第 547 歩兵師団主力
  - 第 7 装甲軍団
    - 第 4SS 装甲擲弾兵師団「警察」
    - 第 7 装甲師団
  - 第 18 山岳軍団
    - 第 32 歩兵師団
    - 第 215 歩兵師団
  - 第 46 装甲軍団
    - 第 389 歩兵師団
    - 第 4 装甲師団
    - 第 227 歩兵師団と第 1 封鎖旅団の編合部隊
  - 第 27 軍団
    - 第 73 歩兵師団
    - 第 251 歩兵師団
    - 第 31 歩兵師団の一部
  - 第 23 軍団
    - 第 542 国民擲弾兵師団
    - 第 232 歩兵師団
    - 第 35 歩兵師団
    - 第 357 歩兵師団
    - 第 83 歩兵師団
    - 第 23 歩兵師団
  - フォン・ラッパルト軍団支隊
    - 第 7 歩兵師団
    - グンペル支隊

Der Endkampf, 538 ～ 539 頁の一覧表に、他の資料による修正を加えて作成。

たとき、アイスマンが自分の負担が軽減されるものと安堵したのも無理はない。だが、それはぬか喜びだった。ラマーディングは、ヴァイクセル軍集団参謀長の辞令を受ける前は、第2SS装甲師団「帝国(ダス・ライヒ)」の師団長であったが、大単位部隊[6]の運用について充分な訓練を受けていなかった[7]。その彼が参謀長に選ばれたのは、武装SSで師団作戦参謀、そして軍団参謀長を務めたいくばくかの経験があるからという理由にすぎないものだった。ゆえに、アイスマンは失望させられ、「彼に大単位部隊の指揮統率経験が不足していることは――専門知識もまた欠如していたといえる――軍集団の仕事全体に影響を及ぼした。ラマーディングは常に不安感をあおったのだ。彼が一般的に言って小心で、妥協に傾きやすく、自分が責任を負うのを回避したことによるものであった」と記すことになる。事実、アイスマンは、新参謀長にあらゆることをレクチャーしてやらなければならず、その苦労はいや増した。

こうして、司令部の土台を固めているあいだに、時間だけが過ぎていく。軍集団司令官に任命されたものの、指揮のインフラストラクチャーがととのわないため、事実上、麾下の2個軍は独自の判断で動かざるを得なかった。結局、ヒムラーが軍集団の指揮権を発動させたのは、1945年2月18日午前零時を期してということになった。この間、東部戦線が累卵(るいらん)の危うきにあったことを思えば、驚きを禁じ得ない。

臆病者はすべてこうなる

むろん、ソ連軍は、ヒムラーが準備を完了するまで待っていてはくれなかった。1945年1月12日に、ヴァイクセル川からオーデル川への躍進を企図した攻勢がすでに発動されていた。ドイツ軍は、敵が南北両側面を突破し、味方戦線中央部の包囲にかかるだろうと予想していたが、ソ連軍はその裏をかいて中央突破の挙に出たのである。第1から第3までの白ロシア正面軍、第1および第4ウクライナ正面軍は、ドミノの駒を倒すがごとく、ドイツ軍防衛部隊を撃破しつつ西進した。1月17日にはワルシャワを解放、22

日にはポーゼンを包囲、同日、第1ウクライナ正面軍麾下の第3親衛戦車軍と第52軍がドイツ国境を越えている。続いて、2月1日には、早くもオーデル川渡河に成功した。このあと、ソ連軍の勢いはやや鈍るけれども、それは、快進撃に兵站が追いつかなかったことと側面援護に配慮したからにすぎなかった。

この危機に際して、ヒムラーは、いかなる措置を以て対応したか？　アイスマンの生々しい証言を引こう。「以上述べてきたような状況を『ヴァイクセル』軍集団司令官ハインリヒ・ヒムラーは、いかに判断したか？　まったく何もしなかった。そう言ってさしつかえない。全体的な状況に対し、作戦的な判断を下す能力を、彼はそもそも持ち合わせていなかった。ヒムラーは、ただ自分がふさがなければならない戦線の穴によって、金縛りにされていた。【中略】『攻撃的に』とか『側面を衝け』というせりふが、繰り返し発せられた。ロシア軍が、激戦に疲れたわが第2軍の側面を叩きにかかろうとしていることになど、考えがおよばないのだ。ずっと前に置かれたままの地図を一瞥しただけで、それはあきらかなのだが。『攻撃』しか頭にないようだ。親衛隊全国指導者は、すでに1944年7月に、将校たちの前で以後の見通しについて演説した際、おのれの軍事原則を端的に示していた。『賢い作戦の時代は終わった。東部では、敵がわれわれの国境に迫っている。そこでは、前進か、死守するかしかないのだ』」

ヒムラーの「指揮」は、まさに彼が公言した通りのものだった。この時期、トルン、ポーゼン、シュナイデミュールの3要塞が、ソ連軍の重囲下におちいっているが、ヒムラーが与えたのは戦術的助言や救援部隊ではなく、脅しだった。たとえば1945年1月30日、ヒムラーは、シュナイデミュール要塞司令官は「決然かつ大胆不敵な、野戦指揮官ならびに要塞指揮官の模範」であるとして、叙勲申請を出している。同要塞の司令官は、後退しようとした兵を「自ら射殺し」、「臆病者はすべてこうなる！」と記した札を死体に掛けたのであった。それと同じ日に、ブロンベルク市の警察長官カール・フォン・ザリシュの銃殺も命じられている。ザリシュは、前州知事ならびにブロンベルク市長とともに、同市を脱出しようとしているところを発見されたのだ。ちなみに、前州知事とブロンベルク市長は、銃殺こそまぬがれたものの、懲罰大隊送りにされた。

後ろを向いた指揮

ヒムラーは、こうした指揮統率ともいえないスタイルをくずそうとはしなかった。そればかりか、ヴァイクセル軍集団司令官の職務も満足にこなしていないというのに、兼任している他の職にともなう仕事まで戦場に持ち込んでいたのである。[8] この時期におけるヒムラーの生活をみてみよう。

普通、ヒムラーは午前8時30分ごろに起床する。[9] 入浴とマッサージを済ませたのち、10時に朝食。10時30分から作戦会議で、30分ないし1時間ほどかかる。そのあと、昼食まで時間がある場合には、親衛隊全国指導者野戦司令部のメンバーや来客と面会する。アイスマンの回想によれば、国家保安本部長官エルンスト・カルテンブルンナー親衛隊上級集団指導者や空軍総司令官ヘルマン・ゲーリングが頻繁に訪ねてきたという。つまり、ヒムラーは、ヴァイクセル軍集団司令官として前を注視するのではなく、後ろ、ベルリンを気にしながら指揮を執っていたといっても、酷に過ぎる評価にはなるまい。

午後1時に、軍集団司令部の参謀や親衛隊の将校とともに昼食を摂る。[10] 午後3時から、また軍集団司令部の仕事を抜ける。軍以外の職務に関係する報告に目を通すためだ。午後7時の夕食ののち、参謀長ならびに作戦参謀の報告を受ける。こうした会議のあいだに、麾下の軍司令官を招集し、戦況を報告させることもあった。午後10時半には就寝する。虚弱なヒムラーは、それ以降は休息をさまたげてはならないとしていたし、事実、11時を過ぎると疲れ切っており、いっさい報告を受けなかった。およそ、戦時の軍集団司令官とは思えない暮らしぶりといえよう。

加えて、ヒムラーはしばしば軍集団司令部を離れて、ベルリンに赴いた。むろん、おのれの働きぶりを、総統にデモンストレーションする必要があったからである。アイスマンの観察によれば、「ヒトラーに対する畏怖は、誰からも恐れられていた親衛隊全国指導者を完全に支配していた。そのため、ヒトラーに戦況に対する意見を強力に申し立てることは不可能で、いわんや、それを押し通すことなどできなかった。かかる卑屈な基本姿勢が、多くの損害をもたらし、不必要な大量の流血を生じせしめたのである」

事実、ヒムラーは、ベルリンでは虚勢を張り続けていた。3月初めに、彼と会談したゲッベルスは、その「とほうもない楽観」ぶりに驚いている。だが、それは、ヒトラーに自らの忠誠と勇猛ぶりを誇示する演技でしかなかったのであろう。同じころ、アイスマンは、ヒムラーの心理を冷徹に見抜いている。「『ヴァイクセル』軍集団の状況が不都合かつ困難になっていくと、さすがのヒムラーももはや月桂冠など得られぬものと観念していた。あきらかに、軍事指導という課題は自分の手に負えないと認めていたのだ。いまや、ヒムラーは、おもに総統大本営にいる政敵たちが、この事実を利用するだろうと考えだしていた」

病めるヒムラー

こうしたヒムラーの無能さを反映するかのように、ヴァイクセル軍集団は圧迫されていった。1945年2月15日、同軍集団は起死回生の一手として、ソ連軍の北側面に対する反撃、「至(ゾンネンヴェンデ)」作戦[11]を発動する。しかし、消耗した部隊による攻撃は功を奏さず、かえって側面にいるドイツ軍残存部隊を掃討する必要を、ソ連軍に認識させてしまう。2月24日、第1白ロシア正面軍は、ヴァイクセル軍集団が拠るポンメルン地方への攻勢を開始、これを駆逐した。

かくて、ヒムラーが望んだ、軍人としての栄誉[12]は見果てぬ夢に終わった。ひそかに願っていた鉄十字章獲得も、当然あり得ない。3月末に中央軍集団司令部を訪れたヒトラーと、そこで会談した直後に、ヒムラーは扁桃炎(へんとうえん)に見舞われ、作戦会議も病床の横で行うはめになる。結局、ヒムラーは、3月21日にヴァイクセル軍集団司令官を解任されるまで、彼の同級生だったカール・ゲプハルトの経営するホーエンリューエンのサナトリウムで療養することになった。親衛隊全国指導者に軍人としての資質がまったくないことは、事実によって、精神的にも肉体的にも証明されたのである。

とはいえ、ヒムラーは、狂信的な督戦を行うことにより、ヒトラーの歓心を買うことを忘れはしなかった。たとえば、1945年3月28日には、白旗をあげること、対戦車封鎖線の放棄、国民突撃隊への入隊忌避などは、もっとも苛酷な手段を以て対するとし、白旗を掲げた家の男子はすべて引きずり出して射殺せよとの指令を出している。そうした残酷な措置は、民間人に対するものだけではなかった。

1945年3月末、ハンガリーのエステルハーツァ城に置かれていた南方軍集団司令部を訪れたヒムラーは、驚くべきことを口にした。このころ、彼の命令により、ハンガリーの西部国境には親衛隊の封鎖線が張られており、武器を捨てて退却する親衛隊員を片っ端から射殺することになっていた。ヒムラーは、そうした措置を拡大し、国防軍とハンガリー軍もその対象にしたいと提案したのである。この非常識な申し出は、国防軍と武装親衛隊の将軍たちの反対に遭い、実行されなかった。

今や、ヒムラーは、敵ではなく、味方にとっての災厄になっていたのである。

それからのマンシュタイン

ヒトラーが自殺した後、第２代総統に就任したカール・デーニッツ元帥。彼はマンシュタインを国防軍最高司令部長官に任命しようとした。(Photo: Deutsches Bundesarchiv)

やや趣の変わった話題を取り上げることとしたい。１９４４年に南方軍集団司令官の職を解任されたエーリヒ・フォン・マンシュタイン元帥が、ドイツ敗戦まで何をやっていたかというのが、今回のテーマである。

こうしたことを論じるきっかけとなったのは、例によって本誌（初出の『コマンドマガジン』）編集長の中黒靖氏から、解任されたマンシュタインが第三帝国の最終段階で何を考え、どんな行動を取ったのかというのは面白い題材ではありませんかと、執筆を慫慂されたことであった。なるほど興味深い。マンシュタインのごとき、ヨーロッパでの戦争開始以来、常に戦場で指揮を執ってきた人物が、心ならずも傍観者の立場を取らされたときの言動は、おそらく彼の思考様式や人間性の一端を示さずにはおかないだろう。

ただ、たとえるなら楽屋裏のことでもあり、資料的にリサーチが難しいとも思われたが、幸い、新しいマンシュタイン伝や未訳のマンシュタイン回想録などのおかげで、アウトラインをつかむことができた。

それらに基づき、以下「それからのマンシュタイン」について叙述することとしたい。

マンシュタイン解任劇

1944年3月30日、ベルヒテスガーデンの総統山荘に呼び出されたマンシュタインは、いまや東部では、頑（がん）として戦線を死守する方針が適切であり、そうした任にあたるには、ヴァルター・モーデル将軍（同日付で上級大将より元帥に昇進）のほうがふさわしいと、アドルフ・ヒトラーに言い渡され、南方軍集団司令官職を解任された。その裏に、ハインリヒ・ヒムラーSS国家指導者（ライヒスフューラー）やヘルマン・ゲーリング国家元帥（ライヒスマルシャル）の策動があることは、マンシュタインも察していた。とくにヒムラーの動きについては、今日では、ある程度一次史料で追えるようになっている。たとえば、解任劇の前日には、ヒムラーは総統に対し、貴重な武装親衛隊2個師団（第9および第10SS装甲師団と思われる）をロシア南部戦線に投入したいと考えているものの、マンシュタインがなお指揮権を握っていることへの懸念があると言明している。加えてヒムラーは、東部戦線の現在の苦境はマンシュタインの無能によって引き起こされたとまで発言したのだった。

もっとも、ヒムラーやゲーリングの策謀のみが、彼の解任をもたらしたわけではなかっただろう。この前後、ソ連軍の攻勢によって包囲されていた第1装甲軍は、マンシュタインがヒトラーに進言した作戦に従い、敵陣を突破して脱出、後退に成功している。しかしながら、これは、ヒトラーが拒み続けたあげく、ぎりぎりでマンシュタインの説得に応じて、実行させた退却であった。独裁者の心理として、自らが否定した計画で成功した部下を許せるものではない。「ヒトラーに、このような決裁を下さしめた根本的な理由は、彼は先に最大の危機に際しても私の意見具申を拒否していたのに、3月25日には私の意見に追随せざるを得なくなったことであろう」というのが、マンシュタインの見解である。

ちなみに、ヒトラーと将軍たちのあつれきが異常なレベルに達していたことは、ナチス・ドイツの指導者たちの多くがひとしく観測するところとなっていた。前述の脱出劇で重要な役割を果たした第1装甲軍司令官ハンス・ヴァレンティン・フーベ上級大将の死にまつわるエピソードなども、そうした空気を示す一例であろう。フーベは、柏葉・剣・ダイヤモンド付騎士鉄十字章を受けるため、１９４４年４月20日、ベルヒテスガーデンのヒトラー山荘に来訪している。ところが、翌朝前線に戻るべく搭乗した飛行機が航法ミスのため山に激突、上級大将も帰らぬひととなってしまったのだ。つまり、完全な事故であったにもかかわらず、軍の上級将校やナチスの高官のあいだには、総統の意に染まぬ成功をおさめた将軍が事故にみせかけて謀殺されたという噂が流れたのである。なお、１９４４年６月23日に、フィンランドに展開していた第20山岳軍司令官エドゥアルト・ディートル上級大将が飛行機事故で死亡した直後にも、同様のデマが生じたことを付け加えておく。

閑話休題。罷免されたマンシュタインは、ヒトラーさしまわしの飛行機により、レンベルクにあった南方軍集団――３月30日、北ウクライナ軍集団に改称――司令部に帰着し、申し送りを済ませると、４月３日夜、特急列車に乗って、私邸のあるシュレージェン地方リーグニッツへと旅立った。以後、元帥が東部戦線に戻ることはなかったのである。

私服に着替えた元帥

リーグニッツに戻ったマンシュタインは、しばし休息を取る。というよりも、取らざるを得なかった。なぜなら、右眼の白内障が悪化し、失明の可能性もあったために、急ぎブレスラウ大学付属病院に入院し、手術を受けなければならなかったからだ。さらに、手術は成功したものの、雑菌の感染を防ぎ、体力を回復するために、マンシュタインはドレスデンの陸軍病院兼療養所「白鹿（ヴァイサー・ヒルシュ）」で療養の日々を送ることを余儀なくされた。以後、元帥は、国葬など「総統予備（フューラーレゼルヴェ）」に編入された――すなわちポストを奪われた将官たちが召集される会合に出席する場合を除いては、私服で過ごすのが常だったという。

とはいえ、マンシュタインは、戦線復帰をあきらめてしまったわけではなかった。あるいは、必要があるとき以外は軍服を着用しなかったというのも、何らかの任務に服すべき軍人が髀肉の嘆をかこっていると、暗に訴えていたのかもしれない。また、そうした復帰への希望を持たせるようなヒトラーの発言もあった。総統は、3月30日の会談の最後に、フランスを守る西方総軍の司令官に近々就いてもらうゆえ、準備をしておいてほしいと述べていたのである。

この言葉は単なるリップ・サービスだったのか、それとも、彼がのちに変心し、マンシュタインを再び起用する気をなくしてしまったために虚言と化したのか、それは判然としない。が、ドイツの歴史家オリヴァー・フォン・ヴローヘムが、宣伝相ヨーゼフ・ゲッベルスの日記をもとに指摘するごとく、後者の可能性は必ずしも否定できないと思われる。以下、ゲッベルス日記の当該部分を引用する。

「もともと私が推測していたように、総統は、マンシュタインに断固反対しているというわけではない。総統は、彼を、麾下の諸部隊をひきつけるような、魅力的な軍司令官であるとはみなしていない。だが、とびぬけて賢い戦術家だと思っている。それどころか、われわれが再び攻勢に出るときには、彼をまた起用するつもりなのだ。けれども、そうなるにはまだ時間がかかるだろうし、実際にそんな事態が生じたならば、かかる措置に反対である旨、総統に進言すべきだろう」(1944年4月18日)

だが、ヒムラーやゲッベルスの思惑にかかわらず、マンシュタインには、戦争のゆくえを拱手傍観しているつもりはなかったし、おのれが最終決戦において不可欠の存在であることを疑いもしなかった。プロイセン・ドイツの伝統によれば、元帥の階級に達した軍人は、生涯現役の処遇を受ける。通常、退役したドイツ軍人は、最終階級のあとにa.D.(außer Dienst、退役の意)を付して名乗らなければならないが、元帥の場合は、その必要はないし、また専任の副官を1人持つことができるのだ。マンシュタインは、この慣習を利用し、長く彼に仕えてきたアレクサンダー・シュタールベルク大尉を副官に任命し、各地の高級司令部に派遣して、情報を収集させた。むろん、再任に備えてのことである。同時に、マンシュタインは、いまだ手術後で健康を回復していないころから、陸軍人事局や、この間に参謀総長に任命されたハインツ・グデーリアン上級大将に対し、自分をどこかの戦線に復帰させるよう訴えている。1944年8月22日付のグデーリアン宛ての書簡をみよう。

「3月末に総統のもとを辞去した際、彼は私に、近い将来再び貴官を起用するつもりだと告げた。【原文改行】（以下、【　】内は筆者の註釈）この間、西方総軍総司令官は二度も更迭されているし、ほとんどすべての軍集団に新しい司令官が任命されている。しかし、私は再任されていないのだ。これでは、総統は今のところ私を用いる気がないとの結論を導かざるを得ない。貴官も、自らの経験から【1941年12月に第2装甲軍司令官を解任されてから、1943年2月に装甲兵総監に任命されるまで、やはりグデーリアンも「総統予備」に編入され、しかるべき役職を与えられていなかった】、この無為なる状態が、私にとって、いかに不愉快であるか、よくわかるだろう。いや、貴官の経験以上に不愉快である。なぜなら、現在の戦局は、はるかに深刻だからだ。貴官も理解してくれると思うが、何らかの貢献ができるあらゆる男性ならびに勤労可能なすべての女性が召集されているときに、なすすべもなく座り込んでいるのは、私には耐え難いことである」

かかる切々たる訴えにもかかわらず、マンシュタインの再任は実現しなかった。ヒトラーの周辺にも、国防軍指導層のなかにも、元帥をうとんじるものが少なくなかったためだ。けれど、こうしているあいだにも、ドイツは敗戦への坂道を転がり落ちつつあった。

希望の消滅

ここで、ヒトラー暗殺事件とマンシュタインとの関わりについて述べておこう。かなり早い時期から、元帥が反ヒトラー抵抗運動を進めていた将校たちに接触されていたこと、にもかかわらず協力を拒んだことは、よく知られている。なかでも「プロイセンの元帥は叛乱したりはしない」という発言は有名であろう。だが、原文に照らし合わせてみると、この名せりふ"Preußische Feldmarschälle meutern nicht!"も、なかなか意味深長であることがわかる。見ての通り、主語は定冠詞なしの複数「プロイセンの元帥たち」である。つまり、マンシュタインは「プロイセンの元帥」イコール自分と明言するのではなく、いわば一般論を述べて、含みを持たせているとも取れるのだ。

筆者も、マンシュタインが、いわゆる「良心(ゲヴィッツセン)」か「屈従(ゲホールザム)」かという、反ヒトラー抵抗運動に関係した人間が例外なく悩まされた問題に直面し、軍人としての忠誠を優先したことは否定しない。しかし、それだけで元帥の行動を説明するのは、いささか単純にすぎるというものだろう。そう考える理由は、おおまかにいって二つある。

第一に、マンシュタインは、ぎりぎりまで、ヒトラーを国家元首と仰いだ上で、自らが東部戦線ないしは全国防軍の最高責任者となり、自由な作戦を許されれば、戦争を引き分けに持ち込めると信じていた。この元帥の信念については、1943年のマンシュタインとの秘密会談に参加した反ヒトラー派将校たちが、異口同音に証言している。

第二に、7月20日のヒトラー暗殺未遂事件前後におけるマンシュタインの言動だ。前述の元帥付副官シュタールベルクの回想録によれば、元帥はヒトラー暗殺の試みがなされるとの情報を得ていた。ところが、マンシュタインは当局へ通報もせず、副官をともなって、バルト海沿岸のペンションにバカンスに出かけたのだ。その準備を命じられたシュタールベルクは、これは暗殺計画実行の日にアリバイをつくっておくための措置だと、以心伝心で理解していたという意味の証言をなしている。

こうしてみると、マンシュタインが積極的に反ヒトラー抵抗運動に関与しなかったのは、単純な忠誠心からだけではなかったと推察できるように思う。おそらく、マンシュタインは、1943年段階では敵に消耗を強いて引き分けに持ち込むことができる、そのためにはヒトラーの排除など戦争指導に混乱をおよぼすばかりだと考えていた。が、1944年になって、戦局も著しく悪化し、自らも解任されるに至って、ヒトラーなしの戦争もやむなしとみなすようになったのではなかろうか。さりとて、暗殺そのものに直接関わってしまっては、以後の権力継承に支障を来すし、何よりも失敗した場合には命も危ない。ゆえに、7月20日のヒトラー暗殺の試みにも日和見を決め込んだと、筆者は推測している。

しかしながら、ヒトラーは死をまぬがれた。加えて、マンシュタインも、1944年8月の東西両戦線での大敗、すなわち中央軍集団の潰滅とノルマンディ上陸作戦の成功による西部戦線の崩壊をみるに至り、希望を捨て去る。さしもの元帥も、引き分けの終戦を迎えるための前提が消えたと認めざるを得なくなったのである。

かくて、マンシュタインの敗戦がはじまった。ソ連軍がプロイセン地方に進入しつつあった1945年1月27日、元帥は家族や副官たちとともにリーグニッツを離れ、ベルリン経由で——廃墟となった首都を訪れたのは、ヒトラーに会見を求めるためだったが、それはかなわなかった——デンマーク国境に近いリューネベルガー・ハイデにある町アハターベルクに向かう。その間にも興味深いエピソードがある。ヒトラーの自殺後、第二代総統に就任したカール・デーニッツ元帥は、マンシュタインを国防軍最高司令部長官に任命し、東部戦線のドイツ軍を極力後退させ、ソ連軍の捕虜となることを回避する作戦の指揮を執らせようとの構想を抱いていたというのである。だが、おそらくは親衛隊筋の抵抗により、マンシュタイン復帰の最後の可能性は消えた。

1945年5月6日、バーナード・ロゥ・モントゴメリー元帥に面会したシュタールベルク大尉は、おのが身柄を英軍にゆだねる用意があるとするマンシュタインの書簡を手渡す。マンシュタインにとって、第二次世界大戦は終わった。

されど、マンシュタインのあらたな闘いが、ここからはじまろうとしていた。イギリス軍は、ロシアの住民虐殺に関わったかどにより、元帥を裁判にかけたのだ。こうしてマンシュタインは、名誉と生命を守るための闘争に突入してゆくのである……。

収容所の中の戦争
——盗聴されていたドイツ軍将校たちの会話

収容所内でのドイツ軍将校の「本音」が収録された『盗聴されていた』

盗聴機関CSDIC

第二次世界大戦終結の直前から戦後にかけて、ドイツの高級軍人たちが示し合わせ、自分たちに都合のいいように戦史を語り、あるいは「国防軍史観」ともいうべきものに合わせて回想録を公表したことはよく知られている。こうした活動の結果、軍事に無知なヒトラーの介入がなければ戦争に勝てた、国防軍はナチの残虐行為に関わっていないといった主張が広められたわけだが、最近の歴史学は、かかる将軍や提督たちの戦史が、必ずしも事実ではないことを証明しつつある。

とはいえ、そこから一歩進んで、真実に迫ろうとすると、さまざまな困難があった。というのは、ドイツ国防軍の指導者たちは、一部の例外を除いて、日記や手紙といった一次史料を公開しなかったし、その遺族も、それらの閲覧を許さないか、「国防軍史観」を支持する人物にのみ見せるということが少なくなかったからだ。

ところが、1996年に至って、ドイツの軍人たちの「本音」をうかがわせる貴重な史料が機密解除され、イギリスの国立公文書館（ナショナル・アーカイヴス）（以前の公記録保管所（パブリック・レコード・オフィス））で公開されることになる。それは、第二次大戦中、捕虜としたドイツの高級軍人たちの収容所における会話を、ＣＳＤＩＣ（Combined Services Detailed Interrogation Center）、「統合詳細尋問センター」が組織的に盗聴し、記録したものだったのである。

その内容に触れる前に、まず、かかる作戦を遂行したＣＳＤＩＣが、どういう組織だったのかについて、簡単に説明しておこう。ＣＳＤＩＣが新設されたのは、英独開戦直後、１９３９年10月26日のことである。彼らの任務は、捕虜から得た情報を精査分析して、陸海空三軍の関連部署に伝えることであり、陸軍省情報部第９課、のちには第19課の管轄下に置かれていた。当初は、人員も、業務の規模もささやかなもので、陸軍士官３名、空軍士官２名、海軍士官１名が、ロンドン塔に収容された捕虜の尋問にあたる程度のことにすぎなかった。

しかし、１９３９年12月に、ＣＳＤＩＣがロンドン北方コックフォスターズにあるトレント・パークに移転してから、その活動は、にわかに秘密機関のそれらしくなってくる。ＣＳＤＩＣは、盗聴を命じられたのだ。たとえば、Ｕボートの乗員を同じ捕虜収容所に集め、彼らの会話を、ひそかに仕掛けられた小型マイクで集め、録音する。英軍の尋問には頑（がん）として答えない捕虜であっても、仲間同士ならば、つい気を許し、自慢話や戦術に関する意見交換をなすであろう。また、そうした発言を引き出すために、ドイツからの亡命者や英軍に寝返った捕虜を協力者として、被収容者の中にまぎれこませておくという措置も取られた。

この盗聴作戦は大きな成果をあげ、ＣＳＤＩＣの組織も拡張されていった。１９４２年７月15日には、ロンドンの西、バッキンガムシャー州チェシャムのラティマァ・ハウスに収容所が新設される。さらに、同年12月13日には、その近くのビーコンズフィールドにあるウィルトン・パークに、別の収容所が置かれた。この二つの収容所がつくられたのち、トレント・パークには、より重要な任務が課せられることになる。ここには、将官や参謀将校といったドイツ軍の枢機に触れる立場にいた捕虜が集められたのだ。

チュニジアの戦いで敗れた独伊軍は、26万7000名もの将兵が捕虜になった（US National Archives）

彼ら、捕虜となった高級軍人たちは、ベッドのほかに、戸棚やソファが設えられた快適な居室を与えられ、ポンドに換金された俸給を使って、酒保で煙草やビール、石けんなども購入することができた。居間にはラジオがあって、イギリスやドイツの放送を聴くことができたし、連合国と枢軸国の両方の新聞雑誌を閲覧することも可能であったという。されど、これらの一見騎士道的な扱いは、実は、正面からの尋問では得られない情報を引き出すための罠であった。14世紀、ヘンリー四世の時代にまでさかのぼる公園内の瀟洒な屋敷には、いたるところに小型マイクが仕掛けられていたのである。それらが集めた捕虜たちの会話は、すべて録音され、ドイツやオーストリアからの亡命者によって文書に書き起こされた。そして、英文による要約、場合によっては全文の英訳がなされ、情報部の解析担当官にまわされていったのだ。

この盗聴記録は、作成過程からしても物議をかもすこと必至であったから、戦後も長いこと機密解除されぬままだったが、およそ10年あまり前に、ついに公開された。これに注目したのが、マインツ大学教授で、近現代史を専攻するゼーンケ・ナイツェルである。彼は、CSDICの記録を翻刻し、詳細な解説を付して『盗聴されていた』というタイトルで刊行、大きな反響を巻き起こしたのだった（Sönke Neitzel, *Abgehört. Deutsche Generäle in britischer Kriegsgefangenschaft 1942-1945*, Berlin, 2006）。この史料集は、イギリスの情報活動の一端をあきらかにすると同時に、ドイツの将軍たちの「本音」を伝える、重要な情報源となったのだ。

かような文書であるから、『盗聴されていた』より得られる示唆は多岐にわたるが、本節では、北アフリカで捕虜になった軍人たちに焦点をあてて、その一部を紹介していくこととしたい。それによって、おそらくは、一般の戦史では触れられていない、将軍たちの素顔が浮き上がってくるはずである。

クリューヴェル対フォン・トーマ

トレント・パークが特殊任務を与えられてから、最初に収容された将校は、1942年5月29日にトブルク西方で捕虜となったドイツ・アフリカ軍団長（ドイッチェス・アフリカコーア）ルートヴィヒ・クリューヴェル装甲兵大将である。柏葉付騎士十字章の受勲者であり、勇猛をもって知られたクリューヴェルは、同年8月26日にトレント・パークに到着して以来、たちまち、純粋なナチと目されるようになった。CSDICによる評価は辛辣なもので、第二のフリードリヒ大王と見られたがっているようだとか、飽くことなくベオグラード征服の手柄話をしたがる、130人の先任中将を飛び越して大将に進級したと誇るとかいった発言が引かれている。

そうしたクリューヴェルにとって、やはり捕虜となって、1942年11月20日にトレント・パークに収容されたヴィルヘルム・リッター・フォン・トーマ装甲兵大将は、よい戦友になると思われた。両者とも、ほぼ同じ年齢である上に（クリューヴェルは1892年、トーマは1891年生まれ）、東部戦線で装甲師団長を務めたのち、ドイツ・アフリカ軍団長に任命されたという、類似した軍歴を有していたのである。事実、クリューヴェルは、トーマが到着した晩には、午前2時ごろまで話し込み、互いの経験を語り合ったりもしたのだが、1週間後の11月26日の会話では、早くも二人の亀裂があらわになっている。クリューヴェルは、トーマの態度を非難し、こう告げている。「貴官はまるで大ドイツ国中の不平不満を体現しているようだ。しかも、最初から自分にやらせておけば、はるかにうまくやっていたとでもいうような印象を受けるぞ」と。

事実、トーマは、トレント・パークにやってきた当初から、敗北は決まったという意見を公然と表明していたし、ヒトラーとナチス党を批判していた。たとえば、１９４３年2月28日の盗聴記録には、「祖国は、あのルンペンのものであるのと同様に、私のものでもあるのだ」という発言が残されている。「ルンペン」とは、むろんヒトラーのことだ。ほかにも、トーマは、ソ連攻撃は誤りであるし、ドイツからのユダヤ人強制移送についても、「盲従の悲劇」だとまで言い切っている（１９４２年11月26日の発言、以下、盗聴の日付けのみを記す）。もちろん、これは、ＯＫＨ（オーカーハー）、陸軍総司令部に勤務した経験もあり、戦争全体の流れをとらえる立場にあったトーマならではの分析によるものであり、いわゆる敗北主義などではなかったのだが、前線の猛将クリューヴェルには、こんな見解を受け入れられるはずもなかった。彼は、この戦争はまだまだ継続できるし、最終的には勝たなければならないもので、さもなくば「ドイツの終焉（フィニス・ゲルマーニエ）」が訪れると思い詰めていたのだ（１９４２年11月24日）。また、クリューヴェルは、ドイツ敗戦の場合、４人の子供の将来はどうなってしまうのだという不安も洩らしている（１９４２年11月20日）。

かくのごとく、二人の立場は根底から対立していたが、この時点ではなお個人的なあつれきであったといってよい。されど、１９４３年5月以降、チュニジアで降伏したアフリカ軍集団の高級将校たちがトレント・パークに集められてから、両者の対立は、捕虜の派閥間の冷たい闘争へと発展するのである。

捕虜たちの抗争

１９４３年7月1日までに、20人の高級将校と3人の副官が、トレント・パークの収容者に加わっていた。いうまでもなく、チュニジアで捕虜となった軍人たちだ。彼らは、最初、チュニジア戦の敗因を論じるばかりだったものの、やがて、トーマ派とクリューヴェル派ともいうべき、二つの集団に分裂する。前者には、第90軽師団長だった伯爵テオドル・フォン・シュポネック陸軍中将、第１６４歩兵師団長の男爵クルト・フォン・リーベンシュタイン陸軍少将、アフリカ軍団長ハンス・クラーマー装甲兵大将、第20高射砲師団長ゲオルク・ノイファー空軍中将、チュニス・ビゼルト地区要塞司令官ゲルハルト・バセンゲ空軍少将などがいた（役職は捕虜になった当時のもの。以下同様）。彼らは、チュニジア戦で示されたヒトラー以下の上層部の無理解に怒っており、トーマの冷徹な判断に同調したのである。

一方、トーマの態度に業を煮やしたクリューヴェルは、総統と祖国を「敵対者」から守らなければならないと信じ、味方を得ようと努めた。その結果、第21装甲師団長ハインリヒ＝ヘルマン・フォン・ヒュルゼン陸軍少将、第19高射砲師団長ゴットハルト・フランツ空軍中将、降下猟兵連隊を指揮していたルドルフ・グスタフ・ブーゼ空軍大佐などを「同志」として獲得していた。

この両派の対立は、単に、捕虜収容所という特殊な環境における、感情的な衝突というわけではなかった。なぜなら、彼らの意見の差異は、まさに、戦後のドイツをどのように再建するかにつながるものだったからである。トーマ派は、敗戦はすでに必至になったとみなし、ドイツが犯した罪についても認め、ヒトラーとナチズムに対する嫌悪を隠さなかった。クリューヴェル派は、戦争が退勢であることは認めるものの、いまだ絶望的ではないとし、ナチの犯罪についても、これを正当化し、弁護する傾向がみられたのだ。

かくて、かつての戦友たちは、戦争のゆくえと来るべきドイツのあり方をめぐって、二つに分断されることになる。かかる対立に際し、クリューヴェルは、「敗北主義」を押しとどめ、トーマ派の勢力を削ぐために、捕虜中、もっとも階級が上の、アフリカ軍集団総司令官ハンス＝ユルゲン・フォン・アルニム上級大将をかつぎだした。アルニムも、それを受けて、１９４３年７月９日、捕虜たちに演説する。収容所内にあっても団結を維持し、他の戦友たちを困らせるような、悲観的な主張は控えよと要求したのだ。

しかし、アルニムの演説は逆効果だった。トーマ派の多くは、かえってナチスに批判的な書物をおおっぴらに読むようになったし、BBC放送を聴くなというクリューヴェル派の意見にも耳を貸さなかった。ついには、ナチスの党紙『民族の観察者（フェルキッシャー・ベオーバハター）』を敢えて読んでいるのは、アルニム、クリューヴェル、ヒュルゼンのほかは、クラウス・フブフという少尉だけというありさまになってしまったのである。こうした事態を打破しようと、アルニムは、8月15日と16日の二度にわたり、敗北主義的な話をするのは止めよと要求したが無駄であった。

結局のところ、アルニムは、たしかに捕虜のなかで、最上級者ではあったけれども、おおかたの戦友たちから、チュニジアの敗戦の責任者とみなされており、作戦的な能力についても、腕のよい師団長程度と判断されていたのだった。なれど、しだいに多数派になりつつあったトーマ派が指示に従わないのをみたアルニムは、自らラジオをいじり、BBC放送からドイツの放送に周波数を合わせようとして阻止されるという小事件を起こし、孤立することになる。以後、捕虜に許された運動である屋外散歩の際、アルニムに同行しようというものはおらず、やむなくクリューヴェルは、自派のものに命じて、お供をさせる始末だった。やがて、アルニムは、ほとんどの時間を自室で過ごすようになり、将校食堂で食事をするのもまれになっていく。一種の悲喜劇というべきか、トレント・パークにおいては、子供じみてはいるけれど、互いの主義主張に基づいているために、いっさい譲歩することができない、いわば収容所の中の戦争が続いていたのである。

だが、戦争は、ドイツ人捕虜のあいだだけのものではない。

冒頭に述べたごとく、イギリス側は、このようなドイツ捕虜たちの内紛を盗聴によって、正確に把握しており、将軍たちのうち、誰が反ナチであり、ヒトラー打倒のために利用できるかどうかを値踏みしていた。その結果、選び出された捕虜のなかからは、ドイツ軍部隊に降伏を呼びかけるといった行動を取るものまでも出てくる。戦争は、収容所内部だけではなく、中と外のあいだでも行われていたのだった。

かようなイギリス軍の政策、またノルマンディ上陸以降の新たなドイツ軍捕虜の参入による収容所内の勢力や、諸派の見解の変化も興味深いものがあり――「パンツァー・マイヤー」こと、クルト・マイヤーSS少将もトレント・パークに送られた――詳述したいところではあるが、すでに紙幅が尽きた。それらについては、別の機会に譲るとし、ひとまず筆を擱く。

収容所の中の敗戦

クルト・マイヤー武装SS少将

捕虜になったドイツ軍高級将校が移送された、イギリスのトレント・パーク収容所には、いたるところに盗聴器が仕掛けられており、政治的軍事的に重要な情報が連合国に筒抜けになっていた。「収容所の中の戦争」と題して、そんなショッキングな史実を紹介したところ、幸いにして読者の関心を得られたようである。

本節でも、問題の史料群、イギリス軍のCSDIC（Combined Services Detailed Interrogation Center）、「統合詳細尋問センター」の盗聴記録に従い、ノルマンディ上陸戦以後、トレント・パークに収容されたドイツ軍捕虜が、いかなる動向を示し、どのような見解を口にしていたかをみていくことにしよう。依拠しているのは、前回と同じく、CSDICの記録をマインツ大学のゼーンケ・ナイツェル教授が翻刻編纂した史料集『盗聴されていた』である。

敗北の認識

ノルマンディ上陸作戦が敢行された1944年夏までに、トレント・パーク捕虜収容所の構成はさまがわりしていた。イギリス軍は、北アフリカで捕虜になった高級将校たちからは、おおむね重要な情報を集め終わったと判断し、彼らをアメリカに移送しはじめたのである。元アフリカ軍団長ハンス・クラーマー装甲兵大将をはじめ、ほとんどの「北アフリカ組」の捕虜がトレント・パークを離れ、アメリカに送られていった。その結果、1944年秋には、同じくアフリカ軍団長を務めたリッター・フォン・トーマ装甲兵大将ほか数名だけが残留している状態になっていた。そこへ、ノルマンディ以後に捕虜となったドイツ将校がやってきたのだ。

早くもノルマンディ戦開始2日目、6月7日に守備陣地を蹂躙されて、捕虜となったハンス・クルーク陸軍大佐を第一号として、シェルブール、サン・ロー、ファーレーズの戦いで捕らわれたり、あるいは投降したドイツ軍指揮官たちが、続々とトレント・パークに送られてきた。その数は、1944年末には、32名の将官、14名の大佐にまでふくれあがっていた。彼らは、「情報源」としての価値に応じて、短い場合で数日間、長い場合になると、数か月間もトレント・パークに留め置かれ、盗聴の対象とされていたのである。

そうして共同生活を営んでいるうちに、かつて「アフリカ組」に対立と派閥が生じたのと同様に、ノルマンディ戦以後に捕虜になった指揮官たちも、二つに割れた。いうまでもなく、ドイツはなお「最後の勝利（エントジーク）」を収めうると信じる一派と、ヒトラーおよびナチズムに距離を置き、戦争にはすでに敗れていると判断する将校たちだ。しかし、それまでとは異なり、西部戦線において連合軍の圧倒的な物量を実感させられたのちに捕虜となった指揮官たちにあっては、前者に与（くみ）するものは少なかった。

むしろ、彼らの多くは、戦線の崩壊とドイツの敗北は避けられないと考え、戦後どのような境遇におちいるのかと不安を覚えていたのだ。たとえば、1944年7月19～22日に得られた情報に関するCSDIC報告から、ロベルト・ザトラー陸軍少将（元シェルブール市司令官）とヴィルヘルム・フォン・シュリーベン陸軍中将（元シェルブール要塞司令官）の会話を引いてみよう。

シュ「私は、とにかく、これからどうなるのかを知りたい。けれど、ただ……」ザ「破滅です。押しとどめられはしません」シュ「私も、そう決まった、止められはしないと思っている。哀れなドイツ！ すべて最悪の事態だ」ザ「私が知りたいのは、どんな条件ならば、連合国はわれわれとの講和に応じるかということです」シュ「無条件降伏だよ」ザ「ええ、彼らはそれを押しつけてきますね。哀れなドイツ！ かつての佐官や将軍であっても、戦後は靴磨きやポーターになるのでしょう。われわれは、年金も得られないことになる」

ザトラーやシュリーベンの悲観は例外的なものではなかった。1944年9月20～21日のCSDIC報告によれば、元第7軍司令官ハインリヒ・エーベルバッハ装甲兵大将も、やはり捕虜となった元Uボート艦長の息子ハインツ・オイゲン・エーベルバッハ海軍中尉に対し、もはや勝利は得られないと諭（さと）している。奇跡の兵器が、V1号からV17号まで用意されているから、必ずドイツは勝つと主張する23歳のハインツ・オイゲンに対し、父大将は、V1号が半年早く実用化されていたなら効果はあったろうが、今ではすべてが遅すぎると一蹴、ついで、驚異的な新兵器が登場する前に戦線は崩壊しているだろうと断言したのである。おそらくイギリス側は、貴重な情報が得られるであろうとみて、父子をトレント・パークに一緒にしたものと推測されるが、そのもくろみは的を外していなかったと思われる。

「総統とともにくたばる」

とはいえ、すべての捕虜たちが、ドイツの敗戦は必至と考えていたわけではない。第12SS「ヒトラーユーゲント」装甲師団長だった「パンツァー・マイヤー」ことクルト・マイヤー武装SS少将は、祖国が敗北する可能性などは、頑として認めなかった。マイヤーは、1944年9月7日に捕虜となったのちも、自分の素性を隠していたため、最初はコンピエーニュの一般収容所に送られていた。が、ついに本当の身分が発覚、重要な情報源として、11月14日にトレント・パークに移され、1945年4月なかばまで、そこに留まることになったのである。

収容所のなかにあっても「総統とともにくたばるべき」だと公言してはばからない男（1945年1月の発言）、勇名高き「パンツァー・マイヤー」の到来は、その前からトレント・パークにいた戦争完遂論者たちにとって、心強い援軍となった。

北アフリカでは、かの有名なラムケ旅団を率い、西部戦線では最後の一弾まで抵抗したのちに捕虜になった元ブレスト要塞司令官ベルンハルト・ラムケ降下猟兵大将、元第6降下猟兵師団長だったリューディガー・フォン・ハイキング空軍中将といった将軍たちは、この戦争でも、1762年のときと同じく「ブランデンブルク家の奇跡」（七年戦争中、女帝エリザヴェータの薨去とともにロシアが連合軍から脱落したこと。これによって、敗北寸前だったフリードリヒ大王のプロイセンは勢いを盛り返し、有利な条件で講和を結ぶことができた）が起こり、最終的な勝利が得られると主張していたのである。

もっとも、すでに述べたごとく、彼らは少数派にすぎなかった。捕虜代表の一人であるトーマなどは、かかる議論は、今次大戦と七年戦争を無理矢理に同一視したナチのプロパガンダにすぎないと決めつけている。連合軍がノルマンディに上陸した1944年6月6日の、彼の日記より引用してみよう。「宣伝上、常に引き合いに出される七年戦争のたとえなど、最悪にして、もっとも愚かな比較にすぎぬ。そんなやりようは、この戦争の現状や経過についてのひとびとの無知を当てにしているものといえる。そもそも、七年戦争は王侯たちの戦争であって、国民の戦争ではなかった」ここまで辛辣ではないにせよ、捕虜となった指揮官たちの多くは、マイヤーやラムケの戦争継続論に、冷ややかに対していたのだった。

しかし、1944年秋以降の西部戦線の膠着は、彼らを力づけた。連合軍といえども、無尽蔵に部隊を繰り出せるはずがない。この調子で敵を消耗させていけば、やがて敵は士気沮喪（そそう）するだろうと考えたのである。さらに、12月のアルデンヌ攻勢開始は、戦争完遂論者たちを有頂天にさせた。1944年12月21〜22日のCSDIC報告に記されたラムケの発言などは、楽観論の典型であろう。クルト・マイヤーですら、「この攻勢は、西方における決定的勝利をみちびくほどには強力でない」と危惧しているにもかかわらず、ラムケは、「この反撃はとほうもないものだ。ドイツ国民を屈服させることはできない。わが軍が、フランス中で連合軍を追い立て、ビスケー湾に放り込むさまを見られるぞ」とまくしたてたのだった。むろん、水兵から部隊勤務一筋で大将に成り上がった人物（ラムケは第一次大戦前に海軍に入隊、1919年に陸軍に転属している）の戦略眼は貧弱なものであり、その予言も当たりはしなかった。

かくて、彼らにとっての「神々の黄昏（ゲッターデメルング）」がはじまる。連合軍が東西からドイツ本土に迫るのをみたラムケやマイヤー、ハイキングは、降伏などもってのほか、国民は故郷を焦土と化しても戦い抜くべきだと論じた。こうした主張に、最後まで立派に戦い、名誉とともに敗れることによってドイツ国民の魂は保たれるという理由から同調した元大パリ地区司令官ディートリヒ・フォン・コルティッツ歩兵大将（パリ焦土命令を拒否し、ヒトラーより「パリは燃えているか」と詰問されたことで有名になった人物）のごとき例外もいたものの、捕虜たちの大多数は、戦争完遂派の言葉に耳を貸そうとしなかった。それも無理はない。戦争が絶望的な段階にさしかかっているというのに、「わがドイツ国民が、故郷を守り、あらゆる川、あらゆる橋、あらゆる尾根、あらゆる町で、最後の一人に至るまで戦い抜く力を持っていることを、心の底から望む」（ラムケの発言）などというせりふを聞かされては、もはや真面目に取り合う気にもなれなかったであろう。

1945年5月、ドイツ軍は降伏し、ヨーロッパの戦争は終わった。トレント・パークもその使命を終え、収容されていた将校たちも、それぞれの戦後を歩み出すことになったのである。

補遺——重要な証言

以上、トレント・パークと、そこに収容されていたドイツ軍高級将校たちの物語を書き綴ってきた。さりながら、CSDICの史料は量的にも膨大なものであり、そこから得られる新知見のすべてをいちどきに紹介することは到底できない。ゆえに、そうした発見は、今後筆者が発表する戦史記事に反映させていくことにしたいが、エルヴィン・ロンメル元帥やゲルト・フォン・ルントシュテット元帥の終戦構想に関し、大きな示唆を与える盗聴記録について紹介しておこう。

まず、ロンメルが1944年7月20日のヒトラー暗殺未遂事件に関わっていたかという問題について。ドイツの歴史家レミィが、最新のロンメル伝（Maurice Phillip Remy, *Mythos Rommel*, München, 2004）において、元帥は暗殺計画参加者より事の次第を知らされていたという説を立てたことは（1944年7月9日に、ロンメルを訪問したフランス軍政幕僚部付将校チェーザル・フォン・ホーファッカー中佐が伝えたとしている）、別の拙稿で述べた（本書第1章所収「アーヴィング風雲録」）。

これに関連して興味深いのは、先に触れたハインリヒ・エーベルバッハの発言である。エーベルバッハは、捕虜になる直前、1944年7月16日と17日にロンメルに会っており、元帥がヒトラーに対して、きわめて批判的な態度を取り、ついには「殺されねばならない」と発言したのを聞いていたのだ。エーベルバッハは、トレント・パークに収容されているあいだ、三度にわたり、かかる内容のことを語ったのを盗聴されている。ここでは、もっとも明白に発言した1944年9月のコルティッツとの会話を引こう。「ロンメルは私に言った。『総統は殺されねばならない。ほかに手段がない。あの男こそが、すべてを推進している源なのだ』と」

ちなみに、エーベルバッハは、戦後の証言においては、ロンメルの言葉のニュアンスをはるかに弱いものにして伝えている。けれど、事件からさほど時間が経たぬうちに、盗聴されているとは知らず、複数の異なる人物に対して——しかも、相手は、心許した戦友や実の息子である——述べたことのほうが、証言としては、より強い力を持っていることはいうまでもない。もちろん、決定的な証拠になるわけではないとしても、レミィ説の有力な傍証となっているとみなしてよかろう。

加えて、エーベルバッハは、ルントシュテットの態度についても、実は元帥は、西側連合国と単独講和をはかろうとしていたのだと、息子に打ち明けていた。この盗聴記録を受けて、ＣＳＤＩＣ史料の編者ナイツェルは、従来の研究書や伝記で描かれていた、硬直した老元帥というイメージは修正されるべきであるとし、さらに、有名な「とっとと戦争を止めるのだ、馬鹿者！」というルントシュテットの言葉も、本当に発せられたのかもしれないと推測している（１９４４年７月初めの、西部戦線を安定させるにはどうしたらいいかという国防軍統帥幕僚部長アルフレート・ヨードル上級大将の問いかけに対し、元帥はこう答えたとされている。が、依拠できる史料が二次的なものしかない上に、それらの内容に食い違いがあることから、真実そういう発言があったか、疑問が呈されていた）。

ナイツェルの意見に従うか否かは別として、この例が示すように、ＣＳＤＩＣ記録は第二次世界大戦史の解釈について、新しいヒントを与えてくれる貴重な史料であることは間違いない。今後も、さまざまな事例の判断に際して活用されることであろう。

戦史こぼれ話

書かれなかった行動

当事者による回想録というものは、いわば「弁護側の証言」だ。自らが犯した過ちについての弁明、場合によっては、事実の歪曲、あるいは抹消などがなされていることもある。また、意図的な工作ではないにせよ、時間の経過とともに記憶があいまいになったり、後知恵による無意識の修正がはたらき、誤った記述がなされることもあろう。しかし、だからといって、歴史家は、回想録を無視したりはしない。そこに事実が記されているとみなすからではなく、何がゆがめられ、何が書かれていないかということから——題材にもよるが、一次史料や他の関係者の証言とつきあわせることにより、通常は検証可能だ——真実を推察する手がかりにできるためである。

「鉄師団」に勤務していたことは回想録で書かれなかった
(Bundesarchiv)

たとえば、ヴァイマル共和国時代に首相をつとめ、ナチ時代にも副首相や駐トルコ大使を歴任したフランツ・フォン・パーペンの回想録『真実に小道を』(*Der Wahrheit eine Gasse*, München, 1952)は、タイトルからして虚偽だと酷評されているしろものだ。が、ドイツ現代史を研究するものは、むろん丹念に検討する。そこでネグレクトされ、曲げられていることを調べていけば、逆に、パーペンという政治的人間の内面を洞察し、当時の状況を把握する材料となるからである。

近年、ハインツ・グデーリアンの回想録についても(『電撃戦』、本郷健訳、上下巻、中央公論新社、1999年）、書かれていない部分が注目されるようになっている。グデーリアンが初めて自動車部隊に配属される前後のあたりだ。当該箇所を引用してみよう。「一九一九年の秋にバルト地方から帰ったあと、しばらくのあいだハノーファーにある第一〇旅団に勤務した。そして一九二〇年一月には、もと所属していたゴスラーの猟兵大隊の中隊長になった。それまで私の籍は参謀部にあったわけだが、私としては、その仕事に復帰できることなど、考えてもいなかった。そもそも私がバルト地方から転出したのがあまり幸運とはいえぬ事情によるもので【後略】」（邦訳上巻、27ページ）とある（【 】内は筆者の註釈）。

このあと、グデーリアンは、交通兵監部自動車輸送課に転属の予定であると告げられ、その仕事に必要な知識を得るためにミュンヘンの第7自動車大隊に配属されることになるのだが、たしかに、こうして抜き出してみると不審な点がある。「バルト地方から転出した」事情というのは何なのだろうか。実はグデーリアンの回想録には、ヒントが隠されている。付録の彼の軍歴をみると1919年に「鉄師団（アイゼルネ・ディヴィジオーン）」に勤務していたことが記されているのだ。

ハワイ太平洋大学のハート准教授が著した伝記（Russel A. Hart, *Guderian*, Washington, D.C., 2006）により、この「鉄師団」とグデーリアンの行動を追ってみよう。「鉄師団」は、ドイツが第一次世界大戦に敗れたのち、陸海軍の将校や国粋主義的政治家によって募兵された元下士官兵を中心に結成された私兵集団、いわゆる「義勇軍（フライコーア）」の一つである。周知のごとく、「義勇軍」は、左派に激しい弾圧を加えたり、クーデターを試みたりと、ヴァイマル共和国の政治状況を混乱させたわけだが（日本語で読める「義勇軍」に関する文献としては、ロバート・G・L・ウェイト『ナチズムの前衛』、山下貞雄訳、新生出版、2007が詳しい）、「鉄師団」は、とくにバルト地方で悪名を馳せていた。

この部隊は、ロシアの占領地、あるいは、のちにポーランドとなる地域からの撤退を拒否、白軍ととももに赤軍に対して戦闘を挑み、さまざまな残虐行為をしでかしたのである。グデーリアンは、この「鉄師団」の補給参謀、のちには作戦参謀に任命されていた。ただし、グデーリアンは、「義勇軍」の暴虐を防げなかったために譴責されたのではない。当時のドイツ軍部の感覚からすれば、それは、適切ではないにせよ、とくに責められることでもなかっただろう。問題は、グデーリアンの参謀就任は、ともすれば恣意専横に走る「鉄師団」をコントロール下に置くための処置だったのに、ミイラ取りがミイラになってしまったことだった。グデーリアンは「鉄師団」の行動原理に共鳴し、彼らの側に立って、軍中央と対立したのである。

ヴェルサイユ条約により、10万人に制限されたドイツ陸軍の総帥となったハンス・フォン・ゼークト将軍は、1919年7月6日、「鉄師団」のリガからの撤退を命じた。ところが、赤軍に抵抗し、バルト地方を守ることがドイツにとっては不可欠だと信じるようになっていたグデーリアンは、「鉄師団」ごと脱走し、白軍に参加する計画を練った。彼の支持を得て、「鉄師団」長リューディガー・フォン・デア・ゴルツ伯爵は、8月23日付で、ドイツへの帰還を拒否している。

かかる「反逆」を、軍中央は許さなかった。グデーリアンは召還され、とりあえず実施部隊の隊付にされたのち、自動車部隊配属になる。これは、事実上の左遷であった。この時期のドイツ軍にあっても、輜重部隊は、けっして花形ではない。そこへの配置は、ときにキャリアの終わりを意味することさえあった(Dennis Showalter, *Hitler's Panzers*, New York, 2009)。その輜重部隊の一つである自動車部隊への配置は、軍事技術的な改善を期するためという大義名分は付けられていたものの、軍中央の統制に服さず、反乱に近いことをくわだてたグデーリアンに対する、一種の懲罰人事だったといっても過言ではあるまい。

しかしながら、第一次世界大戦中の功績により、有能さを認められていたグデーリアンは、かろうじて軍に踏みとどまることができた。歴史の皮肉ともいうべき展開は、このあとである。グデーリアンは、左遷先の自動車部隊にあって、装甲部隊の作戦の将来性にめざめ——ドイツ装甲部隊の創設者の一人となったのだ。春秋の筆法を用いるならば、グデーリアンの政治的無軌道が、第二次世界大戦におけるドイツ装甲部隊の成功をもたらしたといえよう。

やや逆説的な言い方を許していただくなら、回想録のたぐいは、かくのごとく書かれていない部分にこそ、重要性があるのだ。

戦史こぼれ話

鉄十字章を受けた日本人

鉄十字といえば、あらためて説明するまでもない。そのかみのドイツ騎士団の旗に由来する、プロイセン・ドイツ軍隊の象徴である。かかる意匠が、プロイセン、そしてヨーロッパで初めての、社会的出自や身分、軍の階級を問わず、戦場で勇敢な働きを示したものに与えられる勲章に採用されたのも、ある意味当然のことだったろう。プロイセン国王フリードリヒ・ヴィルヘルム三世は、解放戦争(ベフライウングスクリーク)（ドイツでは、1813年から15年にかけての対ナポレオン戦争を、このように呼ぶ）において活躍した名将グナイゼナウ宛の手紙の欄外に、こうした鉄十字章創設の意図を明白に記している。「もちろん、胸につける十字章がよろしい。それは、プロイセンの色であり、ドイツ騎士団の色である。その一致が重要だ。この十字章は、敵前で義務を果たしたものなら誰でも受けられるということになろう」

ルイーゼ王妃の誕生日である1813年3月10日、フリードリヒ・ヴィルヘルム三世は、ブレスラウにて、鉄十字章創設を命じる公文書を発布した。デザインは最初、戦時顧問官アインジーデル伯爵に委託されていたが、彼の案は国王の好みに合わず、建築家シンケルがあらためて意匠を練ることになった。その結果、われわれが知る鉄十字章の原型が誕生したわけである。素材には鉄が選ばれた。これには、当時、戦費をまかなうために「われは鉄のために金を捧げた(ゴルト・ガーブ・イッヒ・フューア・アイゼン)」というスローガンのもと、貴族や市民層から金装飾品の供出を求めていたという背景があり、一種の時代精神の反映だったともいえる。

等級は一級と二級で、一級は二級を受けたものが、あらたな戦功を挙げたときに授けられることになっていた。その上に大十字章があり、これは、決定的な戦勝、もしくは重要な要塞の奪取に功績があったものにのみ授与されると定められている。ちなみに特別章として、星付大十字章というものもあったが、それを授与されたのは、ワーテルローの勝者ブリュッヒャー元帥ただ一人だった。

ただ、より注目すべきは、鉄十字章が「祖国のために功績をあげた臣下に与える、この戦争限りの勲功章」とされていたことだろう。つまり、鉄十字章は本来、対ナポレオン戦争、フランスの圧政からプロイセンを解放するいくさでの功績を称える勲章だったのである。事実、1864年のデンマークとの戦争ならびに1866年の普墺戦争では、鉄十字章は出されていない。

しかし、1870年にフランスとの戦争が開始されると、ときのプロイセン王ヴィルヘルム一世は、ドイツ統一のための戦いは解放戦争に比肩しうるものだとし、戦功があったものに再び鉄十字章を授けると決めた。しかも、授与対象は、プロイセンのみならず、その同盟国の臣民にも広げられた。ここにおいて、鉄十字章は、プロイセンの勲章から、ドイツ全体の勲功章となったのである。

さらに、1914年に第一次世界大戦が勃発すると、ドイツ皇帝ヴィルヘルム二世は8月5日に勅令を発布し、階級や身分にかかわらず、陸海軍の将兵、後備部隊の構成員、志願看護師と軍属、陸海軍の官吏に授与される勲章として、鉄十字章を復活するとした。また余談ではあるけれど、第一次大戦では、参謀総長ヒンデンブルク元帥に星付大十字章が授与されている。この勲章が授けられたのは、これが最後となった。

つぎの世界大戦でも、鉄十字章は復活した。1939年9月1日、ドイツがポーランドに侵攻した日に、総統アドルフ・ヒトラーは、鉄十字章の再創設を宣言し、加えて、プロイセンの最高勲章プール・ル・メリート章（フランス語で「勲功に」の意。青を基調としたデザインから「青のマックス（ブラウアー・マックス）」と通称される）の代替として、一級・二級鉄十字章の上に「騎士十字章」を創設したのである。

このように、長い歴史を持つ鉄十字章だが、その意味するところ、前線で戦功をあげたものだけが授与される勇者のあかしという性格は不変だった。鉄十字章を受ける資格があるか否かの審査は厳格で、尋常でない働きをしなければ得られるものではなかったのだ。解放戦争と普仏戦争での鉄十字章の授与数は、そうした事情を如実に物語っている。解放戦争では、参戦将兵27万1０００名に対し、一級・二級合わせて、わずか1万7０００。大十字章に至っては、7回出されたのみだった。普仏戦争では、およそ60万の将兵に対し約4万7０００で、大十字章は9名に授与されただけである（以上の記述は、主として *Transfeld Wort und Brauch in Heer und Flotte*, 9.Aufl., herausgegeben von Hans Peter Stein, Stuttgart,1986 に依った上で、若干の勲章関係の資料も参照しているが、それらは紙幅の制限上割愛）。第一次世界大戦では、その規模を反映して、乱発されるきらいはあったものの、やはり鉄十字章が名誉の勲章であるという認識がなくなることはなかった。

数少ない日本人の鉄十字章授与者 山本五十六

かような鉄十字章拝受者イコール勇者という観念は、小説や映画の世界でも広く通用している。たとえば、サム・ペキンパー監督が東部戦線を描いた映画『戦争のはらわた』（現題は、“Cross of Iron”、すなわち鉄十字章）で、マクシミリアン・シェル演じる、軍人一族出身のシュトランスキー大尉が洩らした、鉄十字章を貰わなければ故郷（くに）に帰れないというせりふも、かかる社会通念なしには考えられまい。

しかし——かくも獲得するのが難しい鉄十字章を、日本人が授けられているとしたら、どうだろう。それも、一級や二級ではなく、アドルフ・ガラントなどと同じ柏葉剣付騎士鉄十字章を？

いやいや、小説や小林源文氏の劇画の話ではない。長崎大学歯学部教授であった後藤譲治氏は、鉄十字章のデザインや歴史に魅せられ、長年のリサーチの末に『ヒットラーと鉄十字章』（文芸社、２０００

年）という著書を上梓されている。それによると、同盟国の功績ある軍人で、しかも作戦遂行中に戦死したものとして、山本五十六元帥が１９４３年５月27日に柏葉剣付鉄十字章を追叙されているのだ。これは、同勲章が外国人に授けられた唯一の例であるという。なお、やはり殉職した古賀峯一元帥も、１９４４年５月12日に柏葉付騎士鉄十字章を追叙されている。

これらはさすがに例外であるにせよ、一級・二級鉄十字章ならば、外国人にも授与された例が少なくない。おそらく、鉄十字章を得た日本人の例を調べていけば、さまざまなドラマを知ることができるはずであろう。

付章——ある不幸な軍隊の物語

１９４０年６月10日午後６時、ヴェネツィア宮の中央バルコニーに現れた頭領（イル・ドゥーチェ）ベニート・ムッソリーニは、集まった群衆に対し、対英仏開戦を告げる演説を行った。頭領は、「金権政治的かつ反動的な西欧民主主義に対する」戦いに出陣するのだと宣告、さらに、これは「不妊症の衰微しつつある国民と若く多産な国民の闘争だ」と規定した。

ムッソリーニの演説に先立ち、イタリア王国空軍（レッジア・アエロナウティカ）少佐の軍服に身を包んだ外相ガレアッツォ・チャーノは、フランス大使アンドレ・フランソワ＝ポンセ並びにイギリス大使パーシー・ローレインを招致し、宣戦布告を手交している。ローレインは冷静かつ言葉少なに対応したが、フランソワ＝ポンセは、「ドイツ人は冷厳な主人ですぞ」と忠告を残していったという。

戦争だ。イタリアは、ついに第二次世界大戦の熾烈（しれつ）な戦場に身を投じたのであった。

この決定は、しばしば、西方戦役におけるドイツの成功に幻惑されての、火事場泥棒的な行為であり、結局はイタリアの破滅を導いた過ちだったと酷評されている。後段は、むろん間違いではない。しかし、戦争の選択が、１９３９年から40年初夏にかけての国際情勢の変化に流された、即興的なものだったと断じるのは、必ずしも正しくないであろう。長期的な視点に立ってみれば、英仏との戦争は、1920年代以来イタリアが追求してきた拡張政策の、一つの帰結だったのである。

壮大な目標と貧弱な手段

その根源は、既存の欧州秩序に対するイタリアの不満にあった。周知のごとく、イタリアは、第一次世界大戦において連合国側に参加し、イストリア、ザーラ、ダルマティアの一部（いずれもイタリア北東部に隣接したバルカンの地域や都市）、南チロルなどの新領土を獲得してはいる。けれども、それら流血の対価は、参戦時に英仏が約束していたよりも、ずっと少ない報償でしかなく、イタリアの国粋主義者に、裏切られたという意識を持たせるものであった。また、敗れたドイツがアフリカに持っていた植民地を領有したいという希望がかなえられなかったことも、国民のプライドを傷つけた。こうした不満は、戦後の政治的経済的混乱のなかで、いや増すばかりであり、大国の地位への憧憬に直結していく。

それゆえ、1922年10月に権力を掌握したムッソリーニが、イタリアを「偉大で、尊敬され、恐れられる」国家とすると叫んだ際、大衆が喝采を送ったのも当然だった。「新ローマ帝国」建設は、ファシストのみならず、国王や財界、軍部から、中間層、労働者まで、国民が一致して支持できる――つまり、国内統合には好都合な――見果てぬ夢だったのである。

もっとも、1920年代には、英仏の圧倒的な存在感やイタリアの国力の乏しさに鑑(かんが)みて、ムッソリーニは、穏健な外交政策を採らざるを得なかった。ヒトラーの台頭に際しても、イタリアは当初英仏に与(くみ)し、ドイツを抑える側にまわっている。1935年4月に、ドイツの再軍備宣言とヴェルサイユ条約違反に抗議し、同時にオーストリアの独立を擁護することを目的に、英仏と提携した、いわゆる「ストレーザ戦線」（イタリアのストレーザにおいて、三国の協議がなされたことにちなんで命名された）などは、そうした政策の典型であろう。だが、英仏がドイツに対する宥和政策に出るに至って、三国の協調は崩れた。とくに、1935年6月の英独海軍協定締結は決定打であった。イギリスは、ドイツが対英35%の艦隊を保有することを認めてしまったのだ。戦史家イアン・ウォーカーの言葉を借りれば、ストレーザ戦線は、英独海軍協定の「インクが乾く前に」崩壊したのである。

かかる情勢をみたムッソリーニは、ヴェルサイユ体制はゆらぎつつあると観測、イタリアが拡張政策を実行に移したとしても、英仏は介入しないと判断した。こうした認識のもと、ファシスト・イタリアは、1935年10月、国境紛争から生じた対立を解決すると称して、エチオピアに侵攻を開始した。装備に優るイタリア王国軍は、翌36年5月5日には首都アディス・アベバを占領、9日にはエチオピア併合が宣言される。しかし、エチオピア侵攻は、イタリア外交の重要な転換点になった。ムッソリーニの予想に反して、イギリスは経済制裁を実行し、かつ、地中海艦隊を出動させて、イタリアに圧力をかけてきたのだ。これに対抗するには、大陸の隣国、イギリスに敵対する政策を進めているドイツと結ぶしかない。

ヒトラーとムッソリーニ

　イタリアのドイツへの傾斜がはじまった。1936年のスペイン内戦への介入、1937年の日独伊防共協定締結、1938年のドイツのオーストリア合邦（アンシュルス）への暗黙の支援……。しかも、ドイツとの関係強化は、外交政策上の計算のみならず、経済上の必要によっても促進されていた。地図を見れば一目瞭然である。イギリスが地中海の東西の関門、ジブラルタルとスエズで栓を閉めてしまえば、イタリアは海路戦略物資を輸入することができなくなってしまう。これを、アルプス越えの鉄道輸送で補ってくれるのはドイツだけなのであった。イタリアの総石炭輸入量においてドイツが占める割合は、かような事情を如実に示している。それは、1933年には23％にすぎなかったのに、1936年には約64％にまで増大していた。

1939年5月22日、イタリアは、重大な一歩を踏み出した。ドイツとの協定、いわゆる「鋼鉄条約」に調印したのである。この条約は、両国のいずれかが第三国との紛争を起こした場合、他の一国は軍事的援助を行うことを義務づけるものであり、事実上の攻守同盟であった。ただし、ムッソリーニは、ひそかに留保を付けておいた。西欧民主主義諸国との「不可避」の戦争を、イタリア王国軍の準備が整う1943年まで先延ばしにしたいと、ドイツに要請したのである。ヒトラーは、この申し出に「完全に同意する」と回答した。

だが、ヒトラーはすでに戦争を決意していた。1939年8月、ドイツがポーランド侵攻を企図しているのを知らされたムッソリーニは、イタリアの支配階級のみならず、一般国民も戦争を望んでいないことを察し、参戦義務をまぬがれるために策を用いた。ドイツの同盟国として戦争に突入する意思はあるとしながらも、その不可欠の前提として、鋼鉄や石油から防空態勢を整えるための高射砲に至るまで、厖大な物資や兵器の援助を要求したのだ。その総量たるや、実に17万トン。もちろん、ヒトラーも、頭領の願いをかなえることはできず、従って、イタリアの参戦を強いることもなかった。

以後の展開は、ムッソリーニの参戦回避策が正しかったと証明するかに見えた。わずか1か月ほどで対ポーランド戦に勝利したドイツではあったが、西部戦線では英仏連合軍とにらみ合いになり、さしたる動きがない。頭領は、二度目の欧州戦争は、先の大戦同様長期戦になると踏んだ。この間に準備を進め、万全の態勢を固めた上で参戦すれば、イタリアは決定的な役割を演じ、ヨーロッパにおける支配的な地位を獲得することができよう。

しかし——ムッソリーニの計算はくつがえされた。1940年5月10日、ドイツは西方攻勢を開始したのだ。ベネルクス三国は半月と経たぬうちに席捲され、6月4日には、イギリス派遣軍はダンケルクより撤退する。もはや、フランスの降伏は時間の問題である。ムッソリーニは焦慮にかられた。かつて、頭領は、「いつまでも地中海の虜囚でいるつもりはない」と発言したことがある。まさしく、その「地中海の虜囚」の境遇を脱し、新ローマ帝国、さらには、世界強国の地位を得るための、千載一遇の機会がやってきたのではないか？

たしかに、イタリア王国軍は準備未成だが、予想される戦争は、総力戦というよりも、ドイツが決戦に勝ったのちの掃討戦の様相を呈することになるはずだ。度重なる出兵に疲れ、戦争に飽いている国民も、戦果に接すれば、熱狂を取り戻すであろう。そう、「3か月で戦争に敗れるほうが、3年がかりで勝つよりもましだ」というのが、統領の判断だったのだ。

こうして、ムッソリーニは、軍部や外交官の反対を押し切り、開戦に踏み切った。とはいえ、イギリスの歴史家マック・スミスが喝破したごとく、彼は、戦争遂行ではなく、宣戦布告を企てただけだったが——しょせんは、過てる決断であった。新ローマ帝国建設という、壮大な目標を追求する手段、すなわちイタリア王国軍の内実は、あまりにも貧弱だったのである。

彼らが内包していた問題は、あまりにも多岐にわたるため、限られた紙幅においては、陸海空三軍のすべてについて論じることはできない。ゆえに、より技術的な側面について述べねばならぬ海軍と空軍についての分析は他日を期すこととし、本節では、陸軍を中心に、その実態をみていくことにする。

後進性が投影された軍隊

科学技術への依存が強いことから、ある一定の普遍性を持たざるを得ない空軍や海軍に比して、陸軍には国民性や歴史が色濃く反映されるというのは、多くの軍事史家が指摘するところである。イタリア王国陸軍（レッジオ・エセルチート）も、その例外ではない。1870年にようやく統一を完成させた、政治的にも社会的にも若く、かつ経済的に遅れた国家であるイタリアの軍隊は、1940年になってもなお、軍事的合理性よりも、「国民の学校」としての機能を重視しなければならぬというハンディを背負っていた。彼らは、日本やドイツの場合には顧慮する必要もなかった障害を克服するところからはじめなければならなかったのだ。

いくつかの指標にあたってみれば、一目瞭然である。たとえば、識字率。すでに1900年前後のドイツでは、読み書きができないものは、ほとんどいなくなっていた。それに対し、1931年のイタリアの国勢調査は、6歳以上の国民で文字を理解できないものは20・9%という、驚くべき数字を示している。一方、国家運営の中核となるべき大学進学者の数も、きわめて少なかった。1939年から40年にかけてのイタリアの総人口は4400万人と見積もられているが、大学生の数は8万5535人（うち、理科系の学問を専攻しているのは13・6%）にすぎなかった。かかる状態にある国民から、しかるべき能力を有する下士官兵を育て上げる困難は——そもそも、文字が読めなければ、命令書で動かすことができない——想像に難くない。

また、20世紀なかばにあっても、イタリアが、いまだ国民意識の形成を終えていなかったことも無視できないだろう。イタリアの大部分は農業地域であり、ひとびとの多くは「イタリア国民」であることよりも、それぞれが帰属する地方の人間であること、例示するなら、シチリア人であり、ピエモント人であり、トスカーナ人であることを重視していたとしても過言ではなかった。このような地域性を克服し、「イタリア人」であるとの自覚を高めるために、1870年代中葉から、王国陸軍は、出身地を同じくする新兵を、ある連隊にまとめて配属するのではなく、さまざまな連隊に分散するように定めていた（山岳師団（アルピーニ）は例外で、山岳地帯から召集された兵士を、故郷の集落単位で固めて、配していた）。

これは、同じ地区の兵を特定部隊に集めておくと、地方反乱の際に、反中央政府側に与（くみ）しかねないという配慮もあったのだが、当然、少なからぬデメリットを引き起こしたのである。

まず、諸地方の出身者を同一部隊に集めたために、異なる方言をしゃべるものが混在、意思疎通が難しくなった。加えて、全国津々浦々から兵を召集し、しかるのちに各地の連隊に配置するという手順を取ることから、非常時の動員も遅くなる。何より、郷土部隊を編成することによる団結力の高まりを――ドイツやイギリスは、そうした方法を採用し、効果を上げていた――自ら放棄することになったのである。にもかかわらず、王国陸軍は、国民の均質性を高め、「イタリア人意識」を植え付けるという機能に固執し、このシステムを変えようとはしなかった。

さらに、国民統合の中心として、王家に頼らなければならなかったことも問題であった。ここまで、「王国軍」、あるいは「王国陸軍」という表現を使ってきたから、読者も気づいておられるかもしれない。実は、国制上、イタリアの元首はサヴォイ家の国王ヴィットリオ・エマヌエーレ三世であり、軍の統帥権も彼に属しているのだった。ゆえに、ムッソリーニも国王の意向を無視するわけにはいかなかったし、軍を完全に掌握することもできなかった。この隘路（あいろ）を打開すべく、頭領は、1933年に、陸軍大臣、海軍大臣、空軍大臣のすべてを兼任するという一挙に出た。けれども、これだけの職務を一人でこなすことなど不可能で、陸海空三軍ともに、相対的な自立を保ったままであった。結局、ムッソリーニが、全戦線の作戦部隊の総指揮官に任命され、統帥権の一部を委譲されたのは、1940年6月11日、開戦の翌日にまでずれこんだ。これでは、統合作戦の指導など、できるはずもない。ヒトラーとは対照的に、ムッソリーニには、専門家、つまり、将軍や提督たちに軍事を任せる傾向があったことと相俟（あいま）って、王国軍は、ファシスト・イタリア崩壊のその日まで、旧態依然たる体質を改められなかったのである。

中世的将校団、自主性なき下士官、訓練されざる兵士

王国陸軍の将校は、自らを、近代的な国家への奉仕者というよりも、一種の特権階級とみなし、その多くは、ディレッタント的にしか、軍務に服さなかった。高位の将軍たちは、しばしば、敵と戦うよりも、軍部内の派閥闘争に精力を注いでいた。ローマでは、陸軍次官兼大本営（コマンド・スプレーモ）次長ウバルドゥ・ソッドゥ中将が、陸軍情報部（セルヴィツィオ・インフォルマツィオーニ・ミリターレ）の長、ジャコモ・カルボーニ准将と暗闘を重ねる一方で、最初は直属上官であるピエトロ・バドリオ元帥、のちにはアルバニア方面軍司令官セバスティアーノ・ヴィスコンティ＝プラスカ中将に取って代わろうと画策していた。バドリオ元帥も、北アフリカ方面軍司令官に任命されたロドルフォ・グラツィアーニ元帥に対する誹謗（ひぼう）中傷をためらわなかったし、また、伯爵ウーゴ・カヴァレロ大将を宿敵とみなしていた。第一次大戦中に、イタリアの政治家ジョヴァンニ・ジョリッティは、将軍たちの器量が乏しいのを嘆き、自分は「家族のうち、もっとも愚かな息子たち」、「厄介者と間抜け」を軍に放り込むのを当たり前とする社会の産物に対していると批判したが、第二次大戦においても、状況は変わっていなかったのだ。しかも、そこには、当時のイタリアが脱却できなかった階級社会が反映されていた。

将校は、従卒にかしずかれ、兵士よりも良い軍服と装備、より多くの休暇、より良質の食事を与えられるのが当然とされていた。かてて加えて、昇進も、資質や努力を重視するというわけではなかった。規則上は、戦時に実力を示せば、短期間で昇進が保証されることになっていたけれど、現実には、年功序列や実力者との縁故のほうがものを言ったのだ。１９４２年冬のヒトラーの布告に接したカヴァレロの反応は、かかる事情を問わず語りに示したものといえよう。前線指揮官であれば、年齢、任官序列、どのような階層に生まれたかにかかわらず、その実績に応じて、適切な階級に引き上げるとした内容を一読したカヴァレロは、「われわれには、こんなやり方は、少しばかり行き過ぎ」だと、うそぶいたのである！

事実、王国陸軍にあっては、戦場で功績をあげるよりも、参謀職や後方の管理業務についているほうが出世は見込めるという傾向が見られた。ギリシアやロシア、北アフリカを転戦し、元帥にまで昇りつめた勇将ジョヴァンニ・メッセは、チュニジアの軍司令官時代に、実戦の試練に打ち勝った部下の師団長たちよりも、ローマの事務机で戦っているもののほうが昇進が早いと、痛烈な皮肉を残している。

さらに深刻だったのは、王国陸軍の構成が、第一次大戦後の人員削減の結果、「頭でっかち」、将校過剰の逆ピラミッド状態になっていたことだろう。将校は、一部は減員されたものの、なお余っていた。昇進は遅くなり、連隊や大隊を指揮する気力を失っている佐官、中隊や小隊の先頭に立つには年を取りすぎている尉官などが多数見られるようになっていた。とはいえ、将校たるもの、単に軍の幹部としてのみならず、社会のエリートとしての体面を保持すべしという王国陸軍の方針からすれば、彼らに、しかるべき役職を見つけてやらなければならない。

1937年から38年にかけて陸軍が拡張されるにあたっては、こうした事情も作用していた。この時期、王国陸軍は、参謀総長兼陸軍次官であるアルベルト・パリアーニ大将の決定に基づき、平時兵力を約40個師団から70個師団余に拡大している。それには、もちろん戦略単位である師団の数を増やし、諸外国にイタリアの力を誇示するという狙いもあったが、同時に、余剰将校のために指揮官ポストをつくってやるという意図も隠されていたのである。しかし、役職は創設できても、兵士の数は一朝一夕には増やせない。王国陸軍は、苦肉の策として、3単位編制を2単位編制に、つまり1個師団あたりの連隊数を3個から2個に減らし、余った連隊を以て新たな師団を編成するという方法を採った。これは、致命的な決定といえた。なぜなら、かような改編によって、これらの部隊の兵力は、ドイツの連隊、イギリスの旅団程度となり、師団とは名ばかりのものになってしまったからだ（王国軍と英軍の兵員装備数については、表1を参照）。王国陸軍は、第二次世界大戦において、その弊害を、いやというほど味わうことになる。イタリアの「師団」は、後方管理や運用の手間がかかるばかりで、相応の戦力を発揮することはできなかったのである。
この師団数「拡張」の例に象徴されるように、王国陸軍の体質はきわめて官僚的であり、実戦に即応することは期待できなくなっていた。近代戦に必要な指揮官の自主性は重んじられず、中堅将校も責任を負わされることを恐れ、常に上官の指示を仰いでから行動するというていたらくだったのである。軍隊の強さの根幹となる下士官においても、事情は同様だった。もともと、王国陸軍では、下士官の数は不釣り合いなほど少なかったし（１９４０年６月の時点で、技術専門官を含めて、４万１２００名のみ）、士官へ昇進する道も限られていた。ドイツ軍や米軍では普通であった措置、前線で緊急事態が生じた場合にベテラン下士官を将校に任じるということさえも、王国陸軍は認めていなかったのである。結果として、昇進の飴もぶら下げられず、過失があれば、将校に譴責されるという境遇に置かれた下士官たちは、なけなしの自主性をポケットの底に押し込んでしまった。

では、召集される兵士たちはどうか。彼らこそ、ムッソリーニの野望、イタリア国民の夢を実現すべく、鍛え上げられたのではなかったか？

いや、ここでも、恐るべき錯誤がまかり通っていた。王国陸軍首脳部は、訓練よりも、実戦経験こそが強い部隊をつくりあげるし、選ばれた民であるイタリアの子らは、砲火の洗礼——最初の戦闘から、立派に戦うはずだと考えていたのである。にわかには信じがたい、傲慢な発想ではあるが、実例を示そう。先に触れたパリアーニ大将は、１９３７年に、ある上級将校を使者に仕立てて、リビアに送り込んでいる。彼の任務は、同地に駐屯する諸部隊に、「過剰な訓練」を禁じるパリアーニの訓令を伝えることであった。また、参謀将校であったマリオ・カラッチォ・ディ・フェロレートは、「【軍に】はびこっていた、戦闘にあっては、直感と個人の勇武のほうが、訓練などよりもはるかに価値があるという思い込み」について、書いている（【　】内は、筆者の註釈。以下同様）。

しかも、この思想ともいえない思想は、軍の実務に反映されることになった。多くの新兵は、充分な訓練を受けないまま、実施部隊に配属されたのである。機甲師団のような、技術的習熟を必要とする部隊ですら、例外ではなかった。たとえば、アリエテ機甲師団に補充される操縦手は、戦車を動かしたことがないのが普通だったし、砲手にされる新兵にしても、47ミリ戦車砲を3回も撃った経験があれば上出来というありさまだった。

かくのごとく、制度的・組織的な面だけでも、王国陸軍は、無数の問題を抱えていた。しかし、彼らを悩ませていたのは、それだけではない。遅れたイタリアの宿痾（しゅくあ）ともいうべき経済力・工業力の貧しさが、王国陸軍に著しい制限を課していたのである。

年代物の武器

1930年代から40年代にかけてのイタリアが、近代化の途上にあり、充分な工業力を持っていなかったことは、あらためて喋々（ちょうちょう）するまでもあるまい。なるほど、第一次世界大戦後のパリ講和会議では、世界五大国（ビッグ・ファイヴ）の一つともてはやされはした。さりながら、その実態は、1930年代後半になっても、労働者の半数以上が農業に従事しているという数字が示すように（1939年のドイツでは、労働者中、42%が工業労働者で、農業労働者は26%にすぎなかった）、工業化を達成しているとは到底（とうてい）評しがたかったのである。実際、他の第二次大戦に参加した諸国と比べても、イタリアの工業ポテンシャルは、きわめて低かった（表2参照）。

かかる事情から、王国陸軍の剣の切れ味は鈍く、楯も脆（もろ）いものとならざるを得なかった。

第一次大戦の経験から、王国陸軍は砲兵を重視していたのだが、その装備の刷新は遅々として進まなかった。早くも1929年には、すべての種類にわたって、砲が旧式化しているから――ほとんどが、第一

表1　北アフリカにおける伊英歩兵師団の比較
（数字は建制上のもの。実際の兵力は、より少ない）

イタリア歩兵師団（北アフリカ方面用編制、1942年）		イギリス歩兵師団（1941～42年）
7000	士官・下士官・兵	17,300
72	対戦車ライフル	444
146	自動小銃	819
92	機関銃	48
0	軽迫撃砲	162
18	迫撃砲	56
60	野砲	72
72	対戦車砲	136
16	軽高射砲	48
142	トラック	1999
35	その他の車輌	268
0	トレーラー	197
72	砲牽引車	159
147	オートバイ	1064
0	装軌弾薬運搬車備	256
0	装甲車	6

Hitler's Italian Allies, 125頁より作成

表2　第二次大戦に参加した主要国の工業ポテンシャル
（1900年のイギリスを100とする）

	1913年	1928年	1938年
イタリア	**23**	**37**	**46**
ドイツ	138	158	214
日本	25	45	88
フランス	57	82	74
イギリス	127	135	181
ソ連	77	72	152
アメリカ	298	533	528

Hitler's Italian Allies, 25頁より作成

次大戦中に生産されたものだった――新型に替えなければならないとの要求がなされていたにもかかわらず、イタリア工業界は、それに応えることができなかったのだ。とどのつまり、王国陸軍の砲兵隊は、1938年に発注された砲の一部を1941年から42年にかけて受け取ったほかは、第一次大戦の砲を使用し続けなければならなかった。その結果、イギリス軍と対峙した王国陸軍砲兵隊は、著しく不利な勝負を強いられることとなった。王国陸軍の主要重砲である100ミリ榴弾砲と105ミリ加農砲の射程は、イギリス軍の25ポンド砲などに3000メートルほども劣り、容易にアウトレンジされてしまったのだ。

　戦車、あるいは機甲部隊の発展も、他国に後れを取っていた。イタリア最初の中戦車M11／39の37ミリ戦車砲が、砲塔にではなく、車体に搭載されていたのは、設計したフィアット・アンサルド社の技術力の

乏しさゆえだった。表向きは、イタリアの道路事情に合わせて、戦車の正面幅を抑えるためということにされていたが、実際には、37ミリ砲を搭載して、問題なく機能する砲塔を設計する能力が、同社の技術者に欠けていたからなのであった。もちろん、実質的には自走砲でしかない「中戦車」が、世界の専門家から失敗作とみなされたことは言うまでもない。

かような技術力・工業力の不足に加えて、王国陸軍首脳部の無理解も、イタリア機甲部隊の発展を阻害した。実戦で機甲部隊を指揮した経験を持つ、数少ない指揮官であるエットーレ・バスティコ将軍でさえ、1937年11月に開催された、今後の戦車に関する施策を主題とする会議で、こう発言している。「戦車は強力な道具である。だが、偶像化してはならない。歩兵と騾馬への尊敬を捨ててはならないのだ」。ドイツ装甲部隊の驚異的な成果も、王国陸軍の将軍たちの蒙を啓くには至らなかった。たとえば、1940年7月に陸軍情報部が作成した、ドイツ軍の装甲戦術に関する報告に対し、バドリオ元帥が付した唯一のコメントは、「戦争が終わったら、研究することにしよう」というものだった。

これでは、王国陸軍の機械化が不完全だったのも当然といえる。象徴的な数字を示そう。1940年6月の時点で、北アフリカのイタリア軍の兵員：車輛比は、21：1、つまり、21名あたり、1両の車輛を与えられていた。開戦後、状況はやや改善され、1942年初めの比率は、19：1となる。しかしながら、同時期の、ロンメル麾下のドイツ軍における兵員：車輛比は、3・6：1だったのだ。

砲や軍用車輛ですら、このようなありさまだから、小銃や機関銃、通信機器などの立ち後れには、眼を覆わんばかりのものがあった。結局のところ、1940年の王国陸軍は、未成の国民国家であるイタリアの状態を如実に反映していたのだ。開戦を告げる演説で、ムッソリーニは、「急ぎ武器を執れ、不屈さと勇気と武勲を示すのだ」と獅子吼した。けれども、イタリア国民が執った武器のほとんどは旧式になっており、いくつかは第一次大戦にまでさかのぼるような、時代遅れのしろものだったのである。

予期された破局へ

さりながら、王国陸軍は、おのれの弱体ぶりに気づいていないわけではなかった。彼らとて、イタリアが総力戦を遂行できる国家ではないこと、その軍隊も近代化の緒についたばかりにすぎないことを充分認識していたのだ。1940年3月に急遽作成された戦争計画に関するメモは、王国軍首脳部が、自己過信の愚に陥っていなかったことを証明している。以下、引用してみよう。

「陸上戦線：アルプス方面では防御……現実性に乏しいことではあるが、ドイツ軍の攻撃により、フランス軍が完全に崩壊した場合にのみ、積極的行動を取る。

東部では、まずユーゴスラヴィアの形勢を観望し、同国が内部崩壊を起こした場合には攻撃……。

アルバニア正面：北【ユーゴスラヴィア】と南【ギリシア】に対する対応は、東部正面の情勢による。

リビア：チュニジアおよびエジプトに対し、防御態勢を取る。

エーゲ海：防御。

エチオピア：エリトリア……ゲダレフとカッサラー保全のための攻勢。ジブチへの攻勢。ケニヤ方面に対しては防御、場合により反撃。

空軍：陸海軍作戦の支援。

海軍：地中海ほかで攻勢」

このメモが示すごとく、王国軍は、実際に行われたような、ほとんどすべての戦線における攻勢など、夢想だにしていなかったのだ。されど、ムッソリーニは、北アフリカや東アフリカ、バルカン半島での攻撃を命じ、王国軍は、予期された破局に向かって、突き進んでいった。しかし、そうした無謀な戦争の責任を、ムッソリーニのみに帰するのは適切ではあるまい。未発展の後発国家であるがゆえに、イタリアは「新ローマ帝国建設」なる言葉に集約されるような、冒険的な外交を進めた。にもかかわらず、まさに、その後発性のために、彼らの軍事力は劣弱であった。壮大な目標と貧弱な手段の股割き状態に置かれたまま、イタリアと王国軍は坂道を転落し、ついには、必敗の戦争に突入することになったのである。

かかる経緯を検討することなく、王国軍がさまざまな戦線で喫した惨敗を嗤（わら）う向きが、戦史ファンには少なくないようだ。が、敗北という現象を、国民性の欠陥に短絡させて揶揄（やゆ）することは、実は、歴史認識の貧困を物語るものでしかない。王国軍の将兵が、大義なき戦争に駆り立てられ、物質的に劣悪きわまりない状況に置かれていたことを考えれば、彼らの戦いぶりは、むしろ驚異的なものだったと、筆者には思われる。

最後に、軍隊の献身を示す指標の一つである、捕虜数に対する死傷者の比率を引いておこう。エル・アラメインの英軍攻勢開始からチュニスでの降伏に至るまで、ドイツ軍が出した捕虜：死傷者の比率は３：１。これに対して、王国軍のそれは、３・３：１であった。装備や補給の状況に鑑みて、この数字は賞賛されるべきだと、筆者は信じるが——判断は、読者各位にゆだねたい。

あとがき

本書が世に出ることになったのは、実は、偶然と幸運を重ねてのことである。

きっかけは、2009年に、シミュレーションゲーム専門誌『コマンドマガジン』(国際通信社)の編集長だった(当時)旧知の中黒靖氏に、戦史・軍事史の記事を書いてくれと慫慂されたことであった。喜んで引き受けたものの、そういう種類の雑誌であるから読者は尖鋭的であることが予想される。ならば、乱読していた欧米の軍事書をもとに、極力最先端の知見を紹介していくことにしたいが、それでよいかと念を押したところ、中黒氏の快諾を得た。

以後、好き勝手にやらせてもらってきたが、幸い好評を得て、今日まで連載に近い状態で寄稿を続けている。その『コマンドマガジン』に掲載された記事をもとにした文章が、本書の大半を占めているのである。

ところが、思わぬ苦情が出た。シミュレーションゲームには興味がないが、戦史には関心がある読者から、大木の記事だけをまとめて読みたいとの声が寄せられたのだ。それでは単行本にしようかとも思案したのだけれど、いかんせんマニアックにすぎ、商業的に採算が取れないのではないかという危惧があった。そこで、中黒氏と相談の上、『コマンドマガジン』以外に掲載された記事も含め、私家版のパンフレットとして刊行した。これも順調に巻を重ね、左記のごとく出版されている。

『明断と誤断　大木毅戦史エッセイ集』(2014年)

『ルビコンを渡った男たち　大木毅戦史エッセイ集2』(2014年)

『錆びた戦機　大木毅戦史エッセイ集3』（2014年）
『紅い選択肢　大木毅戦史エッセイ集4』（2015年）

この私家版パンフレットが、あらたな展開を招いてくれることになった。作品社の編集者福田隆雄氏に、これらの戦史エッセイ集を差し上げたところ、充分に商業出版でも通用するから、ここから記事を選り抜いてまとめたいとのお言葉をいただいたのだ。それならば、書き下ろしや、やはり読者から関心が寄せられていた学術論文なども収めようということになった。そして、加筆や個々の記事が発表された時点で指摘された誤りの修正をほどこし、今、お手に取られているようなかたちでの上梓に至ったわけである。

まさに、読者に育てていただいた本であるといってよい。

そのような経緯から、本書には歴史読物と学術論文が混在しているが、プロイセン・ドイツ軍事史の新しい知見を伝えるという姿勢は共通しているものと思う。先端的なことをやるのを敢えて許してくれた中黒氏の寛容により、はからずも「序に代えて」で述べたような「溝を埋める」作業に徹することができたからである。

こうして刊行されるからには、読者の戦史・軍事史への関心を刺激し、より深いレベルの理解に到達する一助になってほしいというのが、筆者の願いだ。それが、わずかなりと達成されたなら、この上ない喜びである。

なお、本書では、部隊番号や年号等が頻出することから、それらには算用数字を使ったほうが読みやすいだろうとの判断に従い、そのように表記してみた。引用文についても、元の漢数字を算用数字に直していることをお断りしておきたい。また、ドイツ連邦国防軍軍事史研究局は、現在では「連邦国防軍軍事史・社会科学研究センター（Zentrum für Militärgeschichte und Sozialwissenschaften der Bundeswehr）に改編・改称されている。

最後になったが、『コマンドマガジン』前編集長中黒靖氏と現担当編集者松井克浩氏、そして作品社で本書の編集を担当していただいた福田隆雄氏のご尽力に心より感謝する。

２０１６年２月

大木　毅

・吉川和篤／山野治夫『イタリア軍入門　1939 ～ 1945』、イカロス出版、2006 年。
・Niklas Zetterling, *Normandy 1944*, Winnipeg, 2000.
・Niklas Zettering/ Anders Frankson, *Kursk 1943*, London/ Portland, OR, 2000.
・Earl F. Ziemke, *Stalingrad to Berlin : German Defeat in the East,* Washington, D.C., 1968.
・Terence Zuber, *Inventing the Schlieffen Plan: German War Planning, 1891-1914*, Oxford, 2002.

❖論文・雑誌記事等

・石津朋之「『シュリーフェン計画』論争をめぐる問題点」『戦史研究年報』第 9 号（防衛研究所、2006 年）。
・亀井紘「イギリス外交における『ポーランド問題』――1938 - 1939――」（一）（二）、『八幡大学論集』第 32 巻第 2 号～第 3 号（1981 ～ 82 年）。
・Evan Mawdsley, "Crossing the Rubicon:Soviet Plans for Offensive War in 1941," *International History Review*（2003）.
・大木毅「パウル・カレルの二つの顔」『歴史群像』第 131 号（2015 年）。
・Hans-Günther Seraphim/Andreas Hillgruber, Hitlers Entschluss zum Angriff auf die Russland, in *Vierteljahreshefte für Zeitgeschichte*, 2.Jg（1954）., H.3.
・Keith Sword, "British Reaction to the Soviet Occupation of Eastern Poland in September 1939," *The Slavonic and East European Review*, Vol.69, No.1（January, 1991）.
・田嶋信雄「ドイツ外交政策とスペイン内戦　一九三六――「ナチズム多頭制」の視角から」（一）（二）『北大法学論集』第 32 巻（1981 年）、第 1 号～第 2 号。
・田中良英「一八世紀前半ロシア陸軍の特質――北方戦争期を中心に――」『ロシア史研究』第 92 号（2013 年）。
・Roman Töppel, Legendenbildung in der Geschichtsschreibung-Die Schlacht bei Kursk, in *Militärgeschichtliche Zeitschrift*, 61（2002）, H.2.
・塚本隆彦「旧陸軍における戦史編纂――軍事組織による戦史への取り組みの課題と限界――」『戦史研究年報』（防衛省防衛研究所発行）第 10 号（2007 年）。

・大木毅／鹿内靖『鉄十字の軌跡』、国際通信社、2010 年。
・Dieter Ose, *Entscheidung im Westen 1944*, Stuttgart, 1982.
・Robert A.C. Parker, *Chamberlain and the Appeasement*, London et al., 1993.
・Wolfgang Paul, *Der Endkampf*, München, 1976. ヴォルフガング・パウル『最終戦――1945 年ドイツ――』、松谷健二訳、フジ出版社、1979 年。
・Edward P. von der Porten, *The German Navy in World War II*, New York, 1976.
・Anita Prażmowska, *Britain, Poland and the eastern front, 1939*, Cambridge et al., 1987.
・陸戦史研究普及会編『タンネンベルヒ殲滅戦』、原書房、1967 年。
・Gerhard Ritter, *Der Schlieffen Plan-Kritik eines Mythos*, München, 1956. ゲルハルト・リッター『シュリーフェン・プラン――ある神話の批判』、新庄宗雅訳、私家版、1988 年。
・S. W. Roskill, *The War at Sea*, 3 vols., London, 1954-1961.
・コーネリアス・ライアン『史上最大の作戦』、広瀬順弘訳、ハヤカワ文庫ＮＦ、1995 年。
・ハリソン・Ｅ・ソールズベリー『独ソ戦』、大沢正訳、早川書房、1980 年。
・Dennis. E. Schowalter, *Tannenberg*, Hamden, Conn., 1991.
・Ditto, *Hitler's Panzers*, New York, 2009.
・Albert Seaton, *The Russo-German War 1941-45*, London, 1971.
・Hans-Günther Seraphim, *Die deutsch-russischen Beziehungen 1939-1941*, Hamburg, 1949.
・Marco Sigg, *Der Unterführer als Feldherr im Taschenformat. Theorie und Praxis der Auftragstaktik im deutschen Heer 1869 bis 1945*, Paderborn, 2014.
・The Staff of Strategy & Tactics Magazine, *War in the East*, New York, 1977.
・David Stahel, *Operation Barbarossa and Germany's Defeat in the East*, Cambridge 2009.
・Norman Stone, *The Eastern Front 1914-1917*, paperback-edition, London et al., 1998.
・John J.T. Sweet, *Iron Hulls Iron Hearts: Mussolini's Elite Armoured Divisions in North Africa*, paperback-edition, Trowbridge, 2006.
・田嶋信雄『ナチズム外交と「満州国」』、千倉書房、1992 年。
・田村尚也『各国陸軍の教範を読む』、イカロス出版、2015 年。
・寺阪精二『ナチス・ドイツ軍事史研究』、甲陽書房、1970 年。
・バーバラ・タックマン『八月の砲声』、山室まりや訳、上下巻、筑摩叢書、1965 年。
・Gerd R. Ueberschär/Wolfram Wette（Hrsg.）, "*Unternehmen Barbarossa*", Paderborn, 1984.
・Gerd R.Ueberschär / Rolf-Dieter Müller, *1945 Das Ende des Krieges*, Darmstadt, 2005.
・Hans Umbreit, *Invasion 1944*, Hamburg / Berlin / Bonn, 1998.
・Carl Wagener, *Die Heeresgruppe Süd*, Friedberg, o.J.
・Gerhard L. Weinberg, *The Foreign Policy of Hitler's Germany. A Diplomatic Revolution in Europe 1933-1936*, paperback edition, Atlantic Highlands, NJ, 1994.
・Alexander Werth, *Russia at War*, paperback edition, London, 1965. アレグザンダー・ワース著、中島博・壁勝弘共訳『戦うソヴェト・ロシア』、全２巻、みすず書房、1967 年。
・Ｊ・Ｗ・ウィーラー・ベネット『ヒンデンブルクからヒトラーへ』、木原健男訳、東邦出版社、1978 年。
・Robert H.Whealey, *Hitler and Spain*, paperback edition, Lexington, Ken., 2005.
・David G.Williamson, *Poland Betrayed*, Barnsley, 2009.
・山口定『ヒトラーの抬頭　ワイマール・デモクラシーの悲劇』、朝日文庫、1991 年。

・Ditto, *Deutsche Außenpolitik*, 3.Aufl., Stuttgart, 1976.
・クラウス・ヒルデブラント『ヒトラーと第三帝国』、中井晶夫／義井博共訳、南窓社、1987 年。
・Andreas Hillgruber, *Hitlers Strategie*, 2.Aufl., München, 1982.
・本多巍耀『皇帝たちの夏——ドイツ戦争計画の破綻——』、高輪出版社、1992 年。
・Johannes Hürter, *Hitlers Heerführer*, München, 2007.
・石田憲『地中海新ローマ帝国への道』、東京大学出版会、1994 年。
・『石原莞爾資料——戦争史論——』、原書房、1968 年。
・ジェームズ・ジョル『第一次世界大戦の起源』、池田清訳、改訂新版、みすず書房、1997 年。
・片岡徹也編著『戦略論大系③モルトケ』、芙蓉書房出版、2002 年。
・McGregor Knox, *Mussolini Unleashed*, Cambridge, 1999.
・Ditto, *Common Distiny: Dcitatorship, Foreign Policy, and War in Fascist Italy and Nazi Germany*, Cambridge, 2000.
・Ditto, *Hitler's Italian Allies*, Cambridge, 2000.
・Andreas kunz, *Wehrmacht und Niederlage*, München, 2007.
・Franz kurowski, *Deadlock before Moscow*, West Chester, Penn., 1992.
・バリー・リーチ『独軍ソ連侵攻』、岡本雷輔訳、原書房、1981 年。
・H.T.Lenton, *German Warships of the Second World War*, New York, 1976.
・バジル・H・リデル＝ハート『第一次世界大戦』、上村達雄訳、上下巻、中央公論新社、2000 年。
・Deborah Lipstadt, *Denying the Holocaust*, London, 1994. デボラ・E・リップシュタット『ホロコーストの真実』、滝川義人訳、上下巻、恒友書房、1995 年。
・James Lucas, *War on the Eastern Front*, London / Sydney, 1979.
・Joseph Maiolo, *Cry Havoc. How the Arms Race Drove the World to War 1931-1941*, New York, 2010.
・松川克彦『ヨーロッパ 1939』、昭和堂、1997 年。
・Wolfgang Michalka（Hrsg.）, *Nationalsozialistische Aussenpolitik*, Darmstadt, 1978.
・Wolfgang Michalka, *Ribbentrop und die deutsche Weltpolitik 1933-1940*, München, 1980.
・Militärgeschichtliches Forschungsamt, *Das deutsche Reich und der Zweite Weltkrieg*, 10 Bde., Stuttgart, 1979-2008.
・Ditto, *Tradition in deutschen Streitkräften bis 1945*, Bonn/Herford, 1986.
・John Mollo, *Uniforms of the Seven Year's War 1756-1763*, Poole, 1977.
・Annika Mombauer, *Helmuth von Moltke and the Origins of the First World War*, Cambridge, 2001.
・Rolf-Dieter Müller / Hans-Erich Volkmann, *Die Wehrmacht. Mythos und Realität*, München, 1999.
・Rolf-Dieter Müller, *Der Feind steht im Osten*, Berlin, 2011.
・Burkhart Müller-Hillebrand, *Das Heer*, Bd.3, Frankfurt a.M., 1969.
・David E.Murphy, *What Stalin Knew. Enigma of Barbarossa* , New Haven/London, 2005.
・Williamson Murray, *The Luftwaffe 1933-1945*, Washington, D.C., 1983. ウィリアムソン・マーレイ『ドイツ空軍全史』、手島尚訳、学研 M 文庫、2008 年。
・Jörg Muth, *Command Culture. Officer Education in the U.S. Army and the German Armed Forces, 1901-1940, and the Consequences for World War II*, paperback-edition, Denton, Texas, 2011. イエルク・ムート『コマンド・カルチャー　米独将校教育の比較文化史』、大木毅訳、中央公論新社、2015 年。
・アルバート・A・ノフィ『ワーテルロー戦役』、諸岡良史訳、コイノニア社、2004 年。
・Dirk W. Oetting, *Auftragstaktik*, Frankfurt a.M/Bonn, 1993.
・小野寺拓也『野戦郵便から読み解く「ふつうのドイツ兵」』、山川出版社、2012 年。

・David G. Chandler, *The Campaigns of Napoleon*, London, 1966. デイヴィッド・ジェフリ・チャンドラー『ナポレオン戦争――欧州戦争と近代の原点――』全五巻、君塚直隆ほか訳、信山社、2002 〜 2003 年。
・Ditto, *Atlas of Military Strategy*, London/Melbourne, 1980.
・Robert M. Citino, *The German Way of War. From the Thirty Years' War to the Third Reich*, Laerence, Kans., 2001.
・Martin van Creveld, *Supplying War*, cambridge, 1977. マーチン・ヴァン・クレフェルト『補給戦』、佐藤佐三郎訳、原書房、1980 年。
・Ditto, *Fighting Power. German and U.S. Army Performance, 1939-1945*, London/Melbourne, 1983.
・Department of the Army, *Historical Study;Operations of Encircled Forces;German Experiences in Russia*, Pamphlet No.20-234, Washington, D.C., 1952.
・Richard L. DiNardo, *Germany and the Axis Powers*, Lawrence, Kan., 2005.
・Christopher Duffy, *The Army of the Frederick the Great*, 2nd ed., Chicago, Ill., 1996.
・Trevor N. Dupuy / Paul Martel, *Great Battles on the Eastern Front*, Indiana Police, N.Y., 1982.
・John Erickson, *The Road to Stalingrad*, paperback edition, New Heaven / London, 1999.
・Ditto, *The Road to Berlin*, paperback edition, New Heaven / London, 1999.
・Richard J. Evans, *Lying about Hitler*, US-ed., New York,2001.
・Philipp W. Fabry, *Der Hitler-Stalin-Pakt 1939-1941*, Dramstadt, 1962.
・フリッツ・フィッシャー『世界強国への道』、村瀬興雄監訳、上下巻、岩波書店、1972 〜 1983 年。
・Ingeborg Fleischhauer, *Die Chance des Sonderfriedens. Deutsch-sowjetische Geheimgespräche 1941-1945*, Berlin, 1986.
・Karl-Heinz Frieser, *Blitzkrieg-Legende*, 2.Aufl., München, 1996. カール＝ハインツ・フリーザー『電撃戦という幻』、大木毅／安藤公一共訳、上下巻、中央公論新社、2003 年。
・David M. Glanz / Jonathan House, *When Titan Clashed*, Lawrence, Kans., 1995. デビッド・M・グランツ／ジョナサン・M・ハウス『〔詳解〕独ソ戦全史』、守屋純訳、学研 M 文庫、2005 年。
・Manfred Funke (Hrsg.), *Hitler, Deutschland und die Mächte*, Düsseldorf, 1976.
・David M. Glantz, *Stumbling Colossus. The Red Army on the Eve of World War*, Lawrence, Kans., 1998.
・Ditto, *Zhukov's Greatest Defeat*, Lawrence, Kans., 1999.
・Ditto, *After Stalingrad. The Red Army's Winter Offensive 1942-43*, Solihull, 2009.
・Ditto, *Barbarossa Derailed*, 4 vols., Solihull,2010-2015.
・Ditto, *Operation Barbarossa*, Stroud, 2011.
・Walter Görlitz, *Kleine Geschichte des deutschen Generalstabes*, 2.Aufl., 1977. ヴァルター・ゲルリッツ『ドイツ参謀本部興亡史』、守屋純訳、学習研究社、1998 年。
・Gabriel Gorodetsky, *Grand Delusion. Stalin and the German Invasion of Russia*, New Heaven, 1999.
・後藤譲治『ヒットラーと鉄十字章』、文芸社、2000 年。
・Olaf Groehler, *Die Kriege Friedrichs II.*, 6. Aufl., Berlin, 1990.
・Richard W.Harrison, *The Russian Way of War. Operational Art, 1904-1940*, Lawrence, Kans., 2001.
・Michael Howard, *The Franco-Prussian War*, reprint, London et al., 2002.
・フィリップ・ヘイソーンスウェイト『フリードリヒ大王の歩兵』、稲葉義明訳、新紀元社、2001 年。
・同　『オーストリア軍の歩兵』、楯野恒雪訳、新紀元社、2001 年。
・Klaus Hildebrand, *Vom Reich zum Weltreich*, München, 1969.

・村岡晢『フリードリヒ大王』、新版、清水新書、1984年。
・Manfred Nebelin, *Ludendorff*, München, 2010.
・Hans Otto, *Gneisenau*, Sonderausgabe, Bonn, 1983.
・Roger Parkinson, *The Hussar General. The Life of Blücher, Man of Waterloo*, London, 1975.
・Walter Püschel (gesammelt und aufgeschrieben von ihm), *Mein Weg nach Waterloo. Anekdoten von Leberecht Blücher*, Berlin, 2001.
・Wolfram Pyta, *Hindenburg*, München, 2007.
・Erich Raeder, *Mein Leben*, 2 Bde., Tübingen, 1956-1957.
・Ralf Georg Reuth, *Rommel*, Taschenbuchausgabe, München / Zürich, 2005.
・Maurice Philip Remy, *Mythos Rommel*, München, 2004.
・Joachim von Ribbentrop, *Zwischen London und Moskau*, Leoni, 1954.
・Erwin Rommel, *Infanterie grieft an*, Potsdam, 1937. エルヴィン・ロンメル『歩兵は攻撃する』、浜野喬士訳、大木毅・田村尚也［解説］、作品社、2015年。
・フリードリヒ・ルーゲ『ノルマンディのロンメル』、加登川幸太郎訳、朝日ソノラマ航空戦史文庫、1985年。
・Paul Schmidt, *Statist auf diplomatischer Bühne*, Bonn, 1950. パウル・シュミット『外交舞台の脇役』、長野明訳、私家版、1998年。
・ハインツ・シュミット『砂漠のキツネ　ロンメル将軍』、清水政二訳、角川文庫、1971年。
・デニス・ショウォルター『パットン対ロンメル』、大山晶訳、原書房、2007年。
・Leo Geyer von Schweppenburg, *Erinnerungen eines Militärattachés : London 1933-1937*, Stuttgart, 1949.
・Ronald Smelser / Enrico Syring (Hrsg.), *Die militärelite des Dritten Reiches*, Berlin, 1997.
・アレクサンダー・シュタールベルク『回想の第三帝国』、鈴木直訳、上下巻、平凡社、1995年。
・Marcel Stein, *Generalfeldmarschall Erich von Manstein*, Mainz, 2000.
・Gerd R. Ueberschär (Hrsg.), *Hitlers militärische Elite*, 2 Bde., Darmstadt, 1998.
・Walter Warimont, *Im Hauptquartier der deutschen Wehrmacht 39~45*, 3.Aufl., München, 1978.
・Gerhard L. Weinberg (Hrsg.), *Hitlers Zweites Buch*, Stuttgart, 1961. アドルフ・ヒトラー『ヒトラー第二の書』、立木勝訳、成甲書房、2004年。
・Siegfried Westphal, *The German Army in the West*, London, 1951.
・Oliver von Wrochem, *Erich von Manstein: Vernichtungskrieg und Geschichtspolitik*, 2.Aufl., Paderborn u.a., 2009.
・デズモンド・ヤング『ロンメル将軍』、清水政二訳、ハヤカワ文庫、1978年。
・ゲオルギー・K・ジューコフ『ジューコフ元帥回想録』、清川勇吉、相場正三久、大沢正共訳、朝日新聞社、1970年。

❖研究書・ノンフィクション

・Rudolf Absolon, *Die Wehrmacht im Dritten Reich*, 6 Bde., Boppard am Rhein, 1969-1995.
・Mark Adkin, *The Waterloo Companion*, Mechanicsburg, PA., 2001.
・Cajus Bekker, *Angrifshöhe 4000*, Sttgart / Hamburg, 1964. カーユス・ベッカー『攻撃高度4000』、松谷健二訳、フジ出版社、1974年。
・カーユス・ベッカー『呪われた海　ドイツ海軍戦闘記録』、松谷健二訳、中央公論新社、2001年。
・Wolfgang Benz / Hermann Graml (Hrsg.), *Sommer 1939*, Stuttgart, 1979.
・Bundesministerium der Verteidigung, *Das Bundesarchiv-Militärarchiv*, o.O., 1989.

・Georg Tessin, *Verbände und Truppen der deutschen Wehrmacht und Waffen-SS im Zweiten Welkrieg 1939-1945*, 15 Bde., Osnabrück, 1971.
・John Young, *A Dictionary of Ships of the Royal Navy of the Second World War*, Cambridge, 1975.

❖回想録・伝記

・Guenther Blumentritt, *Von Rundstedt*, London, 1952.
・ワシリー・I・チュイコフ『第三帝国の崩壊』、小城正訳、読売新聞社、1973 年。
・カール・デーニッツ『ドイツ海軍魂』、山中静三訳、原書房、1981 年。
・同　『10 年と 20 日間』、山中静三訳、光和堂、1986 年。
・Dwight D. Eisenhower, *Crusade in Europe*, Johns Hopkins University Press edition, Baltimore/London, 1997. D・D・アイゼンハワー『ヨーロッパ十字軍　最高司令官の大戦手記』、朝日新聞社訳、朝日新聞社、1949 年。
・Hans-Georg Eismann, *Unter Himmlers Kommand 1945*, Wofenbüttel, 2010.
・S・フィッシャー＝ファビアン『人はいかにして王となるか』、尾崎賢二訳、上下巻、日本工業新聞社、1981 年。
・Heinz Guderian, *Erinnerungen eines Soldaten*, Motorbuch Verlag-Ausgabe, Bonn, 1998. ハインツ・グデーリアン『電撃戦』本郷健訳、上下巻、中央公論新社、1999 年。
・Christian Hartmann, *Halder. Generalstabschef Hitlers 1938-1942,* 2. Aufl., Paderborn, 2010.
・Russel A. Heart, *Guderian*, Washington, D.C., 2006.
・Paul von Hindenburg, *Aus meinem Leben*, Leipzig, 1929. パウル・フォン・ヒンデンブルク『わが生涯より』、尾花午郎訳、白水社、1943 年。
・アドルフ・ヒトラー『わが闘争』、平野一郎／将積茂訳、上下巻、角川文庫、1973 年。
・Max Hoffmann, *The War of Lost Opportunities*, Nashville, 1999.
・Hermann Hoth, *Panzer-Operationen*, Heidelberg, 1956. ヘルマン・ホート『パンツァー・オペラツィオーネン　第三装甲集団司令官「バルバロッサ」作戦回顧録』、大木毅訳、作品社、二〇一七年。
・Albert Kesselring, *Soldat bis zum letzten Tag*, Bonn, 1953.
・Guido Knopp, *Hitlers Krieger*, Taschenbuchausgabe, München, 2000. グィド・クノップ『ヒトラーの戦士たち』、高木玲訳、原書房、2002 年。
・Michael v. Leggiere, *Blücher. Scourge of Napoleon*, Norman, OK., 2014.
・Peter Longerich, *Heinrich Himmler. Biographie*, München, 2008.
・Erich Ludendorff, *Meine Kriegserinnerungen 1914-1918*, Volksausgabe, Berlin, 1941. 法貴三郎訳『世界大戦を語る　ルーデンドルフ回想録』、朝日新聞社、1941 年（抜粋に解説を加えたもの）。
・Erich von Manstein (herausgegeben von Rüdiger von Manstein und Theodor Fuchs), *Soldat im 20. Jahrhundert*, Bernard & Graefe Verlag-Ausgabe., Bonn, 1997.
・Erich von Manstein, *Verlorene Siege*, Bernard & Graefe-Ausgabe, Bonn, 1998. エーリヒ・フォン・マンシュタイン『失われた勝利』、本郷健訳、上下巻、中央公論新社、2000 年。
・F. W. von Mellentin, *Panzer Battles*, paperback edition, New York, 1971. F・W・フォン・メレンティン『ドイツ戦車軍団全史』、矢嶋由哉／光藤亘共訳、朝日ソノラマ、1980 年。
・Mungo Melvin, *Manstein. Hitler's Greatest General*, paperback-edition, London, 2011. マンゴウ・メルヴィン『ヒトラーの元帥　マンシュタイン』、大木毅訳、上下巻、白水社、二〇一六年。
・Friedrich Carl Ferdinand Freiherr von Müffling, *Aus meinem Leben*, Berlin, 1855.

主要参考文献

主として参考にしたものだけを挙げた。原則として、本文中の割註、もしくは出典註に記したものは含まれていない（ただし、重要な文献については、ここでも重ねて示しておく）。また、主題のみでは内容が推察しにくい場合を除き、文献の副題は割愛した。

❖史料集

・*Akten zur deutschen auswärtigen Politik*, Serie D, 13 Bde., Baden-Baden, 1950-1970; Serie E, 8 Bde., Göttingen, 1969-1979.

・Arbeitskreis für Wehrforschung Stuttgart, *Generaloberst Halder Kriegstagebuch*, 3 Bde., Stuttgart 1962-1964.

・Fedor von Bock, *Generalfeldmarschall von Bock. The War Diary 1939-1945*, Atglen, 1996.

・Max Domarus, *Hitler. Reden und Proklamationen 1932-1945*, 4 Bde., 1965, München.

・Helmut Heiber（Hrsg.）, *Hitlers Lagebesprechungen. Die Protkollfragmente seiner militärischen Konferenzen 1942-1945*, Stuttgart, 1962.

・Walter Hubatsch（Hrsg.）, *Hitlers Weisungen für die Kriegführung 1934-1945*, Taschenbuchausgabe, Frankfurt a.M., 1965. トレヴァ＝ローパーが編纂した英語版よりの訳に、ヒュー・R・トレヴァ＝ローパー編『ヒトラーの作戦指令書』、滝川義人訳、東洋書林、2000 年がある。

・Internationaler Militärgerichtshof, *Der Prozess gegen die Hauptkriegsverbrecher vor dem internationalen Militärgerichtshof*（*Amtliche Text*）, 42 Bde., Nürnberg 1947-1949.

・Malcolm Muggeridge（ed.）, *Ciano's Diary*, London/Tronto, 1947.

・Sönke Neitzel, *Abgehört. Deutsche Generäle in britischer Kriegsgefangenschaft 1942-1945*, Berlin, 2006.

・Michael Salewski, *Die deutsche Seekriegsleitung 1935-1945*, 3 Bde., Frankfurt a. M. u.a, 1970-1973.

・Percy Ernst Schramm, *Kriegstagebuch des Oberkommandos der Wehrmacht 1940-1945*, 4 Bde., Frankfurt a.M., 1965-1961.

・U.S. War Department, *Handbook on German Military Forces*, reprint ed., Baton Rouge/London, 1990.

・Gerhard Wagner（Hrsg.）, *Lagevorträge des Oberbefehlshabers der Kriegsmarine vor Hitler 1939-1945*, München, 1972.

❖レファレンス類

・Georg von Alten（Hrsg.）, *Handbuch für Heer und Flotte. Enzyklopädie der Kriegswissenschaften und verwandter Gebiete*, Bd.2, Berlin u.a., 1909.

・秦郁彦編『日本陸海軍総合事典』、第二版、東京大学出版会、2005 年。

・Hans H. Hildebrand/Ersnt Henriot（Hrsg.）, *Deutschlands Admirale 1849-1945*, Bd.1, Osnabrück, 1988.

・前原透監修／片岡徹也編『戦略思想家事典』、芙蓉書房出版、2003 年。

・Kurt Mehner / Jaroslav Staněek, *Armee unter den Roten Stern*, Osnabrück, 1999.

・Bernhard von Poten（Hrsg.）, *Handwörterbuch der gesamten Militärwissenschaften, Reprint der Originalausgabe von 1880*, 9Bde., Braunschweig o.J.

・戦略研究学会編／片岡徹也・福川秀樹今日編著『戦略戦術用語辞典』、芙蓉書房出版、2003 年。

・Hans Peter Stein（Hrag.）, *Transfeld Wort und Brauch in Heer und Flotte*, 9.Aufl., Stuttgart, 1986.

(9) 敵味方を問わず、攻撃は黎明に発動されることが多いことを考えれば、早いとはいえない。

(10) ヒムラーの食事は質素な、南ドイツ料理が多かったとされる。少なくとも週に一度は、一鍋料理（アイントップフ）（鍋一つだけを使って調理するごった煮料理）か、馬肉料理で、ワインは来客がある場合以外は供されなかった。普段はジュースを飲んでいたのである。ヒムラーは早食いで、食後葉巻を一本吸うと、居眠りするのが常だったという。彼が中流市民の家庭に生まれ育ったことをほうふつとさせるエピソードではある。

(11) 冬至または夏至の意。

(12) もとのA軍集団。1945年1月25日改称。

(1) Ritter は、一定の官職に就いたもの、もしくは、決まった勲章を授与されたものに与えられる、一代かぎりの貴族の称号で、子孫が継承することはできない。これを「騎士」と訳す向きもあるが、上記のごとくイギリスの Knight に近似した概念であるので、その定訳「勲爵士」をあてた。ただし、人名、固有名詞としての「リッター」も存在しているので、注意が必要である。

(2) ヒトラーが 1928 年に脱稿したものの、外交政策に与える影響に鑑み、出版しなかった原稿が、戦後発見され、刊行されたもの。Gerhard L.Weinberg (Hrsg.), *Hitlers Zweites Buch*, Stuttgart, 1961. 現在、二種類の邦訳が存在する。立木勝訳『ヒトラー第二の書』成甲書房、2004 年。平野一郎訳『続・わが闘争』、角川文庫、2004 年。

第 5 章　ドイツ国防軍の敗北――1945 年

軍集団司令官ハインリヒ・ヒムラー

(1)「オーデル河畔のフランクフルト」の意。こうした呼び名によって、同名の都市フランクフルト・アム・マイン（マイン河畔のフランクフルト）と区別する。日本の文献では、ときに混同されていることがあるので注意されたい。

(2) ドイツ本国ほかで、補充兵の訓練などにあたる。

(3) 1945 年 1 月 26 日、クールラント軍集団に改称。なお、この時期の指揮官の辞令交付日や部隊の改称日には、戦争末期の混乱を反映してか、資料により差異があるが、本稿では、秦郁彦編『世界諸国の制度・組織・人事　1840-2000』（東京大学出版会、2001 年）に依拠した。以下同様。

(4) 1945 年 1 月 25 日、「北方軍集団」に改称。

(5) ポーランド名「ヴィスワ」川。以下、地名は、ワルシャワなど日本で慣習的な表記が確定しているもの以外、ドイツ語読みで統一する。

(6) 戦略単位となる、師団以上の部隊。

(7) ラマーディングはもともと技師であり、本格的な軍人教育を受けたのは、武装ＳＳに入ってからということになる。その彼が累進したのは、ハインリヒ・ヒムラーと個人的な縁故があったからだとされている。ラマーディングが師団長だった時代に、「帝国」師団は、フランスのオラドゥールで住民虐殺事件を起こした。その責任者として、ラマーディングは戦後起訴され、欠席裁判で死刑を宣告されたものの、地下に潜伏していたため、刑の執行をまぬがれた。

(8) もっとも、アイスマンは、ヒムラーは「自らの軍集団に適宜、人員・物資の補充を得さしめる」という国内軍司令官としての職責も果たしていなかったと、厳しい評価を下している。

(8) Ibid., p. 65.
(9) Ibid., pp. 66-67.

第4段註
(1) Jäckel, Die deuteche Kriegserklärung, S. 128-131.
(2) 新田満夫編『極東国際軍事裁判記録』第2巻（雄松堂書店、1968)、288―289頁。イェッケルもこの電報を見過ごしたわけではない。彼はこの大島電の内容についての疑問を提示している。11月28日の大島リッベントロップ会談に関するドイツ側の記録（ただし後半部が欠落している）によれば、両者ともに単独不講和条約等には触れていない。にもかかわらず、ヒトラーはドイツの参戦について確約したと大島は報告している。ただし、大島は27日に防共協定加盟国の外相らとともにヒトラーと会食しているが、もちろんそのような席で単独不講和協定の交渉がされたとも思えない。更に奇妙なことには、11月30日付の駐日大使オット（Eugen Ott）の電報によると、その日東郷外務大臣を訪問したオットに対し、東郷は29日の大島電を受け取っているはずであるのに、日米交渉決裂の場合に独伊が三国同盟の側に立つことを希望するとしている。ADAP. Bd. 13, Hbd. 2（Göttingen 1970), S. 738. イェッケルは、交渉の当事者たちが互いにその経過に無知であることに疑問を投げかけているのである。Jäckel, Die deutsche Kriegserklärung, S. 127-129.　これに対し、ヘルデは30日の会談において大島電が無視されているのは、その電報が長文にわたるために暗号解読が間に合わず、東郷の手に渡らなかったためであろうと推定している。この30日の会談に関する疑問については、おそらくこのヘルデの説明が正しいであろう。Herde, *Italien, Deutschland*, S. 76
(3) Ebenda, S. 76-77.
(4) ADAP. Bd. 13, Hbd. 2, S. 708-710.
(5)『極東国際軍事裁判速記録』第2巻、289－290頁。
(6) Department of Defence (U.S.A.), *The "Magic" Background of Pearl Harbor*, Vol. 3 (Washington, D.C., 1977), p. A-400.
(7) 大島は日独共同戦争を導くようなマヌーヴァーをしばしば実行した。これについて、ヴァイツゼッカーは1941年7月2日に「……一方、我々に対し、日本人大島はただ筋骨たくましく、誇り高く、そっけない日本の将軍〔像〕を演じてみせ、しかも彼の故国の誤った像を巧みにうえつけようとしている」としたメモを残した。Leonidas E. Hill, *Die Weizsäcker Papiere 1933-1950*, Bd. 2 (Frankfurt a. M./Berlin/Wien 1974), S. 262.

周縁への衝動――ロシア以外の戦争目的

tagebuch des Oberkommandos der Wehrmacht 1940-1945（以下、KTB/OKW. と略）, Bd. 4, Hbd. 2（Frankfurt a. M. 1961）, S. 1507.

（7）Ebenda. S. 1503.

（8）Willhelm Arenz（Hrsg.）, Die Vernehmung von Generaloberst Jodl durch die Sowjets. In: *Wehrwissenschaftliche Rundschau*, Heft 9（1961.9）, S. 1507.

（9）1941 年 12 月 8 日の東部戦線への指令では、東部戦線でのドイツの打撃力の中核を形成する四個装甲軍のうちのひとつ、第 2 装甲軍（Panzerarmee 2）を可能ならば作戦終了後にドイツ本国へ引き抜き、再編成することが考慮されている。ほかにも、戦況が許す限りにおいて機械化部隊を戦線から引き抜いて後方で休養させることが必要であるとされている。ドイツの対米宣戦の三日前の時点において、軍首脳部がなお事態楽観視し、ソ連軍の反撃を過小評価していたことの証左であろう。ここには、ハフナーのいうような敗北感は見られない。KTB/OKW. Bd. 1（Frankfurt a. M. 1965）, S. 1076-1082.

（10）Hillgruber, *Hitlers Strategie*, S. 732-733.

（11）Haffner, *Anmerkungen zu Hitler*, S, 211-212. 邦訳 144－145 頁。

第 3 段註

（1）こうした「威信」を問題にする議論の源流をたどっていくと「当時のリッベントロップの発言より、ヒトラーは独特の威信への欲求から、予想された宣戦布告に関し、ルーズヴェルトの先手を打つことを欲したという印象を私は受けた」という、パウル・シュミット（Paul Schmidt, 当時外務省の通訳官）の回想録の記述にいきあたる。Paul Schmidt, *Statist auf diplomatischer Bühne*（Frankfurt a. M. 1964, Taschenbuchausgabe）, S. 541. パウル・シュミット『外交舞台の脇役』、長野明訳、私家版、1998 年。

（2）義井「ヒトラーの対米宣戦の動機」。

（3）Jackel, Die deutsche Kriegserklärung.

（4）Ebenda, S. 135.

（5）例えば、1941 年 9 月 8 日にヴァイツゼッカーが日本にウラジオストックを攻撃させるように圧力をかけるべきだとしたとき、ヒトラーは日本を必要としているという印象を与えたくないので、そうした圧力をかけることを欲さないとした。ADAP. Bd. 13, Hbd. 1（Göttingen 1970）, S. 381-382.

（6）リッベントロップの回想録には、「総統は、私の見方を否定し、この問題に関し、東京に送った電報〔対ソ参戦要請〕について厳しく叱責した」とある。Joachim von Ribbentrop, *Zwischen London und Moskau*（Leoni am Stranberger See 1954）, S. 248.

（7）Weinberg, Germany's Declaration of War, pp. 60-61.

照。

(13) 例えば、Eberhard Jäckel, *Hitlers Weltanschauung, Entwurf einer Herrschaft* (Stuttgart 1986, 3. Auflage). エバーハルト・イエッケル『ヒトラーの世界観』、滝田毅訳、南窓社、1991 年。

(14)「プログラム」学派のパラダイムに対し、外政並びに内政の諸要因から構造的に政策決定を把握しようとする学派（いわゆる修正主義派 Revisionisten）があるのは周知の如くである。彼ら修正主義派はヒトラー中心主義を捨て、第三帝国の政策決定を指導者グループの競合の所産とみる。かかる視角は外政の研究においても適用され、「従ってヒトラーは—その明白な絶対的権力にもかかわらず—けっしてドイツ外政を一人で管轄していたわけでも、それに対して全責任を負うわけでもないとみなされる」。Wolfgang Michalka, *Ribbentrop und die deutsche Weltpolitik 1933-1940* (München 1980), S. 306. 彼らの主張の当否はともかく、そのナチズム体制を多元的、構造的に把握しようとする試みが、新たな地平を開いたことは認められるであろう。前節「ドイツの対米開戦 1　1941 年—その政治過程を中心に」は、こうした修正主義派の視点を導入したものである。が、これは必ずしも「プログラム」学派に対する論争において、修正主義派の側にくみすることを意図するものではない。そうした二元論的な枠組みを越える、ナチズム意思決定構造論の構築こそが喫緊の課題であると筆者はむしろ考える。

(15) 義井博「ヒトラーの対米開戦の動機」『政治経済史学』第 168 号（1980）。

(16) Eberhard Jäckel, Die deutsche Kriegserklärung an die Vereinigten Staaten von 1941. In:*Im Dienste Deutschlands und des Rechtes, Festschrift für Wilhelm G. Grewe* (Baden-Baden 1981).

(17) Gerhard L. Weinberg, Germany's Declaration of War on the United States: A New Look. In: Hans L. Trefousse (Ed.), *Germany and America* (New York, 1980).

第 2 段註

(1) Jäckel, Die deutsche Kriegserklärung, S. 137. 筆者の議論の詳細については、前節を参照されたい。

(2) 村瀬興雄『ナチズムと大衆社会』（有斐閣、1987）、278 頁。

(3) 山口定「ヒトラーとドイツ国防軍」三宅正樹ほか編『第二次世界大戦と軍部独裁』（第一法規、1983）所収、190 頁。

(4) Haffner, *Anmerkungen zu Hitler*, S. 212. 邦訳 145 頁。

(5) Haffner, *Anmerkungen zu Hitler*, S. 204-205. 邦訳 140 頁。

(6) OKW は 1945 年 5 月 23 日解体された。Percy Ernst Schramm (Hrsg.), *Kriegs-*

im Pazifik 1941（Wiesbaden 1983）は、イタリアの動きをも追いつつ、日米関係とドイツの対応を丹念に検証している。また研究対象を大西洋における独米の紛争に集中したものに、Thomas A. Bailey/Paul B. Ryan, *Hitler vs. Roosevelt, The Undeclared Naval War*（New York/London, 1979）がある。しかし、これら一連の研究はおおむねドイツの対米開戦を独米関係悪化の結果としているため、その動機については全く触れるところがないか、あるいはごく簡単な説明しか加えていないのである。その他、独米対立を経済的闘争からの延長と論じるものに、Hans-Jürgen Schröder, Das Dritte Reich und die USA, In: Manfred Knapp u. a., *Die USA und Deutschland, 1918-1975, Deutsch-amerikanische Beziehungen zwischen Rivalität und Partnerschaft*（München 1978），ドイツ民主共和国の Gerhart Hass, *Von München bis Pearl Harbor*（Berlin ＜ O ＞ 1965）がある。しかし、こうした解釈では、1941 年 12 月というドイツにとって最悪の時期になぜ独米開戦が生じたかを説明できないのではなかろうか。「プログラム」学派の立場によるものとしては、Andreas Hillgruber, Der Faktor Amerikas in Hitlers Strategie 1938-1941, In: Wolfgang Michalka（Hrsg.），*Nationalsozialistische Aussenpolitik*（Darmstadt 1978）があるが、これは内容的にには本稿第二節で触れる『ヒトラーの戦略』第二版のあとがきと同様の見解を示している。なお、これらの諸研究は筆者の見た範囲内で知り得たものであって、独米関係についての研究書を網羅的に記したものではないことを断っておく。

（6）Andreas Hillgruber, *Hitlers Strategie, Politik und Kregführung 1940-1941*（München 1982, 2. Auflage），S. 553. ただし、ヒルグルーバーは、第二版のあとがきで、この見解を修正している。これについては、第二節で紹介する。

（7）Hans Wilhelm Gatzke, *Germany and the United States "a special relationship?"*（Cambrige, Massachusetts/London, 1980），p. 137.

（8）Sebastian Haffner, *Anmerkungen zu Hiter*（*Dusseldorf 1980, Großdruckausgabe*），S. 249-251. 赤羽龍夫訳『ヒトラーとは何か』（草思社、1979）、169－170 頁、以下の引用には、この邦訳に手を加えて使用する。

（9）義井博「日独伊三国同盟と軍部」三宅正樹ほか 編『太平洋戦争前夜』（第一法規、1983）所収、三七頁。

（10）アドルフ·ヒトラー、平野一郎／将積茂共同訳『わが闘争』全二巻（角川書店、1973）。

（11）Gerhard L. Weinberg（Hrsg.），*Hitlers Zweites Buch, Ein Dokument aus dem Jahr 1928*（Stuttgart 1961）. アドルフ・ヒトラー『続・わが闘争』、平野一郎訳、角川文庫、2004 年。

（12）「プログラム」学派の研究については、A. Hillgruber, *Hitlers Strategie, Klaus Hildebrand, Deutsche Aussenpolitik 1933-1945*（Stuttgart 1976, 3. Auflage）等を参

(78) Department of Defense (U. S. A.), *The "Magic" Background of Pearl Harbor*, Vol. 4, Washington D. C., 1977, pp. A-387-A-389.

(79) Eberhard Jäckel "Die deutsche Kriegserklärung an die Vereinigten Staaten von 1941,"*Im Dienste Deutschlands und des Rechtes, Festschrift für Willhelm G. Grewe*, Baden-Baden, 1981, S.130-131.

(80) ADAP. Bd. 13, Hbd. 2, S. 765-767.

(81) Ebenda. S. 781-782.

(82) Henry Picker (Hrsg.), Hitlers Tischgespräche im Führerhauptquartier, Stuttgart, 1983, Jubiliäumausgabe, S. 227.

(83) ADAP. Serie E. Bd. 1, Göttingen, 1969, S.17.

ドイツの対米開戦――その研究史

第 1 段註

(1) 丸山真男『現代政治の思想と行動（増補版)』(未来社、1964)、88 頁

(2) 外務省編『日本外交年表立編に立主要文書』全二巻（日本国際連合協会、1955）下巻、四五九頁。独文テキストは、Auswärtiges Amt, *Akten zur deutschen auswärtigen Politik 1918-1945*, Serie D（以下、ADAP. と略), Bd11, Hbd. 1 (Bonn 1964), S. 175.

(3) 当時のドイツ陸軍には、元帥と大将の間に上級大将（Generaloberst）という階級があった。

(4) Der internationale Militärgerichtshof, *Der Prozess gegen die Hauptkriegsverbrecher vor dem Internationalen Militärgerichtshof*, 42 Bde. (Amtlicher Text, Nürnberg 1947-1949), Bd. 15, S. 436.

(5) 例えば、William L. Langer/S. Everett Gleason, *The Undeclared War 1940-1941* (New York, 1953) は 900 頁を越える大著であり、古いものではあるが、いまなお参照すべき詳細な研究である。Hans Louis Trefousse, *Germany and American Neutrality 1939-1941* (New York, 1951) や Robert A. Divine, *The Reluctant Belligerent: American Entry into World War* Ⅱ (New York/London/Sydney, 1965) は、この時期の独米関係をまとめた概説で、後者は特にコンパクトにまとまっている。Saul Friedländer, *Prelude to Downfall; Hitler and The United States, 1939-41* (London, 1967) は、当時イギリス国防省が補完していたドイツ海軍文書（現在では連邦共和国に返還）を使用し、研究を前進させた。James V. Compton, *The Swastika and the Eagle* (London, 1968) は、ドイツ外務省の関係者にヒアリングや書簡による問い合わせを実施した点に特色がある。Bernd Martin, Amerikas Druchbruch zur politischen Weltmacht, *In : Militärgeschichtliche Mitteilungen*, Nr. 30 (1981) は、アメリカ側に力点を置いて、この時期の独米関係を説明したもの。Peter Herde, *Italien, Deutschland, und der Weg in den Krieg*

(48) Ebenda. S. 619-620.

(49) Ebenda. S. 682.

(50) Ebenda. S. 705-706. 5月18日の松岡との会談に関するオットの報告。

(51) IMGN. Bd. 27, S. 334-335.

(52) LObM. S. 230.

(53) ADAP. Bd. 13, Hbd. 1, Göttingen, 1970, S. 1, S. 33-34.

(54) Ebenda. S. 72-74, S. 96.

(55) Ribbentrop, *London und Moskau*, S. 248.

(56) KTB/OKW Bd. 1, S. 1020.

(57) Ebenda. S. 1038-1040.

(58) DAFR. Vol, 3, pp. 56-58.

(59) LObM. S, 264-266.

(60) ADAP. Bd. 13, Hbd. 2, Göttingen, 1970, S. 833-834.

(61) ADAP. Bd. 13, Hbd. 1, S. 327-328.

(62) Ebenda. S. 381-382. 8月10日付のヴァイツゼッカーのメモには、「6月から7月始めとは逆に私は今日一層、日本人が東方でロシア人に襲いかかってくれること望む」とある。Hill, Waizsäcker Papiere, Bd. 2, S. 263.

(63) ADAP. Bd. 13, Hbd. 1, S. 112-114.

(64) Ebenda. S. 133-135.

(65) Ebenda. S. 161.

(66) HKTB. Bd. 3, Stuttgart, 1964, S. 179.

(67) ADAP. Bd. 13, Hbd. 1, S. 345-353.

(68) Leland M. Goodrich（Ed.）, DAFR. Vol. 4, Boston, 1942, pp. 93-100.

(69) Saul Friedländer, *Prelude to Downfall: Hitler and the United States, 1939-41*, London, 1967, pp. 290-294. Cf. Thomas A. Bailey/Paul B. Ryan, *Hitler vs. Roosevelt, The Undeclared Naval War*, New York/London, 1979, pp. 188-213.

(70) オット駐日大使の一連の報告（8月30日、9月13日、9月16日）。ADAP. Bd. 13, Hbd. 1, S. 339-340, S. 401-403, Bd. 13, Hbd. 2, S. 420-421.

(71) LObM. S. 286, S. 289-291.

(72) ADAP. Bd. 13, Hbd. 2, S. 534.

(73) HKTB. Bd. 3, S. 295.

(74) ADAP. Bd. 13, Hbd. 1, S. 411-413.

(75) 稲葉正夫ほか共編『太平洋戦争への道（新装版）別巻資料編』朝日新聞社、1988年、585－586頁。

(76) ADAP. Bd. 13, Hbd. 2, S.652-654.

(77) Ebenda. S.660.

(24) International Militargerichtshof, *Der Prozess gegen die Hauptkriegsverbrecher vor dem International Militargerichtshof*, 42 Bde., Amtlicher Text, Nurnberg, 1947-1949（以下 IMGN. と略）, Bd. 34, S. 613. Vgl. Michael Salewski, *Die deutsche Seekriegsleitung 1935-1945*, Bd. 3, Frankfurt a. M, 1973, S. 70-104.
(25) LObM. S.136, S. 158-159.
(26) ADAP. Bd. 12, Hbd. 2, S.432.
(27) ADAP. Bd. 12, Hbd. 1, S.353.
(28) DAFR. Vol. 3, pp. 58-60.
(29)『朝日新聞』1941 年 5 月 26 日付、1 面。
(30) LObM. S. 236, ADAP. Bd. 12, Hbd. 2, S. 822-823.
(31) LObM. S. 190-196.
(32) Chapman, *The Price of Admiralty*, Vol. 2, p. 512, p. 588, n. 15.
(33) 1941 年 3 月 18 日の会談。LObM. S. 205.
(34) Compton, *Swastika*, p. 219.
(35) Hildebrand, *Deutsche Aussenpolitik*, S. 104-106. Wolfgang Michalka, *Ribbentrop und die deutsche Weltpolitik 1933-1940*, München, 1980.
(36) Andreas Hillgruber, *Hitlers Strategie, Politik und Kriegführung 1940-1941*, München, 1982, 2. Auflage, S. 396.
(37) ADAP. Bd. 12, Hbd. 1, S. 117-119.
(38) ADAP. Bd. 12, Hbd. 2, S. 671.
(39) Joachim von Ribbentrop, *Zwischen London und Moskau*, Leoni am Starnberger See, 1954, S. 241.
(40) ADAP. Bd. 12, Hbd. 1, S. 150. 駐日大使オットはこの命を受けて、41 年 3 月 8 日、杉山元参謀総長、近藤信竹軍令部次長らと会談、シンガポール攻撃の必要を訴えている。国立国会図書館憲政資料室蔵「近衛文麿関係資料」R11。
(41) ADAP. Bd. 12, Hbd. 1, S. 342-343.
(42) 1939 年 10 月半ばのヴァイツゼッカーのメモ。Leonidas E. Hill (Hrsg.), *Die Weizsäcker Papiere 1933-1950*, Bd. 2, Frankfurt a. M./Berlin/Wien, 1974, S.176.
(43) ADAP. Bd. 12, Hbd. 2, S. 550-551.
(44) ADAP. Bd. 9, Frankfurt a. M., 1962, S. 188-189.
(45) ADAP. Bd. 11, Hbd. 2, Bonn, 1964, S. 883-885.
(46) ADAP. Bd. 12, Hbd. 1, S. 287. ただし、ヴァイツゼッカーは、日本はドイツの勝利が決定的にならなければ参戦しないのではないかという疑念を抱いていた。Hill, Weizsacker Papiere, Bd. 2, S. 236, S. 246.
(47) ADAP. Bd. 12, Hbd. 2, S. 593-596.

(4) *Ibid.*, pp. 53-54, Gerhard L. Weinberg "Hitler's Image of the United States," *The American Historical Review*, Vol. 69, No. 4 (1964), p. 1012.

(5) Auswärtiges Amt, *Akien zur deutschen auswärtigen Politik 1918-1945*（以下、ADAP. と略。特記せぬ限り、Serie D), Bd. 13, Hbd. 1, Göttingen, 1970, S. 181-182.

(6) Compton, *Swastika*, pp. 122-123.

(7) *Ibid.*, p. 83, p. 90.

(8) *Ibid.*, p. 123.

(9) John W. M. Chapman (Ed)., *The Price of Admiralty, The War Diary of the German Neval Attaché*, Vol. 2, Ripe, 1984, p.512.

(10) *Ibid.*, pp. 526-533.

(11) Klaus Hilderbrand, *Deutsche Aussenpolitik 1933-1945*, Stuttgart, 1976, 3. Auflage, S. 26-28, S. 94-99, S. 103, S. 107.

(12) Percy Ernst Schramm (Hrsg.), *Kriegstagebuch des Oberkommandos der Wehrmacht 1940-1945*（以下 KTB/OKW と略)、Bd. 1, Frankfurt a. M., 1965, S. 258. 1941 年 1 月 9 日の発言。

(13) Ebenda. S. 205.

(14) Arbeitkreis fur Wehrforschung Stuttgart, *Generaloberst Halder Kriegstagebuch*（以下 HKTB. と略), Bd. 2, Stuttgart, 1963, S. 165, S. 213. [ ] 内は HKTB. の編者の註。ほかに KTB/OKW Bd. 1, S. 996, ADAP. Bd. 12, Hbd. 1, Göttingen, 1969, S. 319 なども参照されたい。

(15) S. Shepard Jones/Denys P. Myers (Ed.), *Documents on American Foreign Relations*（以下、DAFR. と略), Vol.3, Boston, 1941, pp. 203-225, pp. 711-723.

(16) William L. Langer/S,Everett Gleason, *The Undeclared War 1940-1941*, New York, 1953, pp. 424-425. Cf. DAFR. Vol. 3, pp. 621-622.

(17) Robert A. Divine, *The Reluctant Belligerent, American Entry into World War II*, New York/London/Sydney, 1965, p. 76, pp.107-111, pp. 126-127. 事実、6 月 20 日には米戦艦「テキサス」と独潜水艦の交戦事件が起こっている。Gerhard Wagner (Hrsg.), *Lagevorträge des Oberbefehlshabers der Kriegsmarine vor Hitler 1939-1945*（以下 *LObM.* と略) München, 1972, S. 263.

(18) Ebenda. S. 154, S. 229.

(19) ADAP. Bd. 12, Hbd. 2, Göttingen, 1969, S. 890.

(20) *LObM.* S. 263-264.

(21) Walter Hubatsch (Hrsg.), *Hitlers Weisungen für die Kriegführung 1939-1945*, München, 1965, Taschenbuchausgabe, S. 121.

(22) ADAP. Bd. 12, Hbd. 1, S. 320.

(23) Ebenda. S. 376.

この処置は、タンネンベルクの戦いには間に合わなかった上、西部戦線のドイツ軍の弱体化を招き、マルヌの敗戦の一因となった。

(16) 普仏戦争の決戦となったセダンの戦いの勝敗が決まった日。この日、包囲されたフランス軍は決死の攻撃を試みたが、大損害を出しただけで退勢をくつがえすことはできず、前線に出陣していた皇帝ナポレオン三世以下の、残余の部隊は降伏した。

第3章　政治・戦争・外交。世界大戦からもう一つの世界大戦へ——1914－1941年

ポーランド・ゲーム

(1) 【　】内は筆者による註釈。以下同様。

(2) 本条約ならびに付属の秘密議定書は、参考文献にあげたプラジュモフスカの著書に収録されている。

(3) 駐ソ英大使館は、ソ連西部国境の守備隊が増強されている（8月30日）、あるいは部分動員が開始された（9月9日）といった報告をロンドンに送っていた。

(4) 9月17日は日曜日。

(5) フランスは、9月4日にポーランドとの軍事同盟条約を批准したが、これはドイツとの戦争の場合の参戦義務を定めてはいたものの、ソ連に対しての規定はなかった。

(6) とくに、当時の国際関係上、死活的に重要なアメリカにおいて、イギリスは物質的な目標のために帝国主義戦争を行っているとの批判が高まっているとの報告が外務省に届いていた。

(7) 秘密議定書には、たしかに、これらの国についての言及がある。

独ソ戦前夜のスターリン

(1) そもそも、グランツは、ソ連先制攻撃説に反駁し、当時のソ連軍は攻勢を実行できる状態になかったことを示すために、この大著を書いたのである。

ドイツの対米開戦　1941年——その政治過程を中心に

(1) 例えば、セバスチャン・ハフナー、赤羽竜夫訳『ヒトラーとは何か』草思社、1979年、169－171頁、先行研究については、次節の拙稿「ドイツの対米開戦—その研究史」をみられたい。

(2) ヒトラー中心論をめぐる批判と論争については、佐藤健生「ナチズム—ヒトラー主義—ドイツ・ファシズム—最近の西ドイツにおける公開討論から—」『紀尾井史学』第2号、1982年11月を参照されたい。

(3) James V. Compton, *The Swastika and the Eagle*, London, 1968, pp. 52-54, p. 57.

(6) スホムリーノフは、さまざまな醜聞や汚職で有名だったけれども、宮廷政治の裏側で巧妙に立ち回り、1915年に失脚するまで権力を保持した。軍事的には白兵戦至上主義者で、ロシア軍が火力を活用した戦術を採用する妨げとなった。

(7) 拙稿「出来すぎた伝説」、大木毅・鹿内靖共著『鉄十字の軌跡』、国際通信社、2010年。

(8) 1914年8月9日付の報告で、駐露フランス大使は、対独戦を指揮する司令官を誰にするかについての暗闘や駆け引きについて、まるでトルストイの『戦争と平和』の一章のようだと記した。

(9) タンネンベルクの戦いが行われた地域には、もともとドイツ語、ロシア語、ポーランド語で呼称がちがう地名が多数ある上に、両世界大戦による国境変更に従い改称されたものもあるため、表記は困難をきわめる。本稿では、当時の地名、もしくは、より一般的であろうと思われるものを優先して、表記する。

(10) 当然のことながら、ヒンデンブルクの回想録には、この請願のことは一言も記されていない。

(11) 当時のドイツ軍は、20～21歳の現役、22～27歳の予備役、28～31歳の第一後備役、32～39歳の第二後備役より成っていた。後備部隊（ラントヴェーア）よりも予備部隊、予備部隊よりも現役部隊のほうが戦力を期待できることはいうまでもない。

(12) ただし、ルーデンドルフとホフマンの関係は、けっして悪いものではなかったらしい。ホフマンの回想録には、「私は、個人的にルーデンドルフをよく知っていた。同じころ、ポーゼンで参謀将校として勤務していたこともあったし、1909年から1913年にかけて、ベルリンの同じ家に住んでいた」とある。

(13) ロシア軍は、兵員こそ動員したものの、物資の集積は後手に回っていた。また、ドイツ軍が通信施設を破壊したために、連絡は困難をきわめ、無線を多用せざるを得なくなっていた。

(14) この失態が生じた理由の一つとして、ロシア軍の通信装備の貧弱さが挙げられるかもしれない。第2軍は、電話機25台、ごく少数のモールス信号式無線機、1時間あたり1200語を送信できるだけの原始的なテレプリンター1台しか持っていなかった。

(15) たとえば、戦争勃発時に、イギリス軍がシュレスヴィッヒ・ホルシュタイン地方（デンマークとの国境地帯）に上陸した場合に備えて編成された第1後備上級方面隊も、少将フォン・デア・ゴルツ男爵（前出のゴルツとは別人）のもと改編され、フォン・デア・ゴルツ師団として、第8軍に増援された。また、西部戦線から2個軍団が引き抜かれ、第8軍に回されている。しかし、寄宿舎に移り、住居、食事、50 ターレルの給与を受けるようになった。

(6) 原語は Allgemeine Kriegsschule で、直訳すれば「一般軍事学校」。ただし、便宜的に「陸軍大学校」の訳語を当てておく。

(7) この時期、クラウゼヴィッツがまさに『戦争論』の構想をまとめ、草稿を執筆中だったことを考えれば、歴史の興味深い邂逅が一つ実現しなかったということになる。

(8) 当時の陸軍大学校のカリキュラムは、ドイツ文学、歴史、フランス語、数学等の一般教養科目が六割で、残り四割が戦術や戦史などの軍事専門科目であった。

(9) ジョミニは、フランス軍、のちにはロシア軍に勤務して、ナポレオン戦争を経験した軍人であり、幾何学的発想によるその用兵論は、当時の欧米諸国の軍人に影響を与え、また称賛されていた。主著の『戦争術概論』には邦訳(アントワーヌ・アンリ・ジョミニ『戦争概論』、佐藤徳太郎訳、中公文庫、2001 年)がある。

(10) 以下、モルトケの言葉の引用は、すべて片岡徹也の訳文による。

伝説のヴェールを剝ぐ――タンネンベルク殲滅戦

(1) 第一次世界大戦の勃発には、関係各国に応分の責任があるというのが、第二次世界大戦終結直後までの定説であった。しかし、ドイツの歴史家フリッツ・フィッシャーが 1961 年に『世界強国への道』を発表するとともに、のちのナチス・ドイツの拡張主義にも通じるドイツ帝国指導層の攻撃性をめぐる論争になった。今日では、どの程度の比重を置くかは別として、第一次世界大戦におけるドイツの戦争責任は否定できないものとなっている。詳しくは、フリッツ・フィッシャー著、村瀬興雄監訳『世界強国への道』、全二巻、岩波書店、1972 ~ 1983 年を参照。日本語で読める、バランスの取れた叙述としては、ジェームズ・ジョル著、池田清訳『第一次世界大戦の起源』、改訂新版、みすず書房、1997 年。ケネディ米大統領も推奨した興味深いノンフィクションに、バーバラ・タックマン著、山室まりや訳『八月の砲声』、上下巻、筑摩叢書、1965 年がある。

(2) ドイツ統一戦争時に参謀総長だったヘルムート・カール・ベルンハルト・フォン・モルトケ元帥の甥。両者を区別するために、前者を「大モルトケ」、後者を「小モルトケ」と呼ぶ。

(3) 本書第 2 章「作戦が政治を壟断するとき」を参照されたい。

(4) Terence Zuber, *Inventing the Schlieffen Plan: German War Planning, 1891-1914*, Oxford, 2002. また、ツーバーのテーゼとその主張をめぐる論争については、石津朋之「『シュリーフェン計画』論争をめぐる問題点」『戦史研究年報』第 9 号(防衛研究所、2006 年)に紹介されている。

(5) 日本海海戦で失われたロシア艦船の損害は、金額にして 2 億 5588 万 8951 ルーブルに達したとの統計がある。ちなみに、1913 ~ 1914 年度の海軍予算は約 2 億 4500 万ルーブル。

靴を与えられず、はだしで行軍することもしばしばで、小銃を支給されないこともあった。しかし、ワーテルロー戦役では、プロイセン軍のかなりの部分が、後備兵に頼っていた。当時、編制中、後備兵部隊の占める割合は、第1軍団ならびに第2軍団で3分の1、第3軍団で半分、第4軍団では3分の2にもなった。

(14) 投降し、プロイセン軍にナポレオンの作戦命令の写しを渡して、午後にはシャルルロワ攻撃がはじまると告げたのは、フランス軍第4軍団隷下の第14師団長、伯爵ルイ・ブルモン少将だった。ブルモンは、ブルボン王朝復辟(ふくへき)ののち、1829年には陸軍大臣となり、1846年には元帥にまで昇りつめた。

(15) ミュフリングの記述が正しいなら、公爵が彼に言ったことはリップ・サーヴィスだったということになる。

(16) この会見で、プロイセン軍の布陣を見たウェリントンは、反対斜面を利用して無用な損害を出すのを避けるべきだと忠告したが、彼らは聞く耳持たなかったという挿話が伝わっている。が、最近の研究では、それはウェリントン自身が広めた伝説だという説が有力である。

(17) ウェリントンの約束については、相矛盾するさまざまな証言があるが、ここでは会見に同席したミュフリングの回想録によった。

(18) ブリュッヒャーは、やってきたグナイゼナウにキスし、「自分の頭に口づけできるのは、わしぐらいのものだ」と笑ったという。おそらくは伝説であろう。が、両者の関係性をよくあらわしたエピソードだといえる。

(19) 後年、この戦いが「ワーテルローの戦い」と呼ばれるようになったことを不満に思ったブリュッヒャーは、折に触れて「ベル・アリアンスの戦い」とすべきだと主張した。あいにく、老元帥の希望は、今日までもかなえられていない。

モルトケと委任戦術の誕生

(1) 現在の海兵隊のドクトリンにおいて重視されている「機略戦」が、ドイツ陸軍の理想とした指揮形態に近いことは注目されるべきだろう。詳しくは、北村淳・北村愛子編著『アメリカ海兵隊のドクトリン』、芙蓉書房出版、2009年を参照。

(2) ドイツ連邦国防軍の退役准将であり、法学者、文筆家としても活躍している。

(3) のちに、彼の甥であるヘルムート・フォン・モルトケが参謀総長になったことから、両者を区別するために、こうした呼称が生じた。この甥のほうは「小モルトケ」と呼ばれる。

(4) フリードリヒがプロイセン軍を辞したのは、義父の懇望によるものだったとされている。しかし、自分は軍人に向いていると考えていたようで、のちに国籍を取得したデンマーク軍に任官、中将にまで進級している。

(5) モルトケは、最初ある将軍の家に下宿していたが、待遇がよくなかったためプロイセンの代表が譲歩しすぎると憤っていたのである。

(3) この時代の連隊の通称は、指揮官の名によっている。以下、同様。

(4) プロイセン人がスウェーデン軍に入るというのは、現代の眼からすると奇異に映るかもしれない。が、充分に国民国家が形成されていなかった当時においては珍しいことではなかった。事実、この時点で、ブリュッヒャー家の長男と三男はプロイセン軍に勤務していたけれど（元帥は六男）、次男はデンマーク軍に入隊していた。

(5) 当時、プロイセン軍の近衛軽騎兵連隊や第5軽騎兵連隊は、黒一色の軍服を採用していた。1758年に新編された、このベリング（第8）軽騎兵連隊も同様であったが、さらに、帽子に髑髏（されこうべ）の徽章を付け、「征服か死か（ウィンケレ・アウト・モリ）」のラテン語のモットーを刺繍していた。第二次世界大戦におけるドイツ戦車兵のスタイルの先触れといえる。ちなみに、ベリング連隊は、のちに元帥の在隊を記念して、ブリュッヒャー連隊と改称された。

(6) 1805年にナポレオンが改称して以来、第一帝政のフランス軍はこう呼ばれた。「大陸軍」La Grande Armeeのカナ表記については、フランス語の規則から判断して、「ラ・グランタルメー」もしくは「ラ・グランド・アルメー」とするものがあったが、筆者が、フランス語学習書などの出版で有名な白水社の仏和辞書編集部に確認したところ、「ラ・グランダルメー」がもっとも適切であろうとの見解を得た。本稿もそれに従う。

(7) シャルンホルストは、グロースゲルシェンの戦い（1813年5月2日）で受けた戦傷を押して、急使としてウィーンに向かい、その無理がたたって、1813年6月28日にプラハで亡くなった。

(8) 1813年12月18日、中将に進級。

(9) 主たる参戦国だけでも、フランス、プロイセン、ロシア、オーストリア、スウェーデンが参加していることから、この名がついた。なお、フランス軍には、ポーランド人部隊やイタリア人部隊があった。

(10) 1813年10月12日、それまでにあげた数々の勲功により、ブリュッヒャーは元帥に進級した。

(11) ナポレオンが帝位に復してから、既存の軍隊20万に、7万5000の退役古参兵、1万5000の義勇兵が加わった。さらに税関吏や警官、水兵までも軍にまわされた結果、合計28万の新規兵力が生まれることになる。しかも、半年以内に、1815年度徴集兵15万が応召する見込みだった。

(12) 以下、本稿では煩雑さを避け、便宜的に「イギリス軍」と呼ぶことにする。

(13) 後備兵（Landwehr）は、17歳から40歳までの兵役年齢にあり、正規軍に徴兵されていないか、義勇猟兵隊（フライヴィリゲ・イェーガー）（Freiwillige Jäger）に参加しているものの志願（必要数にみたない場合は徴兵）によって編成された。その装備は貧しく、

(14) B. Bonwetsch, Vom Hitler-Stalin Pakt zum "Unternehmen Barbarossa", in: *Osteuropa*, 41. Jg (1991)., H.6.

(15) Besymenski, Die Rede Stalins. なおボンヴェチュのように、このテキストはスターリン全集に収められるために改竄が加えられているのではないかとみる向きもある。B. Bonwetsch, Nochmals zu Stalins Rede am 5. Mai 1941, in: Osteuropa, 42. Jg (1992)., H.6. が、ベジメンスキーが当時の出席者の証言と照合し、内容の一致を確認していることを考えると、現在このテキストがもっとも信頼できるものと考えられる。

第5段註

(1) 西独、そして統一後のドイツにおける保守、あるいは極右ジャーナリズムの状況については、Claus Heinrich Meyer, Die Veredelung Hitlers, in: Wolfgang Benz (Hrsg.), *Rechtsextremismus in der Bundesrepublik*, 2. Aufl. Frankfurt a.M. 1989 ならびに Hans Sarkowicz, Publizistik in der Grauzone, in: ebenda を参照。

(2) 守屋純「独ソ戦発生をめぐる謎」『軍事史学』第100号（1990年）はスヴォーロフの説を無批判になぞり、高い評価を与えた上で、予防戦争論の再検討を唱えている。

追記　そもそも、ソ連の対独先制攻撃論には、アジアの国際情勢との連関に対する理解が欠落している。もしソ連からドイツを攻撃すれば、日独伊三国同盟条約第三条の欧州または中国での紛争に参加していない第三国から攻撃された場合、加盟国は相互に援助するとの規定にあてはまり、日本は対ソ参戦義務を負う。すなわち、ソ連は日独相手の二正面戦争に突入することになるのだ。もっとも、三国同盟に基づく日本の参戦は、1941年に締結された日ソ中立条約に定められた中立義務と矛盾するのだが、ソ連としては中立条約があるからといって、日本の脅威を看過することはできなかったはずである。

第２章　プロイセンの栄光——18世紀－1917年

皇帝にとどめを刺した前進元帥——プロイセン軍からみたワーテルロー戦役

(1) 当時、将軍の長男フランツは、頭に負った戦傷がもとで、精神病に苦しんでいた。

(2) 1814年、ナポレオン没落後のヨーロッパ国際秩序を定めるために、ウィーン会議が開催されたが、列強の利害が錯綜し、会議は混迷を深めた。将軍は、ポーランドやザクセンの一部を割譲させるだけでは不充分だと考えており、

(5) Suvorov, Yes, Stalin, p.74.

(6) A. Vasilevskij, V te surovye gody, in: Voenno-istoriceskji zurnal 2 (1978), S.67, zitiert in: Pietrow, Deutschland, S.135.

(7) V. Suworow (Suvorov), Der Eisbrecher, Stuttgart 1989, S.210-213.

(8) Ebenda. S.429. スヴォーロフはソ連の秘密文書館で史料をみたとしている。Ebenda. S.14. Suvorov, Yes, Stalin, p.73. しかし、スヴォーロフの地位からすれば、文書館の機密史料にアクセスできる立場にはなかったはずである。Gorodetsky Ⅰ, S.652. またNHKのドキュメンタリー「国際スパイ・ゾルゲ」(1991年10月7・8日放映)でのインタビューでは、彼はソ連文書館での史料閲覧を求める手紙をエリツィン宛に出し、その機会が与えられれば自説を立証する史料を捜し出せるとしている。矛盾という他ない。このインタビューは放映されなかったが、筆者は同番組への取材協力の代価としてそのプロトコルを入手した。

(9) G.Gillessen, Der Krieg zweier Aggressoren, in: FAZ, Nr. 98, 27. 4. 1989, S.12. ギレッセンは、この文章で「スヴォーロフのテーゼの批判者たちはたしかに激しく反駁しはするが、彼の証拠を検討することを徹底して回避している」としている。しかし、ギレッセンはピエトロフの論文を読んでいるのであり、かかる主張はスヴォーロフを支持するための強弁であると思われる。Vgl. G. Gillesssen, "Friedensschuld", in: GG, 14. Jg (1988), S.541.

(10) Gorodetsky Ⅰ. なおゴロデツキーは同じタイトルで本論文の後半と同様の内容の論文も発表している。G.Gorodetsky, Stalin und Hitlers Angriff auf die Sowjetunion, in: Bernd Wegner (Hrsg.), *Zwei Wege nach Moskau*. München 1991. Bernd Bonwetsch, Was wollte Stalin am 22. Juni 1941?, in: BDIP, 34. Jg (1989)., H.6. Dennis E. Showalters Rezension, in: MGM 48 (2/1990). Joachim Tauber, Die Planung des》Unternehmen Barbarossa《, in: Hans-Heinrich Nolte (Hrsg.), *Der Menschgegen den Mensche*. Hannover 1992, S.179 ff.

(11) Gorodetsky Ⅰ, S.656. Vgl. Suvorov, Eisbrecher, S.324. この引用の歪曲は既にRUSI誌上の論稿でなされていた。 Suvorov, Who was Plannning, P.54. しかもスヴォーロフは『砕氷船』でピエトロフに指摘された歪曲を繰り返している。 Suvorov, *Eisbrecher*, S.339.

(12) Bonwetsch, Was wollte Stalin, S.689-691.

(13) ホフマンは91年に再びソ連の攻撃意図を主張する論文を著し、更に多くの状況証拠を提示したが、攻撃意図を示す直接の証拠は示されていない。J. Hoffman, Die Angriffsvorbereitungen der Sowjetunion 1941, in: Wegner (Hrsg.), *Zwei Wege*. この論文では、ホフマンがかつて支持を表明したスヴォーロフについての言及は一切ない。

(16) G. Gillessen, Der Krieg der Diktatoren. Ein erstes Resumee der Debatte über Hitlers Angriff im Osten, in: FAZ, Nr. 47, 25. 2. 1987, S.33.
(17) Max Klüver, *Präventivschlag 1941*. 2. Aufl. Leoni 1989 (1. Aufl. Leoni 1986).
(18) Adolf von Thadden, Russlandfeldzug-Überfall oder Präventivschlag?, in: *Nation Europa*, 37. Jg (1987). , H.3.
(19) Rolf Kosiek, *Historikerstreit und Geschichtsrevision*, Tübingen 1987, Anh. Nr. 1.
(20) MGFA の伝統批判派を中心とした反論は以下のものがある。
W. Wette, Über die Wiederbelebung des Antibolschewismus mit historischen Mitteln, in: Gernot Erler u. a. (Hrsg.), *Geschichtswende?*, Freiburg 1987. G. Ueberschär, zur Wiederbelebung der "Präventivkriegsthese", in: Geschichtsdidaktik, H.4 (1987). Ders.》Historkerstreit《und》Präventivkriegsthese《, in: Tribüne, 26. Jg (1987)., H.1. ただし、これはヒルグルーバーによって論破された主張の繰り返しである。Vgl. B. Stegemann, Der Entschluss zum Unternehmen Barbarossa, in: *Geschichte in Wissenschaft und Unterricht*, 33 Jg (1982)., H.4. A. Hillgruberm Noch einmal: Hitlers Wendung gegen die Sowjetunion 1940, in: ebenda.

第 4 段註

(1) B. Pietrow, Deutschland im Juni 1941-ein Opfer sowjetischer Aggression?, in: GG, 14. Jg (1988)., S.116-135, jetzt in: Wolfgang Michalka (Hrsg.), *Der Zweite Weltkrieg*. 2. Aufl. München 1990. またベンツの批判も参照。Wigbert Benz, *Der Russlandfeldzug des Dritten Reichs: Ursachen, Ziele, Wirkungen*, Frankfurt a.M.u.a. 1986, S. 15-24.
(2) ベジメンスキーもこの点については、軍情報部やゲシュタポによる尋問において、「いかなる手段によって、この種の『ソ連の攻撃計画』に関する証言が強いられたかは容易に推測できる」としている。Besymenski, Katheder-Revanchismus, S.279.
(3) 筆者は、ピエトロフの挙げている文献のほかに、ドイツ外務省史料中にスターリン演説に関する報告を発見した。帰国した日本駐ソ大使秘書のラジオ講演に基づくこの報告によると、スターリンは演説に続く乾杯の際に戦争と平和のどちらに乾杯するかと問われ、もちろん戦争に乾杯と答えたという。Telegramm des Botschafters Eugen Ott an Auswärtiges Amt vom 12. 7. 1941, in: R 29717: B. St. S. , Russland, Bd.6, Politisches Archiv des AA. , Bl. 113722.
(4) G. Hilger an General Freiherrn Geyr von Schweppenburg, Bonn, den 10. 10. 1958, in: Archiv des Instituts für Zeitgeschichte München, Akz. 2732/61, Sign: ED 91, Bd. 10, zitiert in: Pietrow, Deutschland, S.133, Anm. 58.

Army) and Robert Bauman (PhD), in: RUSI, Vol. 131, No.1 (3. 1986).

(15) Correspondence from V. Survorov, in: Ibid.

(16) Gabriel Gorodetsky, Was Stalin Planning to Attack Hitler in June 1941? , in: RUSI, Vol. 131, No.2 (6. 1986). バルト軍管区司令官、参謀総長、国防人民委員などの軍を警戒状態におこうという提案はスターリンによって拒否されたという。Ibid., p. 71.

(17) V. Suvorov, Yes, Stalin Was [sic] Planning to Attack Hitler in June 1941, in: Ibid.

(18) Correspondence from J. Hoffmann, in: Ibid.

第3段註

(1) Günther Gillessen, Der Krieg der Diktatoren, in: *Frankfurter Allgemeine Zeitung* (以下 FAZ), Nr. 191, 20. 8. 1986, S. 25.

(2) Bianka Pietrows Leserbrief, in: FAZ, Nr. 203, 3. 9. 1986, S.6.

(3) E. Topitschs Leserbrief, in: FAZ, Nr. 206, 6. 9. 1986, S.6. この論争の前後に、トーピッチュは保守系新聞、軍事雑誌などで繰り返し自説をアピールしている。Vgl. E. Topitsch, Psychologische Kriegführungeinst und heute, in: *Allgemeine Schweizerische Militärzeitschrift*, 152. (1986)., Nr. 7/8. Ders, Perfekter Völkermord, in: Rheinischer Merkur/Christ und Welt, Nr. 3, 16. 1. 1987, S. 20. これらの論稿からは、トーピッチュの政治的意図がみてとれる。

(4) J. Hoffmanns Leserbrief, in: FAZ, Nr. 240, 16. 10. 1986, S.8.

(5) Johann Wolfgang Brügels Leserbrief, in: FAZ, Nr. 253, 31. 10. 1986, S.11.

(6) G.R. Ueberschärs Leserbrief, in: ebenda.

(7) Rolf-Dieter Müllers Leserbrief, in: FAZ, Nr. 261, 10. 11. 1986, S.9.

(8) B. Pietrows Leserbrief, in: FAZ, Nr. 264, 13. 11. 1986, S.8.

(9) たとえばシュモルケの投書では、マンシュタインの回想録などの軍人の回想から予防戦争論を支持している。Heinz Schmolkes Leserbrief, in: FAZ, Nr. 261, 10. 11. 1986, S.9. この種の回想が予防戦争テーゼの根拠となり得ないことは既に第一章で述べた。

(10) Lutz Hatzfelds Leserbrief, in: FAZ, Nr. 284, 8. 12. 1986, S.29.

(11) Karl Basslers Leserbrief, in: ebenda.

(12) Hans Schoofs Leserbrief, in: ebenda.

(13) Rolf Elbles Leserbrief, in: ebenda.

(14) Horst Boogs Leserbrief, in: FAZ, Nr. 289, 13. 12. 1986, S.7.

(15) ギレッセンの主張にもかかわらず、ホフマンが予防戦争論者であることは第二章でみた。

(6) Albisser, S. 122.

(7) メッサーシュミットによる大戦史第四巻の序文における矛盾は、このような経緯から推測できよう。そこでは、ドイツの対ソ攻撃には、「プログラム」論による解釈、スターリンの拡張政策に対する対応とする解釈、対仏戦の勝利と英本土航空戦の敗北後の戦略的圧迫を逃れるためとする解釈の三つがあるとされている。研究者のあいだの様々な見解はいまだ一致をみておらず、第四巻においてはこうした解釈の多元性を顧慮するとしながらも、メッサーシュミットは行論中後二者の解釈をはっきり否定しているのである。M. Messerschmidt, Einleitung, in: DRZW, Bd. 4, hier S.XIII f., S. XVI f. また第四巻がこうしたかたちで公刊されることに不満を抱いた伝統批判派が、対抗して UB を出版したのだといわれる。Ernst Klinks Leserbrief, in: *Beitrage zur Konfliktforschung*（以下 BzK), 17. Jg (1987)., H.2, S. 138 f.

(8) Gustav Hilger, Wir und der Kreml. Frankfurt a.M.u.a. 1955. S.307 f. ヒルガーによると、駐ソ大使館筋からは5月5日のスターリン演説ではドイツとの友好が強調されたという情報が寄せられる一方、独ソ開戦後の捕虜の尋問ではこの演説で攻撃への転換が宣言されたという証言が得られたとされている。

(9) アレクサンダー・ワース、中島博・壁勝弘訳『戦うソヴェト・ロシア』第一巻（みすず書房、1967年）、112－113頁。5月5日のスターリン演説では、外交交渉でドイツの攻撃を遅延させソ連側の準備をかためるという政策が披露され、その結果1942年の独ソ戦は不可避になると表明されたとワースは記述している。

(10) Hoffmann, Die Sowjetunion, S. 58-74.

(11) ベジメンスキーによれば、スヴォーロフは1983年にスイスに亡命したレーズン（W. B. Resun）という情報将校であるとされている。L. Besymenski, Die Rede Stalins am 5. Mai 1941, in: *Osteuropa*, 42. Jg (1992)., H. 3, S.242, Anm. S.

(12)『ソ連軍の素顔』。『ザ・ソ連軍』。『続　ザ・ソ連軍』。すべて吉本晋一郎訳で原書房より1983年に刊行。出川沙美雄訳『GRU』（講談社、1985年）。

(13) Viktor Suvorov, Who was Planning to Attack Whom in June 1941, Hitler or Stalin? In: *Journal of the Royal United Services Institute for Defence Studies*（以下 RUSI), Vol.130, No.2 (6.1985). なおスヴォーロフの説が最初に発表されたのは、パリで発行されている亡命ソ連人の新聞（*Russkaia mysin'*, 16 u. 23. 5. 1985）だということであるが筆者未見。 Vgl. Gabriel Gorodetsky, Stalin und Hitles Angriff auf die Sowjetunion, in: VfZg, 37. Jg (1989)., H. 4（以下、Gorodetsky I), S.645, Anm. 1.

(14) Correspondence from Scott McMichael (US Army), Claude Sasso (PhD, US

bei Ernst Topitsch und Hermann Lübbe, in: Martin Greiffenhagen (Hrsg.), *Der neue Konservatismus der siebziger Jahre*, Reinbek bei Hamburg 1974.

(13) Ernst Topitsch, *Stalins Krieg*.2. Aufl. München 1986 (1. Aufl. München 1985).

(14) Ebenda. S.99-101.

(15) 例えば、トーピッチュの主張には、「ここでは、本来の目的が歴史の解明にあるのではなく、少なくとも我々の国ではすたれてしまった政治的概念・理念の復権をはかることにある、すぐれて政治的な書が著されたという印象をそもそも受ける」という厳しい書評がされている。Heinz-Dietrich Löwes Rezension, in: *Militärgeschichtliche Mitteilungen* (以下、MGM) 39 (1/1986), S.203.

(16) Helmdach, S.50 f. Topitsch, S. 49 ff.

(17) Topitsch, S. 79 ff.

(18) Fabry, S. 399 ff. Helmdach, S.28 ff. Topitsch, S.83 f.

(19) Seraphim, *Die d.-r. Beziehungen*, S. 22 ff. Fabry, S. 409 ff. Helmdach, S.10-12, S.45 ff. Topitsch, S.115 ff.

(20) Fabry, S.380 f. Helmdach, S. 44. Topitsch, S.108

(21) Fabry, S. 381. Helmdach, S.51 f. Topitsch, S.110 f.

第2段註

(1) MGFA, *Das Deutsche Reich und der Zweite Weltkrieg*. 10 Bde., Stuttgart 1979- (以下 DRZW).

(2) Jörg Albisser, *Ein anderer Historikerstreit*, in: *Criticón* 100/101 (1987), S.120.

(3) Ebenda. S.122. Volker Berghahn, Das Militärgeschichtliche Forschungsamt in Freiburg, in: *Geschichte und Gesellschaft*, (以下 GG) 14. Jg (1988)., S.273. メッサーシュミットの主張については、Manfred Messerschmidt, Der Kampf der Wehrmacht im Osten als Traditionsproblem, in: UB を参照。

(4) この対立をいわゆる文官対制服組の争いとみてはならない。伝統批判派に与する将校も MGFA 内に存在する。Albisser, S.121.

(5) Joachim Hoffman, Die Sowjetunion bis zum Vorabend des deutschen Angriffs, in: DRZW, Bd. 4 (2. Aufl. Als *Der Angriff auf die Sowjetunion* Frankfurt a.M. 1991). Ders, Die Kriegführung aus der Sicht der Sowjetunion, in: DRZW, Bd. 4. ホフマン論文における国防軍弁明論への批判は、Christian Streit, Die Behandlung der sowjetischen Kriegsgefangenen und Völkerrechtliche Probleme des Krieges gegen die Sowjetunion, in: UB, S.198 f. Anm. 7 u.8, S.206 f., Anm. 38. Lew Besymenski, Katheder-Revanchismus, in: *Blätter fur deutsche und international Politik* (以下 BDIP), 32. Jg (1987)., H.3, S.279 f.

石紀一郎「西ドイツにおける政治文化と歴史意識の現在」『教養学科紀要』（東京大学教養学部）第20号（1988年）。後藤俊明「西ドイツにおける歴史意識とナチズム相対化論」『商学研究』（愛知学院大学）第33巻第1号（1988年）。佐藤健生「ナチズムの特異性と比較可能性」『思想』第758号（1987年8月）。星乃治彦「ヨーロッパにおける最近の戦争責任論」『九州歴史科学』第一五号（1988年6月）。村瀬興雄「ナチズムの評価について」『ソシオロジカ』（創価大学）第13－2号（1989年）。

(2) 阪東宏「第二次世界大戦の評価をめぐって」『歴史評論』第468号（1989年4月）、63頁が例外的に本論争に触れてはいるが、ヴェーラーの著書（Hans-Ulrich Wehler, *Entsorgung der deutschen Vergangenheit?* München 1988）を要約する上でわずかに紹介したにすぎず、論争の全体像把握には充分でない。

(3) Wolfram Wette, Die propagandistische Begleitmusik zum deutschen Überfall auf die Sowjetunion am 22. Juni 1941, in: Gerd R. Ueberschär/Wolfram Wette (Hrsg.), *"Unternehmen Barbarossa"*. Paderborn 1984（以下 UB）, S. 116-119. Vgl. Anon., Kriegspropaganda mit der "antibolschewistischen Platte", in: *Frankfurter Rundschau*, Nr. 141, 23. 6. 1987, S. 10.

(4) *Der Prozess gegen die Hauptkriegsverbrecher vor dem Internationalen Milltärgerichtshof*. Bd. 15, Nürnberg 1948, S. 425-433, hier S.432.

(5) 例えば、エーリヒ・フォン・マンシュタイン、本郷健訳『失われた勝利』（フジ出版社、1980年）、188頁。

(6) 戦後の弁明的主張とは裏腹に、対ソ開戦直前の国防軍首脳部がソ連軍の実力を軽視していたことはヒルグルーバーによって立証されている。Andreas Hillgruber, Das Russland-Bild der führenden deutschen Militärs vor Beginn des Angriffs auf die Sowjetunion, in: Alexander Fischer u.a. (Hrsg.), *Russland-Deutschland-Amerika*, Wiesbaden 1978.

(7) Hans-Günther Seraphim, *Die deutsch-russischen Beziehungen 1939-1941*. Hamburg 1949.

(8) H.-G. Serphim/A. Hillgruber, Hitlers Entschluss zum Angriff auf Russland, in: *Vierteljahreshefte fur Zeitgeschichte*（以下 VfZG）, 2. Jg (1954)., H.3. この論争については、三宅正樹『日独伊三国同盟の研究』（南窓社、1975年）、342頁以下の紹介がある。

(9) Philipp W. Fabry, *Der Hitler-Stalin-Pakt 1939-1941*. Darmstadt 1962. Besonders S.427-430.

(10) A. Hillgruber, Hitlers Strategie. Frankfurt a.M. 1965, S. 425 ff.

(11) Erich Helmdach, *Überfall?* Neckargemünd 1975.

(12) Vgl. Jens Fischer, Aufklärer in ideologischer Absicht. Konservativer Positivismus

隊の最後』や『帝国陸軍の最後』の著者としてのみ知られることが多い伊藤だが、『軍縮？』（春陽堂、1929年）をはじめとする、彼の手になる同時代文献などは、今や当時の認識を示す歴史史料になっているといえよう。

(7) 従来、「ワイマール」もしくは「ヴァイマル」の表記が一般的であったが、最近では原音に近い「ヴァイマール」が増えてきており、本書もそれに従う。

(8) 代表的な論文としては、山口定「秘密再軍備と社会民主党——ワイマール体制崩壊論の一視角」（一）～（五）、『立命館法学』1967年第1号——1968年第4号。また、こうした諸研究をもとにした著作に『ヒトラーの抬頭　ワイマール・デモクラシーの悲劇』、朝日文庫、1991年がある。

(9) 寺阪の没後、その業績は一冊の本にまとめられた。寺阪精二『ナチス・ドイツ軍事史研究』、甲陽書房、1970年。なお、寺阪よりおよそ半世紀のちに、軍事史に関する豊富な知識を生かして一般向けの歴史雑誌などでも活躍していた研究者片岡徹也（1958年生まれ。著作に『軍事の事典』、東京堂出版、2009年など）も、2011年に早すぎる死を迎えている。戦後日本におけるドイツ軍事史研究は、二度の災厄に見舞われたと嘆かずにはいられない。

(10) 今日なお読み継がれているグデーリアンやマンシュタインの回想録も、この旧軍人たちの営為の所産であるといえる。ハインツ・グデーリアン『電撃戦』、本郷健訳、上下巻、中央公論新社、1999年。エーリヒ・フォン・マンシュタイン『失われた勝利』、本郷健訳、上下巻、中央公論新社、2000年。

(11) カレルについては、拙稿「パウル・カレルの二つの顔」『歴史群像』2015年第131号、アーヴィングについては、本書第1章「アーヴィング風雲録——ある『歴史家』の転落」を、それぞれ参照されたい。

(12) カール＝ハインツ・フリーザー『電撃戦という幻』、安藤公一・大木毅共訳、上下巻、中央公論新社、2003年。

(13) 代表的な例として、阪口修平・丸畠宏太編『軍隊（近代ヨーロッパの探求一二）』、ミネルヴァ書房、2009年。また、小野寺拓也『野戦郵便から読み解く「ふつうのドイツ兵」』、山川出版社、2012年は、第二次大戦におけるドイツ国防軍を対象としている。

(14) 田中良英「一八世紀前半ロシア陸軍の特質——北方戦争期を中心に——」『ロシア史研究』2013年第92号、3頁。

第1章　戦史をゆがめるものたち

独ソ戦の性格をめぐって——もうひとつの歴史家論争

第1段註

(1) ここでは「歴史家論争」を直接対象とした主要な論稿のみを挙げておく。大

註

序に代えて——溝を埋める作業

(1) ここでは、戦争史、作戦戦史、戦闘戦史といった、特定の戦争・作戦・戦闘を扱う歴史の一分野を「戦史」とし、軍政や軍制、軍事思想などのより広範なテーマを対象とする（当然「戦史」を包含する）分野を「軍事史」と呼ぶことにする。

なお、この小文は、本書のもとになった記事を執筆した動機を示すために背景をスケッチしたものにすぎず、けっして研究史をまとめた論考などではない。わが国の軍事史研究の歴史を概観するには、しかるべき質量を備えた論文が必要となろう。

(2) 第一次世界大戦について、参謀本部戦史部が、ドイツのみならず各国の公刊戦史を翻訳し、「欧州戦争研究資料」として刊行したのは、その一例である。

(3) 明治以来の日本陸軍における戦史研究の展開については、塚本隆彦「旧陸軍における戦史編纂——軍事組織による戦史への取り組みの課題と限界——」『戦史研究年報』（防衛省防衛研究所発行）第10号、2007年。

ちなみに、こうした姿勢は、ドイツ軍事史研究に限られたものではなく、日本古戦史のそれにも適用された。戦国時代の諸戦役を対象とする明治期の陸軍の研究は、参謀本部編『日本戦史』として刊行され、一般にも販売されたが、その目的とするところは教育に資することであった。それゆえに、史実としては疑わしい、いわゆる稗史が典拠として採用されている部分もある。現代の研究者が『日本戦史』の信憑性を疑うゆえんであった。しかしながら、『日本戦史』は、戦後になっても資料として利用されることが多く（とくに一般向けの雑誌記事や図書）、それがつくりだした古戦史像は、専門家はともかくとして、今なお日本人のイメージに影響を与えているといえる。

(4) ただし、歴史の実用的利用を求める傾向は日本陸軍に限ったことではない。二十世紀初頭のドイツにおいても、ランケ以来の進歩した歴史学の方法論により戦史を研究しようとしたベルリン大学教授ハンス・デルブリュックと、教訓を引き出すことを重視した参謀本部の戦史担当官たちのあいだに激烈な対立が生じている。

(5) まとまったものとしては『石原莞爾資料——戦争史論——』、原書房、1968年を参照されたい。

(6) たとえば、一代の海軍記者と讃えられた伊藤正徳の著作。現在では『連合艦

ワ行

ヤ行

ラ行

マ行

タ行

サ行

索引

ア行

【初出一覧】

第1章

新説と「新説」のあいだ（『明断と誤断』所収）
アーヴィング風雲録（『ルビコンを渡った男たち』所収）
独ソ戦の性格をめぐって（『西洋史学』第169号）
【戦史こぼれ話】
「編制・編成・編組」（『明断と誤断』所収）
「決闘」（『ルビコン川を渡った男たち』所収）

第2章

百塔の都をめぐる死闘（『明断と誤断』所収）
皇帝にとどめを刺した前進元帥（『紅い選択肢』所収）
モルトケと委任戦法（書き下ろし）
伝説のヴェールを剝ぐ（『コマンドマガジン』第116号）
作戦が政治を壟断したとき（『明断と誤断』所収）
【戦史こぼれ話】
「擲弾兵ことはじめ」「知られざる単語『ランツァー』（『錆びた戦機』所収）
「モンスの天使たち」（『明断と誤断』所収）

第3章

ポーランド・ゲーム（『紅い選択肢』所収）
1939年の対ソ戦？（『紅い選択肢』所収）
独ソ戦前夜のスターリン（『紅い選択肢』所収）
ドイツの対米開戦1941年（『国際政治』第91号）
ドイツの対米開戦――その研究史（『史苑』第49巻第1号）
周縁への衝動（『紅い選択肢』所収）
【戦史こぼれ話】
「狩るものたちの起源」（『錆びた戦機』所収）
「Uボートと大海蛇」（『ルビコン川を渡った男たち』所収）

第4章

冬のアイロニー（『明断と誤断』所収）
隠されたターニングポイント（『錆びた戦機』所収）
もう一つの悲劇（『錆びた戦機』所収）
ツァイツラー再考（『ルビコンを渡った男たち』所収）
クルスク戦の虚像と実像（『明断と誤断』所収）
【戦史こぼれ話】
「政治的戦闘」（『紅い選択肢』所収）
「誓いの休暇その仕組み」（『錆びた戦機』所収）

第5章

自壊した戦略（『錆びた戦機』所収）
奇跡なき戦場へ（『紅い選択肢』所収）
軍集団司令官ハインリヒ・ヒムラー（『コマンドマガジン』第123号）
それからのマンシュタイン（『錆びた戦機』所収）
収容所の中の戦争（『ルビコンを渡った男たち』所収）
収容所の中の敗戦（『錆びた戦機』所収）
【戦史こぼれ話】
「書かれなかった行動」（『ルビコンを渡った男たち』所収）
「鉄十字勲章を受けた日本人」（『紅い選択肢』所収）

付章――「ある不幸な軍隊の物語」（『明断と誤断』所収）

[著者紹介]
大木　毅（おおき　たけし）
1961年東京生まれ。立教大学大学院博士後期課程単位取得退学。DAAD（ドイツ学術交流会）奨学生としてボン大学に留学。千葉大学その他の非常勤講師、防衛省防衛研究所講師、国立昭和館運営専門委員等を経て、現在著述業。最近の論文に "Clausewitz in the 21st Century Japan," in Reiner Pommerin (ed.), *Clausewitz goes Global, Berlin,* 2011、「ドイツ海軍武官が急報した大和建造」『呉市海事歴史科学館研究紀要』第5号（2011年）、「ロンメル像の変遷」、エルヴィン・ロンメル『歩兵は攻撃する』浜野喬士訳（作品社、2015年）、訳書にイェルク・ムート『コマンド・カルチャー　米独将校教育の比較文化史』（中央公論新社、2015年）など。また「赤城毅」名義で、小説も多数上梓している。

Deutsche Militärgeschichte
——Legende und Wirklichkeit

ドイツ軍事史——その虚像と実像

2016年 3月30日 第1刷発行
2019年10月 6日 第6刷発行

著者———大木 毅

発行者———和田 肇
発行所———株式会社作品社
〒102-0072 東京都千代田区飯田橋 2-7-4
tel 03-3262-9753 fax 03-3262-9757
振替口座 00160-3-27183
http://www.sakuhinsha.com
本文組版——有限会社閏月社
図版提供——株式会社国際通信社
装丁———小川惟久
印刷・製本——シナノ印刷(株)

ISBN978-4-86182-574-3 C0020

Infanterie greift an

歩兵は攻撃する

エルヴィン・ロンメル

浜野喬士 訳　田村尚也・大木毅 解説

“砂漠のキツネ”ロンメル将軍自らが、戦場体験と教訓を記した、累計50万部のベストセラー。幻の名著を、ドイツ語から初翻訳！貴重なロンメル直筆戦況図82枚付。

Hitlerland

ヒトラーランド

ナチの台頭を目撃した人々

アンドリュー・ナゴルスキ

北村京子 訳

アメリカ海外特派員クラブ（OPC）の「OPC賞」など数多くの賞を受賞し、長年籍を置いた『ニューズウイーク』誌では、「ベルリンの壁」崩壊やソ連解体の現場を取材した辣腕記者が、ヒトラー政権誕生と支配の全貌を、膨大な目撃者たちの初めて明らかになる記録から描き出す傑作ノンフィクション。

The Greatest Battle

モスクワ攻防戦

20世紀を決した史上最大の戦闘

アンドリュー・ナゴルスキ

津村滋 監訳　津村京子 訳

歴史を創るのは勝者と敗者ではない……愚者である。二人の独裁者の運命を決し、20世紀を決した、史上最大の死闘——近年公開された資料・生存者等の証言によって、その全貌と人間ドラマを初めて明らかにした、世界的ベストセラー。